型号可靠性维修性保障性技术规范

（第3册）

康　锐　石荣德　肖波平　等编著

国防工业出版社

·北京·

内 容 简 介

本册技术规范共14篇。第1篇~4篇分别介绍型号维修性分配、维修性预计、维修性设计准则制定和平均修复时间(MTTR)验证试验与评价的要求、程序和方法;第5篇~第8篇分别介绍型号测试性设计与分析、测试性设计准则制定、机内测试设计和测试性要求验证试验的要求、程序和方法;第9篇~第10篇介绍型号安全性分析与危险控制、安全性设计准则制定;第11篇~第14篇介绍型号修理级别分析工作、备件供应规划工作、保障性设计准则制定、再次出动准备要求验证试验与评价的要求、程序和方法。

本册技术规范的主要使用对象是型号各类产品的设计人员、RMS工程专业人员和可靠性试验人员等。与型号RMS工作有关的各级管理人员,包括型号质量师系统或质量保证组织中的有关人员也可参考使用。

图书在版编目(CIP)数据

型号可靠性维修性保障性技术规范. 第3册/康锐等编著. —北京:国防工业出版社,2010.11
ISBN 978-7-118-07176-4

Ⅰ.①型... Ⅱ.①康... Ⅲ.①可靠性工程 – 规范
Ⅳ.①TB114.3 – 65

中国版本图书馆CIP数据核字(2010)第212184号

※

*国防工业出版社*出版发行
(北京市海淀区紫竹院南路23号 邮政编码100048)
北京奥鑫印刷厂印刷
新华书店经售
*
开本787×1092 1/16 印张28¼ 字数658千字
2010年11月第1版第1次印刷 印数1—4000册 定价100.00元

(本书如有印装错误,我社负责调换)

国防书店: (010)68428422 发行邮购: (010)68414474
发行传真: (010)68411535 发行业务: (010)68472764

编审委员会成员

主　编　康　锐

副主编　石荣德

编审会委员（按姓氏笔画排序）

马　麟　　王　欣　　王　靖　　王秋芳　　王桂华　　王晓红　　王海波　　王敏芹

王策刚　　王德言　　艾永春　　石君友　　龙　军　　田　仲　　田春雨　　史左敏

史兴宽　　付桂翠　　冯　欣　　曲丽丽　　吕　川　　吕　瑞　　吕刚德　　吕明华

朱小冬　　朱美娴　　朱曦全　　任　羿　　任占勇　　刘　东　　刘　婷　　刘亢虎

刘正高　　许　丹　　许远帆　　纪春阳　　孙　颉　　孙宇锋　　李　伟　　李　进

李　宏　　李文钊　　李传日　　李庚雨　　李晓钢　　李瑞莹　　杨兆军　　杨秉喜

杨勇飞　　肖名鑫　　肖波平　　谷　岩　　邹天刚　　汪晓勇　　张　平　　张　军

张　忠　　张　洪　　张　璐　　张来凤　　张泽邦　　张建国　　张联禾　　张慧果

陈大圣　　陈卫卫　　陈云霞　　陈凤熹　　陈希成　　陈咸康　　林逢春　　周　栋

周宇英　　周鸣岐　　单志伟　　赵　宇　　赵廷弟　　郝宇锋　　胡晓义　　施劲松

姜同敏　　洪国钧　　祝耀昌　　顾长鸿　　党　炜　　高贺松　　郭霖瀚　　唐素萍

黄　敏　　曹现涛　　常文兵　　康晓明　　康蓉莉　　章文晋　　章国栋　　梁　力

扈延光　　屠庆慈　　程海龙　　焦景堂　　曾天翔　　臧宏伟　　潘　星　　戴慈庄

魏　苹

---

①编写组成员详见《型号可靠性维修性保障性技术规范》编写组成员表

《型号可靠性维修性保障性技术规范》
编写组成员表

序号		规范编号	规范名称	编写组成员
第1册	1.1	XKG/D01	型号 RMS 管理指南	康锐、陈云霞、陈希成、顾长鸿、冯欣、陈大圣
	1.2	XKG/D02	型号总体单位对转承制单位产品的 RMS 技术和工作项目要求	章文晋、康锐、吕瑞、胡晓义、李文钊、陈大圣
	1.3	XKG/D03	型号总体单位对转承制单位产品的 RMS 评审要求	章文晋、康锐、吕瑞、胡晓义、李文钊、陈大圣
	1.4	XKG/D04	型号 RMS 要求验证程序和方法应用指南	扈延光、康锐、石荣德、陈希成、刘婷、张来凤、陈大圣
	1.5	XKG/D05	型号综合保障仿真技术应用指南	郭霖瀚、孙宇锋、肖波平、刘东、张泽邦、汪晓勇
	1.6	XKG/D06	型号 RMS – CAD 软件工具选用指南	任羿、孙宇锋、刘东、孙颉
	1.7	XKG/D07	型号故障报告、分析和纠正措施系统应用指南	扈延光、石荣德、刘亢虎、吕明华、洪国钧
	1.8	XKG/D08	型号质量与可靠性信息管理指南	刘亢虎、常文兵、刘正高、陈咸康、王敏芹
	1.9	XKG/K13	型号环境应力筛选应用指南	李传日、焦景堂、王德言、祝耀昌、朱曦全、纪春阳
	1.10	XKG/K14	型号可靠性研制试验应用指南	李晓钢、王德言、姜同敏、任占勇、刘婷、陈凤熹、陈大圣
	1.11	XKG/K15	型号可靠性增长试验应用指南	王晓红、姜同敏、李传日、任占勇、刘婷、陈凤喜、陈大圣
	1.12	XKG/K16	型号可靠性鉴定与验收试验应用指南	李晓钢、焦景堂、姜同敏、任占勇、王欣、刘婷、陈大圣
	1.13	XKG/K17	型号设备延寿方法应用指南	扈延光、康锐、石荣德、张洪、梁力、李庚雨、陈大圣
第2册	2.1	XKG/K01	型号系统可靠性建模与预计应用指南	康锐、曲丽丽、吕明华、李庚雨、章文晋
	2.2	XKG/K02	型号系统可靠性分配应用指南	康锐、康晓明、吕明华、艾永春、刘婷
	2.3	XKG/K03	型号电子产品可靠性预计应用指南	李瑞莹、康锐、戴慈庄、施劲松、康蓉莉、艾永春
	2.4	XKG/K04	型号非电子产品可靠性预计应用指南	李瑞莹、康锐、康蓉莉、李宏、刘婷
	2.5	XKG/K05	型号机械产品耐久性设计与分析应用指南	陈云霞、林逢春、石荣德、许丹、梁力、李庚雨、张忠、陈大圣

序 号		规范编号	规范名称	编写组成员
第 2 册	2.6	XKG/K06	型号工艺 FMECA 应用指南	张建国、石荣德、魏苹、张璐、史兴宽
	2.7	XKG/K07	型号故障树分析应用指南	康锐、程海龙、石荣德、肖名鑫、党炜、石君友
	2.8	XKG/K08	型号事件树分析应用指南	康锐、王靖、石荣德、陈希成、肖名鑫、许远帆
	2.9	XKG/K09	确定型号可靠性关键产品应用指南	康锐、陈卫卫、石荣德、陈大圣、陈希成、高贺松
	2.10	XKG/K10	型号可靠性设计准则制定指南	石君友、赵廷弟、谷岩、邹天刚、田春雨
	2.11	XKG/K11	型号电子产品可靠性热设计、热分析和热试验应用指南	付桂翠、戴慈庄、史兴宽、臧宏伟、周宇英
	2.12	XKG/K12	型号可靠性评估技术应用指南	黄敏、赵宇、李进、王桂华、刘婷、唐素萍
第 3 册	3.1	XKG/W01	型号维修性分配应用指南	马麟、张慧果、章国栋、吕瑞、朱小冬、王策刚
	3.2	XKG/W02	型号维修性预计应用指南	马麟、龙军、张慧果、章国栋、朱小冬、吕瑞、曹现涛
	3.3	XKG/W03	型号维修性设计准则制定指南	马麟、吕川、李宏、王秋芳、史左敏、陈大圣
	3.4	XKG/W04	型号平均修复时间验证试验与评价应用指南	马麟、吕川、王策刚、王海波、张联禾、单志伟
	3.5	XKG/C01	型号测试性设计与分析应用指南	田仲、石君友、曾天翔、周鸣岐
	3.6	XKG/C02	型号测试性设计准则制定指南	田仲、石君友、曾天翔、周鸣岐、田春雨
	3.7	XKG/C03	型号 BIT 设计指南	石君友、田仲、曾天翔、周鸣岐、田春雨
	3.8	XKG/C04	型号测试性要求验证试验与评价应用指南	田仲、石君友、周鸣岐、曾天翔、田春雨
	3.9	XKG/A01	型号安全性分析与危险控制应用指南	潘星、赵廷弟、曾天翔、肖名鑫、洪国钧、吕明华
	3.10	XKG/A02	型号安全性设计准则制定指南	潘星、赵廷弟、曾天翔、肖名鑫、洪国钧、吕明华
	3.11	XKG/B01	型号修理级别分析应用指南	吕川、周栋、吕刚德、李宏、张平、单志伟
	3.12	XKG/B02	型号备件供应规划指南	肖波平、章国栋、杨秉喜、吕川、周鸣岐、杨勇飞
	3.13	XKG/B03	型号保障性设计准则制定指南	郭霖瀚、马麟、刘东、张泽邦、单志伟、汪晓勇
	3.14	XKG/B04	型号再次出动准备要求验证试验与评价应用指南	郭霖瀚、马麟、刘东、张泽邦、汪晓勇、单志伟

序　言

　　可靠性、维修性、测试性、安全性和保障性(简称可靠性维修性保障性,缩写为RMS)是装备的重要质量特性,在装备型号研制、生产中深入开展 RMS 工作,对提高装备 RMS 水平具有重要的意义。

　　20 世纪 80 年代中期以来,我国陆续制定、发布了一系列 RMS 顶层文件(如《武器装备可靠性维修性管理规定》等)、国家军用标准(如《装备可靠性工作通用要求》(GJB 450A)、《装备维修性工作通用要求》(GJB 368B)、《装备测试性大纲》(GJB 2547)、《系统安全性大纲》(GJB 900)、《装备综合保障通用要求》(GJB 3872)等)、部分行业标准(如《航空技术装备维修性管理大纲》(HB 6185)、《航天器和导弹武器系统可靠性大纲》(QJ 1408))与手册(如《飞机设计手册》中第 20 分册《可靠性维修性设计》、第 21 分册《产品综合保障》等)。在顶层文件的推动、有关标准与规范的支持下,我国国防科技工业型号工程开展了一系列 RMS 分析与设计、试验与管理工作,取得了很大的成效。但从型号工程实践过程看,RMS 标准与规范在可操作性、工程实用性、RMS 技术均衡性等方面尚存在不少问题,若单纯依靠型号研制单位从头开始自行制定、发展相应 RMS 标准与规范亦有较大难处。为此,我们结合型号装备建设与国防科技工业发展的需求,遵循型号系统工程规律,在把握型号全系统全特性全过程质量内涵基础上,充分借鉴和吸纳国内外已有规范与标准的成果和经验,在深入开展《型号 RMS 技术规范体系研究》基础上,经调研、分析和论证,提出了制定型号 RMS 技术规范体系的原则:

　　(1) 应反映"用户"(政府部门、研制方和使用方)的要求,使不同类型型号 RMS 规范具有系统性、完整性、通用性和指导性;

　　(2) 应保证不同类型型号的 RMS 规范有机协调,具有良好的一致性和针对性;

　　(3) 应充分借鉴国外 RMS 技术标准与规范的发展成果,结合国情为我所用;

　　(4) 应保证继承性与创新性相结合、先进性与实用性相结合、代表性与普遍性相结合;

　　(5) 应加强 RMS 规范体系内各规范间相互协调、相互配合,做到不重复、不矛盾。

　　按照上述原则,在原国防科工委(现国防科工局)科技与质量司的支持下,我们组织了国内 RMS 领域的专家、教授和工程研制生产一线技术与管理人员,开展了《型号可靠性维修性保障性技术规范》的编制工作。据不完全统计,本书参编单位有 66 个、参编人数 227 人次、参审人数 677 人次,为确保编制质量提供了坚实的基础。

　　《型号可靠性维修性保障性技术规范》分三册,其中,第一册共 13 篇,内容主要涉及 RMS 综合技术与可靠性试验技术;第二册共 12 篇,内容主要涉及可靠性分析与设计技术;第三册共 14 篇,内容主要涉及维修性、测试性、安全性和保障性的分析与设计、验证技术。每册各规范编写组人员详见"型号可靠性维修性保障性技术规范编写组成员表"。本书中每篇规范(指南)均包含范围、目的、作用、要求、程序、方法、实施步骤、注意事项、应用案例和参考文献等内容。主要使用对象是各类型产品的设计人员、RMS 专业人员、试验人员和管理人员等,与型号 RMS 工作有关的各级管理人员,包括型号质量师系统或质量保证组织中的有关人员也可参考使用。

　　《型号可靠性维修性保障性技术规范》编写中,始终得到国防科工局科技与质量司、各军工集团公司质量部门的大力支持,并得到各有关科学院、研制所、工厂、部队、院校等单位的领导、工程技术人员、专家、教授的悉心指导,认真审阅,特别是各规范的编写组成员付出了辛勤劳动,他们为此书做出了重要贡献。在此,谨向他们表示衷心感谢。由于作者水平有限,错误难免,敬请读者不吝赐教。

《型号可靠性维修性保障性技术规范》

编审委员会

2010 年 9 月

目 录

XKG

型号可靠性技术规范

XKG / W01—2009

型号维修性分配应用指南

Guide to the maintainability allocation for materiel

目　次

前 言

本指南的附录 A～附录 C 均是《资料性附录》。

本指南是由国防科技工业可靠性工程技术研究中心负责组织实施。

本指南起草单位：北京航空航天大学可靠性工程技术研究所，航空 601 所，军械工程学院、航天二院二部。

本指南主要起草人：马麟、张慧果、章国栋、吕瑞、朱小冬、王策刚。

型号维修性分配应用指南

1 范围

本指南规定了型号（装备，下同）维修性分配工作的要求、程序和方法。

本指南适用于新研型号在论证、方案、工程研制与定型、生产等阶段中维修性的分配，也适用于型号改进或改型中维修性的分配。

2 规范性引用文件

下列文件中的有关条款通过引用而成为本指南的条款。凡注明日期或版次的引用文件，其后的任何修改单（不包括勘误的内容）或修订版本都不适合本指南，但提倡使用本指南的各方探讨使用其最新版本的可能性。凡未注日期或版次的引用文件，其最新版本适用于本指南。

GJB 368B 装备维修性工作通用要求
GJB 431 产品层次、产品互换性、样机及有关术语
GJB 450A 装备可靠性工作通用要求
GJB 451A 可靠性维修性保障性术语
GJB 813 可靠性模型的建立和可靠性预计
GJB/Z 57 维修性分配与预计手册
GJB/Z 145 维修性建模指南
GJB/Z 299C 电子设备可靠性预计手册
GJB/Z 1391 故障模式、影响及危害性分析指南

3 术语和定义

GJB 451A 确立的以及下列术语和定义适用于本指南。

3.1 约定层次 indenture level

根据分析的需要，按产品的相对复杂程度或功能关系所划分的产品层次。这些层次从比较复杂的（装备）到比较简单的（零部件）逐次进行划分。

3.2 可更换单元 replaceable unit

可在规定的维修级别上整体拆卸和更换的单元。它可以是设备、组件、部件或零件等场所。按照更换的场所，可分为现场可更换单元（LRU）与车间可更换单元（SRU）。

3.3 相似产品 similar item

指在功能、技术水平、复杂程度、使用环境、使用和保障方案等方面相似的产品。

4 符号与缩略语

4.1 符号

下列符号适用于本指南。

5

$\overline{M}_{ct}$——平均修复时间，单位为小时（h）；

$\overline{M}_{pt}$——平均预防性维修时间，单位为小时（h）；

M_I——维修工时率，单位为人·时每小时（人·时/h）；

λ——故障率，单位为次每小时（1/h）；

f——预防性维修频率；

Q——单元数量。

4.2 缩略语

下列缩略语用于本指南。

MTTR——mean-time-to-repair，平均修复时间，单位为小时（h）；

MPMT——mean preventive maintenance time，平均预防性维修时间，单位为小时（h）。

5 一般要求

5.1 维修性分配的目的和作用

a）目的

将产品的维修性指标分配到产品的规定层次，根本目的在于明确各层次产品的维修性目标或指标，为型号研制总体单位对转承制和供应产品提出维修性要求并进行管理提供依据，便于进行产品设计实现这些指标，保证产品最终符合规定的维修性要求。

b）作用

1）为型号各层次研制人员提供维修性设计指标。

2）便于承制方对转承制方实时管理。

5.2 维修性分配的时机

维修性分配应该在型号论证阶段就开始进行，并随着研制工作的深入而逐步深化，在必要的时候要做适当的修正。在型号的改型、改进中都要修正或进行维修性分配（局部分配）。

维修性分配在各个研制阶段的实施情况，见表1。

表1 维修性分配的时机

新 研 型 号				型号的改型
论证	方案	工程研制与定型	生产	
考虑开展	必须开展	视情开展	可能开展	可能开展

5.3 维修性分配的指标

维修性分配的指标应当是关系全局的系统维修性的主要指标，它们通常是在合同或任务书中规定的。一般来说，最常见的维修性分配指标是：

a）平均修复时间 $\overline{M}_{ct}$（MTTR）。

b）平均预防性维修时间 $\overline{M}_{pt}$（MPMT）。

c）维修工时率 M_I。

对于具体的维修性分配工作，应按照任务书要求，针对具体参数指标进行分配，并注意维修性分配的指标是与维修级别相关的。在产品承制方与转承制方签订合同或技术协议时，应确定维修性的分配结果。

5.4 维修性分配的层次

维修性分配的层次要根据具体产品的维修性要求确定。

在初步（初样）设计阶段，维修性指标的分配仅限于较高产品层次，比如某些整体更换的设备、机组、单机、部件。随着设计的深入，获得更多的设计消息，维修性分配可以深入，直到各个可更换单元。

5.5 维修性分配的条件

维修性分配只有具备了（不限于）以下条件才能进行：

a）要有明确的维修性指标要求。

b）要完成产品功能分析，确定产品功能结构层次划分和维修方案。

c）型号要完成可靠性分配或预计。

5.6 维修性分配的原则

进行维修性分配时，应遵循下列一些原则：

a）维修性指标是按哪一个维修级别规定的，就应按该级别的条件及完成的工作分配指标。

b）维修性分配要将指标自上而下一直分配到需要进行更换或修理的低层次产品，直至各个不再分解的可更换单元为止。要按产品功能与结构关系根据维修需要划分产品。

c）维修性分配中要注意环境对故障频率和维修性参数的影响，对不同的产品不同的环境应引入不同的环境因子来考虑。在考虑向下进行维修性分配时，应根据产品具体的结构情况留有适当的余量。

d）对于新品的设计，维修性分配应以涉及的每个功能层次上各部分的相对复杂性为基础，故障率较高的部分一般应分配较好的维修性。

e）若设计是从过去的设计演变而来或有相似的系统或设备，则维修性分配应以过去的经验或相似产品的数据为基础。

5.7 维修性分配的方法

常见的维修性分配方法有等值分配法、按故障率分配法、相似产品分配法、按可用度和单元复杂度的加权因子分配法和按故障率与设计特性的加权因子分配法。由于等值分配法在实际工程中用处不大，本指南主要对后4种方法进行了详细描述，详见第6部分~第9部分。

对于各种不同分配方法的适用阶段、分配参数、前提条件和需要数据等的比较，见表2。

表 2 维修性分配方法比较

	按故障率 分配法	相似产品 分配法	按可用度和单元复杂 度的加权因子分配法	按故障率与设计特性的 加权因子分配法
适用阶段	方案阶段和工程 研制阶段	论证阶段、方案阶段和 工程研制阶段	论证阶段、方案阶段	方案阶段和工程研制阶段
分配参数	MTTR、MPMT	MTTR、MPMT、M_l	MTTR、MPMT、M_l	MTTR、MPMT

（续）

	按故障率 分配法	相似产品 分配法	按可用度和单元复杂 度的加权因子分配法	按故障率与设计特性的 加权因子分配法
前提条件	已有可靠性指标 且故障时间服从 指数分布	相似产品的维修性数 据较全	需要保证系统可用度 并考虑各单元复杂性 差异的，有可靠性数 据	型号的设计特性（复杂性、 可测试性、可达性、可更换 性、可调整性、维修环境等） 很清楚，有可靠性数据
需要数据	型号的组成结构 以及各组成单元 的故障率数据	相似产品的总平均维 修时间以及相似产品 各个单元的平均维修 时间	要求的系统可用度以 及各单元的元件个数 及故障率	型号各单元的设计方案（包 括复杂性、可测试性、可达 性、可更换性、可调整性、 维修环境等方面）和故障率

5.8 维修性分配的步骤

维修性分配按以下步骤进行。

步骤 1　分配要求分析。确定型号需要分配的参数、指标，各参数所对应的维修级别和维修类别以及其他相关维修性分配要求。

步骤 2　分配对象分析。按照型号的功能和结构层次图，对分配对象进行分析，确定分配的型号层次。

由型号总体逐步分解，直到所需的层次，即可更换单元，并绘制功能和结构层次图。层次的多少可由型号的复杂程度而定。

功能层次图是描述从总体到每一个低层次对象的功能层次关系，及其所需要的维修活动和措施的一种方法。系统功能层次的分解根据型号的功能分析和设计方案进行。分解的细化程度则可根据实际需要和设计的进度确定。结构层次图示例如图 1 所示。

步骤 3　获取数据。获取需要分析分配对象已有的数据，如相似产品数据、故障率数据、可达性数据、可测试性数据等，为选取合适的分配方法奠定基础。

步骤 4　分配方法选取确定。根据上述分析结果，确定适用的维修性分配的方法。各方法的具体步骤参见本指南 6.2 条、7.2 条、8.2 条和 9.2 条。

步骤 5　指标分配。根据分配对象的特点，按照选定的方法将给定的型号维修性指标分配到下层次单元。

步骤 6　结果分析和判断。

按式（1）计算系统的平均修复时间：

$$\overline{M}_{ct} = \frac{\sum_{i=1}^{n} \lambda_i \overline{M}_{cti}}{\sum_{i=1}^{n} \lambda_i}$$
(1)

式中：λ_i——第 i 个低层单元的故障率，单位为次每小时（1/h）；

N——低层单元的个数。

分析并检查分配后的 $\overline{M}_{ct}$ 是否与要求的指标 $\overline{M}_{ct}^{*}$ 相一致（即 $\overline{M}_{ct} \leqslant \overline{M}_{ct}^{*}$），并综合考虑技术、费用、保障资源等因素，分析各个单元实现分配指标的可行性。如果某些单元的指标不能满足要求，可以采取以下措施：

a) 修正分配结果，即保证满足型号维修性指标的前提下，通过改进可达性或采用模块化设计等手段来局部调整单元指标。

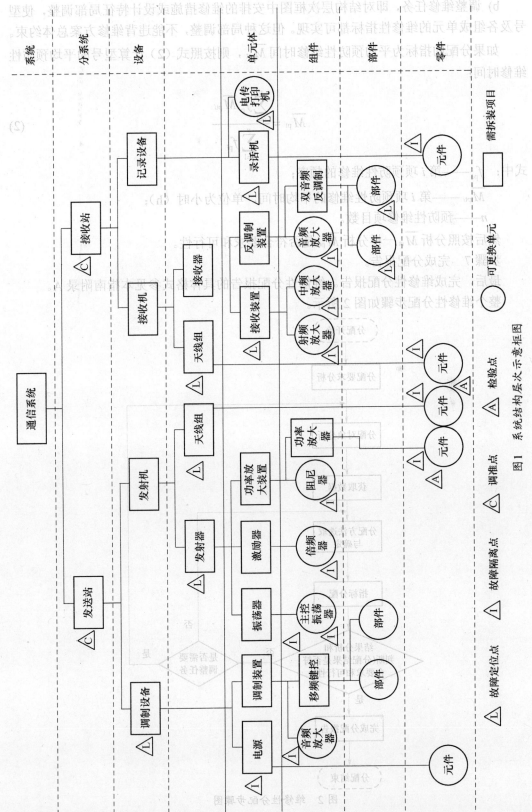

图 1　系统结构层次示意框图

b) 调整维修任务，即对结构层次框图中安排的维修措施或设计特征局部调整，使型号及各组成单元的维修性指标都可实现。但这种局部调整，不能违背维修方案总体约束。

如果分配的指标为平均预防性维修时间 $\overline{M}_{pt}$，则按照式（2）计算型号的平均预防性维修时间：

$$\overline{M}_{pt} = \frac{\sum_{i=1}^{n} f_{pi} \overline{M}_{pti}}{\sum_{i=1}^{n} f_{pi}} \tag{2}$$

式中： f_{pi}——第 i 项预防性维修的频率；

$\overline{M}_{pti}$——第 i 项预防性维修的平均时间，单位为小时（h）；

n——预防性维修项目数。

然后按照分析 $\overline{M}_{ct}$ 一样分析 $\overline{M}_{pt}$ 是否符合要求和可行性。

步骤 7　完成分配报告。

最后，完成维修性分配报告。维修性分配报告的具体格式参见本指南附录 A。

整个维修性分配步骤如图 2 所示。

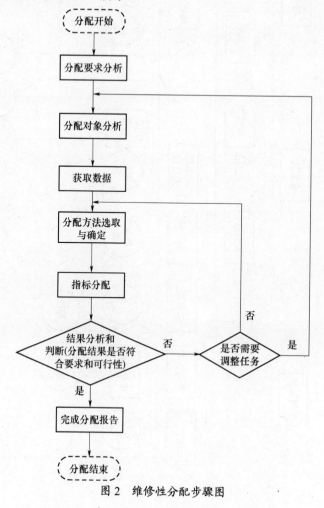

图 2　维修性分配步骤图

6 按故障率分配法

6.1 概述

该方法的分配原则：单元的故障率越高，分配的维修时间就越短；反之，则长。

6.2 分配步骤

按故障率分配法的分配步骤如下：

步骤 1 确定第 i 种单元的数量 Q_i。

步骤 2 确定单个单元的故障率 λ_{ss}。

步骤 3 确定第 i 种单元的总故障率 λ_i，即第 i 种单元的数量 Q_i 与其单个单元故障率 λ_{ss} 的乘积，$\lambda_i = Q_i \lambda_{ss}$。

步骤 4 确定每种单元的故障率对总故障率影响的百分数，即确定每种单元的故障率加权因子 W_i：

$$W_i = \frac{\lambda_i}{\sum_{i=1}^{n} \lambda_i} \tag{3}$$

式中：λ_i——单元 i 的故障率，单位为次每小时（1/h）；

n——单元种类数。

步骤 5 按式（4）计算各单元的平均修复时间 $\overline{M}_{cti}$。

$$\overline{M}_{cti} = \frac{\overline{M}_{ct} \sum \lambda_i}{n \lambda_i} = \frac{\overline{M}_{ct}}{n W_i} \tag{4}$$

6.3 按故障率分配法示例

某串联系统由 5 个单元组成，要求其系统平均修复时间 $\overline{M}_{ct}=40\text{min}$，预计各单元的元件数和故障率见表 3，试给各单元分配平均修复时间指标。

表 3 各单元的元件数与故障率

单元号	1	2	3	4	5	总计
元件数	400	500	500	300	600	2300
λ /（1/h）	0.01	0.005	0.01	0.02	0.005	0.05

步骤 1 确定各种单元的数量 Q_i，如表 3 中元件数所列。

步骤 2 确定单个单元 i 的故障率 λ_{ss}，如表 3 中故障率所列。

步骤 3 确定各种单元的总故障率 $\lambda_i = Q_i \lambda_{ss}$，可得

$$\lambda_1 = 400 \times 0.01 = 4 \ (1/\text{h})$$

$$\lambda_2 = 500 \times 0.005 = 2.5 \ (1/\text{h})$$

$$\lambda_3 = 500 \times 0.01 = 5 \ (1/\text{h})$$

$$\lambda_4 = 300 \times 0.02 = 6 \ (1/\text{h})$$

$$\lambda_5 = 600 \times 0.005 = 3 \quad (1/h)$$

步骤 4 确定每种单元的故障率加权因子 W_i：

$$W_1 = \frac{\lambda_1}{\sum\limits_{i=1}^{n} \lambda_i} = \frac{4}{4 + 2.5 + 5 + 6 + 3} = \frac{8}{41}$$

$$W_2 = \frac{\lambda_2}{\sum\limits_{i=1}^{n} \lambda_i} = \frac{2.5}{4 + 2.5 + 5 + 6 + 3} = \frac{5}{41}$$

$$W_3 = \frac{\lambda_3}{\sum\limits_{i=1}^{n} \lambda_i} = \frac{5}{4 + 2.5 + 5 + 6 + 3} = \frac{10}{41}$$

$$W_4 = \frac{\lambda_4}{\sum\limits_{i=1}^{n} \lambda_i} = \frac{6}{4 + 2.5 + 5 + 6 + 3} = \frac{12}{41}$$

$$W_5 = \frac{\lambda_5}{\sum\limits_{i=1}^{n} \lambda_i} = \frac{3}{4 + 2.5 + 5 + 6 + 3} = \frac{6}{41}$$

步骤 5 计算各单元的平均修复时间 $\overline{M}_{cti}$：

$$\overline{M}_{ct1} = \frac{\overline{M}_{ct}}{nW_1} = \frac{40 \times 41}{5 \times 8} = 41 \quad (min)$$

$$\overline{M}_{ct2} = \frac{\overline{M}_{ct}}{nW_2} = \frac{40 \times 41}{5 \times 5} = 65.6 \quad (min)$$

$$\overline{M}_{ct3} = \frac{\overline{M}_{ct}}{nW_3} = \frac{40 \times 41}{5 \times 10} = 32.5 \quad (min)$$

$$\overline{M}_{ct4} = \frac{\overline{M}_{ct}}{nW_4} = \frac{40 \times 41}{5 \times 12} = 27.3 \quad (min)$$

$$\overline{M}_{ct5} = \frac{\overline{M}_{ct}}{nW_5} = \frac{40 \times 41}{5 \times 6} = 54.7 \quad (min)$$

6.4 注意事项

仅依据故障率分配的维修性参数 $\{\overline{M}_{cti}\}$，虽然合理但未必可行。例如，某个或某几个 $\overline{M}_{cti}$ 可能太小，就要考虑技术上是否能实现，如果在技术上难以实现或者要花费很大代价（包括经济上、时间上和人力上）就应进行调整。此时，应根据初步设想的结构方案，考虑各种影响维修时间或工时的维修性定性特点（如该部分的复杂程度、可达性、可调性、更换的难易程度、可测试性等）综合权衡予以确定。

对于 $\overline{M}_{pt}$ 的分配，将故障率换成预防性维修频率，平均修复时间换成某项预防性维修平均时间，其他与 $\overline{M}_{ct}$ 的分配步骤一样。

7 相似产品分配法

7.1 概述

该方法利用已有的相似产品维修性信息，作为新研制或改进型号维修性分配的依据。

7.2 分配步骤

相似产品分配法的分配步骤如下。

步骤 1　确定合适的相似产品。

步骤 2　确定相似产品的平均修复时间。

步骤 3　确定相似产品中的第 i 个单元的平均修复时间。

步骤 4　按式（5）计算需要分配产品的第 i 个单元的平均修复时间 $\overline{M}_{cti}$：

$$\overline{M}_{cti} = \frac{\overline{M}'_{cti}}{\overline{M}'_{ct}} \overline{M}_{ct} \tag{5}$$

式中：$\overline{M}'_{ct}$——相似产品已知的或预计的平均修复时间，单位为小时（h）；

$\overline{M}'_{cti}$——相似产品已知的或预计的第 i 个单元的平均修复时间，单位为小时（h）；

$\overline{M}_{ct}$——要求的平均修复时间，单位为小时（h）。

7.3 相似产品分配法示例

某型定时系统组成及各单元数据如图 3 所示。要求对其进行改进，使平均修复时间控制在 60min 以内，试分配各单元的平均修复时间。

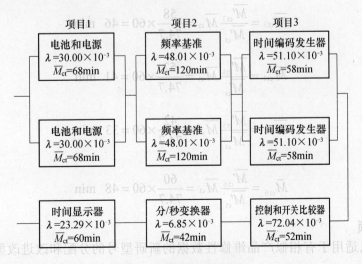

图 3　某型定时系统组成

其分配步骤如下。

步骤 1　确定合适的相似产品。由于该型号是对原有型号进行改进，因此相似产品即是原有定时系统。

步骤 2　确定相似产品的平均修复时间。计算原有定时系统的平均修复时间为

$$\overline{M}'_{ct} = \frac{\sum_{i=1}^{n} \lambda_i \overline{M}'_{cti}}{\sum_{i=1}^{n} \lambda_i}$$

$$= \frac{(2\times30\times68 + 2\times48.01\times120 + 2\times51.1\times58 + 72.04\times52 + 6.85\times42 + 23.29\times60)\times10^{-3}}{(2\times30 + 2\times48.01 + 2\times51.1 + 72.04 + 6.85 + 23.29)\times10^{-3}}$$

$$= 74.7\,\text{min}$$

步骤 3　确定相似产品中的第 i 个单元的平均修复时间。即确定原定时系统中每个单元的平均修复时间 $\overline{M}'_{cti}$，由图 3 中可得：

$$\overline{M}'_{ct1} = 68\,\text{min} \qquad\qquad \overline{M}'_{ct2} = 120\,\text{min}$$

$$\overline{M}'_{ct3} = 58\,\text{min} \qquad\qquad \overline{M}'_{ct4} = 52\,\text{min}$$

$$\overline{M}'_{ct4} = 42\,\text{min} \qquad\qquad \overline{M}'_{ct5} = 60\,\text{min}$$

步骤 4　按式（5）计算需要分配改进型号的第 i 个单元的平均修复时间：

$$\overline{M}_{ct1} = \frac{\overline{M}'_{ct1}}{\overline{M}'_{ct}} \overline{M}_{ct} = \frac{68}{74.7}\times60 = 54.6\ \text{min}$$

$$\overline{M}_{ct2} = \frac{\overline{M}'_{ct2}}{\overline{M}'_{ct}} \overline{M}_{ct} = \frac{120}{74.7}\times60 = 96\ \text{min}$$

$$\overline{M}_{ct3} = \frac{\overline{M}'_{ct3}}{\overline{M}'_{ct}} \overline{M}_{ct} = \frac{58}{74.7}\times60 = 46\ \text{min}$$

$$\overline{M}_{ct4} = \frac{\overline{M}'_{ct4}}{\overline{M}'_{ct}} \overline{M}_{ct} = \frac{52}{74.7}\times60 = 41\ \text{min}$$

$$\overline{M}_{ct5} = \frac{\overline{M}'_{ct5}}{\overline{M}'_{ct}} \overline{M}_{ct} = \frac{42}{74.7}\times60 = 33\ \text{min}$$

$$\overline{M}_{ct6} = \frac{\overline{M}'_{ct6}}{\overline{M}'_{ct}} \overline{M}_{ct} = \frac{60}{74.7}\times60 = 48\ \text{min}$$

7.4　注意事项

该方法只适用于有相似产品维修性数据的新研型号的分配和改进改型型号的再分配。

对于 $\overline{M}_{pt}$ 的分配，将平均修复时间换成某项预防性维修平均时间，其他与 $\overline{M}_{ct}$ 的分配步骤一样。

8 按可用度和单元复杂度的加权因子分配法

8.1 概述

工程实践中常需要考虑单元的复杂度，并需要保证型号的可用度。该方法能够满足这一要求，并按单元越复杂其可用度越低的原则进行分配。

8.2 分配步骤

按可用度和单元复杂度的加权因子分配法的分配步骤如下。

步骤 1 确定单元 i 的故障率 λ_i。

步骤 2 确定单元 i 的元件数量 Q_i。

步骤 3 确定型号的元件总数量 $Q_S = \sum Q_i$。

步骤 4 按式（6）计算单元 i 的复杂度因子 k_i。

$$k_i = \frac{Q_i}{Q_S} = \frac{Q_i}{\sum_{i=1}^{n} Q_i} \tag{6}$$

式中：Q_i——单元 i 的元件数；

Q_S——型号的元件数；

n——单元数。

步骤 5 将 λ_i、k_i 代入式（7）中计算单元 i 的平均修复时间 $\overline{M}_{cti}$：

$$\overline{M}_{cti} = \frac{1}{\lambda_i}(A_S^{-k_i} - 1) \tag{7}$$

式中：λ_i——单元 i 的故障率，单位为次每小时（1/h）；

A_S——型号的可用度要求值；

k_i——单元 i 的复杂性因子。

8.3 按可用度和单元复杂度的加权因子分配法示例

某串联型号由 4 个单元组成，要求其可用度 $A_S=0.95$，预计各单元的元件数和故障率如表 4 所列，要求确定各单元的平均修复时间指标。

表 4 各单元的元件数与故障率

单元号	1	2	3	4	总 计
元件数	1000	2500	4500	6000	14000
λ /（1/h）	0.001	0.005	0.01	0.02	0.036

步骤 1 确定单元 i 的故障率 λ_i（见表 4）。

步骤 2 确定单元 i 的元件数量 Q_i（见表 4）。

步骤 3 确定型号的元件总数量 $Q_S = \sum Q_i$（见表 4）。

步骤 4 按式（6）计算各单元的复杂度因子 k_i：

$$k_1 = \frac{1000}{14000} = 0.0714 \qquad k_2 = \frac{2500}{14000} = 0.1786$$

$$k_3 = \frac{4500}{14000} = 0.3214 \qquad k_4 = \frac{6000}{14000} = 0.4286$$

步骤5 按式（7）中计算各单元的平均修复时间 M_{cti}：

$$M_{ct1} = \frac{1}{0.001}\left(\frac{1}{0.95^{0.0714}} - 1\right) = 3.714\,\text{h}$$

$$M_{ct2} = \frac{1}{0.005}\left(\frac{1}{0.95^{0.1786}} - 1\right) = 1.837\,\text{h}$$

$$M_{ct3} = \frac{1}{0.01}\left(\frac{1}{0.95^{0.3214}} - 1\right) = 1.667\,\text{h}$$

$$M_{ct4} = \frac{1}{0.02}\left(\frac{1}{0.95^{0.4286}} - 1\right) = 1.11\,\text{h}$$

8.4 注意事项

影响单元复杂度的因素有很多，但在工程中一般可简化为单元的元件数与型号的总元件数之比。

9 按故障率和设计特性的加权因子分配法

9.1 概述

该方法将分配时考虑的因素（复杂性、可测试性、可达性、可更换性、可调整性、维修环境等）转化为加权因子，按照故障率与设计特性的加权因子进行分配。

9.2 分配步骤

按故障率与设计特性的加权因子分配法的步骤如下。

步骤1 分析型号的类型和设计特性（包括复杂性、故障检测与隔离技术、可达性、可更换性、可调整性、维修环境等方面），查本指南附录 B 中的表，根据各方面的特性确定型号各单元的各项加权因子 k_{ij}，并根据式（8）确定各单元的各项加权因子之和：

$$k_i = \sum_{j=1}^{m} k_{ij} \tag{8}$$

式中：k_{ij}——第 i 单元、第 j 种因素的加权因子。$j=1,2,\cdots,m$——加权因子数。

步骤2 确定型号各单元的故障率 λ_i（1/h）。

步骤3 计算型号各单元加权因子平均值 $\bar{k}$：

$$\bar{k} = \frac{\sum_{i=1}^{n} k_i}{n} \tag{9}$$

式中：n——型号的单元数。

步骤4 计算型号各单元故障率平均值 $\bar{\lambda}$：

$$\bar{\lambda} = \frac{\sum_{i=1}^{n} \lambda_i}{n} \tag{10}$$

步骤 5　按式（11）计算单元 i 修复时间加权系数 β_i：

$$\beta_i = \frac{k_i \overline{\lambda}}{\lambda_i \overline{k}} \tag{11}$$

步骤 6　按式（12）计算单元 i 的平均修复时间：

$$\overline{M}_{cti} = \beta_i \overline{M}_{ct} \tag{12}$$

9.3　按故障率和设计特性的加权因子分配法示例

某串联型号由 3 个单元组成，要求系统平均修复时间等于 0.5h，据此对各单元进行分配，各单元设计方案和故障率情况如表 5 所列。

表 5　某型号各单元设计方案和故障率

单元	可测试性	可 达 性	可更换性	可调整性	λ_i /（1/h）
1	人工检测	有遮盖、螺钉固定	卡扣固定	需微调	0.01
2	自动检测	能快速拆卸遮挡	插接	需微调	0.02
3	半自动检测	有遮盖、螺钉固定	螺钉固定	需微调	0.06

步骤 1　查附录 B 中表 B.1，可得各单元各项加权因子 k_{ij}，如表 6 所列。

表 6　各单元各项加权因子值

单元 i	加权因素 j			
	1	2	3	4
1	5	4	2	3
2	1	2	1	3
3	3	4	4	1

于是有

$$k_1 = 5 + 4 + 2 + 3 = 14$$
$$k_2 = 1 + 2 + 1 + 3 = 7$$
$$k_3 = 3 + 4 + 4 + 1 = 12$$

步骤 2　确定产品各单元的故障率 λ_i（见表 5）。

步骤 3　计算产品各单元加权因子平均值 $\overline{k}$：

$$\overline{k} = \frac{1}{3}(k_1 + k_2 + k_3) = 11$$

步骤 4　计算产品各单元故障率平均值 $\overline{\lambda}$：

$$\overline{\lambda} = \frac{1}{3}(\lambda_1 + \lambda_2 + \lambda_3) = 0.03 \ （1/h）$$

步骤 5　计算单元 i 修复时间加权系数 β_i：

$$\beta_1 = \frac{14 \times 0.03}{11 \times 0.01} \approx 3.82 \qquad \beta_2 = \frac{7 \times 0.03}{11 \times 0.02} \approx 0.95 \qquad \beta_3 = \frac{12 \times 0.03}{11 \times 0.06} \approx 0.54$$

步骤 6　计算单元 i 的平均修复时间。

单元 I：　$\overline{M}_{ct1} = \beta_1 \overline{M}_{ct} = 3.82 \times 0.5 = 1.91\,\text{h}$

单元 II：　$\overline{M}_{ct2} = \beta_2 \overline{M}_{ct} = 0.95 \times 0.5 = 0.48\,\text{h}$

单元 III：　$\overline{M}_{ct3} = \beta_3 \overline{M}_{ct} = 0.54 \times 0.5 = 0.27\,\text{h}$

9.4　注意事项

用该方法进行分配时，注意分配对象的类型（机械、电子、机电等），并清楚该对象的维修性设计特性。该方法中的这些加权因子，实际上是从各因素对单元维修性指标的影响来考虑的。对维修时间影响越不利的因素，其 k_{ij} 就越大。

对于 $\overline{M}_{pt}$ 的分配，将故障率换成预防性维修频率，平均修复时间换成某项预防性维修平均时间，其他与 $\overline{M}_{ct}$ 的分配步骤一样。

10　沿用产品分配

对于某些改进改型的型号，并不是所有的单元都需要进行重新设计，有些单元沿用原来。对于这种情况需要单独考虑。

设型号由 n 个分系统组成，其中 L 个是不需要进行改进设计的分系统，$(n-L)$ 种是需要进行新设计的分系统，新设计的分系统的维修性分配由下面的公式决定：

$$\overline{M}_{ctj} = \frac{\overline{M}_{cts}^* \sum_{i=1}^{n} Q_i \lambda_i - \sum_{i=1}^{L} Q_i \lambda_i \overline{M}_{cti}}{(n-L)Q_j \lambda_j} \tag{13}$$

式中：j——$L+1$，…，n；

$\overline{M}_{ctj}$——新设计的第 j 分系统的平均修复时间，单位为小时（h）；

$\overline{M}_{cts}^*$——型号要求的平均修复时间，单位为小时（h）；

$\overline{M}_{cti}$——第 i 分系统的平均修复时间，单位为小时（h）；

Q_i——第 i 分系统的数量；

λ_i——第 i 分系统的故障率，单位为次每小时（1/h）；

Q_j——第 j 分系统的数量；

λ_j——第 j 分系统的故障率，单位为次每小时（1/h）。

具体的分配方法如本指南中第 6 部分~第 9 部分所述。

附录 A
（资料性附录）
维修性分配报告编写指南

A.1 报告的组成

维修性分配报告一般由概述部分、正文部分和附录等组成。

概述部分：封面（见 A.1.1.1）；　　　　正文部分：引言（见 A.1.2.1）；

　　　　　首页（见 A.1.1.2）；　　　　　　　　产品概述（见 A.1.2.2）；

　　　　　修订状态页（见 A.1.1.3）；　　　　　假设（见 A.1.2.3）；

　　　　　目次（见 A.1.1.4）；　　　　　　　　维修性模型（见 A.1.2.4）；

　　　　　符号（见 A.1.1.5）。　　　　　　　　维修性分配（见 A.1.2.5）；

　　　　　　　　　　　　　　　　　　　　　　　结论（见 A.1.2.6）；

　　　　　　　　　　　　　　　　　　　　　　　参考资料（见 A.1.2.7）。

附录（见 A.1.3）。

A.1.1 概述部分

A.1.1.1 封面

封面应注明产品名称、产品型号、报告名称、报告编号、总页数、密级、编写单位及日期。

A.1.1.2 首页

首页应有报告名称、报告编写、校对、审核及批准人的签名以及相应日期等。

A.1.1.3 修订状态页

修订状态页应反映报告的修订状态，其中应注明报告修订前后的版次及日期。

A.1.1.4 目次

目次应包括每个章节的编号、标题和开始的页码。当报告的篇幅不超过 15 页时可以不加目次。

A.1.1.5 符号

报告中所使用的符号、代号、缩写及计量单位应列表说明。报告中的所有数据均应注明计量单位。

A.1.2 正文部分

A.1.2.1 引言

引言应说明编写分配报告的时机和目的。编写报告的时机是指产品当前所处的寿命周期阶段。注意：不同的维修性分配时机，其目的是不同的。

A.1.2.2 产品概述

简要说明以下内容：

a）产品的功能层次和结构层次划分。

b）产品的组成及其接口。

c）产品的维修性分配要求。

d）产品所处寿命周期阶段。

e）产品的维修条件。

f）产品所处的维修级别和维修类别。

g）产品的可靠性数据。

A.1.2.3　假设

说明用于产品分配的各种假设。这些假设可能包括：

a）产品各组成部分寿命均服从指数分布。

b）产品各组成部分的故障相互独立，不存在关联故障。

A.1.2.4　维修性模型

要同时给出维修性物理模型和维修性数学模型。

正文中直接给出数学模型，不要进行数学推导，有必要的推导应放入附录中。

A.1.2.5　维修性分配

首先说明维修性分配方法以及选择的理由、数据来源及数据的有效性。

接着按照本指南第6部分～第9部分给出的各种方法的"分配步骤"给出分配过程。具体内容可参见本指南第6部分～第9部分中的案例。

最后给出维修性分配结果。

A.1.2.6　结论

对比分配目的，给出维修性分配结论，其内容包括：

a）给出产品维修性分配结果。以方案对比为目的的维修性分配要对比多个方案的维修性分配结果，选出最优的方案，以评价产品维修性水平为是否满足指标要求。

b）给出改进产品维修性的意见与建议。无论产品维修性水平是否达到了规定的要求，都应该进行此项工作。

A.1.2.7　参考资料

列出报告中所引用的参考资料。

A.1.3　附录

根据需要而定。

A.2　报告的修订

随着有用数据的增加，或进行设计更改时，应对已提交的报告进行必要的修订。应在修订状态页上注明修订的页码及相应的版次，新增的页面用附加页来说明。报告的版次按修订的书讯用大写英文字母表示，如第一次修订为A版。

附加页用原页码加上"-"缀以阿拉伯数字连续编号，如原页码为10页增加为3页时，页码应分别为10、10-1、10-2。

若当修订导致页数变少时，用标有"此页无正文"的空白页补齐。

A.3　报告的提交

应根据合同或有关文件按期向订购方（使用部门）提交。

附录 B
（资料性附录）
维修性加权因子

B.1 对机电产品

考虑 4 种维修性加权因子时的参考值见表 B.1，这些参考值主要适用于机电产品。

表 B.1 考虑 4 种维修性加权因子时的参考值

故障检测与隔离因子（K_{i1}）		
类型	K_{i1}	说　明
自动	1	使用设备内部计算机检测故障部位
半自动	3	人工控制机内检测电路进行故障定位
人工	5	用机外轻便仪表在机内设定的检测孔检测
人工	10	机内无设定的检测孔，须人工逐点寻迹
可更换性因子（K_{i3}）		
类型	K_{i2}	说　明
插拔	1	可更换单元是插件
卡扣	2	可更换单元是模块，更换时打开卡扣
螺钉	4	更换单元要上、下螺钉
焊接	6	更换时要进行焊接
可达性因子（K_{i2}）		
类型	K_{i3}	说　明
好	1	更换故障单元时无需拆除遮盖物
较好	2	能快速拆除遮盖物
差	4	拆除阻挡、遮盖物须取上、下螺钉
很差	8	除上、下螺钉外并需两人以上移动阻挡、遮盖物
可调整性因子（K_{i4}）		
类型	K_{i4}	说　明
不调	1	更换单元后无须调整
微调	3	利用机内模块元件进行调整
联调	5	需与其他电路一起联调

B.2　对计算机及电子产品

考虑单元的复杂性、故障隔离技术、装配、可达性、可装卸性和维修环境等6种维修性加权因子时的参考值见表 B.2～表 B.7，这些参考值适用于计算机及电子产品。

表 B.2　单元的复杂性因子（K_{i1}）

类　型		K_{i1}	说　明
第一种	简单电源	2	
	成套电源	3	
	控制电路单元	3	
	数字计算机	2	包括存储器
	磁盘存储器	3	固定头
	磁盘存储器	3	活动头
	磁带	4	包括盒式磁带
	电传打字机	6	
	纸带	4	穿孔器或读出器
	数字电路单元	1	
	模拟电路单元	2	
	CRT 终端	3	包括键盘
	键盘	2.5	含编码、译码和指示灯驱动器
	打印机	6	接触式、行式
	打印机	4	非接触式
	卡片处理机	6	穿孔器或读出器
第二种	数字电路组件	1	小的
	数字电路组件	1.5	大的
	模拟电路组件（低电平）	1.5	小的
	模拟电路组件（低电平）	2	大的
	模拟电路组件（高电平）	2	小的
	模拟电路组件（高电平）	3	大的
	数模（模数）转换	2	小的
	数模（模数）转换	3	大的
	导线束	4	
	简单电源	2	完好的
	成套电源	3	完好的
	控制电路组件	3	完好的

（续）

类　型		K_{i1}	说　明
	指示灯	1	任意
	LED（发光二极管）	1.5	任意
	二极管	1.5	任意
	电阻器	1.5	固定的
	电阻器	2	可变的
	电容器	1.5	固定的
	电容器	2	可变的
	晶体管	3	任何低、中功率管
	可控硅整流器	3	任意
	继电器（机械的）	3	任意
	继电器（固定的）	4	任意
	混合电路	4	任何半导体
	变压器	3	任意
第三种	电感器	2	任意
	开关	2	任意
	断路器	3	任意
	模拟集成电路	4	任意
	数字集成电路	5	中规模集成电路
	数字集成电路	7	大规模集成电路
	印制电路板	3	单层
	印制电路板	5	多层
	连接器	1	单触点
	连接器	5	多触点
	同步器、电动发电机	4	任意
	过时指示器	3	任意
	风机	3	任意
	风扇	1	任意
	射频干扰滤波器	2	任意
说明：该表中有三种参考系数，在使用时请在同种中选择适合的参数			

表 B.3　故障隔离技术因子（K_{i2}）

类型	K_{i2}	说　明
自动	2	计算机自动测试（BIT），即电路对可更换的产品提供自动隔离
半自动	3	人工控制的 BIT 电路（包括测试点选择开关和仪表装置）
人工	5	用手提式测试设备在电路各测试点做人工测量
人工	7	同上，但没有测试点，因此需要用其他技术

表 B.4　装配因子（K_{i3}）

类 型	K_{i3}	说 明
电路板组件	1	无紧固件的快速分离式
电路板组件	2	带有螺钉紧固的引线连接器
电路板组件	3	每根导线的连接用螺钉拧紧或夹子夹紧
电路板组件	5	焊接连接且用螺钉紧固
安装元器件的底板	1	无紧固件的直插式
安装元器件的底板	2	代用螺钉紧固的引线连接器
安装元器件的底板	3	每根引线的连接用螺钉拧紧或夹子夹紧
安装元器件的底板	6	每根引线焊接连接且用螺钉紧固

表 B.5　可达性因子（K_{i4}）

类 型	K_{i4}	说 明
直接	1	无罩壳等
简单	2	迅速松开罩壳的紧固件
苦难	4	螺纹罩壳
非常苦难	6	螺纹罩壳紧固件，加之内罩壳、元器件或导线的移动

表 B.6　可装卸性因子（K_{i5}）

类 型	K_{i5}	说 明
简单	1	重量轻，一个人装卸
困难	3	难处理的，两个人装卸
非常困难	5	两个人加起重机或小型装卸机

表 B.7　维修环境因子（K_{i6}）

类 型	K_{i6}	说 明
室内气候：温和	1	正常的温度和相对湿度
中等	2	0℃～10℃且相对湿度大于 90%，或者 32℃～38℃
严酷	3	气温低于 0℃或者高于 38℃，且相对湿度大于 90%
室外气候：温和	2	气温 10℃～32℃且相对湿度小于 90%，无风和雨
中等	3	0℃～10℃且相对湿度大于 90%，或者 32℃～38℃，微风
恶劣	6	中等气温兼雨或雪并有大风
极其恶劣	10	低于 0℃或高于 38℃兼雨或雪，并有大风

附录C
（资料性附录）
某型战斗机飞行操纵系统维修性指标分配应用案例

C.1 概述

某型战斗机的飞行操纵系统由数字式飞行控制分系统、伺服作动器分系统、前缘襟翼分系统和机械部件分系统等4个分系统组成，整个飞行操纵系统的$\overline{M}_{ct}$为2h，试将飞行操纵系统的$\overline{M}_{ct}$分配到分系统级，并将数字式飞行控制分系统的$\overline{M}_{ct}$分配到设备级，即现场可更换单元级，该系统的设计特性和故障率数据已知。

C.2 分配步骤

其分配步骤如下。

步骤1 分配要求分析。确定飞行操纵系统的维修性指标，$\overline{M}_{ct}^{*}=2h$，为基层级指标。

步骤2 分配对象分析。绘制飞行操纵系统的结构框图，如图C.1所示。

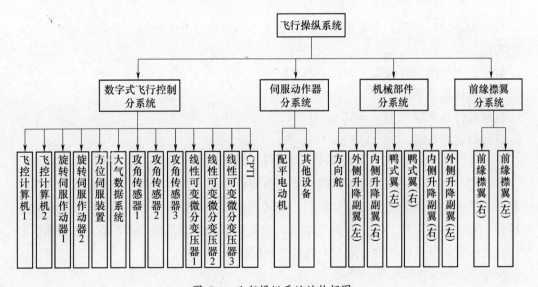

图 C.1 飞行操纵系统结构框图

步骤3 获取数据。得到该系统中的故障率数据、分系统个数数据以及设计特性数据，如表C.1所列。

步骤4 分配方法确定。由于该系统设计特性和故障率数据已知，因此按"故障率和设计特性的加权因子分配法"进行分配。

步骤5 指标分配。利用按故障率与设计特性加权因子分配法把飞行操纵系统的$\overline{M}_{ct}$分配到数字式飞行控制分系统、伺服动作器分系统、前缘襟翼分系统和机械部件分系统

（各舵面中的机械部件），其分配过程见表C.1。

表C.1　飞行操纵系统维修指标的分配

分系统名称	Q_i	λ_{ss} /$(10^{-6}/h)$	$\lambda_i=Q_i\lambda_{ss}$ /$(1/h)$	K_{i1}	K_{i2}	K_{i3}	K_{i4}	K_{i5}	K_i	W_i	M_{cti} /h
数字式飞行控制分系统	1	7400	7400	1	1	1	0	1	4	0.135	0.27
伺服作动器分系统	1	4150	4150	3	6	6	2	2	19	1.146	2.29
前缘襟翼分系统	1	1370	1370	3	4	4	2	2	15	2.74	5.48
机械分系统	1	100	100	2	4	4	2	2	14	35	70
总和			13020						52		

步骤6　结果分析。判断分配结果是否符合要求及可行性。检查分配后的平均修复时间是否满足要求和是否可行。

由式（1）计算$\overline{M}_{ct}$：

$$\overline{M}_{ct}=\frac{\sum M_{cti}\times\lambda_i}{\sum\lambda_i}=\frac{7400\times0.27+4150\times2.29+1370\times5.48+100\times70}{13020}=1.6h$$

可见$\overline{M}_{ct}<\overline{M}_{ct}^{*}=2h$，分配值有效，四舍五入后，各分系统分配的平均修复时间$\overline{M}_{cti}$分别为：

数字式飞行控制分系统　$\overline{M}_{ct1}=0.27$ h

伺服动作器分系统　$\overline{M}_{ct2}=2.3$ h

机械部件分系统　$\overline{M}_{ct4}=70$ h

前缘襟翼分系统　$\overline{M}_{ct3}=5.5$h

综合考虑技术、费用、保障资源等因素，该分配方案是可行的，因此不需要进行调整。

步骤7　再把分系统的分配值进一步分布到设备级。在本案例中即是把数字式飞行控制分系统的$\overline{M}_{ct1}$再分配到飞控计算机、旋转伺服动作器、攻角传感器、线性可变微分变压器、大气数据系统、CPTI、配平电机、方位伺服装置和其他设备，表C.2给出了分配过程及结果，其分配步骤与表C.1的系统分配相似。

步骤8　写出分配报告。略。

表C.2　数字式飞控系统维修性指标的分配

设备名称	Q_i	λ_{ss} /$(10^{-6}/h)$	$\lambda_i=Q_i\lambda_{ss}$ /$(1/h)$	K_{i1}	K_{i2}	K_{i3}	K_{i4}	K_i	W_i	M_{cti} /h
飞控计算机	2	16445	3289	1	1	1	1	4	0.158	0.04266
旋转伺服动作器	2	865	1730	1	1	1	1	4	0.3	0.081
攻角传感器	3	158	474	1	2	2	2	7	1.92	0.5184
线性可变微分变压器	3	80	240	1	3	3	3	10	5.42	1.4634

（续）

设备名称	Q_i	λ_{ss} $/(10^{-6}/h)$	$\lambda_i = Q_i\lambda_{ss}$ $/(1/h)$	K_{i1}	K_{i2}	K_{i3}	K_{i4}	K_i	W_i	M_{cti} $/h$
大气数据系统	1	382	382	1	1	1	1	4	1.36	0.3672
CPTI	1	374	374	1	1	1	1	4	1.39	0.3753
配平电动机	1	235	235	2	2	2	1	7	3.87	1.0449
方位伺服装置	1	246	246	1	1	1	1	4	2.11	0.5697
其他设备	1	440	440	2	5	5	1	13	3.84	1.0368
综合			7410					57		

参 考 文 献

[1]　甘茂治，吴真真．维修性设计与验证[M]．北京：国防工业出版社，1995．

[2]　杨为民．可靠性·维修性·保障性总论[M]．北京：国防工业出版社，1995．

[3]　焦景堂．航空机载设备可靠性维修工程指南[M]．北京：国防工业出版社，1995．

[4]　甘茂治，康建设，高崎．军用装备维修工程学[M]．北京：国防工业出版社，1999．

[5]　曾天翔，等．可靠性及维修性工程手册[M]．北京：国防工业出版社，1995．

[6]　章国栋，等．系统可靠性与维修性的分析与设计[M]．北京：航空航天大学出版社，1990．

[7]　龚庆祥．可靠性维修性设计（飞机设计手册第 20 册）[M]．北京：航空工业出版社，1999．

[8]　张钧声，等．维修性工程理论与应用[M]．北京：昆仑出版社，1988．

[9]　石全．维修性设计技术案例汇编[M]．北京：国防工业出版社，2001．

[10]　周青龙，贾希胜，朱小东．可靠性与维修工程[M]．石家庄：河北教育出版社，1992．

[11]　王权伟，蒋里强，王维兴．武器系统维修性分配的线性规划方法研究[J]．装备指挥技术学院学报，2006,17（3）．

[12]　XKG/W02—2009．型号维修性预计应用指南[M].北京：国防科技工业可靠性工程技术研究中心．

[13]　GJB 368B《装备维修性工作通用要求》实施指南[M]．北京：总装备部电子信息基础部技术基础局　总装备部技术基础管理中心，2009．

XKG

型号可靠性技术规范

XKG / W02—2009

型号维修性预计应用指南

Guide to the maintainability prediction for materiel

目 次

前　言

本指南中附录 A~附录 D 均是《资料性附录》。

本指南是由国防科技工业可靠性工程技术研究中心负责组织实施。

本指南起草单位：北京航空航天大学可靠性工程技术研究所，军械工程学院，航空 601 所、航天三院三部。

本指南主要起草人：马麟、龙军、张慧果、章国栋、朱小冬、吕瑞、曹现涛。

型号维修性预计应用指南

1 范围

本指南规定了型号（装备，下同）维修性预计工作的要求、程序和方法。

本指南适用于新研型号在论证、方案、工程研制与定型、生产等阶段中维修性的预计，也适用于型号改进或改型中的维修性的预计。

2 规范性引用文件

下列文件中的有关条款通过引用而成为本指南的条款。凡注明日期或版次的引用文件，其后的任何修改单（不包括勘误的内容）或修订版本都不适用于本指南，但提倡使用本指南的各方探讨使用其最新版本的可能性。凡不注日期或版次的引用文件，其最新版本适用于本指南。

GJB 299C   电子设备可靠性预计手册
GJB 368B   装备维修性工作通用要求
GJB 431   产品层次、产品互换性、样机及有关术语
GJB 450A   装备可靠性工作通用要求
GJB 451A   可靠性维修性保障性术语
GJB 813   可靠性模型的建立和可靠性预计
GJB/Z 57   维修性分配与预计手册
GJB/Z 145   维修性建模指南
GJB/Z 1391   故障模式、影响及危害性分析指南

3 术语和定义

GJB 451A 确立的以及下列术语和定义适用于本指南。

3.1 维修性预计 maintainability prediction

为了估计产品在给定工作条件下的维修性而进行的工作。

3.2 维修活动 maintenance action

维修事件的一个局部，包括使产品保持或恢复到规定状态所必须的一种或多种基本维修作业。如故障定位、隔离、修理和功能检查等。

3.3 基本维修作业 elementary maintenance activity

一项维修活动可以分解成的工作步骤，如拧螺钉、装垫片等。

3.4 维修事件 maintenance event

由于故障、虚警或按预定的维修计划进行的一种或多种维修活动。

3.5 可更换单元 replaceable unit

可在规定的维修级别上整体拆卸和更换的单元。它可以是设备、组件、部件或零件

等场所。按照更换的场所，可分为现场可更换单元（line replaceable unit , LRU)、车间可更换单元(shop replaceable unit, SRU)。

4　符号和缩略语

4.1　符号

下列符号适用于本指南。

$\overline{M}_{ct}$——平均修复时间，单位为小时（h）；

$\overline{M}_{pt}$——平均预防性维修时间，单位为小时（h）；

M_{max}——给定百分位的最大修复时间，单位为小时（h）；

M_I——维修工时率，单位为人时每小时（人·时/h）；

$\overline{T}_P$——平均准备时间，单位为小时（h）；

$\overline{T}_{FI}$——平均故障隔离时间，单位为小时（h）；

$\overline{T}_D$——平均分解时间，单位为小时（h）；

$\overline{T}_I$——平均更换时间，单位为小时（h）；

$\overline{T}_R$——平均组装时间，单位为小时（h）；

$\overline{T}_A$——平均调准时间，单位为小时（h）；

$\overline{T}_{CO}$——平均检验时间，单位为小时（h）；

λ——故障率，单位为次每小时（1/h）；

f——预防性维修频率。

4.2　缩略语

下列缩略语适用于本指南。

MTTR——mean-time-to-repair，平均修复时间；

MPMT——mean preventive maintenance time，平均预防性维修时间；

FD&I——fault diagnosis and isolation，故障诊断与隔离；

RU——replaceable unit，可更换单元；

LRU——line- replaceable-unit，现场可更换单元。

5　一般要求

5.1　维修性预计的目的和作用

a）目的

评价产品是否能够达到要求的维修性指标。

b）作用

1）在方案论证阶段，通过维修性预计，比较不同方案的维修性水平，为最优方案的选择及方案优化提供依据。

2）在设计中，通过维修性预计，发现影响产品维修性的主要因素，找出薄弱环节，采取设计措施，提高维修性。

3）为维修性验证等工作提供依据。

5.2 维修性预计的时机

应该在型号论证阶段即开展维修性预计工作，并随着研制的深入而逐步深化，在必要时要对预计结果进行适当修正。在生产阶段进行设计更改，或者型号改型、改进时都应适当地进行维修性预计。

维修性预计在各个研制阶段的实施情况，如表1所列。

表 1 维修性预计的时机

新 研 型 号				型号的改型
论证	方案	工程研制与定型	生产	
考虑开展	必须开展	必须开展	可能开展	可能开展

5.3 维修性预计的参数

维修性预计的对象应当是十分重要的型号维修性参数，它们通常是在研制总要求或研制任务书中规定的。一般来说，最常见的需要预计的维修性参数包括：

a）平均修复时间 $\overline{M}_{ct}$（MTTR）。

b）平均预防性维修时间 $\overline{M}_{pt}$（MPMT）。

c）给定百分位的最大修复时间 M_{max}（还可表示为 $M_{max}(\varphi)$）。

d）维修工时率 M_I。

对于具体的维修性预计工作，应按照任务书要求，针对具体参数指标进行预计。

5.4 维修性预计的层次

维修性预计的层次与预计的时机、维修级别、具体的维修方案有关。

在方案论证阶段，维修性预计限于较高层次的产品，甚至仅仅是整机的维修性指标；在工程研制阶段，维修性预计可拓展至某些整体更换的设备、机组、单机、部件，随着设计的深入，维修性预计层次可达到各个可更换单元。

5.5 维修性预计的条件

开展维修性预计须具备以下基本条件：

a）产品已完成初步设计。

b）产品已完成可靠性分配或初步的可靠性预计。

c）掌握相似装备维修性相关的数据和资料。

d）各种维修性预计方法所需的其他特定条件。

5.6 维修性预计的原则

进行维修性预计时，应遵循下列原则：

a）维修性预计应重点考虑在基层级维修的产品层次，对于在中继级或基地级进行维修的产品，因其维修性设计要求相对较低，可适当减少在维修性预计工作方面的投入，但应充分考虑战时抢修可能要求部分中继级或基地级维修工作在战场完成。

b）维修性预计时应妥善处理工作分解结构中不同产品间的接口关系，既要避免重复预计，又要避免遗漏。

c）维修性指标要区别清楚是修复性维修还是预防性维修，或者两者的组合，相应的时间或工时与维修频率不得混淆。

d）维修性预计一般按照产品结构层次划分逐层展开，维修性预计的层次通常应与维修性分配的层次保持一致。

e）应充分重视并参考相似产品的维修性数据。

f）维修性预计过程中，应充分重视工程经验的利用，以降低预计的误差。

5.7 维修性预计的方法

维修性预计的各种方法均有其优点和一定的局限性，如 GJB/Z 57《维修性分配与预计手册》中提出的概率模拟预计方法考虑的因素非常细致，但数据收集和计算的工作量较大，且主要局限于航空机载电子和机电系统修复时间的预计；随机网络预计方法、神经网络预计方法、基于虚拟现实技术的预计方法对数据要求比较高，普遍进行工程应用还有一定难度；功能层次预计方法、抽样评分预计方法等方法的工程可操作性还需进一步改进。

考虑到工程应用所需的简易性和实用性，本指南着重选择 GJB/Z 57《维修性分配与预计手册》中的单元对比预计方法，时间累计预计方法中的初步预计法和精确预计法进行了适当改进，考虑到回归预计方法具有较高的应用价值，但其应用与具体型号类型关系紧密，将该方法放在本指南附录 A 中介绍。

对于本指南中各种不同的方法的适用阶段、预计参数、前提条件和需要数据等的比较，如表 2 所列。

表 2　维修性预计方法比较

	单元对比方法	早期时间累计预计方法	精确时间累计预计方法
适用阶段	方案阶段和工程研制阶段	初步（初样）设计阶段	详细（正样）设计阶段
预计参数	MTTR、MPMT	MTTR、MPMT、M_I	MTTR、MPMT、M_I
前提条件	已有至少一个单元（基准单元）的维修时间与维修频率数据	已知各单元维修活动的流程及各项维修活动发生的频率	需要已知各故障检测与隔离的方法，以及相应的维修活动的频率与时间
需要数据	基准单元的维修时间与维修频率数据以及其他各组成单元与基准单元在复杂性、维修性方面的大概比较	各单元故障率、基本维修作业时间及维修作业频率	各单元故障率、各单元的每种故障检测与隔离方式、基本维修作业时间、维修作业频率等

5.8 维修性预计的步骤

维修性预计工作的步骤包括以下内容。

a）分析维修性预计的任务要求，明确预计的参数。确定产品需要预计的维修性参数，明确各参数所对应的维修级别、维修类别以及其他相关维修性预计要求。

b）分析维修性预计的产品对象。型号各组成部分的功能和结构层次，可由型号总体逐步分解到所需层次的产品即可更换单元，层次的多少可由型号的复杂程度并结合维修性预计要求而定。

c）明确并收集维修性预计所需的信息。获取拟预计对象已有的数据，如相似产品数据、故障率数据、可达性数据、测试性数据、拆装性数据等，为选取合适的预计方法奠定基础。

d）确定适当的预计方法并进行预计。各方法的步骤参见本指南中 6.2 条、7.2 条和 8.2 条。

e）对结果进行适当的修正。结果修正主要是为弥补简化的维修性模型所带来的预计误差，修正通常以经验分析为主。

f）编制维修性预计报告。最后，完成维修性预计报告。维修性预计报告的具体格式参见本指南附录 D。

6 单元对比法

6.1 概述

本方法假定型号中已知一个单元的维修时间和维修频率，并可将其作为基准单元，型号中其他单元可通过与该基准单元就维修难度、维修频率进行比较，得到自身的维修时间和维修频率，并据此对型号维修性做出预计。

6.2 实施步骤

单元对比法的预计步骤如下。

步骤 1　明确预计参数及其指标。

单元对比法通常用于预计平均修复时间（$\bar{M}_{ct}$）、平均预防性维修时间（$\bar{M}_{pt}$）等。

步骤 2　确定型号的可更换单元。

以规定的维修级别（如现场维修）为准，根据型号设计方案和实施可能，划分并确定型号的各个可更换单元。

步骤 3　选择基准单元。

基准单元的选择原则，一是要能够估测其维修性指标水平；二是要使它与其他单元在复杂性、维修性等方面有明确的可比性，以便于确定各项系数。对于修复性维修和预防性维修的基准单元，可以是同一个基准单元，也可以根据需要分别选择不同的基准单元。

步骤 4　确定各项系数。

a) 相对故障率系数。

第 i 个可更换单元的相对故障率系数为

$$k_i = \frac{\lambda_i}{\lambda_0} \tag{1}$$

式中：λ_i——第 i 个可更换单元的故障率；

λ_0——基准单元的故障率。

b) 相对修复时间系数。若将修复性维修分解为定位、隔离、分解、更换、结合、调准、检验等活动，则相对时间系数 h_i 为

$$h_i = h_{i1} + h_{i2} + h_{i3} + h_{i4} + h_{i5} + h_{i6} + h_{i7} \tag{2}$$

式中：h_{ij} 由第 i 个可更换单元第 j 项维修活动时间(t_{ij})与基准单元相应维修活动时间(t_{0j})的比值确定，即

$$h_{ij} = h_{0j} \frac{t_{ij}}{t_{0j}} \tag{3}$$

此外，修复性维修活动的分解也可根据实际情况进行相应的调整，例如，分解为定位隔离、拆卸组装、安装更换、调准检测四项活动因素，以简化预计过程，即

$$h_i = h_{i1} + h_{i2} + h_{i3} + h_{i4} \tag{4}$$

c) 相对预防性维修频率系数。

相对频率系数 l_i 是指第 i 个可更换单元的预防性维修频率 f_i 与基准单元预防性维修频率 f_0 的比值，即

$$l_i = \frac{f_i}{f_0} \tag{5}$$

对修复性维修的基准单元，令 $k_0 = 1$，$h_{01} + h_{02} + h_{03} + h_{04} = 1$，$h_{0j}$ 的数值根据上述活动时间所占的比例确定。其他各可更换单元按相对于基准单元的倍比关系确定各项系数。对于预防性维修基准单元，令 $l_0 = 1$，其他与修复性维修相似。

各相对系数确定后分别填入表 3 中。

表 3　可更换单元相对系数表

可更换单元序号	k_i	h_{ij}					h_i	$k_i h_i$	l_i	$l_i h_i$
		h_{i1}	h_{i2}	h_{i3}	h_{i4}	$\sum h_{ij}$				
1										
2										
...										
n										
合计										

步骤 5　计算相应的维修性参数值。

a) 计算平均修复时间

$$\bar{M}_{ct} = \frac{M_{ct0} \sum\limits_{i=1}^{n} h_{ci} k_i}{\sum\limits_{i=1}^{n} k_i} \tag{6}$$

式中：M_{ct0} ——基准可更换单元的平均修复时间，单位为小时（h）；

　　　k_i ——型号中第 i 个可更换单元相对故障率系数；

　　　h_{ci} ——型号中第 i 个可更换单元相对维修时间系数。

b) 计算平均预防性维修时间

$$\bar{M}_{\text{pt}} = \frac{M_{\text{pr0}} \sum\limits_{i=1}^{m} l_i h_{\text{p}i}}{\sum\limits_{i=1}^{m} l_i} \tag{7}$$

式中： M_{pt0}——基准单元的预防性维修时间，单位为小时（h）；

l_i——型号中第 i 个预防性维修单元的相对预防性维修频率系数；

$h_{\text{p}i}$——型号中第 i 个预防性维修单元的相对维修时间系数。

6.3 实例分析

某型号由 12 个可更换单元组成，已知单元 1 的故障率和各项维修时间，以及单元 3 的预防性维修频率和其平均预防性维修时间，预计该系统的平均修复性维修时间和平均预防性维修时间。

步骤 1 明确预计参数及指标。

型号的平均修复时间 $\bar{M}_{\text{ct}}$ 的目标值为 30min，平均预防性维修时间 $\bar{M}_{\text{pt}}$ 的目标值为 26min。

步骤 2 确定型号的可更换单元。

根据设计方案与维修规程，该型号在现场可更换的单元共为 12 个。

步骤 3 选择基准单元。

根据已有的资料，确定第 1 号单元为修复性维修基准单元，检测隔离平均时间 4min；拆卸组装 3min；安装更换 1min；调准检验 2min，平均修复时间为 10min，故障率预计值为 0.0005/h；第 3 号单元为预防性维修基准单元，其平均预防性维修时间为 10min，维修频率为 0.0001/h。

步骤 4 确定各项系数。分别以 1 号单元为修复性维修基准单元，以 3 号单元为预防性维修单元，根据各个可更换单元的设计方案特点，并分别与 1、3 号进行对比分析，得到各项系数，如表 4 所列。

表 4 某系统可更换单元相对系数表

可更换单元序号	k_i	h_{ij}				h_i	$k_i h_i$	l_i	$l_i h_i$
		h_{i1}	h_{i2}	h_{i3}	h_{i4}	$\sum h_{ij}$			
1	1	0.4	0.3	0.1	0.2	1	1	0	0
2	2.5	0.5	1	2	0.6	4.1	10.25	0	0
3	0.7	1.8	0.3	0.5	0.7	3.3	2.31	1	3.3
4	1.5	2	1.2	0.8	0.5	4.5	6.75	0	0
5	0.5	1.2	0.5	0.3	2	4	2	0	0
6	2.8	0.4	1	0.25	0.5	2.15	6.02	2.5	5.375
7	0.8	1.3	0.7	1.2	—	4	3.2	0	0
8	2.2	0.2	0.5	0.4	0.3	1.4	3.08	0	0

（续）

可更换单元序号	k_i	h_{ij}				h_i	$k_i h_i$	l_i	$l_i h_i$
		h_{i1}	h_{i2}	h_{i3}	h_{i4}	$\sum h_{ij}$			
9	3	0.6	0.8	0.6	0.5	2.5	7.5	1.5	3.75
10	0.08	5	2	2.5	3	12.5	1	0.04	0.5
11	0.9	1	2	0.8	1	4.8	4.32	0	0
12	1.4	0.6	0.3	0.4	0.5	1.8	2.52	0	0
合计	17.38						49.95	5.04	12.925

步骤5　计算相应的维修性参数值。

a）型号平均修复性维修时间为

$$\bar{M}_{\text{ct预}} = \frac{M_{\text{ct0}} \sum_{i=1}^{n} h_{ci} k_i}{\sum_{i=1}^{n} k_i} = \frac{10 \times 49.95}{17.38} = 28.74 \,\text{min}$$

b）型号平均预防性维修时间为

$$\bar{M}_{\text{pt预}} = \frac{M_{\text{pt0}} \sum_{i=1}^{m} l_i h_{pi}}{\sum_{i=1}^{m} l_i} = \frac{10 \times 12.925}{5.04} = 25.64 \,\text{min}$$

结论：

1）$\bar{M}_{\text{ct预}} < \bar{M}_{\text{ct}}$，$\bar{M}_{\text{pt预}} < \bar{M}_{\text{pt}}$，因此型号的维修性水平满足规定的要求。

2）预计过程中发现，2号单元对修复性维修时间影响较大、6号单元对预防性维修时间影响较大，二者可作为进一步改进设计的重点。

6.4　注意事项

a）对于不同的预防性维修单元，其预防性维修步骤可能并不相同，因此相对预防性维修时间系数也可根据设计特性、维修规程或经验等直接确定。

b）若需提高预计精度，可以首先对基准单元及其他单元的结构设计因素、维修资源要求因素、维修人员的要求因素等方面进行细致的评分，在此基础上更为准确地确定各单元与基准单元的相对修复时间系数。详细的评分方法及要求见本指南附录C。

7　早期时间累计预计法

7.1　概述

对于一个修复性维修事件，通常可认为由以下几项活动组成：准备、故障诊断隔离、分解、更换、组装、调校和检验。修复过程有以下几种情况：

a) 通过故障检测及隔离（FD&I）输出能将故障隔离到单个可更换单元时，对该故障单元的修复性维修过程如图1所示。

图 1 修复性维修的基本过程（1）

b) 通过 FD&I 输出能将故障隔离到可更换单元组并采用成组更换方案时，可将该单元组视为一个可更换单元，其修复性维修过程与图 1 相同。

c) 通过 FD&I 输出能将故障隔离到可更换单元组并采用交替更换方案时，该故障单元的修复性维修过程如图 2 所示。

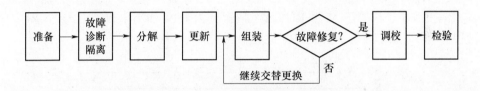

图 2 修复性维修的基本过程（2）

根据特定的维修性预计对象，可按实际情况对维修过程中的各项活动元素进行补充、简化或合并，例如分为定位隔离、拆卸组装、安装更换、调准检测四项。预计模型中常用的修复时间元素符号和定义可以表示如下。

平均准备时间 $\overline{T}_P$：故障隔离前完成相关准备工作所需要的时间，单位为小时（h）；

平均故障隔离时间 $\overline{T}_{FI}$：将故障隔离到着手进行修复的层次所需的时间，单位为小时（h）；

平均分解时间 $\overline{T}_D$：拆卸设备以便达到故障隔离所确定的可更换单元（或若干单元）所需时间，单位为小时（h）；

平均更换时间 $\overline{T}_I$：更换故障的或怀疑故障的可更换单元所需的时间，单位为小时（h）；

平均组装时间 $\overline{T}_R$：在换件后重新组装设备所需的时间，单位为小时（h）；

平均调准时间 $\overline{T}_A$：在排除故障后调整系统或可更换单元所需的时间，单位为小时（h）；

平均检验时间 $\overline{T}_{CO}$：检验故障是否已被排除以及该系统能否正常运行所需的时间，单位为小时（h）。

早期时间累计法就是通过对系统中各个单元进行上述维修过程的分析，得到每个单元的平均修复时间，再根据其维修频率加权计算得到系统的平均修复时间。

7.2 实施步骤

早期时间累计预计法的预计步骤如下。

步骤 1 确定维修性预计的要求和指标。

明确预计的维修性参数及其定义，确定预计程序和基本规则，明确预计所依据的维修级别，了解其保障条件与能力。

早期时间累计预计法通常用于预计系统的平均修复时间 $\overline{M}_{ct}$、平均预防性维修时间

$\overline{M}_{pt}$ 和每次修复的平均维修工时 $\overline{M}_{MH/R_{\rho}}$ 等。

步骤 2 确定更换方案。

为提高预计精度，须考虑产品修复过程中的更换方案，当故障隔离到单个 RU 时，即可单独更换该单元以排除故障。如果维修方案允许故障隔离到各 RU 组并通过 RU 组修复，则在各 RU 组互不相关时，可将每个 RU 组看作一个 RU。如果采用人工方法交替更换可更换单元组中的各单元，则需要计算平均交替更换次数 $\overline{S}_I$，修复过程中如果需平均交替更换 $\overline{S}_I$ 次才能排除故障，更换时间 T_I 和检验时间 T_{CO} 都要变更为可直接隔离到单一 RU 所对应时间的 $\overline{S}_I$ 倍，有的情况下，分解时间与再组装时间 T_D、T_R 也要变为 $\overline{S}_I$ 倍。

$\overline{S}_I$ 的计算取决于故障隔离的能力，如：

X_1%隔离到小于或等于 N_1 个 RU；X_2%隔离到大于 N_1 而小于或等于 N_2 个 RU；X_3%隔离到大于 N_2 而小于或等于 N_3 个 RU；其中 $X_1+X_2+X_3=100$，则

$$\overline{S}_I = \frac{X_1(\frac{N_1+1}{2}) + X_2(\frac{N_1+N_2+1}{2}) + X_3(\frac{N_2+N_3+1}{2})}{100} \tag{8}$$

用此方法计算 $\overline{S}_I$ 的前提是假设设计已经（或将要）满足规定的故障隔离要求，而计算所得到的是固有的 $\overline{M}_{ct}$。这种方法在装备研制的早期阶段对于维修性要求的预计很有价值。当可以获取实际故障隔离特征数据时则应以实际数据为准。

计算 $\overline{S}_I$ 的第二种方法，涉及到所分析型号或产品故障隔离的具体特征。先将设备划分为 K 个相互独立的且能够估计其隔离能力的 RU 组。对每个 RU 组估计其平均隔离组 RU 的单元数 $\overline{S}_r$，然后按各 RU 组的故障率 λ_r 求加权平均值。公式如下：

$$\overline{S}_I = \frac{\sum_{r=1}^{K} \lambda_r \overline{S}_r}{\sum_{r=1}^{K} \lambda_r} \tag{9}$$

步骤 3 收集数据。

数据收集表如表 5 所列，型号中每个单元的数据收集表见表 6。表 5 是对表 6 中数据的汇总。数据的填写步骤如下：

a) 针对一个型号或产品，将其所有主要的 RU 名称及其故障率 λ_i 填在表 5 中。

表 5 数据收集表

单元名称	故障率	单元数	基本维修作业平均时间（h）							合计
RU	λ_i (10⁻⁶/h)	Q_i	$\overline{T}_{Pi}$	$\overline{T}_{FIi}$	$\overline{T}_{Di}$	$\overline{T}_{Ii}$	$\overline{T}_{Ri}$	$\overline{T}_{Ai}$	$\overline{T}_{COi}$	$\overline{M}_{cti}$
RU1										
RU2										
⋮										
RUn										
系统平均修复时间合计（$M_{ct} = \sum_{i=1}^{n} Q_i \lambda_i M_{cti} / \sum_{i=1}^{n} Q_i \lambda_i$）										

b) 在表 6 中填写各项基本维修活动的平均时间 $\overline{T}_m$。

对于基本维修活动时间的来源，首先应考虑该基本维修作业的实际作业时间；其次可以考虑 GJB/Z-57《维修性分配与预计手册》表 205-4 中提供的标准时间；在上述时间无法获取的情况下，再考虑采用类似型号或产品经历的时间、专家判断得出的时间或其他认可的方法得到时间。

对于某项 RU 的维修过程，由于可能采用不同的更换方案，每项维修活动发生的频率将可能不同，尤其是对于更换、检验等活动，出现频率一般较高。在"λ_m 补充说明"中应对每项维修活动发生的频率进行说明。

表 6　单元数据收集表

单元名称		单元故障率	
维修活动 m	每项维修活动所需平均时间 $\overline{T}_m$	每项维修活动发生的频率 λ_m	λ_m 补充说明
准备			
故障诊断隔离			
分解			
更换			
组装			
调校			
检验			

步骤 4　预计相应的维修性指标。

a) 预计单元平均修复时间 $\overline{M}_{cti}$：

$$\overline{M}_{cti} = \frac{\sum_{m=1}^{M} \overline{T}_{mi} \lambda_{mi}}{\sum_{m=1}^{M} \lambda_{mi}} \qquad (10)$$

式中：λ_{mi} ——第 i 项 RU 第 m 项维修活动出现的频率，$m=1,2,\cdots,M$，M 为该单元的维修活动项目总数；

$\overline{T}_{mi}$ ——完成第 i 项 RU 第 m 项维修活动所需的平均时间，单位为小时（h）。

b) 预计型号平均修复时间 $\overline{M}_{ct}$。

$\overline{M}_{ct}$ 为所有 RU 平均修复时间的加权平均值，表示为

$$\overline{M}_{ct} = \frac{\sum_{i=1}^{n} \lambda_i Q_i \overline{M}_{cti}}{\sum_{i=1}^{n} \lambda_i Q_i} \qquad (11)$$

c) 预计每次修复平均维修工时。

$$\bar{M}_{MH} / R_p = \frac{\sum\limits_{n=1}^{N} \lambda_n \bar{M}_{MHn}}{\sum\limits_{n=1}^{N} \lambda_n} \tag{12}$$

式中：$\bar{M}_{MHn}$——修复第 n 个 RU 故障需要的平均工时（人·小时）；n=1，2，…，N，N 为 RU 的总数目。

$$\bar{M}_{MHn} = \frac{\sum\limits_{j=1}^{J} \lambda_{nj} M_{MHnj}}{\sum\limits_{j=1}^{J} \lambda_{nj}} \tag{13}$$

式中：M_{MHnj}——修复由第 j 个 FD&I 输出的第 n 个 RU 所需的维修工时（人·小时）；

j=1，2，…，J，J 为 FD&I 总输出数目。

7.3 实例分析

某型飞机的某工作舱内主要安装有回流风扇、应答机主机、副翼可逆助力液压器等 3 个单元，已知各单元的维修作业及各作业的频率，且维修均在基层级完成，要求其进行维修性初步预计。

步骤 1 确定维修性预计的要求。

以基地级平均修复时间作为维修性预计的对象，指标为 15min。由于维修均在基层级完成，因此对工作舱中的 LRU 均实施换件维修。

步骤 2 确定更换方案。

假定均能将故障隔离到单个 LRU。

步骤 3 收集数据。

本案例中考虑各 LRU 的维修活动均只采用一种方法，且各维修活动出现的频率均与产品故障率相当，因此本案例中将无需就每项 LRU 的维修活动单独列表进行说明，可直接按照表 5 的格式要求将各 LRU 的相关数据填入表中，如表 7 所列。

步骤 4 预计平均修复时间。

表 7 中的数据代入式（11）中，计算得到

$$M_{ct预} = \frac{\sum\limits_{i=1}^{n} \lambda_i Q_i M_{cti}}{\sum\limits_{i=1}^{n} \lambda_i Q_i} = \frac{4898.4 + 562.432 + 4193.28}{390 + 208 + 256} = 11.3 \text{min}$$

表 7 某型飞机工作舱内典型 LRU 维修性数据

单元名称	故障率	单元数	基本维修作业平均时间/min							合计
RU	$\lambda_i /(10^{-6}/\text{h})$	Q_i	$\bar{T}_{Pi}$	$\bar{T}_{Fli}$	$\bar{T}_{Di}$	$\bar{T}_{li}$	$\bar{T}_{Ri}$	$\bar{T}_{Ai}$	$\bar{T}_{COi}$	$\bar{M}_{cti}$
回流风扇	390	1	1.5	1.5	2.48	2.2	2.88	0.5	1.5	12.56
应答机主机	208	1	1.5	0.017	0.52	0.23	0.42	—	0.017	2.704
副翼可逆助力液压器	256	1	2	1.5	3.14	2.2	5.64	0.4	1.5	16.38
平均修复时间（$M_{ct} = \sum\limits_{i=1}^{n} Q_i \lambda_i M_{cti} / \sum\limits_{i=1}^{n} Q_i \lambda_i$）							11.3min			

结论：

a）$\bar{M}_{ct预} < \bar{M}_{ct}$，因此产品的维修性水平满足规定的要求。

b）预计过程中发现，副翼可逆助力液压器对修复性维修时间影响较大，如有可能，则可选择副翼可逆助力液压器作为进一步改进设计的重点。

7.4 注意事项

对于$\bar{M}_{pt}$的预计，将故障率换成预防性维修频率，其他与$\bar{M}_{ct}$的预计过程一样。

8 精确时间累计预计方法

8.1 概述

与早期时间累计预计方法相比，精确时间累计预计方法最大的特点在于要求进一步明确不同的 FD&I 方式及其对应的维修过程与方法，并对详细的维修历程进行记录和分析，以此对维修时间进行更为精确的预计。

8.2 实施步骤

精确时间累计预计方法的预计步骤如下。

步骤 1　确定预计要求。

此步与时间累计早期预计法的要求相同。

步骤 2　鉴别故障检测与隔离输出。

常见的 FD&I 输出包括：

a) 显示器或信号器输出。

b) 诊断或机内测试（BIT）输出。

c) 仪表读数。

d) 断路器和熔断显示器。

e) 显示图像。

f) 报警。

g) 不正常的系统运转迹象。

h) 不正常的系统响应。

i) 系统运行报警信号。

采用本方法时，应首先鉴别所有不同的基本输出，以决定其维修方法（如进行调整，直接修复，或者更换 RU 等）。

步骤 3　建立 FD&I 输出与硬件的关系。

建立 FD&I 输出与硬件的关系通常按以下 3 个步骤来进行：

a) 确定所有 FD&I 的设计要素。典型的设计要素包括诊断程序、机内测试程序、机内测试设备、性能监测程序、状态监控和测试点等。

b) 给包括外部测试设备及人工故障诊断隔离在内的每个 FD&I 方式编号。

c) 确定与每个 FD&I 方式有关的 RU 故障率。

考察每个 FD&I 方式这一设计要素，并将与此要素有关的每个 RU 的故障率填入表 8 中指定的栏位。如果同一 RU 需用不同测试方法检测其不同的故障模式，则故障率应根据各故障模式的频数比分配给相应的 FD&I 方式；如果某个 RU 的同一故障模式可通过多个 FD&I 方式进行测试，则其故障率应分配给产生确定性故障输出的第一个 FD&I 方式。

表 8　FD&I 方式与 RU 的关系

RU 项目		故障检测与隔离的故障率/(10^{-6}/h)				
RU 名称	总故障率 (10^{-6}/h)	设计要素 1	设计要素 2	…	外部设备隔离	人工隔离
		FD&I$_1$	FD&I$_2$	…	FD&I$_{n-1}$	FD&I$_n$
RU1						
RU2						
⋮						
RUn						

步骤 4　时间历程分析。

每个 RU 的修复时间均采用时间历程分析方法合成，通过估计每个基本维修活动所需的时间来计算该项维修活动所经历的全部时间。时间历程分析的步骤如下：

a）确定某项 RU 修复过程所包括的各项基本维修作业，并将基本维修作业名称分别填入表 9 中。

b）分别填入每项 FD&I 方式对应的故障率 λ_{nj}。

c）确定每项 FD&I 方式对应的每个维修步骤、其所需的平均时间 $\overline{T}_{mij}$ 以及该步骤出现的频率 λ_{mij} 并填入表 9 中。

d）若当维修人员不止一个时，应确定有哪些维修作业能够同时进行。在表 9 时间历程说明中应对此进行说明，同时对每个 FD&I 对应的故障隔离率以及对维修步骤出现的频率也应做出说明。

表 9　维修时间历程分析记录表

RU 名称		所 属 系 统										
FD&I 方式	FD&I$_1$			FD&I$_2$			…			FD&I$_n$		
FD&I 对应的故障率 λ_{nj} /(10^{-6}/h)												
基本维修活动	步骤	时间/ (h 或 min)	该步骤出现的频率/ (1/h)	步骤	时间(h 或 min)	该步骤出现的频率/ (1/h)	步骤	时间(h 或 min)	该步骤出现的频率/ (1/h)	步骤	时间(h 或 min)	该步骤出现的频率/ (1/h)
准备												
小计												
隔离												
小计												

（续）

RU 名称			所 属 系 统									
FD&I 方式	FD&I₁			FD&I₂			......			FD&I_n		
FD&I 对应的故障率 λ_{mij} /(10⁻⁶/h)												
基本维修活动	步骤	时间/(h 或 min)	该步骤出现的频率/(1/h)	步骤	时间(h 或 min)	该步骤出现的频率/(1/h)	步骤	时间(h 或 min)	该步骤出现的频率/(1/h)	步骤	时间(h 或 min)	该步骤出现的频率/(1/h)
分解												
小计												
更换												
小计												
结装												
小计												
⋮												
时间历程说明												
时间合计(h 或 min)												

e）汇总计算得到每项 RU 的平均修复时间 $\overline{M}_{cti}$。

步骤 5　预计相应的维修性指标。

在对每项 RU 进行时间历程分析的基础上，将每项 RU 的平均修复时间及相关参数填入表 10 中，在此基础上预计出型号的平均修复时间并填入表中。

a）预计单元平均修复时间 $\overline{M}_{cti}$：

$$\overline{M}_{cti} = \frac{\sum\limits_{j=1}^{n}\sum\limits_{m=1}^{M} T_{mij}\lambda_{mij}}{\sum\limits_{j=1}^{n}\sum\limits_{m=1}^{M} \lambda_{mij}} \tag{14}$$

式中：λ_{mij}——第 i 项 RU 所对应的第 j 项 FD&I 方式，其第 m 项维修活动出现的频率，单位为次每小时（1/h）；

T_{mij}——完成该项维修活动所需的平均时间，单位为小时或分钟（h 或 min）；

$j=1$，2，…，n，n 为 FD&I 方式数；

$m=1$，2，…，M，M 为维修活动数。

b) 预计型号的平均修复时间 $\bar{M}_{\mathrm{ct}}$。

表 10　型号平均修复时间汇总表

RU	λ_i（1/h）	Q_i	$\lambda_i Q_i$	M_{cti}（h 或 min）	$\lambda_i Q_i M_{cti}$
RU1					
RU2					
⋮					
RUn					
平均修复时间（$\sum_{i=1}^{n} Q_i \lambda_i M_{cti} / \sum_{i=1}^{n} Q_i \lambda_i$）（h 或 min）					

8.3　实例分析

某型飞机的前设备舱内主要安装有气象雷达收发机、气象雷达信号处理机、EFIS 处理计算机等 3 个现场可更换单元。这 3 个 LRU 的故障均能直接隔离到单个故障单元，每个维修步骤出现的频率与该单元的故障率一致。要求预计这 3 个单元及其组成系统的维修性指标（MTTR）。

步骤 1　确定预计要求。

由 3 个 LRU 所组成系统的 MTTR 指标为 6min。

各 LRU 的维修活动均包括下列过程：准备、故障隔离、分解、更换、组装、调准。

其中维修准备时间主要考虑到达需要更换的 LRU 所需要的时间和工具的预热等时间，到达维修地点的时间主要与维修通道有关，工具的预热时间主要由更换 LRU 所需要的工具决定。气象雷达收发机、气象雷达信号处理机、EFIS 处理计算机均装在驾驶舱地板下前设备舱内，进入前设舱之前要打开驾驶舱地板上的舱盖，而后再进入前设备舱进行维修工作，舱盖采用了弹簧锁的快卸方式，开启方便。接近时间均为 2min。因为不需要预热的工具，预热时间为 0。

步骤 2　鉴别故障检测与隔离输出。

通过分析各种故障检测的输出，对故障单元进行定位。本案例中，气象雷达收发机与气象雷达信号处理机均配有 BIT；对 EFIS 显示处理计算机通常采用外部检测设备进行检测隔离，若采用这些手段不能顺利完成故障隔离，则需采用人工检测隔离的方法。

步骤 3　建立 FD&I 输出与硬件的关系。

根据表 8 的格式要求，将预计所需的数据记录在的表 11 中。

表 11　FD&I 方式与 RU 的关系

RU 项目		BIT 故障检测与隔离时间（通电检测时间）/min		人工隔离时间（通电检测时间）/min	外部设备检测隔离时间（通电检测时间）/min
RU 名称	总故障率/(10⁻⁶/h)	气象雷达收发机 BIT FD&I₁	气象雷达信号处理机 BIT FD&I₂		
气象雷达收发机	681	0.5			
气象雷达信号处理机	227		0.5		
EFIS 显示处理计算机	135				0.5

步骤 4　时间历程分析。

将每个 RU 各项维修活动有关的数据分别填入表 12~表 14 中。

表 12　气象雷达收发机维修时间历程分析表

可更换单元	收发机	所属系统		气象雷达
FD&I 方式	FD&I$_1$			
FD&I 对应的故障率 λ_{nj} /（10^{-6}/h）	681			
活动	步骤			时间/min
准备	接近故障产品			2
故障检测隔离	气象雷达收发机 BIT			0.5
分解	拧下 Y50EX-1626TK1 低频插头			0.09
	打开波导上的快卸抠锁			0.03
	将收发机上硬波导用波导盖盖上			0.21
	将软波导用波导盖盖上			0.21
	拧下两个松不脱滚花螺母			0.06
小计				0.6
更换	取下收发机			0.39
	将收发机放到载机安装板上			0.5
小计				0.89
组装	拧紧两个松不脱滚花螺母			0.11
	取下硬波导盖			0.14
	装上密封圈			0.17
	取下软波导波导盖			0.14
	扣上波导扣锁			0.03
	拧上 Y50EX-1626TK1 低频插头			0.09
小计				0.68
调校				0.8
检验				0.2
合计/min	5.67			

表 13   气象雷达信号处理机维修时间历程分析表

可更换单元	信号处理机	所属系统	气象雷达
FD&I 方式	FD&I$_2$		
FD&I 对应的故障率 λ_{nj} /（10^{-6}/h）	227		
维修活动	步骤		时间/min
准备	接近故障产品		2
故障检测隔离	气象雷达信号处理机 BIT		0.5
分解	拧下电缆插头 8LT3-32B53SN		0.09
	用包装纸包好插头		0.21
	拧下两个滚花螺母		0.06
小计			0.36
更换	向上托起把手拉出信号处理机		0.25
	将处理机推入安装架		0.38
小计			0.63
组装	拧紧两个滚花螺母		0.06
	取掉插头上的包装纸		0.14
	拧上电缆插头 8LT3-32B53SN		0.17
小计			0.37
调校			0.8
检验			0.1
合计/min	4.76		

表 14   EFIS 显示处理计算机维修时间历程分析表

可更换单元	EFIS 显示处理计算机	所属系统	EFIS
FD&I 方式	外部设备检测隔离		
FD&I 对应的故障率 λ_{nj} /（10^{-6}/h）	135		
维修活动	步骤		时间/min
准备	接近故障产品		2
故障检测隔离	外部设备故障隔离		0.5
分解	拧下 2 个快卸螺母		0.36
	拔掉 4 个低频电缆		0.24
小计			0.6

（续）

可更换单元	EFIS 显示处理计算机	所属系统	EFIS
更换	取下 EFIS 显示处理计算机		0.5
	换上 EFIS 显示处理计算机		1
小计			1.5
FD&I 方式	外部设备检测隔离		
FD&I 对应的故障率 λ_{nj}（10^{-6}/h）	135		
维修活动	步骤		时间/min
组装结合	插上 4 个低频电缆		0.36
	拧上 2 个快卸螺母		0.24
小计			0.6
调校			0.5
检验			0.2
合计/min	5.9		

步骤5 计算系统平均修复时间。

将各LRU的数据填入维修性数据汇总表15，并计算系统平均修复时间得

$$\mathrm{MTTR} = \frac{\sum\limits_{i=1}^{n} \lambda_i Q_i \mathrm{MTTR}_i}{\sum\limits_{i=1}^{n} \lambda_i Q_i} = \frac{5738.29}{1043} = 5.5\,\mathrm{min}$$

表15 某型飞机前设备舱内典型LRU维修性数据汇总表

单元名称	故障率	单元数	基本维修作业平均时间/min								合计
RU	λ_i/(10^{-6}/h)	Q_i	$\bar{T}_{Pi}$	$\bar{T}_{Fli}$	$\bar{T}_{Di}$	$\bar{T}_{li}$	$\bar{T}_{Ri}$	$\bar{T}_{Ai}$	$\bar{T}_{COi}$	$\bar{T}_{STi}$	$\bar{M}_{cti}$
气象雷达收发机	681	1	2	0.5	0.6	0.89	0.68	0.8	0.2	—	5.67
气象雷达信号处理机	227	1	2	0.5	0.36	0.63	0.37	0.8	0.1	—	4.76
EFIS 处理计算机 DPU	135	1	2	0.5	0.6	1.5	0.6	0.5	0.2	—	5.9
平均修复时间合计（$\sum\limits_{i=1}^{n} Q_i \lambda_i M_{cti} / \sum\limits_{i=1}^{n} Q_i \lambda_i$）			5.5								

结论：

a）$\bar{M}_{ct预} = 5.5\,\mathrm{min} < \bar{M}_{ct} = 6\,\mathrm{min}$ ，因此产品的维修性水平满足规定的要求；

b）预计过程中发现，气象雷达收发机对修复性维修时间影响较大，如有可能，则可选择该单元作为进一步改进设计的重点。

8.4 注意事项

本方法适应于已经具有精确故障检测隔离数据的详细（正样）设计阶段。

对于 $\overline{M}_{pt}$ 的预计，将故障率换成预防性维修频率，其他与 $\overline{M}_{ct}$ 的预计步骤一样。

附录 A
（资料性附录）
回归预计方法

A.1 概述

A.2 预计参数及预计模型

A.2.1 预计参数

平均修复时间（$\bar{M}_{ct}$），维修工时率（M_1）等。

A.2.2 预计模型

$$\hat{y} = \hat{y}(x_1, x_2, \cdots, x_s; b_0, b_1, \cdots, b_k) \tag{A.1}$$

式中：$\hat{y}$——因变量的预测值，即预计的维修性参数值；

    $x_1, x_2, \cdots, x_s$——自变量，即一组与维修性相关属性值，如产品结构特性、维修资源要求等；

    $b_0, b_1, \cdots, b_k$——未知参数。

A.3 实施步骤

a) 确定与研究对象具有相似或相近之处的产品。

b) 根据研究对象的特点以及实例所包含的信息，确定模型中必须考虑的重要影响因素和可以忽略的次要因素。确定重要因素可采用主成分分析法或方差分析法等。

c) 对影响维修性的重要因素进行分析，不仅要对单个因素的作用进行分析，而且还应分析因素间的交互作用及其对维修性的影响。

d) 综合各因素对维修性特征量的影响，提出影响因素与维修性特征量之间的假想函数关系并利用实例进行函数的回归分析。

e) 对回归得到的函数式进行验证，求得修正后的函数关系式。

f) 对研究对象的影响因素进行量化，并将因素的值作为输入值输入到回归模型中，求得研究对象的维修性特征量。

A.4 实例分析

A.4.1 雷达维修时间回归预计

大量的试验统计表明，雷达的维修性指标符合如下回归公式：

$$\bar{M}_{ct} = c_1\mu_1 + c_2\mu_2 \tag{A.2}$$

式中：c_1，c_2——系数；

    μ_1——雷达发生一次故障所需更换的零元器件平均数；

μ_2——雷达所包含的零元器件总数或可更换单元数。

对相关雷达的试验或统计数据进行回归分析求出系数 c_1、c_2，再代入拟作维修性预计的雷达的 μ_1 和 μ_2，即可计算出 $\bar{M}_{ct}$。

根据我国的试验分析，对雷达可采用下面的公式作为预计模型：

$$\bar{M}_{ct} = 0.15\mu_1 + 0.0025\mu_2 \tag{A.3}$$

式中：$\bar{M}_{ct}$ 以小时计。

例：通过初步的分析论证，估测某新研雷达现场维修过程中可能需要拆装的零元器件数为 286 个，且发生一次所需更换的可更换单元数为 2.6 个，要求该型雷达的平均修复时间不大于 1.2h。

将已知参数代入预计公式中，可得

$$\bar{M}_{ct} = 0.15 \times 2.6 + 0.0025 \times 286 = 1.105(h)$$

预计该雷达平均每次故障的修复时间为 1.105 h，达到了规定的要求。

A.4.2 飞机维修工时率回归预计

前苏联学者对苏式飞机工时率建立了回归模型：

$$M_I = 9.4 + 0.265P \tag{A.4}$$

式中：M_I——维修工时率，单位为工时每飞行小时（工时/fh）；

P——不带发动机的飞机质量，单位为吨（t）。

A.4.3 地面电子系统与设备维修时间回归预计

对于地面电子系统和设备还有如下回归计算公式：

$$\bar{M}_{ct} = \exp(3.54651 - 0.02512A - 0.03055B - 0.01093C) \tag{A.5}$$

式中：$\bar{M}_{ct}$——单次修复性维修作业所需的维修时间，单位为小时（h）；

A——作业相关的结构设计因素评分，具体评分要求及方法见附录 C 中表 C.1；

B——作业相关的维修资源要求评分，具体评分要求及方法见附录 C 中表 C.2；

C——该次作业相关的对维修的人的因素评分，具体评分要求及方法见附录 C 中表 C.3。

有关回归预计法详细的计算实例可参见 GJB/Z 145《维修性建模指南》附录 A。

附录 B
（资料性附录）
任务维修性预计模型及方法

B.1　概述

任务维修性模型对应于型号任务可靠性模型。任务可靠性模型是根据任务剖面建立的，且因任务而异。任务维修性与型号任务剖面和在给定的任务剖面内的维修原则(即维修时规定的状态和维修策略)有关，其特点是：

a) 在规定任务剖面内维修事件的变化。任务维修性的定义要求考虑在规定的任务剖面内影响任务的所有维修活动，所以维修事件不仅有修复性维修，也可能包括预防性维修事件。

b) 在规定的任务剖面内维修内容的变化。根据任务剖面的要求，可能不是对所有的故障均进行维修，而是恢复必须功能即可，这里具体维修做哪些内容与任务剖面中规定的维修策略相关。

B.2　任务维修性模型的建立

在规定的任务剖面内，可靠性框图模型已经建立。一般而言，典型任务剖面的维修要求如下：

a) 在任务期间，只要型号没有产生影响任务的故障则不进行维修。

b) 在任务期间，如果出现影响任务的故障，则进行最小维修（恢复必须的功能）或最大维修策略（完全修复每一个故障部件）。至于实际采用何种维修策略乃至其他的维修策略，则需根据具体情况或维修规定来定。

c) 任务结束后，如果型号中存在单元故障则进行最大维修。

基于上述假设，可以从任务可靠性框图模型着手建立任务维修性模型。例如，对可靠性任务模型为并联系统、串并混联系统和带表决单元的混联系统的平均修复时间预计模型的建立。这些模型做了型号中各单元寿命服从指数分布、各单元的故障率以及故障时所需维修时间已知、任务时间、维修策略和保障条件的假设。

这里仅给出可靠性框图为并联模型时（图 B.1），平均修复时间的预计模型。型号由 n 个可修复单元组成，各单元寿命分布服从指数分布，相互独立。

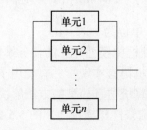

图 B.1　系统可靠性并联模型

a) 当假设在任务期间不能也不需要进行维修，只在完成任务后才对故障进行最大策略维修，且修理由一个修理工完成时，模型为

$$\bar{M}_{\mathrm{ct}} = \frac{\sum\limits_{u \in U} \bar{M}_{\mathrm{ctu}} \prod\limits_{i \in u} \lambda_i T_m}{\sum\limits_{u \in U} \prod\limits_{i \in u} \lambda_i T_m} \tag{B.1}$$

式中：U——所有不同故障状态的集合 $U = \{(1),(2),\cdots,(n),\cdots,(i,j),\cdots,(i,j,k)\cdots\}$，也是可修复单元的所有可能故障组合的集合；

u——是集合 U 中的一个元素，表示型号的一种故障状态，也是一种故障组合，它可能由若干个单元组成；

i——给定故障状态内的某一故障单元；

λ_i——型号中单元 i 的故障率，单位为次每小时（1/h）。由于假设各单元寿命分布服从指数分布，故障率可认为是常数。在实际工程应用时，故障率可以从原有的实际使用、实验数据中收集，因为可靠性预计往往是在维修性预计之前进行的，所以单元和型号的故障率也可以由各种可靠性预计方法得到。如果实际中某些单元的故障率数据不易获得，还可以用故障分摊率代替；

T_m——任务时间，单位为小时（h）。实际使用过程中各单元在任务期间的工作时间不一样，可以取相应的工作时间 T_{mi}，如有些单元任务时间不易确定，可以统一取任务时间来代替；

$\bar{M}_{\mathrm{ctu}}$——型号某一故障组合状态 u 对应的平均修复时间，单位为小时（h）。当 u=1，2, 3, $\cdots$, n 时，$\bar{M}_{\mathrm{ctu}}$ 是型号内各单元单独维修时的修复时间。当 u 取(1, 2)，(1, 3) $\cdots$等各种组合时，$\bar{M}_{\mathrm{ctu}}$ 表示这种故障组合状态下，型号修复所需的时间。在实际工程应用中，各单元的平均修复时间往往是实验中收集到的数据，也可以由有经验的专家估计得到。关于多重故障的修复时间，如果是实际维修中收集到比较可信的数据，就可以直接使用。如果缺乏多重故障的平均修复时间的统计数据，可在各故障单元单独维修时的平均修复时间基础上，通过求加权和或其他方法确定多重故障的平均修复时间。

b) 当假设型号在任务期间出现故障并需要进行维修且采取最小策略维修时，恢复功能用的任务时间模型为

$$T = \min\{t_1, t_2, \cdots t_n\} \tag{B.2}$$

式中：t_i——第 i 单元修复时间，单位为小时（h）。

以上可以看出，由任务可靠性框图模型建立的任务维修性模型的解析关系十分复杂。若系统的维修过程能够通过计算机语言实现，并有能用于仿真的数据源，则可以通过计算机仿真程序建立系统维修性计算机仿真模型的方法解决这类复杂问题。

详细可以参见 GJB/Z 145《维修性建模指南》的 5.6 条。

附录 C

（资料性附录）

地面电子系统与设备回归预计法维修性评分准则

表 C.1 是对结构设计因素评分准则；表 C.2 是对维修资源要求评分准则；表 C.3 是对设计要求维修的人的因素的评分准则。

表 C.1　核对表 A：结构设计因素评分准则

序号	核对因素	记分	评 分 标 准	说 明
1	外部检修通道	4	通道对于观察和手工操作（电气的和机械的）都是足够的。如对部件的外观进行观察或手工操作时，电缆面板、支撑件等均没有对此形成障碍，则属于此情况	确定外部检修通道对于外观检查和手工操作中是否足够，根据维修是否方便进行记分。这一因素与用于外部观察和手工操作活动的空间有关
		2	通道对于观察足够，但手工操作不足，或者对于手工操作足够，但观察不足。如外部螺钉、罩盖、面板等虽然能够在外部定位紧固，但外部组装或障碍物对手工操作（松开、移动、紧固等）有妨碍；又如对于外部罩盖、面板等的松开移动，没有什么困难，然而其位置不便于进行外观检查，都属于此种情况	
		0	通道对于观察和手工操作都是不足的。如由于外部组装或位置的限制，外部罩盖、面板、螺钉、电缆等不能方便地移动和观察检查，都属于这种情况	
2	外部卡锁和紧固件	4	外部螺钉、卡锁和紧固件同时符合下述三项要求时：①固定牢靠；②不需要专用工具；③稍微旋动即可松开。利用标准的螺钉起子只需旋转 90°即可松开的快速紧固件就符合上述三个条件	确定设备外部的螺钉、夹子、卡锁或紧固件是否需要专用工具，或者在松动这些零件是否需要耗费相当长的时间
		2	当外部螺钉、卡锁和紧固件符合上述所规定的三个条件中的两个时	
		0	当外部螺钉、卡锁和紧固件不符合上述规定的三个条件，或只符合其中的一条时。如六方孔螺钉头需用专用扳手拧转几圈才能松开，应看作只符合上述要求之一	
3	内部卡锁和紧固件	4	内部螺钉、卡锁和紧固件同时符合下述三项要求时：①固定牢靠；②不需要专用工具；③稍微旋动即可松开。利用标准的螺钉起子只需旋转 90°即可松开的快速紧固件就符合上述三个条件	确定设备内部螺钉、夹子或卡锁是否需要专用工具，在松动这些零件时是否需要耗费很多时间。设备中卡锁和紧固件的类型以及在整个设备中这些零件的标准化程度，将会影响到拆卸和更换它们所需时间的长短
		2	当内部螺钉、卡锁和紧固件符合上述规定的三个条件中的两个时。例如，固定牢靠的螺钉利用标准的或十字螺钉起子就能松开，但需旋若干圈，即属于这种情况	
		0	当内部螺钉、卡锁和紧固件不符合上述规定的三个条件，或只符合其中之一时	

（续）

序号	核对因素	记分	评 分 标 准	说 明
4	内部检修通道	4	检修通道对于观察检查和手工操作（电气的和机械的）都是足够的。如当在部件或单机内进行手工操作作业或观察检查时，如果内部检修通道没有因其内部结构或零件位置的限制而使之发生困难，就属于这种情况	确定内部检修通道对于观察、检查和手工操作是否够用。这一项适用于评价内部组装设计是否容易进行维修的程度
		2	检修通道对于观察检查足够用，但对手工操作不足，或者对于手工操作足够用，但对于观察检查不足。在维修作业过程中，可以迅速观察到元件和零件，然而，内部结构或零件位置对手工操作（测试、移动等）有妨碍就属于这种情况。又如单元可以方便地进行测试拆卸，然而其结构位置不容易进行观察检查，也属于这种情况	
		0	检修通道对于观察检查和手工操作均不足时。如在维修过程中因内部结构或位置限制，元件或零件不能方便地进行测试和识别	
5	内部组装	4	由内部检修通道可到达可更换单元不需要机械拆卸，即达到发生故障的可更换单元所需时间少于1min	确定设备内到达需作业机械性拆卸的可更换单元的通道。这个问题与设备内部组装情况有关
		2	只需少量拆卸，即少于3min	
		0	需要大量拆卸，即多于3min	
6	可更换单元的安装方式	4	插入式的可更换单元。诸如模块、功能板等插入式器件	确定维修作业中拆卸或更换故障单元的方法。机械固定的产品包括用屏蔽罩或夹子来防振的电子管、夹紧在座里的印制电路板以及用支架固定的可更换单元等
		2	插入式并以机械固定的可更换单元或者焊接的可更换单元。可更换单元为插入式，但需要用夹子、罩子、支架加以机械固定的，或者可更换单元为焊接式，但要拆下它们需要焊开导线端头的，均属于此。本项也适用于卸下具有外部栅极或板极连接、防振罩等的单元	
		0	焊接并加以机械固定的可更换单元。如变压器、插座等，零件拆卸或更换需要机械拆卸和焊开，即属于此	
7	需观察的显示信息	4	在一个显示区域就可以给出足够的信息。如果按照从系统的一个显示区域或分部件显示出的信息，可以成功地完成诊断和修理，即属于此	确定在一个区域或单机内是否能显示出有关设备故障足够的信息。电路指示器和其他仪表在一定程度上指示故障迹象。因此，为确保迅速地进行分析和采取措施，在一个区域内显示这些信息是很重要的。如果在进行故障判断需考察若干个区域，则需更多时间
		2	为取得足够的信息，必须考虑两个显示区域。例如，为了成功地进行故障诊断，必须考察系统上两个独立的显示区（仪表板和故障指示器）就属于这种情况	
		0	为取得足够的信息，必须考虑两个以上的显示区域	

（续）

序号	核对因素	记分	评 分 标 准	说 明
8	机内测试设备	4	系统一旦发生故障，就通过报警器、显示器等显示出来，据此维修人员就能迅速地诊断和采取维修措施。例如，当由于熔断器断开使电源故障时，通过指示器或报警器指示出来就属于这种情况	确定借助音响报警、指示等能否明确地判定设备故障，以及这些信息能否及时提供指示以便及时采取维修措施。随着设备复杂性增加，维修对机内测试设备依赖性越来越大，机内测试指示越准确、完善，维修性就越好
		2	系统一旦发生故障，就通过报警器、指示器等显示出来，但是要确定故障位置，还需要进一步测试；或者系统发生了故障，通过报警器、指示器等不能确切地确定，但具有快速诊断和维修的措施。例如，通过报警得知输出功率下降，然而要确定发生问题的确切原因，还需作进一步的诊断；又如，某些电压下降了，要确定是否存在故障，可能需要做某些初步测试。然而，一旦确定了故障部位，如在熔断器断开的情况下，可及时维修，就属于这种情况	
		0	系统发生了故障，不能清楚地辨别，且需要对故障现象进行分析、测试	
9	配置合理性测试点	4	维修活动不需要用测试点或者只通过机内测试设备诊断即可出故障	确定对维修活动所需的测试是否有测试点。所谓测试点系指任何测试插座，通过它能获得系统的工作参数。印制电路板上的插头以及接线端、管脚等在此处不能算作测试点。所具有测试点数量和获得的信息将影响确定故障原因和位置的时间
		3	对于所有需要的测试都有测试点，且可以获得诊断和修复故障的足够信息	
		2	所需要的测试至少一半可在各测试点完成	
		0	所需要测试的大多数在各测试点不能完成	
10	测试点可识别性	4	所有测试点均可识别。如完成维修作业需要的所有测试点都可根据电路符号识别，并给出所需的读书（如+6 VDC，-18 VDC，220 VAC 等），即属于此种情况	确定在维修活动中所需要的测试点是否能够按照电路符号正确地加以识别，并提供所需的测试数据。这种准确的信息有助于进行故障诊断
		2	当完成维修作业需要的大多数测试点能正确地识别时	
		0	测试点未作标志，也没有给出测试数据。由于没有规定所需要的电压读数、信号特性等，而造成在测试点诊断的延误	

（续）

序号	核对因素	记分	评 分 标 准	说 明
11	识别标志	4	所有可更换单元都标有足够的识别标志，且所有识别信息都清晰可见	确定与维修活动有关的可更换单元能否按照电路符号和两件标志加以识别。可更换单元的适当标志对于维修作业十分有利。如果设备中缺少电路编号，要识别它就要花费相当的时间，如果可更换单元的标志被遮挡，要读它就需要移开别的单元，也会耗费较多时间
		2	所有可更换单元都标有足够的识别标志，但有些被遮挡；或者所有识别标志都可见，但某些可更换单元不能完全识别	
		0	与维修作业有关的某些单元的电路符号被遮挡了，且不能完全识别时，并且与维修有关的某些单元没有标志符号	
12	调校	4	不需调整或重新校正，即可使设备恢复正常工作；或只需要调谐即可排除故障	所谓调校，是指重新装点或改变诸如电位器、可变电容器、铁芯调谐线圈等可变元件，以此来影响系统或部件的工作。这些活动随着其严格程度和频度的不同，将影响维修
		2	为使设备恢复符合规范的正常工作，只需做一些微小的调整	
		0	为使设备恢复符合规范的正常工作，需作许多耗费时间的调整或调谐、校正	
13	电气测试	4	不离线就能通过测试确定有缺陷的可更换单元	确定是否不离线就能测试出有缺陷的可更换单元
		0	要明确地确定有缺陷的可更换单元，必须使之离线。如虽然测试已将故障隔离到某个可更换单元，然而，在把这个可更换单元从电气上或结构上脱离开电路作进一步测试之前，还不能做出确切的判断，就属于此类	
14	自我保护装置	4	在发生故障之后，为防止进一步损坏，设备能自动地中断工作。例如，偏压电源失效，借助断路器、熔断器或继电器的动作自动地切断电源，就是这种情况的典型例子	确定设备是否考虑到在发生故障之后能自动防止进一步损伤系统。如果系统具有诸如熔断器、断路器之类的保护装置，就能使设备不致进一步损伤，并有助于对故障的隔离。如果事先没有保护装置，就有可能导致扩大损伤程度，增加修复时间
		2	指示器只能对故障的发生报警。如自动断路装置不能防止元器件进一步损坏，但视觉指示器或音响报警器可对现场人员发出警报时，即属于此类	
		0	无任何自我保护装置，当致命故障发生时，设备不能通过自动断路装置、指示器或报警器得到防护，或者根本没有提供自动断路装置或报警器	

（续）

序号	核对因素	记分	评 分 标 准	说 明
15	维修安全性	4	维修作业不需要在危险的条件（高压、放射性、运动部件、高温部件）下进行工作	确定维修活动是否需要操作人员在高压、放射性、运动部件、高温元件或者在高架结构上等危险条件下工作
		2	由于危险条件而需要小心仔细地进行作业，从而导致稍微的延误。例如，必须使用短路棒对高压电容器放电，就是典型例子	
		0	由于危险条件而需要小心仔细地进行，从而大大延误维修操作。例如，维修需要在机器接近高压除进行测试，因而需要十分仔细小心，或者接近运动部件（齿轮、电机等）操作，由于谨慎小心而造成延误，就属于这种情况	

表 C.2　对维修资源要求评分

序号	核对因素	记分	评 分 标 准	说 明
1	对外部测试设备的要求	4	维修活动不需要使用外部测试设备，故障原因易于通过察看或通过机内测试设备确定。	确定完成维修活动是否需要外部测试设备。理想的维修应当是不需要使用外部测试设备的。因为安装这些设备，势必要用较多的作业时间，评分应当较低
		2	完成维修活动需要一台外部测试设备	
		1	完成维修活动需要两台或三台外部测试设备。这类故障可能比较复杂，因而需要使用不同的测试设备在若干的部位进行多次故障测试	
		0	要完成维修活动需要使用 4 台或更多的测试设备，要确定故障位置需要进行大量的测试	
2	对测试附件及工具的要求	4	测试时不需要用专用附件、转接器以及专用工具；或者只需要常规测试导体（探针或鳄鱼夹）的测试	为了对电子系统或分系统进行充分测试，确定辅助测试设备是否需要专用附件、专用的工具或转接器。在电子系统排除故障过程中，测试所需要的转接器或连接器越少，就表明维修性越好
		2	测试时需要使用一件专用附件、转接器或工具。例如，必须利用 10dB 衰减器与测试设备串联连接才能完成测试，就属于这种情况	
		0	测试时需要使用一件以上的专用附件、转接器或工具。例如，测试需要使用一个转接器和一个射频衰减器	
3	附加器材	4	完成维修作业不需要附加器材(滑车和滑轮、支柱、小推车、梯子等)；或者元器件的正常测试、拆卸或更换在内的维修活动利用标准工具可完成时	确定是否需要诸如滑车和滑轮、支柱、小推车、梯子等附加器材来完成维修活动。在维修中使用这些东西就表明需要耗费较长的维修时间，也指出了维修性设计存在重大缺陷
		2	完成维修作业只需要一件附加器材。如进行测试、拆卸和更换时需要接近检修口的梯子或搬运用的小推车，就属于此类	
		0	完成维修工作需要一件以上的附加器材，包括需要梯子和小推车，才便于对所更换的单元进行测试和拆卸的维修活动	

（续）

序号	核对因素	记分	评 分 标 准	说 明
4	目视联系	4	维修成员在进行维修时彼此可以看见	确定设备的特性、位置在维修活动过程中是否会造成维修成员彼此遮挡视线。在多人作业时如果相互之间不能沟通是会影响维修进度的
		2	一个成员在维修活动中有一次为另一个或者几个成员所无法察觉	
		0	一个成员在维修活动中有多次为其他成员所无法察觉	
5	需要帮助程度	4	维修作业不需要操作人员的帮助；或者几乎不需要帮助（少于1min）	确定是否需要操作人员提供信息或帮助；如需要，需要到什么程度。维修中需要不断地询问操作人员
		2	维修作业需要操作人员少量的帮助（1min~5min）	
		0	维修作业需要操作人员相当多的帮助（5min以上）	
6	维修人员数量	4	维修工作只需一名维修人员即可完成	确定完成维修工作需要的维修人员人数，不包括管理人员或操作人员
		2	维修工作需要两名维修人员	
		0	维修工作需要两名以上的维修人员	
7	外部人员帮助	4	维修过程中不需要管理人员或厂方人员提供帮助	确定是否需要管理人员或生产厂家人员提供服务（技术报告）才能完成维修活动，以及在工作中需要他们参与的程度
		2	维修过程中只需管理人员或厂方人员提供少量的帮助	
		0	需要管理人员或厂方人员提供大量的帮助才能完成维修工作	

表C.3 对设计要求维修的人的因素的评分

序号	核对因素	记分	评 分 标 准	说 明
1	力量	4	只需维修人员花费很小的力量	确定完成维修活动所需要的臂力、腿力和背力的大小。系指任何工作，而不管多么细小。对于不同的维修活动需要的不同大小的力是与设备的设计有关的
		3	需要维修人员付出的力量低于平均值	
		2	需要维修人员付出的力量恰为平均值	
		1	需要维修人员付出的力量高于平均值	
		0	需要维修人员付出极大的力量	
2	耐久性	4	对维修人员的耐久性没有要求	确定维修人员完成维修活动所需要耐力的大小。在需要保持体力的地方，耐力指体力上的持久性。当维修活动需要维修人员精力充沛地工作或费力时，完成维修活动所需要的活力也应加以估计。这适用于举起或搬运重大的部件、器件或工具
		3	需要维修人员的耐久性低于平均值	
		2	需要维修人员的耐久性恰为平均值	
		1	需要维修人员的耐久性高于平均值	
		0	需要维修人员有极好的耐久性	

（续）

序号	核对因素	记分	评 分 标 准	说 明
3	工作精细程度	4	对维修人员工作的精细程度没有要求	确定完成维修活动所要求的手眼配合程度。从以下两个方面考虑：确定完成维修活动所需手工技巧程度；维修活动所需要的整洁程度
		3	需要维修人员工作的精细程度低于平均值	
		2	需要维修人员工作的精细程度恰为平均值	
		1	需要维修人员工作的精细程度高于平均值	
		0	需要维修人员工作十分精细	
4	观察能力	4	对维修人员观察能力没有要求	确定完成维修活动所需要的观察敏锐程度。例如，寻找故障迹象或失效单元中需要准确和精密的观察活动，读取某些示波器显示中需要的观察敏感性等
		3	需要维修人员的观察能力低于平均值	
		2	需要维修人员的观察能力恰为平均值	
		1	需要维修人员的观察能力高于平均值	
		0	需要维修人员有极好的观察能力	
5	逻辑分析能力	4	对维修人员逻辑分析能力没有要求	确定完成维修的逻辑分析能力，主要指故障判断所需要的逻辑分析和思维能力
		3	需要维修人员的逻辑分析能力低于平均值	
		2	需要维修人员的逻辑分析能力恰为平均值	
		1	需要维修人员的逻辑分析能力高于平均值	
		0	需要维修人员有极好的逻辑分析能力	
6	经验和知识	4	对维修人员的经验和知识方面没有要求	确定维修活动需要了解设备以往历史情况的程度，即有关元器件失效的情况，必须使用的工具以及必须遵循的（装配、拆卸等）顺序。还要确定维修活动需要对设备知识的掌握程度。这是指维修作业需对工作原理、电路和元器件的功能或电子理论和维修规程的掌握程度
		3	需要维修人员具有的经验和知识低于平均值	
		2	需要维修人员具有的经验和知识恰为平均值	
		1	需要维修人员具有的经验和知识高于平均值	
		0	需要维修人员具有的丰富的经验和知识	
7	计划性和机智	4	对维修人员的计划性和机智方面没有要求	指维修作业需要什么程度的有计划的有秩序的工作，以及为了完成相关活动需要什么程度的机智。这是在处理有关设备的诊断和修理情况或遇到困难时的必要能力。有时，某些必要的器材（如工具、测试设备）或技术资料无法得到，只能按某些应急的替代方法，才能得以完成其工作
		3	要求维修人员的计划性和机智低于平均值	
		2	要求维修人员的计划性和机智恰为平均值	
		1	要求维修人员的计划性和机智高于平均值	
		0	要求维修人员有极好的计划性并且十分机智	

（续）

序号	核对因素	记分	评　分　标　准	说　　明
8	细心、谨慎和准确性	4	对维修人员细心、谨慎和准确性没有要求	细心是指对影响维修活动的所有事件或因素的综合，领会和了解的敏锐性或深刻性。谨慎是指深谋远虑，以在维修过程中避免或减小风险。包括在做出决定之前，要对所有可能的后果做出分析预测。小心仔细操作，密切注意维修作业的细节和注意避免差错，才能达到准确性
		3	要求维修人员细心、谨慎和准确性低于平均值	
		2	要求维修人员细心、谨慎和准确性恰为平均值	
		1	要求维修人员细心、谨慎和准确性高于平均值	
		0	要求维修人员细心、谨慎和准确性非常高	
9	精力、持久性和耐性	4	对维修人员精力、持久性、耐性方面没有要求	集中精力就是专心致志，集中全部注意力于维修作业。持久性是指以不达目的不罢休的精神来进行维修作业。耐性是指坚忍不拔的毅力和工作中的稳定性，以及不因维修过程的干扰、延误或失败而气馁

附录 D
（资料性附录）
维修性预计报告编写指南

D.1 报告的组成

维修性预计报告一般由概述部分、正文部分和附录等组成。

概述部分：

　　　　封面（见 D.1.1.1）；

　　　　首页（见 D.1.1.2）；

　　　　修订状态页（见 D.1.1.3）；

　　　　目次（见 D.1.1.4）；

　　　　符号（见 D.1.1.5）；

正文部分：

　　　　引言（见 D.1.2.1）；

　　　　产品概述（见 D.1.2.2）；

　　　　假设（见 D.1.2.3）；

　　　　维修性模型（见 D.1.2.4）；

　　　　维修性预计（见 D.1.2.5）；

　　　　结论（见 D.1.2.6）；

　　　　参考资料（见 D.1.2.7）；

　　　　附录（参见 D.1.3）。

D.1.1 概述部分

D.1.1.1 封面

封面应注明产品名称、产品型号、报告名称、报告编号、总页数、密级、编写单位及日期。

D.1.1.2 首页

首页应有报告名称、报告编写、校对、审核及批准人的签名以及相应日期等。

D.1.1.3 修订状态页

修订状态页应反映报告的修订状态，其中应注明报告修订前后的版次及日期。

D.1.1.4 目次

目次应包括每个章节的编号、标题和开始的页码。当报告的篇幅不超过 15 页时可以不加目次。

D.1.1.5 符号

报告中所使用的符号、代号、缩写及计量单位应列表说明。报告中的所有数据均应注明计量单位。

D.1.2　正文部分

D.1.2.1　引言

引言应说明编写维修性预计报告的时机和目的。编写报告的时机是指产品当前所处的寿命周期阶段。

D.1.2.2　产品概述

简要说明以下内容：

a）产品的功能层次和结构层次划分。

b）产品的组成及其接口。

c）产品的维修性预计要求。

d）产品所处寿命周期阶段。

e）产品的维修条件。

f）产品所处的维修级别和维修类别。

g）产品的可靠性数据。

D.1.2.3　假设

说明用于产品维修性预计的各种假设。这些假设可能包括：

a）产品各组成部分寿命均服从指数分布。

b）产品各组成部分的故障相互独立，不存在关联故障。

D.1.2.4　维修性模型

要同时给出维修性物理模型和维修性数学模型。

正文中直接给出数学模型，不要进行数学推导，有必要的推导应放入附录中。

D.1.2.5　维修性预计

首先说明维修性预计方法以及选择的理由、数据来源及数据的有效性。

接着按照本指南第5部分～第7部分给出的各种方法的"预计步骤"给出预计过程。具体内容可参见第5部分～第7部分中的案例。

最后给出维修性预计结果。

D.1.2.6　结论

对比预计目的，给出维修性预计结论，包括以下两方面内容：

a）给出产品维修性预计定量结果与分析结果。以方案对比为目的的维修性预计要对比多个方案的维修性预计结果，选出最优的方案，并评价产品维修性水平是否满足指标要求。

b）给出改进产品维修性的意见与建议。无论产品维修性水平是否达到了规定的要求，都应该进行此项工作。

D.1.2.7　参考资料

列出报告中所引用的参考资料。

D.1.3　附录

根据需要而定。

D.2　报告的修订

随着有用数据的增加或进行设计更改，应对已提交的报告进行必要的修订。

应在修订状态页上注明修订的页码及相应的版次，新增的页面用附加页来说明。

报告的版次按修订的书讯用大写英文字母表示。如第一次修订为 A 版。

附加页用原页码加上"-"缀以阿拉伯数字连续编号。如原页码为 10 的页增加为 3
页时，页码应分别为 10、10-1、10-2。

如果修订导致页数变少时，用标有"此页无正文"的空白页补齐。

D.3 报告的提交

应根据合同或有关文件按期向订购方（使用部门）提交。

参 考 文 献

[1] 甘茂治，吴真真. 维修性设计与验证[M]. 北京：国防工业出版社，1995.

[2] 张钧声，等. 维修性工程理论与应用[M]. 北京：昆仑出版社，1988.

[3] 甘茂治，康建设，高崎. 军用装备维修工程学[M]. 北京：国防工业出版社，1999.

[4] 国外质量与可靠性技术跟踪资料汇编 RAC 维修性工具箱[M]. 北京：国防科学技术工业委员会科技与质量司 国防科技工业质量与可靠性研究中心，2003.

[5] 复杂系统维修性预计方法研究[R]. 石家庄：中国人民解放军军械工程学院，2002.

[6] 焦景堂. 航空机载设备可靠性维修性工程指南[M]. 北京：国防工业出版社，1995.

[7] 刘宗荣，石春和. MTTR 的两种预计方法[J]. 军械工程学院学报，1992,(02).

[8] 张胜涛，娄寿春，汤阳春. 维修性预计方法运用现状及展望[J]. 航空维修与工程，2006,(02).

[9] 毕军，王少萍，石建. 面向任务的单武器系统平均修复时间模型[J]. 北京航空航天大学学报，2007,33（03）.

[10] 陶凤和，于永利. 装备工程研制阶段系统维修性模型的建立[J]. 机械设计与制造，2006,(07).

[11] 姜伟，陶凤和，段超，等. 人工神经网络在维修性预计中的应用[J]. 武器装备自动化，2005,24(6).

[12] XKG/W01—2009. 型号维修性分配应用指南[M].北京：国防科技工业可靠性工程技术研究中心，2009.

[13] GJB 368B《装备维修性工作通用要求》实施指南[M].北京：总装备部电子信息基础部技术基础局 总装备部技术基础管理中心，2009.

XKG

型 号 可 靠 性 技 术 规 范

XKG／W03—2009

型号维修性设计准则制定指南

Guide to the establishment of maintainability design
criteria for materiel

目 次

前　言

本指南附录 A～ 附录 C 均是《资料性附录》。

本指南由国防科技工业可靠性工程技术研究中心负责组织实施。

本指南起草单位：北京航空航天大学可靠性工程研究所，航空 601 所、兵器 201 所、中航工业陕西飞机工业（集团）有限公司、船舶工业综合技术经济研究院。

本指南主要起草人：马麟、吕川、李宏、王秋芳、史左敏、陈大圣。

型号维修性设计准则制定指南

1 范围

本指南规定了型号（装备，下同）维修性设计准则制定和符合性分析与检查的要求、程序和方法。

本指南适用于方案阶段及工程研制阶段的各类型号维修性设计准则（硬件部分）的制定和符合性分析与检查。

2 规范性引用文件

下列文件中的有关条款通过引用而成为本指南的条款。凡注明日期或版次的引用文件，其后的任何修改单（不包括勘误的内容）或修订版本都不适用于本指南，但提倡使用本指南的各方探讨使用其最新版本的可能性。凡未注日期或版次的引用文件，其最新版本适用于本指南。

GJB 368B　装备维修性工作通用要求

GJB 451A　可靠性维修性保障性术语

GJB 900　系统安全性通用大纲

GJB 2873　军事装备和设施的人机工程设计准则

GJB 3207　军事装备和设施的人机工程要求

GJB/Z 72　可靠性维修性评审指南

GJB/Z 91　维修性设计技术手册

GJB/Z 99　系统安全工程手册

GJB/Z 131　军事装备和设施的人机工程设计手册

GJB/Z 134　人机工程实施程序指南

3 术语和定义

GJB 451A、GJB 368B 确立的以及以下术语和定义适用于本指南。

3.1 维修性 maintainability
产品在规定的条件下和规定的时间内，按规定的程序和方法进行维修时，保持或恢复到规定状态的能力。维修性的概率度量亦称维修度。

3.2 维修性设计准则 maintainability design criteria
在产品设计中为提高维修性而应遵循的细则。它是根据在产品设计、生产、使用中积累起来的行之有效的经验和方法编制的。

3.3 符合性 conformity
产品设计与维修性设计准则所提要求的符合程度。

3.4 符合性分析与检查 conformity analysis check
对产品维修性设计准则进行分析与检查，以确认与维修性设计准则的符合程度。

4 符号和缩略语

4.1 符号
无。

4.2 缩略语
下列缩略语适应于本指南。

LRU——line replaceable unit，现场可更换单元；

BITE——built-in test equipment，机内测试设备；

ESD——electro-static discharge，静电放电。

5 一般要求

5.1 目的和作用
a) 目的

制定维修性设计准则的目的是提高产品维修性，进而提高产品设计质量的最有效方法之一。以指导设计人员进行产品的维修性设计。

b) 作用

1) 指导型号设计人员进行产品设计。

2) 可作为维修性符合性检查的基准，支持维修性评审。

3) 便于分析人员进行维修性分析、预计。

5.2 时机
维修性设计准则制定应在方案阶段、初步的维修性分析后开始制定。随着研制工作的进展，该准则要不断地进行改进和完善，并在详细（正样）设计评审时最终确定。

5.3 制定维修性设计准则的依据
制定维修性设计准则的依据有：

a)《立项论证报告》、《研制总要求》、研制合同（包括工作说明）及《技术协议书》中规定的维修性设计要求。

b) 国内外有关标准、规范和手册中提出的与维修性有关的通用设计要求。

c) 相似产品的维修性设计准则及维修性设计经验和教训。

d) 产品的功能、结构类型和维修方案。

e) 若有相关联的上一层次产品，则应考虑其维修性定性与定量要求，以及施加的约束。

5.4 制定维修性设计准则的动态管理
制定维修性设计准则是一个不断修改、逐步完善的动态管理过程，是一个逐步细化和更新的过程。型号维修性设计准则在方案阶段就应着手制定；初步（初样）设计评审时，应提供一份将要采用的维修性设计准则，随着设计的进展，根据产品技术状态的变化不断改进和完善该准则，并在详细（正样）设计开始之前最终确定其内容和说明。在制定完维修性设计准则并经批准生效后，要尽早提供给设计人员，以便其在进行产品设计时，可据以实现维修性要求。

5.5 维修性设计准则文件体系

维修性设计准则是型号规范文件之一。维修性设计准则文件的层次按产品层次进行划分，即型号的总体单位应该首先制定面向型号的顶层维修性设计准则文件，型号的各级配套产品研制单位依据型号的顶层维修性设计准则文件结合各自产品特点制定各自的维修性设计准则文件，全部维修性设计准则文件构成维修性设计准则文件体系，如图 1 所示。

各产品层次的维修性设计准则应该彼此协调，相互呼应。低层次设计准则应该在高层次设计准则的约束之内，同时又是针对具体层次产品维修性的具体化要求。

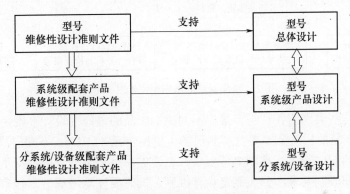

图 1　维修性设计准则文件体系

5.6 维修性设计准则制定的组织管理与人员职责

维修性设计准则制定的组织管理与人员职责如下：

a）组织管理

维修性设计准则的制定应纳入到产品的质量和可靠性管理系统中进行集中统一管理。承制方的维修性工程师负责组织和参与制定维修性设计准则。在产品设计过程中，设计人员应认真贯彻实施维修性设计准则。设计准则应在执行过程中按一定程序修改、完善。

b）人员职责

1）设计人员在研制过程中应开展维修性设计准则符合性检查，并在重要的研制节点编写相应的分析报告。

2）在进行评审时，应将维修性设计准则和符合性分析与检查报告作为设计评审的内容，以评价设计与准则的相符程度。

6　维修性设计准则的制定程序

维修性设计准则的制定和贯彻程序如图 2 所示。

a）分析产品特性

分析产品层次、功能和结构特性，以及影响维修性的因素与问题，明确维修性设计准则覆盖的产品层次范围，以及产品对象组成类别。产品层次范围是指型号、系统、分系统、设备、部件、元器件等。不同层次的产品，由于其特性不同，因而在维修性设计准则上存在一定的差异；产品对象组成类别包括电子类产品、机械类产品、机电类产品、

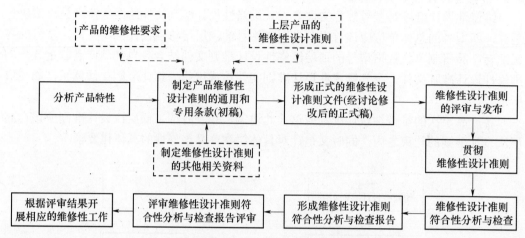

图 2　维修性设计准则制定和贯彻程序

软件产品以及这些类别的各种组合等,不同类别产品的维修性设计准则是不同的。

原则上,产品的层次至少要分解到现场可更换单元(LRU)。不同层次的产品,其维修性设计准则的制定应由其承制单位负责,在遵循总体单位要求的前提下,各自结合自己产品的特点和研制要求,分头制定设计准则,同时要注意考虑与其他有接口关系的产品保持协调。

在完成产品特性分析的基础上,应开展相应的维修性分析工作,为制定初步的维修性设计准则提供支持。

b)制定产品维修性设计准则的通用和专用条款(初稿)

1)产品的维修性要求是制定维修性设计准则的重要依据,通过分析研制合同(包括工作说明)或者《技术协议书》中规定的产品维修性要求,尤其是维修性定性要求,可以明确维修性设计准则的范围,避免重要维修性设计条款的遗漏。在制定配套产品的维修性设计准则时,应参照"上层产品维修性设计准则"的要求进行扩展,因此可参照相关的标准、设计手册,例如,GJB 2873《军事装备和设施的人机工程设计准则》、GJB/Z 91《维修性设计技术手册》、GJB/Z 72《可靠性维修性评审指南》或美军标的DOD-HDBK-791《维修性设计技术》等。另外,类似产品的维修性设计准则和已有的维修与设计实践经验、教训(如其他型号中维修性的严重缺陷)也是制定设计准则的重要基础。

2)维修性设计准则中通用部分的条款对产品中各组成单元是普遍适用的;专用部分的条款是针对产品中各组成单元的具体情况制定的,只适用于特定的单元。在制定维修性设计准则通用和专用部分时,可以收集参考与维修性设计准则有关的标准、规范或手册,以及相关产品的维修性设计准则文件。其中,相似产品的各类维修性问题是归纳出专用条款的重要手段。

c)形成正式的维修性设计准则文件(经讨论修改后的正式稿)

经有关人员(设计、工艺、管理等人员)的讨论、修改后,形成维修性设计准则文件(正式稿)。

d）维修性设计准则的评审和发布

邀请专家对维修性设计准则文件进行评审，根据其意见进一步完善准则文件。最后经过型号总师批准，发布维修性设计准则文件。

在维修性设计准则评审工作中，需要重点针对设计准则内容的协调性、对实现维修性要求目标的作用（贡献）以及用语的严谨性等进行分析评价。

e）贯彻维修性设计准则

产品设计人员依据发布的维修性设计准则文件，进行产品的维修性设计。

f）维修性设计准则符合性分析与检查

根据规定的表格将产品的维修性设计状态与维修性设计准则进行符合性分析和检查。

g）形成维修性设计准则符合性分析与检查报告

按符合性检查表规定的格式（见本指南 8.2 节），整理完成维修性设计准则符合性检查报告。

h）评审维修性设计准则符合性分析与检查报告评审

邀请专家对维修性设计准则符合性检查报告进行评审。

i）根据评审结果开展相应的维修性工作。

7　维修性设计准则主要内容

7.1　概述

维修性设计准则的主要内容如图 3 所示。

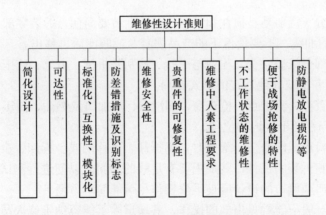

图 3　维修性设计准则主要内容

图 3 所列项目是目前较为常用的维修性设计准则主要内容。此外，维修性设计准则中还包括降低维修费用、检测诊断迅速准确、提高互用性（强调维修设备、设施的互用），以及除防静电放电损伤外其他的环境损伤等内容，这里不再进行展开，型号应用中可根据具体情况加以处理。

7.2　简化设计
7.2.1　概述

简化设计主要包含两层含义：

　　a) 在满足功能和使用要求下，尽可能采用最简单的结构和外形。

　　b) 简化使用和维修人员的工作（如维修规程简单明确，资源要求少等）。

7.2.2　简化设计原则

简化设计的原则主要包括：

　　a) 减少零、部件的品种和数量。

　　b) 简化产品功能。

　　c) 产品功能合并。

　　d) 产品设计与操作设计的协调。

　　e) 改进可达性。

　　f) 方便的维修方法，包括构造易于装配（定位销）、简便的诊断技术等。

　　g) 其他。

7.3　可达性

7.3.1　概述

可达性是指维修产品时，接近维修部位的难易程度。可达性的好坏，直接影响产品的可视、可接触检查；工具和测试设备使用以及产品修理或更换。产品的可达性一般包含 3 个层次，即视觉可达、实体可达和适合的操作空间。

一般来说，合理的结构设计是提高产品可达性的途径（如维修口盖、维修通道等）。

7.3.2　可达性基本设计原则

可达性的基本设计原则包括：

　　a) 统筹安排、合理布局。故障率高、维修空间需求大的部件尽量安排在系统的外部或容易接近的部位。

　　b) 产品各部分（特别是易损件和常用件）的拆装要简便，拆装零部件进出的路线最好是直线或平缓的曲线；不要使拆下的产品拐着弯或颠倒后再移出。

　　c) 为避免各部分维修时交叉作业与干扰（特别是机械、电气、液压系统中的相互交叉），可用专舱、专柜或其他适宜的形式布局。

　　d) 产品的检查点、测试点、检查窗、润滑点、添加口及燃油、液压、气动等系统的维修点，均应布局在便于接近的位置。

　　e) 尽量做到检查或维修任一部分时，不拆卸、不移动或少拆卸、少移动其他部分。

　　f) 需要维修和拆装的机件，其周围要有足够的空间，以便进行测试或拆装。

　　g) 维修通道口或舱口的设计应使维修操作尽可能简单方便。

　　h) 维修时，一般应能看见内部的操作，其通道除了能容纳维修人员的手和臂之外，还应留有适当的间隙以供观察。

　　i) 在不降低产品性能的条件下，可采用无遮盖的观察孔。

　　j) 软件升级接口可达，新研电子产品尽可能一次可达。安装位置调整导致的系统功能参数重新设计、修正等部位须一次可达。

7.4　标准化、互换性、模块化

7.4.1　标准化

标准化是减少元器件与零部件、工具的种类、型号与式样，有利于生产、供应、维修。开展标准化工作，应从以往型号的经验与教训入手，针对一些数目较多的紧固件、连接件、扣盖、快卸锁扣等给出标准化要求。

7.4.2 互换性

互换性是指产品间在实体上（几何形状、尺寸）、功能上能够相互替换的设计特性。在维修性设计时考虑互换性，特别要考虑使用环境对实体作用所带来的对互换性的影响，有利于简化维修作业和节约备品、备件费用，提高维修性水平。

7.4.3 模块化

模块化是指产品设计为可单独分离的，具有相对独立功能的结构体，以便于供应、安装、使用、维护等。模块化设计是实现部件互换通用、快速更换修理的有效途径。

标准化、互换性、模块化设计思想的采用，应有利于产品的设计和生产，特别是在战场上的紧急抢修中，对采用拆拼修理更具有重要意义。

7.5 防差错措施及识别标志

7.5.1 概述

防差错设计是指从设计上入手，保证维修作业不会发生错误；如果发生错误，则关键的步骤就无法进行，应使错误能尽快被发现。识别标志是为便于使用和标准产品及测试点测试工作所做的记号。

7.5.2 防差错设计基本准则

防差错设计的基本设计准则包括：

a) 设计产品时，外形相近而功能不同的零件、重要连接部件和安装时容易发生差错的零部件，应从结构上加以区别或有明显的识别标志。

b) 产品上应有必要的防差错、提高维修效率的标志，如危险任务的标志放置、提示性信息表达等。

7.6 维修安全性

7.6.1 概述

维修安全性是指避免维修人员伤亡或产品损坏的一种设计特性。

7.6.2 维修安全性基本准则

维修安全性基本的设计准则包括：

a) 防机械损伤。

b) 防电击。

c) 防高温。

d) 防火、防爆、防化学毒害、侵蚀等。

e) 防冰。

f) 防噪声。

g) 防核事故等。

制定此项准则内容时，可参见 GJB 900《系统安全性通用大纲》、GJB/Z 99《系统安全工程手册》（部分）等。

7.7 贵重件的可修复性

7.7.1 概述

贵重件是指生产制造成本很高，其可修复性是指贵重件发生故障后不要简单更换报废，应尽量考虑能够修复后重新使用。贵重件可能是零部件，也可能是组合件。

7.7.2 贵重件可修复性的准则

该方面的设计准则应包括：

a) 对于贵重的零部件，在产品设计中应尽量采用简便、可靠的调整装置，来消除（或暂缓）因磨损或漂移等原因引起的常见故障。

b) 对于贵重的零部件，在产品设计中应尽量考虑采取简便的维修方式（如锉修、表面喷涂等）来消除（或暂缓）因磨损或漂移等原因引起的常见故障。

c) 对需要原件修复的贵重零件尽量选用易于修理并满足供应的材料。

d) 对需加工修复的贵重零件，应设计成能保证其工艺基准不致在工作中磨损或损坏。

e) 采用热加工修复的贵重零件应有足够的刚度。

f) 对容易发生局部耗损（如疲劳磨损、老化、腐蚀等）的贵重组合件，应设计成可拆卸的组合件形式。

g) 在产品设计中要充分考虑使用环境（包括压力、温度、湿度、振动、腐蚀性环境等）对贵重件的影响。

7.8 维修中人素工程要求

7.8.1 概述

维修中的人素工程是指考虑维修作业过程中，从人的生理、心理因素的限制来考虑产品应如何开展设计，使得维修工作能够在人的正常生理心理约束下完成。主要包括以下 3 类因素：

a) 人体测量：身高、体重等，这类因素与可达性、维修安全性相关联；

b) 生理要求：力量、视力等，这类因素与可达性、维修安全性、防差错等相关联；

c) 心理要求：错误、感知力等，这类因素与维修安全性、防差错等相关联。

在制定该准则时，要注意避免重复。

7.8.2 人素工程参考的主要标准

在制定人素工程方面的维修性设计准则时，可参考以下标准：

a) GJB 2873 《军事装备和设施的人机工程设计准则》。

b) GJB 3207 《军事装备和设施的人机工程要求》。

c) GJB/Z 131 《军事装备和设施的人机工程设计手册》。

d) GJB/Z 134 《人机工程实施程序指南》。

7.9 不工作状态的维修性

7.9.1 概述

不工作状态包括存储状态、运输状态、战备警戒状态或其他不工作状态。

7.9.2 不工作状态的维修性设计准则制定的基本原则

在制定此类设计准则时，除通用维修性设计准则（如可达性、简化、安全等）外，重点应考虑减少和便于预防性维修的设计。例如，对于导弹类装备，可考虑在导弹储运箱设计时增加若干指示器、或者设计加注口，便于储存期间装备的定期检查和维护。

此外，还应针对产品不工作期间，考虑提供抗恶劣环境的能力以及适当增加储存寿命的内容。

7.10 便于战场抢修的特性

7.10.1 概述

战场抢修的特性是指时间紧迫、环境恶劣、允许恢复状态的多样性、抢修方法的灵活性。

7.10.2 便于战场抢修的原则

a) 容许取消或推迟预防性维修的设计措施。

b) 便于采用人工的方式替代损坏件的功能。

c) 便于截断、切换或跨接。

d) 便于置换。

e) 便于临时配用。

f) 应将非关键件安排在关键件的外部，以保护关键件不被碎片击中。

g) 对于不便于在外场条件下抢修的关键件，在设计上应考虑合理规划其 LRU 构成，以便拆换。

h) 对于复合材料结构件，应在设计时考虑到实施时的修理的可能性。

i) 对于航空电子设备，应在设计时综合考虑上述 a) ~g) 的措施，以便提高战场抢修的能力。

7.11 防静电放电损伤

7.11.1 概述

防静电损伤是指静电不仅会影响产品的可靠性、安全性，但会影响维修性。静电的存在，给维修操作带来了新问题，如降低效率、增加难度等。以往的设计和保障，很少考虑静电的问题，由于没有防静电措施而引起的事故时有发生。由于目前装备使用的电子电气设备越来越多，小型化微电子器件的大量采用，该问题正变得日益严重，是制定维修性设计准则需要重点考虑的内容之一。

7.11.2 防静电放电损伤的基本设计准则

防静电放电损伤的基本设计准则可包括：

a) 选用对静电放电（ESD）有较高承受能力的器件。

b) 图纸上有静电放电部件和设备的部件应有静电放电标志和要求。

c) 对于维修静电放电敏感设备的人员应提供静电放电预防程序和注意事项。

d) 对静电放电敏感的设备的包装应能防止摩擦点的产生，避免维修及勤务处理中带静电的人员和物体以及静电场的影响。

e) 在维修、检查或试验静电敏感产品的所有区域应有静电放电防护措施。

8 维修性设计准则符合性分析与检查

8.1 符合性分析与检查要求

维修性设计准则符合性检查是一项重要的维修性工作。通过设计准则符合性检查，有助于发现产品设计中存在的维修性隐患，能够为提高产品维修性水平提供良好的支持。其要求是：

a）在研制过程中应对维修性设计准则贯彻情况进行分析，确定产品维修性设计是否符合设计准则的要求，并确定存在的问题，尽早采取改进措施。

b）将设计准则贯彻情况的分析/评价结果，编写、提交维修性设计准则的符合性分析报告，并经型号总师系统的批准，以作为维修性评审资料之一，对其中个别条款没有采取技术措施应充分说明其理由，并得到总设计师或研制单位最高技术负责人的认可。

c）应由维修性设计准则符合性分析与检查小组负责完成维修性设计准则的符合性分析与检查工作。

8.2 符合性分析与检查方法

8.2.1 概述

维修性设计准则符合性分析方法分为定性分析方法、符合性评分方法等两种形式。

8.2.2 符合性定性分析方法

经订购方同意，可选用定性分析方法。维修性设计准则符合性分析与检查表格如表 1 所列。

表 1 维修性设计准则检查表

型号：　　　　　　产品名称：　　　　　　　　　产品编号：　　　　　　　　共　　页·第　　页

维修性设计人员：　　　　　　　　　　　　　审核人员：

设计准则条目	是否符合		判定依据	不符合条目的	处理措施及建议
	是	否	（设计措施）	原因说明	
1 简化设计					
1.1 减少零、部件的品种和数量					
……	……	……	……	……	……
2 可达性					
2.1 尽量方便维修人员操作					
……	……	……	……	……	……
3 标准化、模块化、互换性					
3.1 尽最大可能使用货架部件、工具、测试设备					
……	……	……	……	……	……

表 1 中对每条设计准则，对"符合"的条款，在"是否符合"栏"是"中打"√"，并填写"判定依据"；对"不符合"的条款，在"是否符合"栏"否"中打"√"并填写"不符合条目的原因说明"和"处理措施及建议"。

在制定表格时，应注意如下问题：

a) 针对检查的对象，共检查的条目应完整，不应有遗漏。

b) 针对每项检查条目，应有明确的判定依据说明。该说明应来自于核查对象的设计方案等信息。

c) 对于不符合的条目，应明确给出原因说明，以及可能的处理措施。

8.2.3 符合性评分方法

对产品的维修性设计准则进行符合性分析与检查后，可邀请有关专家对符合性分析与检查报告进行评价，建议采用加权评分方法进行评价，也称专家打分方法。其原理是：

a）对每条设计准则，依据其贯彻执行情况确定基本得分，并乘以它的加权系数，得到每条设计准则的得分。产品维修性设计准则总评分等于每条设计准则得分的加权平均值。

b）加权原则。

c）维修性符合性评分值要求。

d）加权评分步骤。

维修性设计准则符合性评分方法可参见 XKG/C02—2009《型号测试性设计准则制定指南》中 8.2.3 节及其附录 C 有关内容，也可参见 XKG/B03—2009《型号保障性设计准则制定指南》中 8.2.3 节及其附录 C 有关内容。

8.3 符合性检查结论

根据符合性检查表，逐一针对准则条目进行检查后，可计算不符合条目占总条目的百分比。百分比越高说明符合性越好。对于不符合的条目，如果能够给出合理解释，或者有后续的改进措施，则可认为检查通过；如果没有合理解释，也没有处理措施，则根据该问题的严重程度视情给出是否通过分析与检查的结论。

8.4 符合性分析与检查报告

在完成维修性设计准则分析与检查工作后，应提交相应的符合性分析与检查报告。其内容主要包括：

a) 产品功能及设计方案描述。

b) 符合性分析与检查说明。

c) 符合性分析与检查结论（含存在的主要问题及改进建议）。

d) 符合性分析与检查小组成员及签字。

对于符合的条目，要给出具体的设计说明，使得检查结果一目了然；对于不符合的项目，应给出必要的说明。

9 注意事项

a）研制单位应该根据产品特点，制定相应的产品维修性设计准则。

b）维修性设计准则应充分吸收国内外相似产品设计的成熟经验和失败教训。

c）维修性设计准则应该逐步完善，即根据产品研制情况增加有效的条款和去除无效的条款，提高准则的适用性。

d）维修性设计准则的内容应该具有可操作性，便于设计人员贯彻。

e）维修性设计准则的制定应注意与可靠性设计准则（XKG/K10—2009《型号可靠性设计准则制定指南》）、测试性设计准则（XKG/C02—2009《型号测试性设计准则制定指南》）、安全性设计准则（XKG/A02—2009《型号安全性设计准则制定指南》）和保障性设计准则（XKG/B03—2009《型号保障性设计准则制定指南》）之间的协调和相互呼应。

f）在制定维修性设计准则时，要充分考虑便于进行预防性维修工作的开展。

g）应注意通过设计者制定有效的维修性设计准则，有助于实现维修性的定量指标。

h）应尽可能地利用可以在某种程度上量化的维修性设计准则来促进开展不同设计

方案间的某些量化比较（如检查口盖的覆盖比例等）。

i）应重点关注对维修性设计准则理解的一致性。这是很关键的内容，要求维修性设计准则的表述必须准确且无歧义。

j）注意收集、整理和积累维修性设计准则条款的信息，建立信息库，为维修性设计提供支持。

附录 A
（资料性附录）
某型导弹地面设备维修性设计准则格式的示例（部分）

1 范围

本指导性技术文件规定了 XX 导弹地面设备(以下简称地面设备)维修性设计准则的一般要求和详细要求。本指导性技术文件适用于地面设备初样设计阶段的维修性设计。

2 规范性引用文件

下列文件中的有关条款通过引用而成为本文件的条款。

GB4588.3-88　　印制电路板设计和使用

GJB368**B**　　　装备维修性工作通用要求

GJB1041　　　　XX 导弹地面设备专用车通用规范

XXXXXXX　　　XX 非自动式综合悬挂车通用规范

3 术语和定义

3.1 导弹地面设备

导弹地面测试设备导弹测试仪引信测试仪电爆电路测试仪等和综合保障设备气源车电源车加注车运弹车挂弹车等的总称

……

4 符号和缩略语

略。

5 产品概述

略。

6 维修性设计准则一般要求

6.1 简化设计

6.1.1 地面设备的结构和电路应力求简单尽量采用标准件通用件借用件及标准电路应尽量减少元器件零部件的品种规格和数量

……

7 维修性性设计准则详细要求

7.1 导弹测试仪

7.1.1 总体设计

7.1.2 电气系统设计

7.1.2.1 导弹测试仪的外接口应采用快速连接插头座

……

8 附录

……

9 参考文献

……

附录 B
（资料性附录）
某型歼击飞机维修性设计准则条款的示例（部分）

B.1　某型歼击飞机燃油系统维修性设计准则

a) 由于油量—耗量测量系统附件可靠性相对较低，该系统产品在飞机上的布局可达性应尽可能做到一次性可达。

b) 燃油系统的加、放油口、测试点及需要清洗的油滤和气滤，布置上应保障足够的操作空间和良好的可达性，应便于测试仪表和工具的操作。

c) 燃油系统设备、附件的外廓形状、安装形式应充分考虑结构框架、隔舱的设置，尽可能快速简便地拆装。

d) 应尽量采用标准化设计和选用标准化的设备、附件和零件。

e) 同型号、同功能的部件、组件应具备安装互换性和功能互换性。

f) 应防止在连接、装配、安装及盖口盖时发生差错，做到即使发生操作差错也能立即发现，避免导致损坏装置和发生事故等后果。

g) 燃油系统液体管路、设备和附件的安装应有防差错措施，必要时应有流向图示标识或文字标识；单向活门是燃油系统中使用最多的附件，在安装上应有防装反措施，并应在安装后有检验或试验安装正确性的技术措施。

h) 通向飞机外部的接头应有防止异物进入的措施。

i) 加油及放油等需维修人员引起注意的地方应在便于观察的位置设有维修标志、符号或说明标牌。

j) 在有可能发生危险事件或使用不当造成设备损坏的部位，需设危险警告标志。

k) 加油口附近应提供接地措施，加油口的布置应远离氧气等可燃物充填口。

l) 在满足使用性能的条件下，燃油系统应尽可能采用简单与耐用的设计，油箱内设备、附件应尽可能采用无维修设计和很少需要进行预防性维修的设计。

m) 设备、组件、导管、电缆的拆装、连接、紧固，使用维护及检查窗口的开、关以及吊舱或副油箱的装挂、卸取等应简易、快速，以缩短工作时间。

n) 重量超过32kg的机件，应采取相应的起重措施。

o) 对防火开关、紧急放油和吊舱投放等误操作后带来严重后果的开关应设置保险装置。

p) 再次出动机务准备需要打开的口盖，均应采用按扣式不用工具快速开启的设计，快卸口盖应有判定已盖好的显著标记。

q) 机务准备检查口盖和预防维修口盖应有颜色标记。

r) 各电气和机电设备维护口盖要有防雨、防风沙设计措施。

B.2　某型歼击飞机供电系统维修性设计准则

a) 电气设备安装应尽量采用快卸形式，少用螺钉固定，必要时采取防差错措施。

b) 飞机一次配套的电连接器应按照《飞机电连接器选用细则》选用，电缆对接应为快卸、自锁、具有压接形式的连接器，位置相近型号相同的连接器应用不同的键位以防插错。

c) 电路保护开关和熔断器应可达。熔断器的额定值应标在熔断器盒的显著位置上。

d) 地面电源插座的布局应便于地勤人员快速插拔。

e) 发电机在发动机附件机匣上安装时，应采用标准快卸卡箍方式并且定位销允许旋转±30°定位，以满足左、右发电机接线盒不同的维护要求，发电机通风管在安装时，至少有±5°以上的转动量以满足通风管路对接时安装需要。

f) 在电机的规定翻修期内不应要求加、换润滑剂。

g) 拆装蓄电池不应拆卸其他部件，并只需由一人完成，蓄电池应提供快捷的检测接口。

h) 为便于继电器和接触器引出线的连接，继电器和接触器的安装应留有足够的间隙，以便更换继电器和接触器。

i) 勿需从飞机上拆卸配电盒或安装板，即可接近安装在配电盒里或安装在面板上的接触器、熔断器。

j) 开关应安装在标准化的控制面板上，并且控制面板应按模块化要求进行设计。

附录 C

（资料性附录）

某型弹射座椅维修性设计准则符合性检查表示例（部分）

C.1 产品简介

某型弹射座椅为某型歼击机配套。该弹射座椅与座舱的连接点有 6 个，连接比较容易。操纵系统、分离系统均采用了燃爆机构、燃气管子及少量拉杆摇臂，平时不需要调节，没有钢索维护时所特有的麻烦。一般检查时，只需检查各接头处的保险情况即可，不需要高技术水平的维修人员维护。救生伞射伞枪、稳定伞射伞枪、弹射筒均为燃气打火，不会产生因维护时忘插保险而出现意外人身事故。需要维护的零部件在设计时，一般均考虑了维护空间及专用设备，如弹射筒的装卸手柄，程控器的批示灯等。

根据该型弹射座椅的设计方案，选取了简化设计、可达性、标准化（含模块化、互换性）、防差错措施及识别标准、维修安全性以及便于战场抢修的特性等 6 类作为其检查的内容，如表 C.1 所列。

表 C.1　某型弹射座椅维修性设计准则检查表

设计准则条目	是否符合		判定依据（设计措施）	不符合条目的原因说明	处理措施及建议
	是	否			
1 简化设计					
1.1 减少零、部件的品种和数量	√		零部件品种数量少于国外类似产品		
……	……	……	……	……	……
2 可达性					
2.1 尽量方便维修人员操作		√	某些操作没有足够的空间	远距点火插拔销时，操作空间不够	因座舱空间有限，需权衡利弊，待协调后改进
……	……	……	……	……	……
3 标准化、模块化、互换性					
3.1 尽最大可能使用货架部件、工具、测试设备		√	仅有个别零部件是标准件，占零部件总数的 15%		无
……	……	……	……	……	……

（续）

设计准则条目	是否符合		判定依据	不符合条目的原因说明	处理措施及建议
	是	否			
4 防差错措施及识别标志					
4.1 对于容易发生操作失误的位置设置显著的提醒标志	√		图 XX-XX 表明弹射手柄已经设计了相应的警告标志		
4.2 相关的口盖是否有标识		√	设计资料未体现出此方面的设计考虑	需要协调接口	待与总体单位协调后确定
……	……	……	……	……	……
5 维修安全性					
5.1 是否考虑了高温等部件对维修人员的危害	√		图 XX-XX 表明，在 XX 位置处设置了防护垫，以免人员接触到高温部件		
……	……	……	……	……	……
6 便于战场抢修的特性					
6.1 是否考虑了战场抢修的问题		√	设计资料未体现出此方面的设计考虑	该产品为新研设备，战损分析尚未开展	
……	……	……	……	……	……
	符合项	不符合项	合理解释项	存在问题项	
汇总	35	4	3	1	

注：√— "符合" 或 "不符合"

C.2 核查表格示例

该型弹射座椅的维修性设计准则检查表的示例如表 C.1 所列。

对于检查合格的依据，只要不满足项有合理解释、且不是对维修性影响重大的关键项目，则一般可认为通过检查，判定为"合格"。

通过检查发现，有 4 项不满足要求（表 C.1 中第 2.1、3.1、4.2 和 6.1 项），其中 3 项有合理解释；且 1 项无解决措施的不符合项，经分析认为该项是非关键内容，因此可初步认为检查合格。

参 考 文 献

[1] 甘茂治，等．维修性设计与验证[M]．北京：国防工业出版社，1995.

[2] 某型地面车辆维修性设计准则[M]．北京：航天二院二部，2007.

[3] 某型飞机维修性设计准则[M]．沈阳：601 所，2007.

[4] DOD-HDBK-791．Maintainability Design Techniques[S]．美国国防部，1988.

[5] GJB 368B《装备维修性工作通用要求》实施指南[M]．北京：总装备部电子信息基础部技术基础局 总装备部技术基础管理中心，2009.

[6] XKG/K10—2009．型号可靠性设计准则制定指南[M]．北京：国防科技工业可靠性工程技术研究中心，2009.

[7] XKG/C02—2009．型号测试性设计准则制定指南[M]．北京：国防科技工业可靠性工程技术研究中心，2009.

[8] XKG/A02—2009．型号安全性设计准则制定指南[M]．北京：国防科技工业可靠性工程技术研究中心，2009.

[9] XKG/B03—2009．型号保障性设计准则制定指南[M]．北京：国防科技工业可靠性工程技术研究中心，2009.

XKG

型 号 可 靠 性 技 术 规 范

XKG / W04—2009

型号平均修复时间验证试验
与评价应用指南

Guide to the demonstration of MTTR for materiel

目　次

前 言

本指南附录 A 是《资料性附录》。

本指南由国防科技工业可靠性工程技术研究中心负责组织实施。

本指南起草单位：北京航空航天大学可靠性工程研究所、航天二院二部、航空 014 中心、航空试飞院、装甲兵工程学院。

本指南的主要起草人：马麟、吕川、王策刚、王海波、张联禾、单志伟。

型号平均修复时间验证试验与评价应用指南

1 范围

本指南规定了型号（装备，下同）平均修复时间（MTTR）验证试验与评价的要求、程序和方法。

本指南适用于型号工程研制与定型阶段、生产阶段开展MTTR验证试验与评价工作，使用阶段也可参照使用。

2 规范性引用文件

下列文件中的有关条款通过引用而成为本指南的条款。凡注明日期或版次的引用文件，其后的任何修改单（不包括勘误的内容）或修订版本都不适用于本指南，但提倡使用本指南的各方探讨使用其最新版本的可能性。凡未注日期或版次的引用文件，其最新版本适用于本指南。

GJB 368B　　装备维修性工作通用要求

GJB 450A　　装备可靠性工作通用要求

GJB 451A　　可靠性维修性保障性术语

GJB 1909A　 装备可靠性维修性保障性要求论证

GJB 2072　　维修性试验与评定

GJB/Z 23　　可靠性维修性工程报告编写的一般要求

GJB/Z 57　　维修性分配与预计手册

GJB/Z 91　　维修性设计手册

3 术语和定义

GJB 451A、GJB 368B 确立的以及以下术语和定义适用于本指南。

3.1 维修性 maintainability

产品在规定的条件下和规定的时间内，按照规定的程序和方法进行维修时，保持或恢复其规定状态的能力。

3.2 平均修复时间 mean-time-to-repair（MTTR）

产品维修性设计的一种基本参数。其度量方法为：在规定的条件下和规定的时间内，产品在任一规定的维修级别上，修复性维修总时间与该级别上被修复产品的故障总数之比。

3.3 平均修复时间验证 mean-time-to-repair（MTTR）demonstration

平均修复时间验证是为确定型号是否达到规定的 MTTR 要求，由指定的试验机构进行的或由订购方与承制方联合进行的试验与评价工作。其结果将作为批准型号定型的依据之一。

4 符号和缩略语

4.1 符号

下列符号适用于本指南。

M_{ct}——平均修复时间，单位为小时（h）；

M_{pt}——平均预防性维修时间，单位为小时（h）；

$M_{p/c}$——平均维修时间，单位为小时（h）；

M_{maxct}——最大维修时间，单位为小时（h）；

α——承制方风险；

β——订购方风险；

T_{ct}——修复时间，单位为小时（h）；

T_P——准备时间，单位为小时（h）；

T_{FI}——故障隔离时间，单位为小时（h）；

T_D——接近时间，单位为小时（h）；

T_I——拆卸与更换时间，单位为小时（h）；

T_R——重装时间，单位为小时（h）；

T_A——调准时间，单位为小时（h）；

T_{CO}——检验时间，单位为小时（h）。

4.2 缩略语

下列缩略语适应于本指南。

BIT——built-in test，机内测试；

CTN-BIT——continuous BIT，连续机内测试；

FMECA——failure modes，effects and criticality analysis，故障模式、影响及危害性分析；

FRACAS——failure reporting，analysis & corrective action system，故障报告、分析和纠正措施系统；

FTA——fault tree analysis，故障树分析；

GTE——general test equipment，通用测试设备；

LRU——line-replaceable-unit，现场可更换单元；

MFD——maintenance flow diagram，维修流程图；

MTBF——mean-time-between-failures，平均故障间隔时间；

MTTR——mean-time-to-repair，平均修复时间；

NO——NO，"无"；

OI-BIT——operator initiated BIT，操作员启动机内测试；

Power-up BIT——power-on BIT，加电机内测试；

ST——self test，自检测；

STE——special test equipment，专项测试设备。

5　一般要求

5.1　目的与作用

a)　目的

开展型号MTTR验证试验与评价的主要目的是考核产品是否达到规定的MTTR的要求。该工作是型号工程研制与定型阶段必须完成的一项重要任务。

b)　作用

MTTR 验证试验与评价的作用主要是为判定 MTTR 是否达到要求的水平而给出依据。MTTR 验证试验也包含测试性评定和与维修性有关的保障要素的评定。MTTR 验证试验本身虽不能保证型号达到所要求的维修性水平，但它可促使承制方努力将型号的维修性要求落实到设计中去。

5.2　时机

该项工作通常在型号设计定型阶段进行(参见 GJB 368B《装备维修性工作通用要求》规定)。进行 MTTR 验证的型号，一般需要满足如下条件：

a)　应为设计定型或生产定型状态，或订购方批准的技术状态。

b)　已按规定的工作项目要求进行了可靠性维修性分析与预计。

c)　验证时所使用的相关设备、工具、资料、设施等应尽量与型号维修方案中规定的保障资源配置相一致，并经订购方认可。

d)　验证时选用的维修操作人员应当经过培训并具有相应的技能水平，人员的选用须经订购方认可。

e)　已经有明确的维修方案、操作规程。

f)　制定了维修性验证试验大纲，并按照验证大纲的要求建立了一个维修性信息闭环系统，并收集了型号的维修性相关信息。

5.3　原则

a)　如果可能则应开展专项的验证试验工作

专项 MTTR 验证试验是指针对型号的 MTTR 要求，严格按照试验计划开展的专门的试验工作。该类试验应与真实维修环境尽量保持一致。该试验需要独立开展，并纳入到型号的总体试验计划中，其结果直接为型号的定型工作提供依据。

b)　优先采用自然故障样本

应尽量在接近型号实际使用与维修环境条件下，利用各种试验中发生的自然故障样本，按照预先确定的验证统计方案，对按规定的维修工序进行修复性维修的实测时间进行统计计算，并对结果进行评估，以确定产品MTTR是否达到规定要求。如果没有足够的维修作业样本，可视情况开展模拟故障的工作。

c)　充分利用各类相关信息

型号定型阶段，一般需要做多项试验。此阶段一般会产生一部分故障件，这为维修性试验的开展提供了可能的作业样本，此时可结合开展相应的 MTTR 验证试验工作。另外，性能试验中可能涉及部分的安装、拆卸操作，这些数据与 MTTR 验证试验中的部分数据具有一定的相似性。适当、合理地收集处理这些数据，可为 MTTR 验证中的结果评估提供支持。

5.4 组织结构及职责

试验组织一般可分为两个小组，即验证评定小组和维修实施小组。验证评定小组内应有订购方的代表参加，维修实施小组由熟悉受试产品维修的人员组成；维修实施小组人员的技能水平应尽量与型号使用部队的维修人员水平相近，应事先经过适当的培训。验证评定小组负责安排试验、监控试验和处理试验数据；维修实施小组负责具体实施所要求的维修活动。每个试验组人员的具体职责应在详细的试验计划中规定。实际验证工作开展时，可根据具体的情况与工作要求，以上述内容为依据，合理的安排合适的组织形式。该组织方案须经订购方认可。

5.5 验证试验与评价要求

MTTR验证试验应在型号研制工作允许的条件下实施，即在定型阶段时间有限、经费有限等约束条件下，采用适当的验证技术和方法来考核维修性水平达到规定要求的程度。开展维修性试验与评价的要求包括：

a) 保障资源

应明确试验用的保障资源（人员、维修工具设备、备附件、消耗品、技术文件和试验设备、安全设备等）的数量和质量要求。

b) 有关试验的一些其他基本规定

应该明确对受试产品的来源、数量、质量要求，试验场及环境条件的要求、试验进度安排等。应确定订购方参加验证评审的时间与范围。未经订购方同意的任何平均修复时间验证试验计划，不得实施。

c) 验证的实施方法

GJB2072《维修性试验与评定》对MTTR验证试验规定了统一的试验方法和要求。当由于特殊原因，没有一种合适的方法时，则应由订购方提供另外的试验方法，或由承制方确定相应的试验方法，但需经订购方认可。

5.6 验证试验的程序和方法

MTTR验证试验的主要流程，如图1所示。

a) 制定试验计划。该计划应于工程研制开始时基本确定，并随着研制的进展，逐步调整。该计划应包括依据、目的、验证试验类别和评定项目、保障资源、试验方法等。如与其他工程试验结合进行，还应说明结合的方法与工程试验项目。试验计划中的其他部分应围绕着试验的目的展开，逐一说明相关的要求。

b) 明确验证要求。确定所要验证的指标的来源，并要经承制方与订购方确认；确定产品的构成、安装方式、故障诊断方式、可靠性设计参数等技术状态信息。

c) 明确维修方案。一般针对现场级的维修方案进行确认。该方案是后续开展验证实施工作的基础。试验过程中的所需各类资源是根据维修方案确定的。

d) 选定验证试验方案。根据GJB 2072《维修性试验与评定》中推荐的方法，结合产品的特点进行选择。若所有方法均无法满足要求，则可采用标准之外的方法，但需经承制方与订购方共同确认。

e) 验证试验技术准备。根据验证的工作计划安排，进行相关的技术准备工作，诸如确定样本量、准备技术资料等。

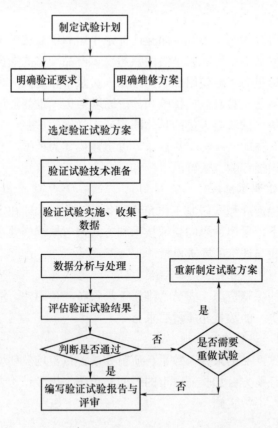

图 1　平均修复时间验证试验主要流程

f) 验证试验实施、收集数据。按照相应的计划实施试验，并按照预先准备好的表格收集相应的试验数据。

g) 数据分析与处理。按照事先准备好的格式与要求收集试验过程中产生的数据，并进行处理与评估。

h) 评估验证试验结果。通过试验数据处理与评估给出试验结果。

i) 判断是否通过。针对型号（装备）的指标，结合试验的评估结论进行判定，并作出是否通过的结论。

j) 编写试验验证报告与评审。按照要求编制验证试验报告，并提交评审。

6　平均修复时间验证试验的实施

6.1　验证试验准备工作

6.1.1　明确修复时间统计要求

对于平均修复时间验证，明确修复时间的统计要求至关重要。修复时间统计准则是进行修复时间数据收集与分析的依据。制定修复时间统计准则是 MTTR 验证前准备工作的一项重要内容。修复时间统计准则应针对具体的产品类型制定，准则中应包括如下内容：明确修复时间中各项时间要素的定义；明确不应计入统计的时间项。

具体而言，验证产品 MTTR 指标修复时间统计准则一般有以下几点。

a) 产品 MTTR 指标（现场级或基层级）是从平均修复时间验证人员到达型号使用或维修所在地开始计算，当产品在现场级采取换件修复时，统计计算的是 LRU 在型号上进行故障定位与隔离、接近、拆卸、更换、调整、检验等的时间。

b) 应计入 MTTR 的各项时间要素定义如下。

1) 准备：在故障隔离前所完成的有关作业时间，例如，安装、调准、预热维修对象的时间，系统输入初始化参数的时间等，但不包括取得维修保障设备的时间。准备时间用 T_P 表示。

2) 故障隔离：把故障隔离到可更换项目所需的作业时间。例如，诊断程序加载的时间，运行和结果判明的时间，检查故障隔离征兆和按维修手册进行征兆定位判定故障项目的时间等。故障隔离时间用 T_{FI} 表示。

3) 接近：与到达故障隔离过程中所确定的可更换项目有关的时间。例如，打开维修口盖的时间，拆卸为接近可更换项目有关机件的时间等。接近时间用 T_D 表示。

4) 拆卸与更换：与拆卸并更换项目有关的时间。例如，断开接头、拆卸螺钉、取出有故障的可更换项目的时间，安装用来替换的良好项目的时间等，但不包括取得备件的时间。拆卸与更换时间用 T_I 表示。

5) 重装：在更换后重新组装恢复到分解前状态所花的时间。它是拆卸的逆过程所花的时间。重装时间用 T_R 表示。

6) 调准：使更换后的项目达到规定的工作状态所花的时间。调准时间用 T_A 表示。

7) 检验：检验故障已被排除并证实产品恢复到故障前的运行状态所花的时间。检验时间用 T_{CO} 表示。

c) 不应计入的维修时间：

1) 未遵守维修技术手册和承制单位培训中规定的操作程序而造成维修和操作错误所花费的时间。

2) 排除因保障设备的安装、拆卸或操作导致的故障所耗去的修复时间。

3) 意外损伤的修复时间。

4) 由受试产品原发故障引起的从属故障，其修复时间应计入总的修复时间内。但如果从属故障是因模拟故障引起时，耗费的时间不应计入。

5) 由于产品设计不当，或者由于维修技术手册中操作程序不恰当，造成产品损伤或维修错误所花费的额外维修时间应计算在内。

6) 验证中采取从其他产品拆卸同型零部件来更换受试产品相应件的串件修复时，若备件（包括初始备件和后续备件）清单中有该件的备件，串件修复仅作为临时措施，则此拆卸时间不应计入维修时间内，若备件清单中没有该件的备件，则应计算在内，如果采取措施消除了这种串件修复时，则增算的时间应扣除。

7) 由于维修工具、资料、设备、备件等产生的延误时间不计入。

8) BIT 虚警引起的维修时间不计入。

6.1.2 明确验证要求和确认型号产品技术状态

a）明确验证要求

需要明确型号产品的MTTR指标是根据指标分配确定的还是订购方在研制要求中专门提出的。另外，根据需要明确规定承制方风险 α 和（或）订购方风险 β，具体数值由双方共同商定。

b）确认技术状态

要确认产品的技术状态是否与计划交付的状态一致，一般包括以下几点。

1）组成：产品是由几个 LRU 组成，各个 LRU 之间的相互连接关系。

2）安装：LRU 在产品上的安装位置及其固定连接情况，有无专用的维修通道等。

3）故障诊断方式：故障诊断是否采用 BIT，除了采用 BIT 外，是否还采用其他专用或通用诊断设备。

4）相关的可靠性设计参数：产品及其各组成 LRU 的故障率，该数据应是最新有效数据，即通过可靠性鉴定试验得到的结果，或最新的可靠性预计结果。

6.1.3 明确产品维修的方案

对于修复性维修，其维修的方案主要涉及如下内容：

a) 在现场级进行产品修复性维修的所有维修工作任务是否都能由现场级维修机构执行。

b) 更换的 LRU 是整机、设备还是组件、模块。

c) 进行修复的项目是单个可更换项目还是成组的可更换项目。

d) 对于成组可更换项目的更换是采取整组更换还是逐一依次更换。

e) 相应维修级别上所具备的维修保障资源。

f) 维修人员的人数和及其专业及技能水平。

6.1.4 选定验证试验方法

GJB2072《维修性试验与评定》中提供了 11 种方法可供选用。一般情况下，方法 9 应用限制条件不高，适用性较好，适用于设备一级 MTTR 的验证。该方法的基本信息如表 1 所列。

表 1　GJB2072 中提供的方法 9

编号	检 验 参 数	分布假设	推荐样本量	作业选择	规范要求的参量
方法 9	维修时间平均值、最大修复时间的检验等	分布未知，对数正态	不小于 30	自然故障或模拟故障	M_{ct}, M_{pt}, β, $M_{p/c}$, M_{maxct}

但是，GJB2072《维修性试验与评定》并未详细说明如何对复杂的装备确定合适的方法。根据我国型号研制的实际情况，一般可按如下两种方式处理：

a）设备的 MTTR 指标验证试验方案可选定 GJB2072 中的试验方法 9。

b）型号总体 MTTR 的验证，采用综合分析的方法，综合各类在现场进行维修的设备的 MTTR，进而获取型号总体 MTTR 验证量值。该类方法须根据具体的验证工作需求及条件确定，以及订购方认可。

6.1.5 验证试验样本确定及其他技术准备

6.1.5.1 确定试验样本量

MTTR 指标验证试验的样本量，是指为了达到验证目的所需维修作业的样本量。确定试验样本量可分为两步：首先确定需要开展试验的产品类型及数目，然后确定每个产品的试验样本。

产品 MTTR 验证试验样本量的确定，一般应根据产品的复杂程度、需达到的验证目的等予以确定。对于分系统、设备层次的产品，可按 GJB 2072《维修性试验与评定》的要求，试验方法 9 所需维修作业样本量最少为 30；而对于型号总体的总样本数，则需根据主要的现场维修工作内容，验证所需的时限及费用等进行综合分析，选取对 MTTR 影响大的产品，确定所需试验的产品清单；对于型号比较复杂的组成系统，其试验样本的确定方法与型号总体的相类似。应注意，型号总体与其复杂的组成系统，其样本量不能按照 GJB 2072《维修性试验与评定》试验方法 9 要求选 30 为限，该数量是适用于简单的产品或设备。随着总体或复杂系统所需试验产品清单的长短，其样本量也应相应地调整，但其显然要远大于 30。

一般来说，如果产品不复杂且只进行 MTTR 指标验证，将样本量预先定为 30 是可以满足验证要求的。必须指出，30 个样本量是 GJB 2072《维修性试验与评定》试验方法 9 的最低要求，在下一步的维修作业样本分配中，因作业分配数需取整数，可能最终的样本量超过 30 是合理的。最后确定的实际样本量，需经订购方同意后决定。

6.1.5.2 维修作业样本的分配

如果自然故障的样本量满足要求，则不需要进行故障模拟工作。否则，可视情进行模拟故障，并按相应的分配要求及方法进行维修作业样本的分配。维修作业样本分配的原则是，按照产品各组成 LRU 的相对故障发生频率将维修作业样本分配到各 LRU，并尽可能保证每个 LRU 至少有 1 个维修作业样本。维修作业样本的分配，参照 GJB 2072《维修性试验与评定》附录 B 中"B2.1 维修作业按比例分层抽样的分配法"进行。下面以某型火控雷达为例说明这种分配方法的应用，其应用分配步骤如表 2 所列。

表 2   维修作业样本分配方法（示例）

产品：某型火控雷达　　　　　　　　MTBF=66.7h

构成	LRU	维修作业	故障率 λ_i	LRU 数量 Q_i	工作时间系数 T_i	$Q_i \times \lambda_i \times T_i$	C_{pi}	分配的样本量
（1）	（2）	（3）	（4）	（5）	（6）	（7）	（8）	（9）
天线	天线	R / R	27.6	1	1	27.6	0.188	6
发射机	发射机	R / R	19.0	1	1	19.0	0.130	4
接收机	接收机	R / R	17.5	1	1	17.5	0.119	4
共用数据处理机	共用数据处理机	R / R	13.3	1	1	13.3	0.091	3

（续）

构成	LRU	维修作业	故障率 λ_i	LRU 数量 Q_i	工作时间系数 T_i	$Q_i \times \lambda_i \times T_i$	C_{pi}	分配的样本量
数字信号处理机	数字信号处理机	R / R	9.5	1	1	9.5	0.065	2
模拟信号处理机	模拟信号处理机	R / R	11.7	1	1	11.7	0.080	2
控制盒	控制盒	R / R	5.0	1	1	5.0	0.034	1
激励器	激励器	R / R	27.6	1	1	27.6	0.188	6
低压电源	低压电源	R / R	15.4	1	1	15.4	0.105	3
共　计			146.6			146.6	1	31

注：① R / R 表示拆卸和更换；

②　表中数据仅为示例；

③　表中故障率是用万时率，即每 10^4h 的故障数表示的

表 2 中的分配步骤表述如下。

第（1）栏：列出产品的组成单元。本例中雷达包括天线、发射机、接收机、共用数据处理机、数字信号处理机、模拟信号处理机、控制盒、激励器和低压电源等。

第（2）栏：列出产品在现场级修复的项目（即 LRU）。本例中的 LRU 就是第（1）栏中的组成单元。这里的 LRU 应是根据维修性分析或维修性设计中确定的现场级可更换项目。

第（3）栏：列出 LRU 的维修作业。这里的维修作业是根据产品的维修方案定出的，可以是调试、拆卸、更换、修复等工作（表 2 中仅为拆卸、更换，未包含其他作业类型），本例中均是 R/R（拆卸和换）。

第（4）栏：列出每项 LRU 的故障率 λ_i。λ_i 由产品可靠性鉴定试验结果或可靠性预计给出。这里需要注意，故障率 λ_i 只应列出在现场级能排除故障的故障率。

第（5）栏：列出产品中各 LRU 的数量 Q_i。

第（6）栏：列出各 LRU 的工作时间系数 T_i。工作时间系数 T_i 是指产品开机后各 LRU 的工作时间与产品全程工作时间之比，$T_i \leqslant 1$。

第（7）栏：计算各 LRU 的 $Q_i\lambda_iT_i$。

第（8）栏：计算各 LRU 的故障相对发生频率 C_{pi}。可按下面的公式计算：

$$C_{pi}=Q_i\lambda_iT_i / \sum Q_i\lambda_iT_i$$

式中：i 为产品中 LRU 的项数，本例中 $i=9$。

第（9）栏：计算各 LRU 验证分配的样本量。各 LRU 验证分配的样本量按下式计算：

$$N_i = N \times C_{pi}$$

式中：N 为预先确定的产品验证试验样本量。

注意：在本例中，因分配的样本量需取整数，各 LRU 验证分配的样本量之和可能略为超过预先确定的产品验证试验样本量 N。因此，产品验证最终确定的样本量应为各 LRU 验证分配的样本量之和，如示例中，按照预先 GJB 2072《维修性试验与评定》试验方法 9 的最低要求，初步确定的产品验证试验样本量为 30，而经过分配计算，各 LRU 验证分配的样本量之和为 31。考虑到该数值超过了最低要求数目（30），同时也满足分配的要求，故最终确定的产品验证样本量取为 31。

6.1.5.3 绘制各项 LRU 的维修流程图

绘制 LRU 的维修流程图（Maintenance Flow Diagram，MFD），是为了向验证试验人员描述所实施维修作业的工作顺序。MFD 应按修复性维修进行的维修活动绘制。MFD 的元素说明如图 2 所示。

图 2 维修流程图元素说明

维修流程图（MFD）（图 3）从图 3 的左边"产品故障发生并被检测到"事件开始，其后则有维修活动方框，标明实现故障隔离采取的方法，接着是表示排除故障和修复、检验等所需的各项维修活动，经检验作出产品工作正常判断后，最后画出（"结束"）符号。

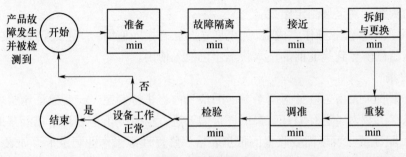

图 3 维修流程图

必须仔细地进行此项工作，确信排除该 LRU 故障所采取的全部维修活动均已列入，特别是用人工进行故障隔离结果所采取的全部活动都要列入。应该指出，图 3 没有给出并行活动的例子。如果在实际工作中存在并行作业的情况，则需要明确可并行的作业项、明确其起始时间，在维修流程图上按照"并联"的方式予以表达。并且，如果需要将这些并行作业合并为一个大的维修活动时，则该活动的时间取并行作业中消耗最长的时间值。

在绘制 MFD 时，必须根据产品有无测试设备进行故障定位与隔离加以区分。

a）有测试设备进行故障定位与隔离的产品

修复的基本维修活动：准备（含故障定位）、故障隔离、接近、拆卸、更换、重装（结合）、调准、检验。

b）无测试设备进行故障定位与隔离的产品

修复的基本维修活动：准备、接近、拆卸、更换、重装（结合）、调准、检验。这类产品的故障定位与隔离，通常是通过故障研究和分析、以往的经验以及试凑法等手段确定的。

6.1.5.4 制定验证试验实施工作计划

验证试验实施工作计划的内容一般包括：

a) 需进行验证的产品项目及其试验次数。

b) 各产品验证的顺序、预计需要经历的时间。

c) 需结合进行的其他验证工作（如工具的适用性检查或维修设备与被试产品连接的协调性检查等）以及相互间的接口关系等。

6.1.5.5 其他准备工作

其他准备工作包括列出并获取验证试验中所需的维修技术文件等内容。

6.2 平均修复时间验证试验步骤

MTTR 验证试验按以下步骤进行：

a) 验证操作人员到达试验现场时首先要检查型号的状况是否符合验证规定的技术状态，保证型号安全使用与维修的设备、设施、技术资料、备件已到位。

b) 操作人员检查验证所需的工具是否齐全，状况是否良好；检查验证所需维修设备技术状况是否良好，与型号的连接是否到位并可靠。

c) 在进行完 a）、b）项工作后，再按列出的各项 LRU 验证操作要求进行操作。

d) 在操作过程中，评定小组的记录人员要按制定的维修时间统计准则进行各项维修活动时间的测定，并记录测定结果。

e) 在每次维修作业操作完成后，如果型号产品要投入使用，一定要经过严格的复查，确信型号产品已恢复到验证前的技术状况才可投入使用。

6.3 数据收集

验证数据收集表格主要针对两个方面的信息内容进行制定，一是验证试验现场需要收集的信息；二是为了进行验证结果的评价需要进行信息分析与处理所需汇集的信息。产品 MTTR 验证试验现场需要收集的信息表格"修复性维修作业记录卡"如表 3 所列，"修复性维修作业时间记录表"如表 4 所列。在进行具体操作之前首先应填写表 3；在现场收集信息时，应根据各 LRU 需进行的维修操作的内容，将有关维修活动框用黑线加粗标出，填写表 4。

表3 修复性维修作业记录卡

产品名称   年   月   日

LRU 名称：   操作第   次

维修流程图

工   具：
设   备：
测量仪器：
需说明的事项及问题：
操作人员：_____   专业：_____   记录人员：_____   _____

表4 修复性维修作业时间记录表

产品名称：   年   月   日

LRU 名称	维修 人数	维修活动时间/min							维修 作业 时间
		准备	故障 隔离	接近	拆卸与 更换	重装	调准	检验	

操作人员：_____   专业：   故障诊断方式：   BIT （   ）
_____   STE （   ）
记录人员：_____   GTE （   ）
_____   NO （   ）
注：① 表中所列专业应按部队维修人员的专业划分填写，若是新增专业按保障方案建议书中建议的专业名称填写。 ② BIT 表示机内测试。 ③ STE 表示专用测试设备。 ④ GTE 表示通用测试设备。 ⑤ NO 表示无故障测试与诊断设备

   注意：对于某些未进行验证试验的维修活动，其活动时间应说明数据的来源，例如，

数据来源于型号定型试验中的时间测定，或数据来源于产品研制试验中的时间测定等。

将验证试验结果汇集成表，如表 5 所列。

表 5 验证试验结果汇总表

产品名称：　　　　　　　　　　　　　　　　　　　　　　　　　　年　　月　　日

LRU 名称	分配的样本量	验证试验次数	测定 M_{ct} 值	备注

注：表中所列验证试验次数仅列出 3 次，仅是示意。实际上，验证试验次应与分配的样本量一致

6.4 数据分析与处理

数据分析与处理是确保验证结果正确、有效的重要步骤。通过对表 4 中各项维修活动中的每一具体操作步骤所需的时间元素进行分析与统计后，计算该项维修活动所经历的全部时间。根据记录的原始信息，进行处理、剔除无效内容后进行计算。其时间历程分析的程序如下。

a) 确定每项维修活动中所包含的各步操作。

确定试验操作过程中完成每一步操作所需的时间。

b) 如果维修操作人员不止一个人时，应确定维修活动中的哪些操作（如更换项目时拆卸固定螺钉等）是安排在同时进行的，该项操作时间应取其最长的。

c) 进行维修活动时间合成，即每项维修活动时间是其各操作时间之和：

$$T_{ct}=T_P+T_{FI}+T_D+T_I+T_R+T_A+T_{CO} \tag{1}$$

式中：T_{ct}——修复时间，单位为小时（h）；

T_P——准备时间，单位为小时（h）；

T_{FI}——故障隔离时间，单位为小时（h）；

T_D——接近时间，单位为小时（h）；

T_I——拆卸与更换时间，单位为小时（h）；

T_R——重装时间，单位为小时（h）；

T_A——调准时间，单位为小时（h）；

T_{CO}——检验时间，单位为小时（h）。

d) 合计各项维修活动时间以确定维修作业时间。

6.5 验证结果评估

计算统计量时，将各 LRU 测定的 M_{ct} 值用符号（X_{cti}，即一项 T_{ct}）表示；维修作业样本量用 n_c 表示；产品 MTTR 的样本均值 $\overline{X}_{ct}$ 见式（2），其样本的方差值 $\tilde{d}_{ct}^2$ 见式（3）。

$$\overline{X}_{ct} = \sum_{i=1}^{n_c} X_{cti} / n \tag{2}$$

$$\tilde{d}_{ct}^2 = \sum_{i=1}^{n_c} (X_{cti} - \overline{X}_{ct})^2 / (n_c - 1) \tag{3}$$

产品 MTTR 验证结果评估按下列判断规则，如果有

$$\overline{X}_{ct} \leqslant M_{ct} - Z_{1-\beta}(d_{ct} / \sqrt{n_c}) \tag{4}$$

则产品 MTTR 符合要求而接受，否则拒绝。

式中：$\overline{M}_{ct}$——合同中规定的平均修复时间，单位为小时（h）；

$Z_{1-\beta}$——指对应下侧概率 $1-\beta$ 的标准正态分布分位数；

β——订购方风险。

6.6 编写验证试验报告及评审

6.6.1 编写验证试验结果报告

验证评定组编写产品 MTTR 验证试验结果报告，报告的格式与内容一般应参照型号设计定型文件的要求编写，并向有关部门提交最终验证报告。按照 GJB/Z 23《可靠性和维修性工程报告编写的一般要求》，报告的主要内容至少应包括试验验证的目标、方法、实施过程、试验数据处理与验证的结论等。

6.6.2 评审

在验证工作结束后，应按照型号 MTTR 要求验证大纲的要求进行评审。根据验证工作的需要也可以安排阶段性的结果评审。评审的主要内容（但不限于）：

a) 验证工作的全面完成情况。

b) 验证与评估信息的准确性与完整性。

c) 信息分析、处理的合理性。

d) 最终验证报告的内容及结论的正确性。

7 注意事项

a) 验证试验应制定必要的管理制度，严格遵守，以保证 MTTR 验证试验工作的有序、有效运行。

b) 如果采用与其他工程试验相结合的方式开展 MTTR 验证试验，则需要特别注意维修操作时的安全问题。在进行故障注入时必须将安全问题放在首位，如果存在安全隐患，则一般应取消该项试验操作。

c) 如果采用故障注入的方法，则一定要保证注入故障的人员与维修人员相互"隔离"，以保证故障定位、隔离的时间尽量准确。

d) MTTR 验证试验应尽可能与其他验证试验与评价（见本指南参考文献[5—7]等）结合开展。

e) 试验的方案、实施、结论均需要得到订购方的认可。

f) 进行验证试验时：

1) 应严格按照该型号维修技术文件规定的操作程序进行操作。

2) 应使用该型号维修保障方案中规定的工具和设备。

3) 应指定专人负责核查操作人员实施维修活动的正确性。

4) 在操作中严禁强行拆卸与安装。

5) 在操作中有可能造成产品的损伤时，必须有可靠的安全措施。

6) 在操作中有可能造成产品损坏或危及人员安全的操作时，必须经过全面细致的分析与论证并确认在有必要的情况下，经验证领导小组批准且有确实的安全保障条件下才可以进行；否则，该项操作不予进行。

g) 注意信息收集、整理，建立信息库，为型号维修性提供支持。

附录 A
（资料性附录）
某型火控雷达平均修复时间验证试验的应用案例

A.1 概述

某型火控雷达是关键产品，工作时间长，经常需要维修。

该火控雷达由 6 个 LRU 组成，即天线、发射机、低功率射频组件、雷达计算机、处理机和雷达控制面板。各个 LRU 的内部组成及相互间的连接关系如图 A.1 所示。一条数字式多路总线提供雷达计算机与其他 LRU（数字式信号处理机除外）的接口；数字信号处理机通过一条独立的高速数据总线与雷达计算机相连。除天线和雷达控制面板两个 LRU 外，其余 LRU 均做成抽屉式盒形件结构形式。

该火控雷达的 6 个 LRU 都安装在型号的某舱内，站在地面就可接近产品。

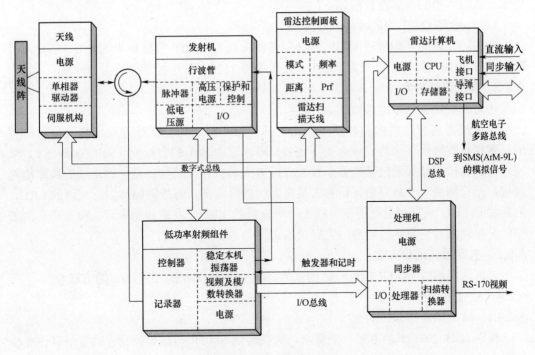

图 A.1 某型火控雷达组成

A.2 平均修复时间验证试验实施

A.2.1 明确验证要求和确认产品技术特性

A.2.1.1 明确验证要求

根据签订的研制合同规定，某型火控雷达在现场级的平均修复时间 MTTR≤0.5h。

订购方风险 β 按合同规定，$\beta=0.05$。

A.2.1.2 确认产品技术特性

a) 产品组成及安装

提供验证试验的火控雷达，其技术状态符合研制合同中规定的要求。

b) 故障诊断方式

火控雷达故障诊断采用机内测试（BIT），不需要其他保障设备。

火控雷达的 BIT 共有 3 种工作方式：

1）加电机内测试（Power-up BIT）——当各 LRU 加电后，自动进行测试，用来确认产品是否处于完好状态。

2）操作员启动机内测试（OI-BIT）——由产品操作员（维修人员）启动，进行检测时要求产品中断工作，用来进行故障检测与隔离，或确认产品处于完好状态。

3）连续机内测试（CTN-BIT）——操作人员对产品进行连续监视和周期性检测，确认产品是否工作在允许范围内，这种检测不中断产品正常工作。

c) 相关的可靠性技术特性

产品已按照相关的标准进行了可靠性鉴定试验，可靠性指标已达到研制合同规定的要求。试验得出的可靠性数据如下：

1）火控雷达的平均故障间隔时间 MTBF＝80h。

2）各 LRU 的平均故障间隔时间分别是：天线为 350h、发射机为 526 h、低功率射频组件为 201h、雷达计算机为 1052h、处理机为 752h、雷达控制面板为 2000h。

A.2.2 确认维修方案

该火控雷达按三级维修体制进行维修。

该火控雷达在现场级的修复工作由一名经过专门培训的雷达专业维修人员就可完成，其修复性维修工作是：该火控雷达的故障检测由 BIT 的自检测（Self Test，ST）来完成，并将检测结果通过舱室显示仪表向维修人员报告。自检测是一种连续的故障检测过程，当检测到一个故障后，维修人员再启动机内测试，将故障隔离到出故障的 LRU，然后将此 LRU 从某型号上拆下，换上一个良好的 LRU，在重装完毕后，检查产品的工作情况并判断其恢复到故障前的完好状态。

A.2.3 选定验证试验方案

该雷达现场级 MTTR 指标验证的试验方案选定为 GJB 2072 中的试验方法 9。

A.2.4 验证试验技术准备

A.2.4.1 确定维修作业样本量

根据 GJB 2072 试验方法 9 的要求，火控雷达 MTTR 指标验证预先确定维修作业样本量为 30。如果维修作业样本分配中因样本数需取整数超过 30 时，可将该数定为最终确定的样本量。

A.2.4.2 选择与分配维修作业样本

a) 选择维修作业样本

由于雷达刚装机使用，维修作业的产生采用模拟故障方式。

b) 分配维修作业样本

将预先确定的维修作业样本量分配到雷达的各个 LRU，分配结果如表 A.1 所列。

表 A.1　某型火控雷达维修作业样本分配

产品：某型火控雷达　　　　　　　　MTBF=70h　　　　　　　　预定作业样本量：30

LRU 名称	维修 作业	MTBF /h	故障率（故障 数 / 10^4h）	数 量	工作时 间系数	总 计 故障率	相对发生 频率	验证分配的 样本数
发射机	R / R	350	28.6	1	1	28.6	0.2284	7
天 线	R / R	526	19.0	1	1	19.0	0.152	5
低功率射频 组件	R / R	201	49.6	1	1	49.6	0.3967	12
雷 达 计算机	R / R	1052	9.5	1	1	9.5	0.076	2
处理机	R / R	752	13.3	1	1	13.3	0.1064	3
雷达控 制面板	R / R	2000	5.0	1	1	5.0	0.04	1
共计						125.2	1.0	30

注：表中故障率是用万时率——每 10^4h 的故障数表示；

　　根据维修作业样本分配结果，最终确定维修作业样本量为30

A.2.4.3　制定维修时间统计准则

在制定维修时间统计准则过程中要结合雷达工作的特点，对该雷达现场级修复性维修工作的各项时间要素做出明确的说明，如准备时间中不包括雷达接通电源后直到栅控行波管灯丝达到工作温度的时间等。有关内容在此不再详细列出。

A.2.4.4　制定数据收集表格

维修数据收集表格的格式和内容参照本指南正文的相应表格（表3~表5）制定，但在表3中应增加"故障模拟人员"的内容。

A.2.4.5　制定验证试验实施工作安排

该雷达验证试验实施工作安排如表 A.2 所列。

表 A.2　某雷达验证试验工作安排（部分）

序号	LRU 名称	模拟的故障及编号	序号	LRU 名称	模拟的故障及编号
1	低功率射频组件	断路　　　（7）	9	发射机	断路　　　（16）
2	低功率射频组件	断路　　　（3）	10	低功率射频组件	元器件故障　（5）
3	天线	断路　　　（13）	11	低功率射频组件	断路　　　（6）
4	发射机	断路　　　（20）	12	处理机	元器件故障（27）
5	雷达计算机	元器件故障（25）	13	发射机	断路　　　（24）
6	低功率射频组件	元器件故障（1）	14	低功率射频组件	元器件故障（11）
7	雷达控制面板	弹簧折断（30）	15	天线	断路　　　（14）
8	低功率射频组件	断路　　　（12）	16	天线	元器件故障（19）

(续)

序号	LRU 名称	模拟的故障及编号	序号	LRU 名称	模拟的故障及编号
17	低功率射频组件	断路　（10）	24	雷 达 计 算 机	元器件故障（26）
18	发射机	元器件故障（22）	25	天线	断路　（15）
19	低功率射频组件	断路　（9）	26	发射机	断路　（23）
20	发射机	元器件故障（21）	27	处理机	元器件故障（29）
21	天线	断路　（17）	27	低功率射频组件	元器件故障（4）
22	处理机	元器件故障（27）	29	发射机	元器件故障（17）
23	低功率射频组件	元器件故障（2）	30	低功率射频组件	断路　（7）

A.2.5　验证试验的实施

该雷达 MTTR 指标验证试验基本按照本指南 5.6 节图 1 的实施流程进行。

A.2.6　数据分析与处理

平均修复时间验证试验的数据记录如表 A.3 所列。表 A.3 中仅列出低功率射频组件和天线的某两次试验结果。

表 A.3　修复性维修作业时间记录表

产品名称：某型火控雷达　　　　　　　　　　　　　　　　　年　　月　　日

LRU 名称	维修人数	维修活动时间/s							维修作业时间
		准备	故障隔离	接近	更换	重装	调准	检验	
低功率射频组件	1	207	15	35	283	45	不需要	337	923
天 线	1	205	15	32	322	46	不需要	337	957

操作人员：×××　　专业：雷达　　　　　故障诊断方式：BIT （ √ ）

　　　　　×××　　　　　　　　　　　　　　　　　STE （　）

记录人员：×××　　故障注入人员：×××　　　　　GTE （　）

　　　　　×××　　　　　　　　　　　　　　　　　NO （　）

A.2.7　验证试验结果

A.2.7.1　验证试验结果汇总

该雷达共进行 30 次验证试验，其结果汇总在表 A.4 中。

表 A.4 中"试验序号"是指表 A.2 该雷达验证试验工作安排中所列的序号。

表 A.4 某型火控雷达验证试验结果汇总表

产品名称：某型火控雷达   年   月   日

LRU 名称	分配的样本数	试验序号	MTTR 测定值	LRU 名称	分配的样本数	试验序号	MTTR 测定值
低功率射频组件		（1）	15min37s	发射机	7	（4）	15min22s
		（2）	15min29s			（9）	15min21s
		（6）	15min35s			（13）	15min27s
		（7）	15min29s			（17）	15min22s
		（10）	15min31s			（20）	15min23s
		（11）	15min32s			（26）	15min22s
		（14）	15min30s			（29）	15min20s
		（17）	15min27s	处理机	3	（12）	15min35s
		（19）	15min29s			（22）	15min36s
		（23）	15min34s			（27）	15min34s
		（27）	15min27s	天线	5	（3）	16min10s
		（30）	15min23s			（15）	16min7s
雷达计算机	2	（5）	15min45s			（16）	16min7s
		（24）	16min			（21）	16min5s
雷达控制面板	1	（7）	22min17s			（25）	16min2s

A.2.7.2 计算下列统计量

a) 雷达的平均修复时间（$\overline{X}_{ct}$）

雷达的 $\overline{X}_{ct}$ 按本指南 6.5 节中的式（2）计算：

$$\overline{X}_{ct} = \sum_{i=1}^{nc} X_{cti} \bigg/ n_c = 15.73\,\text{min}$$

b) 样本的方差值 $\tilde{d}_{ct}^2$

雷达的 $\tilde{d}_{ct}^2$ 按本指南 6.5 节中的式（3）计算：

$$\tilde{d}_{ct}^2 = \sum_{i=1}^{nc} (X_{cti} - \overline{X}_{ct})^2 \bigg/ (n_c - 1) = 44.999 / 29 = 1.55$$

A.3 某型火控雷达平均修复时间验证试验结论

按本指南 6.5 节中给出的判断准则，则对某火控雷达的 $\overline{X}_{ct}$（MTTR）判断如下：

$$\overline{M}_{ct} — Z_{1-\beta}(\tilde{d}_{ct}/\sqrt{n_c}) = 30 - 1.65（1.245 / 5.47）= 29.6\text{min}$$

但该雷达产品的 $\overline{X}_{ct}$ 为 15.73min，小于 29.6min 的要求，即

$$\overline{X}_{ct} \leqslant \overline{M}_{ct} - Z_{1-\beta}(d_{ct}/\sqrt{n_c})$$

则该型火控雷达平均修复时间通过试验验证。

参 考 文 献

[1] 型号现场级 MTTR 验证方法工程研究[R]. 北京：国防科技工业可靠性工程技术研究中心，2005.

[2] 某型导弹维修性评估大纲[R]. 洛阳：航空空空导弹研究院，2004.

[3] 某型飞机平均修复时间验证大纲[R]. 西安：航空试飞院，2004.

[4] GJB368B《装备维修性工作通用要求》实施指南[M]. 北京：总装备部电子信息基础部技术基础局 总装备部技术基础管理中心，2009.

[5] XKG/D04-2009. 型号 RMS 要求验证程序和方法应用指南[M]. 北京：国防科技工业可靠性工程技术研究中心，2009.

[6] XKG/C04-2009. 型号测试性要求验证试验与评价应用指南[M]. 北京：国防科技工业可靠性工程技术研究中心，2009.

[7] XKG/B04-2009. 型号再次次准备要求验证试验与评价应用指南[M]. 北京：国防科技工业可靠性工程技术研究中心，2009.

XKG

型 号 可 靠 性 技 术 规 范

XKG／C01—2009

型号测试性设计与分析应用指南

Guide to the testability design and analysis for materiel

目　次

前　言

本指南的附录 A～附录 F 均是《资料性附录》。

本指南是由国防科技工业可靠性工程技术研究中心负责组织实施。

本指南起草单位：北京航空航天大学可靠性工程研究所、航空工业发展研究中心、航天二院 23 所。

本指南主要起草人：田　仲、石君友、曾天翔、周鸣岐。

型号测试性设计与分析应用指南

1 范围

本指南规定了型号（装备，下同）研制阶段测试性设计与分析的一般要求、程序和方法。

本指南适用于有测试性要求的系统和设备的测试性设计与分析，主要针对电子系统和设备，对于非电子系统和设备也可参照使用。

2 规范性引用文件

下列文件中的有关条款通过引用而成为本指南的条款。凡注明日期或版次的引用文件，其后的修改单（不包括勘误的内容）或修订版本都不适用本指南，但提倡探讨其最新版本的可能性。凡未注明日期或版次的引用文件，其最新版本适用于本指南。

GJB 451A　　可靠性维修性保障性术语
GJB 2547　　装备测试性大纲
GJB 3385　　测试与诊断术语
GJB 3966　　被测单元与自动测试设备兼容性通用要求
GJB 5938　　军用电子装备测试程序集通用要求
GJB/Z 1391　故障模式、影响及危害性分析指南

3 术语和定义

GJB 451A、GJB 2547 和 GJB 3385 确立的以及下列术语和定义适用于本指南。

3.1 测试性 testability
产品能及时准确地确定其状态（可工作、不可工作或性能下降）并隔离其内部故障的一种设计特性（或能力）。

3.2 固有测试性 inherent testability
仅取决于产品设计，不受测试激励数据和响应数据影响的测试性。它表明对测试过程的支持程度。

3.3 测试性设计 design for testability（DFT）
利用经济、有效的设计技术，使产品达到规定测试性要求的设计过程。

3.4 测试性分析 testability analysis
在产品测试性设计过程中，通过分析、预计、核查、仿真和评价等技术，确定应采取的测试性设计措施、评价测试性要求实现程度所进行的工作。

3.5 机内测试 built-in test （BIT）
系统或设备内部提供的检测和隔离故障的自动测试能力。

或：系统或设备自身具有的检测和隔离故障的自动测试功能（或方法）。

3.6 **故障检测率** fault detection rate（FDR）
用规定的方法正确检测到的故障数与发生故障总数之比，用百分数表示。

3.7 **故障隔离率** fault isolation rate (FIR)
用规定的方法将检测到的故障正确隔离到不大于规定模糊度的故障数与检测到的故障数之比，用百分数表示。

3.8 **虚警率** false alarm rate（FAR）
在规定的期间内发生的虚警次数与故障指示总数之比，用百分数表示。

3.9 **被测试单元** unit under test (UUT)
被测试的任何系统、分系统、设备、组件和部件等的统称。

3.10 **可更换单元** replaceable unit (RU)
在规定维修级别上，可以从UUT上拆卸并更换的单元。

3.11 **现场可更换单元** line replaceable unit (LRU)
在工作现场可从系统或设备上拆卸并更换的单元。

现场可更换模块 line replaceable module (LRM)
在工作现场可从系统或设备上拆卸并更换的单元模块。

3.12 **车间可更换单元** shop replaceable unit（SRU）
在维修车间可从LRU上拆卸并更换的单元。同义词：车间可更换组件、内场可更换单元。

3.13 **自动测试设备** automatic Test Equipment (ATE)
自动进行功能和（或）参数测试、评价性能下降程度或隔离故障的测试设备。

3.14 **测试程序集** test program set (TPS)
用ATE对UUT进行测试所需的测试程序、接口装置、测试程序说明文件和辅助数据的组合。同义词：测试程序及接口组合。

3.15 **模糊度** ambiguity group size
产生相同故障信号的一组可更换单元（模糊组）所包含的可更换单元数。组中任何一个可更换单元发生故障时，自动测试不能识别发生故障的单元，只能隔离到该模糊组。

3.16 **诊断** diagnostics
检测和隔离故障的活动。

3.17 **诊断方案** diagnostic concept
对系统或设备诊断的范围、功能和运用的初步构想。

3.18 **诊断策略** diagnostic strategy
综合考虑规定约束、目标和有关影响因素而确定的用于诊断产品故障的测试与判断逻辑。

3.19 **测试可控性** test controllability
确定或描述系统和设备有关信号可被控制程度的一种设计特性。

3.20 **测试可观测性** test observability
确定或描述系统和设备有关信号可被观测程度的一种设计特性。

3.21 **平均虚警间隔时间** mean time between false alarms（MTBFA）
各次虚警间隔时间的平均值，用产品运行总时间与自动测试指示的虚警总数之比表示。

3.22 预测与健康管理 prognostics and health management（PHM）

估计未来一段时间内部件或系统故障的可能性，以便能及时采取适当措施的一种能力。包括根据诊断信息预计部件或系统的残余使用寿命或正常工作的时间长度，以及根据诊断和预测信息、可用资源和使用需求对维修活动做出适当的决策。

3.23 中央测试系统 central test system（CTS）

泛指装备内用于采集各种测试数据，进行综合分析、处理、存储和显示，提供状态监测、故障检测与隔离、故障预测、维修支持信息等的综合测试系统。它是装备一级的信息系统、中央测试系统、机载维修系统、状态监测与预测等系统的统称。

3.24 嵌入式诊断 embedded diagnostics

装备内提供的自动故障诊断能力，实现这种能力的硬件和软件包括机内测试（BIT）、状态监测、故障信息的存储和显示、中央测试系统（CTS）等。它们安装在装备内，是装备的一个组成部分。

4 符号和缩略语

4.1 符号

下列符号适用于本指南。

λ——故障率，单位为次每小时（1/h）；

λ_D——检测的故障率，单位为次每小时（1/h）；

λ_{IL}——隔离的故障率，单位为次每小时（1/h）；

λ_T——系统的故障率，单位为次每小时（1/h）；

C_D——诊断树平均测试费用；

N_{DS}——诊断树平均测试步骤树；

N_D——检测的故障数；

N_{IL}——隔离的故障数；

N_T——故障总数；

N_F——真实故障指示次数；

N_{FA}——虚警次数；

n——系统中组成单元数；

P_{sr}——系统要求指标；

P_N——新品部分的指标；

r——新产品数。

4.2 缩略语

下列缩略语适用于本指南。

ATE——automatic test equipment，自动测试设备；

BIT——built-in test，机内测试；

BITE——built-in test equipment，机内测试设备；

CTS——central test system，中央测试系统；

CND——cannot duplicate，不能复现；

DFT——design for testability，测试性设计；

  FAR——false alarm rate，虚警率；

  FDR——fault detection rate，故障检测率；

  FIR——fault isolation rate，故障隔离率；

  FMEA——fault modes and effects analysis，故障模式及影响分析；

  FMECA——failure modes，effects and criticality analysis，故障模式、影响及危害性分析；

  IBIT——initiated BIT，启动 BIT；

  LRM——line replaceable module，现场可更换模块；

  LRU——line replaceable unit，现场可更换单元；

  MBIT——maintenance BIT，维修 BIT；

  MTBF——mean-time-between-failures，平均故障间隔时间（h）；

  MTBFA——mean time between false alarms，平均虚警间隔时间（h）；

  MTTR——mean-time-to-repair，平均修复时间（h）；

  PBIT——periodic BIT，周期 BIT；

  PHM——prognosticate and health management，预测与健康管理；

  PMA——portable maintenance assistant equipment，便携式维修辅助设备；

  RTOK——retest okay，重测合格；

  SRU——shop replaceable unit，车间可更换单元；

  TP——test point，测试点；

  TPS——test program set，测试程序集；

  TRD——test requirement document，测试要求文件；

  UUT——unit under test，被测试单元。

5 一般要求

5.1 测试性设计目的、作用和依据

  a）目的

  测试性设计的目的是提高装备的状态监测与故障诊断能力，进而提高装备的战备完好性、任务成功性和安全性，减少维修人力及其他保障资源，降低寿命周期费用。

  b）作用

  测试性设计的作用是依据系统和设备特点，选用合适的设计技术方法，开展各项测试性设计工作，使装备达到规定的测试性要求。

  c）依据

  测试性设计的主要依据是根据装备使用要求提出的测试性要求，一般分为定性要求和定量要求。系统的测试性定量要求还需要分配给其分系统或设备作为设计依据。

5.2 测试性定性要求

  测试性定性设计要求主要包括：

  a）嵌入式诊断设计要求

  1）状态监测功能：实时检测被测单元（UUT）重要特性参数。

  2）机内测试（BIT）故障检测功能：及时发现 UUT 存在的故障。

3）BIT 故障隔离功能：可将 UUT 故障定位到规定的 UUT 的可更换单元。

4）BIT 数据的显示、报警、存储和传输功能。

5）中央测试系统（CTS）设计要求，如诊断数据分析、预测即将发生的故障要求等。

b）使用自动测试设备（ATE）包括相应的测试程序集（TPS）测试功能要求

1）使用 ATE 可检测、隔离 UUT 故障。

2）校验 BIT 检测结果，检查 BIT 故障。

3）数据的显示、报警、存储和输出功能。

4）利用 BIT 数据，分析、预测 UUT 即将发生的故障。

c）人工测试要求

提供必要的人工测试程序和方法，与 BIT 和 ATE 结合达到完全的故障检测与隔离能力。

d）其他定性要求

1）UUT 运行中和现场维修应尽可能使用 BIT，中继级和基地级维修应尽可能使用 ATE 测试。

2）从功能和结构上合理划分 UUT，提供良好的测试可控性和观测性，以提高故障隔离能力。

3）注意 UUT 与外部测试设备的兼容性设计。

4）编写 UUT 测试要求文件（TRD），或编写 UUT 检测使用说明书。

5.3 测试性定量要求

用测试性参数的量值规定测试性定量要求（或称测试性指标），测试性参数的定义和数学模型详见本指南附录 A。目前一般用故障检测率（FDR）、隔离率（FIR）和虚警率（FAR）来规定测试性设计定量要求，故障检测时间、故障隔离时间要求包含在平均修复时间（MTTR）要求之内，未再单独规定。电子系统的故障检测率、故障隔离率和虚警率的指标如下。

a）BIT 设计指标

1）FDR：一般是 80%～98%。

2）FIR：一般是 85%～99%（隔离到一个现场可更换单元）。

3）FAR：一般是 1%～5%；或平均虚警间隔时间（MTBFA），依据虚警对被测系统基可靠性影响的允许程度确定。

b）中继级用 ATE 测试的设计指标

1）FDR：一般是 90%～98%。

2）FIR：一般是 85%～90%，隔离到 1 个 SRU。

                    90%～95%，隔离到≤2 个 SRU。

                    95%～100%，隔离到≤3 个 SRU。

3）FAR：一般是 1%～3%。

5.4 设计与分析内容和程序

5.4.1 测试性设计与分析工作项目

GJB2547《装备测试性大纲》中规定的有关测试性设计分析的工作项目是测试性初步设计与分析、测试性详细设计与分析，以及诊断方案和测试性要求。GJB 2547 正在修订之中，新修订的标准 GJB 2547A 名称改为《装备测试性工作通用要求》，与原标准相比内容有较大扩展。内容包括测试性工作总则、21 个工作项目和 2 个附录。GJB 2547A 中规定的有关测试性设计与分析的 7 个工作项目和适用阶段如表 1 所列。

表 1 测试性设计与分析工作项目及其适用阶段

工作系列	工作项目编号	工作项目名称	论证阶段	方案阶段	工程研制与定型阶段	生产与使用阶段
300 系列测试性设计与分析	301	建立测试性模型	△	√	√	×
	302	测试性分配	△	√	√	×
	303	测试性预计	×	△	√	×
	304	故障模式、影响及危害性分析——测试性信息	×	√	√	×
	305	制定测试性设计准则	×	△	√	×
	306	固有测试性设计和分析	×	△	√	△
	307	诊断设计	×	△	√	△

注：√—适用，△—有选择地应用，×—不适用

本指南介绍的内容主要是有关测试性设计与分析工作的技术和方法，同时也简单介绍测试性参数、设计要求和诊断方案一些内容，因为这些与测试性设计、分析密切相关。本指南不涉及属于测试性管理和试验评价工作项目的内容。

为了适用于工程应用习惯，本指南将主要设计内容分为测试性初步设计与分析和详细设计与分析。新标准 GJB2547A 规定的有关工作项目的要求和有关技术方法，将结合初步设计与分析、详细设计与分析的各项工作介绍。

5.4.2 测试性设计与分析内容

测试性设计与分析的主要内容包括：

a）测试性初步设计与分析

1）确定诊断方案和指标分配。

使用要求和维修方案，确定对系统运行中与各级维修所使用的检测方法和设备的要求。将系统测试性指标分配给所属组成单元，并纳入其设计规范。

2）固有测试性设计与分析，从功能和结构上将 UUT 进行合理划分，提供必要的可控性和可观测性，制定和贯彻测试性设计准则，并进行符合性检查。

3）测试性建模，故障模式及测试方法分析，诊断策略的设计与分析，优选测试点和确定诊断策略，并初步分析故障检测与隔离能力，为下一步测试性详细设计奠定基础。

b）测试性详细设计与分析

1）嵌入式诊断详细设计与分析

(1) 确定 BIT 具体检测内容和测试程序；完成 BIT 硬件和软件设计；降低虚警设计；BIT 信息的记录、报警与输出设计。

(2) 状态监测设计；中央测试系统相关软件与硬件设计等。

(3) 分析、预计 BIT 的故障检测与隔离能力。

2）外部测试特性详细设计与分析

(1) 确定外部测试点位置、测试信号及容差、详细诊断软件等。

(2) UUT 与 ATE 兼容性设计，使 UUT 的外部测试特性完全适合于使用 ATE（选用

的或新研制的）进行诊断。

3）进行测试性预计，评价测试性设计能否达到规定指标。

4）贯彻测试性设计准则主要是在产品初步设计时进行，但在详细设计时也要考虑，产品设计全过程均应考虑是否符合测试性设计准则的要求。

进行测试性分配、优选测试点和诊断策略等需要建立测试性模型，有关测试性建模方法见本指南附录 C（其中有测试性分配用的数学模型和功能层次图）和附录 E（其中有优选测试点和诊断策略的相关性模型）。

除上述几项主要测试性设计内容之外，考虑系统实际使用时多级维修检测的需求，还应进行 TPS 设计、选用或研制 ATE、专用测试设备等故障诊断设计。

5.4.3 测试性设计与分析程序

系统测试性设计与分析的主要程序如下：

a）根据型号的研制要求确定系统的诊断方案，并进行测试性指标分配。

b）进行固有测试性设计，制定和贯彻测试性设计准则，并设计准则的符合性进行检查。

c）故障模式、影响及其测试方法分析，测试性建模，优选测试点和诊断策略。

d）编写测试性初步设计与分析报告，进行初步设计评审。

e）BIT 硬件及软件设计，防止虚警措施的设计。

f）BIT 信息的存储、报警和输出方式方法设计。

g）状态监测与中央测试系统（CTS）详细设计。

h）测试点及诊断策略详细设计，UUT 与 ATE 兼容性设计。

i）测试性及 BIT 预计。

j）编写测试性详细设计与分析报告，提供详细设计评审。

在测试性分配、预计以及优选测试点和诊断策略等工作时，需要建立相应的测试性模型。系统测试性设计与分析程序如图 1 所示。

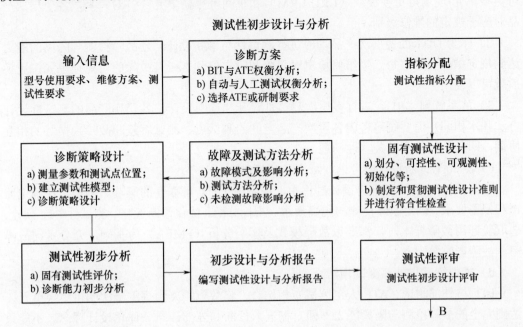

测试性初步设计与分析

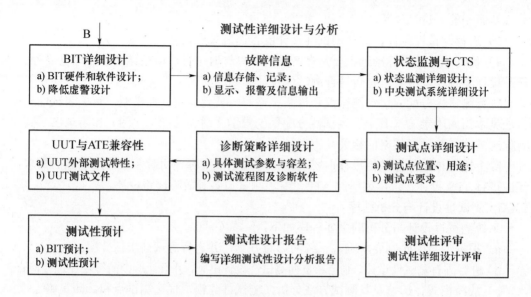

图1　系统测试性设计分析程序

5.5　测试性设计原则

a）测试性设计应与系统功能特性设计同步进行。

测试性是系统和设备本身的一种设计特性，是通过BIT、测试点和外部接口设计所赋予的一种固有的易测试属性。所以，测试性设计是系统设计工作的组成部分，应与系统功能设计同步进行。

b）分层次进行测试性/诊断设计，考虑使用和各级维修检测需求。

1）较大的系统要依据其功能、结构合理地划分为多个层次，如划分为分系统、现场可更换单元/现场可更换模块（LRU/LRM）和车间可更换单元（SRU）等，各个层次产品对应于规定的维修级别。

2）作为UUT的各层次产品均应进行测试性与诊断设计，使故障检测与隔离的能力达到规定指标要求，每一级维修检测时只将故障定位到本级有故障的可更换单元，更换后就可以使用。

3）从系统到SRU，进行多层次测试性设计和诊断设计。各层次产品的测试性设计方法基本相同，但要统筹考虑各层次产品之间的测试点、测试容差和故障判据等的相互协调，即所谓纵向测试兼容性问题。

c）测试性/诊断设计应考虑故障率及故障影响。

在测试性/诊断的分析与设计过程中，应考虑UUT可靠性的影响。例如，在确定监控和报警要求、确定故障检测与隔离要求、指标分配、优化诊断策略、测试性/BIT预计、选取验证用故障样本时，都要以故障模式及影响分析（FMEA）为基础，充分考虑故障率、故障影响等因素。

d）机内测试与外部测试相结合。

BIT与外部测试（ATE/人工测试）相结合，将故障隔离到规定层次的可更换单元，达到完全的故障检测与隔离能力。即贯彻嵌入诊断和外部诊断一体化设计理念。不能只考虑 BIT 不管 ATE 和人工测试，只考虑系统运行中测试，不管二、三级维修检测。

e）及时分析设计结果，注意测试性增长。

测试性和诊断设计需要有一个改进与增长的过程，需要注意做好各研制阶段的分析与评价和试验改进等工作。通过分析、试验、验证与评价发现问题，改进设计，提高故障检测与隔离能力。

f）注意测试性和诊断设计与其他学科的关系。

测试性和诊断设计与可靠性、维修性、安全性、保障性等学科密切相关，在设计过程中应注意相互协调与数据交流。此外，还注意测试性和诊断设计与综合诊断、预测与健康管理（PHM）的接口关系。

5.6 注意事项

a）定性要求中，一般电子设备 BIT 应具有本指南 5.2 a)条中前 1）～4）项功能，用 ATE 测试应具有 5.2 b)条中前 1）～3）项功能。而故障预测功能是采用预测与健康管理（PHM）系统或中央测试系统的型号所需要的。

b）测试性指标的范围是针对电子产品的，FDR 和 FIR 量值越高越好，影响安全的重要系统可取指标的高值，其余的按使用需要而定。

c）影响安全的系统 BIT 的故障检测时间，一般由设计者根据安全性和系统运行要求确定。

d）大多数系统采用 FAR，它只给出了 BIT 指示中虚警的比例。用平均虚警间隔时间（MTBFA）量化虚警要求，则可清楚表明虚警对可靠性的影响，但没有给出 BIT 指示中虚警的比例。

e）系统、现场可更换单元（LRU）和车间可更换单元（SRU）级产品的测试性设计与分析项目及程序基本相同，但具体设计与分析内容不同。

6 测试性初步设计与分析

6.1 诊断方案
6.1.1 确定诊断方案

通常，系统和设备是综合利用 BIT、脱机自动测试和人工测试来提供满足使用和保障要求的诊断测试能力的。应根据整个型号维修方案和测试性要求，通过权衡分析来确定最佳的系统诊断方案。其基本原则如下。

a）需要在系统运行中监测或诊断的关键功能和故障，选用 BIT。

b）基层级检测一般用 BIT、便携式维修辅助设备或专用测试装置。

c）在中继级和基地级维修时，一般选用 ATE。

d）当根据使用要求 BIT 或 ATE 均可用时，应通过权衡分析来确定选用哪种测试方法。即进行 BIT 与 ATE 的比较分析，自动测试与人工测试的比较分析，以及费用分析等。

e）当实现自动检测（BIT 和 ATE）有困难，或需要有备份检测方法时，应采用人工测试。

确定诊断方案及权衡分析的方法，见本指南附录 B。

6.1.2 注意事项

a) 确定的诊断方案应是满足测试性要求的条件下费用最少。

b) 如缺少费用数据可不进行费用分析，下级产品的诊断方法，在上级产品诊断方案中依据需要选取。

6.2 测试性分配

6.2.1 测试性分配方法

型号测试性指标是由订购方提出的，承制方需要将系统测试性指标，主要是 FDR 和 FIR 要求值，分配给系统的各组成单元，一般为 LRU 级产品。必要时再将 LRU 的指标分配给 SRU 级产品。分配的指标纳入产品设计规范，作为设计和验收依据，FAR 指标可以不分配。

进行测试性分配时需要建立系统的功能层次图（明确分配指标的产品层次关系）和分配用的数学模型（上层产品与下层产品指标间的关系），可用测试性分配方法如表 2 所列。

表 2　测试性分配方法的特点及适用条件

序号	分配方法	分配方法特点	适 用 条 件
1	等值分配方法	系统指标与其各组成单元指标相等，无需具体分配工作	仅适用于各组成单元特点基本相同的情况
2	按故障率分配方法	故障率高的组成单元分配较高度的指标，有利于用较少的资源达到系统指标要求，分配工作较简单	适用于各组成单元的故障率不相同的情况
3	综合加权分配方法	考虑到故障率、故障影响、MTTR 和费用等多个影响因素及其权值，分配工作较繁琐	适用于各组成单元的有关数据齐全的情况
4	有老产品时分配方法	考虑到系统中有部分老产品时的具体情况	仅适用于有部分老产品时的情况

推荐选用按故障率分配方法，具体分配方法见本指南附录 C。

6.2.2 注意事项

a）进行 FDR 和 FIR 指标分配时应考虑故障率等影响因素，只有当各组成单元特性很相似时，才可用等值分配方法。

b）FAR 或 MTBFA 指标可以不分配。

6.3 固有测试性设计

6.3.1 设计内容

UUT 的硬件设计上应保证其具有方便测试的特性，它既支持 BIT 也支持外部测试。主要设计内容如下。

a）产品划分

复杂系统应合理地划分为可单独测试的可更换单元（如 LRU，SRU 等）。

1）层次划分。系统或设备分为若干个 LRU，每个 LRU 再分为若干个 SRU，SRU 又可分为几个可更换的部件（子 SRU）。

2）功能划分。尽可能使每个功能都单独用一个可更换单元来实现。

3）结构和电气划分。依据功能划分的情况，将结构上和电气上关系密切的、相似的功能硬件划分为一个可更换单元。尽量减少相互连接，减少调整和校准工作。

b）测试控制（可控性）

UUT 的设计应能够使用测试设备控制有关内部的元器件工作，如打开反馈回路、复杂时序电路的简化测试控制、计数器链测试控制等。

c）测试观测（可观测性）

UUT 设计应提供测试点、数据通路和电路，以便于观测和确定有关内部节点的数据，进行故障检测与隔离。

d）初始化

数字 UUT 应设计有确定的初始状态，并能够预置到此初始状态，作为测试和故障隔离过程的起始点。

e）元器件选择

在满足性能要求的条件下，优先选用具有良好测试性特征、内部结构和故障模式清楚的元器件。

f）传感器和检测插座的初步设置应考虑与外部测试设备的兼容性。

固有测试性设计详细内容，见本指南附录 D。

6.3.2 制定和贯彻测试性设计准则

a) 在实际工程应用中，一般是将固有测试性设计的内容和定性要求内容，列入测试性设计准则之中，以方便使用。UUT 测试性设计准则制定方法应符合 XKG/C02—2009 《型号测试性设计准则制定指南》规定。

b) 设计人员在产品设计过程中应认真贯彻测试性设计准则。

6.3.3 固有测试性评价

a) 在 UUT 硬件设计基本完成之后，应进行固有测试性分析与评价（设计准则符合性检查），以便尽早发现设计问题，采取改进措施。

b) 固有测试性评价方法是：对测试性设计准则的贯彻执行情况，逐条进行分析说明和评分，评分方法按 GJB 2547 规定。

c) 订购方应确定固有测试性评分的最低要求值，一般为 85 分～95 分。

6.3.4 注意事项

a) 各层次产品均应进行固有测试性设计，系统和设备级产品设计较容易，电路板级产品要将故障隔离到元器件，则需要更多的工作。

b) 进行固有测试性评价时，应对各条准则贯彻情况的说明，不能只划一个"√"号。

6.4 诊断策略设计

6.4.1 故障模式、影响及测试方法分析

a) 故障模式及影响分析：分析并列出 UUT 各功能故障模式及其各组成单元的功能故障模式和影响，最好能获取有关故障率数据。

b) 测试方法分析：依据诊断方案分析各个故障模式的测量参数和可用的检测方法，如 BIT、ATE 或人工测试。

c) 未测试故障分析，分析是否存在未能测试的故障模式，其影响如何，是否需要采取改进措施。

d) 将上述分析结果填入UUT故障模式、影响及测试方法分析表。

6.4.2 测试点和诊断策略初步设计

a) 确定测试参数和测试点位置，分析 UUT 及其各组成单元的功能故障模式的测试参数，及测试点的设置位置，并标注在 UUT 功能图上，建立起 UUT 各功能故障模式与测试点的相关性图示模型。

b) 建立 UUT 的相关性数学模型，考虑可靠性影响因素优选测试点和诊断测试顺序。

c) 画出 UUT 诊断策略的二叉树状图形和（或）故障字典。

优选测试点和诊断策略的方法，见本指南附录 E。

6.4.3 诊断能力初步分析

a) 依据优选测试点和诊断策略的结果，分析 UUT 各功能故障是否都能检测到，FDR ＝？。

b) 分析 UUT 各功能故障是否都能隔离到其组成单元，FIR＝？。

c) 故障隔离的模糊度如何。

当上述分析结果不满足要求时，应及时采取措施，改进设计。

6.4.4 注意事项

a) 对于非电子设备，建立相关性矩阵时需要根据设备结构、功能和运行特点，分析出各故障模式特征与各项测试（测试点）之间的关系，不像电子设备那样直观、容易。

b) 优选测试点和诊断策略时，应考虑可靠性影响，有条件时还可考虑费用影响。

c) 进行此项工作可选用工程实用的软件工具。

7 测试性详细设计与分析

7.1 BIT 详细设计

BIT 设计是测试性设计的重要组成部分，主要设计工作内容有：BIT 工作模式和类型的选择，监测对象及测试方法的确定；确定故障判据，以及防止虚警措施的设计；具体的 BIT 硬件电路和软件设计；BIT 信息的记录、故障指示及报警方式的设计；BIT 故障检测与隔离能力的分析预计等。BIT 设计应符合 XKG/C03—2009《型号 BIT 设计指南》规定。

7.2 故障信息的显示、记录和输出

a) 故障信息显示和报警，依据故障的影响程度设计相应的报警或显示方法，如指示灯、指示器、显控单元、CRT 显示器、告警装置、维修监控板等。故障影响严重的应同时使用声和光的方式及时告警。

b) 故障信息记录，根据使用要求设计 BIT 的故障检测与隔离信息以及相关信息的记录方法。简单的是用非易失存储器，要求高的可用移动存储器。

c) 故障信息的传递与输出，根据使用要求设计 BIT 的故障检测与隔离信息以及相关信息的输出方法。如外部测试接口（利用外部测试设备）、磁带/磁盘、打印机、远程通信装置等。

d) 使用 ATE 测试 UUT 时的故障信息，亦应设计相应的显示、报警和存储装置。

7.3 状态监测与 CTS 详细设计

7.3.1 状态监测详细设计

对于没有 BIT 的系统和设备，应进行传感器及相关信息处理能力的设计，以便实时

进行状态监测（或性能监测)。对于关键的性能、功能或特性参数的监测信息，应随时报告给操作者。在嵌入式诊断详细设计阶段，应完成与性能监测相关的硬件和软件的具体设计工作。

7.3.2 CTS 详细设计

当代装备的中央测试系统（CTS）一般是与装备电子系统及非电子系统和设备相连又相对独立的测试系统，通过中央测试计算机和有关软件来实现规定的诊断功能。各系统和设备的 BIT 与状态监测设计是 CTS 的基础，而 CTS 则是各系统和设备的 BIT 与状态监测信息的更高一级的综合应用。依据规定的 CTS 的功能，进行相应的软件和硬件的详细设计，详见参考文献［6］。

7.4 测试点的详细设计

7.4.1 确定测试点具体位置

a) 在固有测试性和诊断策略设计的基础上，应进行测试点的详细设计。

b) 外部测试点，用于连接外部测试设备的测试点，一般应引到 UUT 专用检测插座上或 I/O 连接器上。

c) 内部测试点，用于检测元器件的测试点，可设置在电路板适当位置上。

7.4.2 确定测试点用途

a）信号检测用测试点，用于检测 UUT 功能特性参数和内部一些电路节点信号，称之为无源测试点。

b）激励、控制用测试点，用于数字电路初始化、引入激励、中断反馈控制等，称之为有源测试点。

7.4.3 测试点设计要求

a）分析并列出各信号检测用测试点的信号特性和测试要求。

b）设计有源测试点的激励和控制电路，或者确定外部提供激励和控制的要求。

c）测试点的接口能力应可以适应 3m 长电缆，使用 ATE 测量时不会造成被测信号失真，不影响 UUT 正常工作。

d）数字电路与模拟电路应分别设置测试点，以便于独立测试。

e）设置检测信号用公共接地点。

f）设计必要的信号变换与调节电路。

g）设置的测试点在相关资料和产品上应有清楚的定义和标记。

7.4.4 安全性考虑

a）测试点电压在 300V～500V（有效值）时，应有隔离措施和警告标志。对有高频辐射的 UUT 进行测试时应有安全措施。

b）高电压或大电流的测试点应在结构上与低电平信号测试点隔离。

c）必要时应设计屏蔽、隔离或其他抗干扰措施。

d）任何测试点与地之间短路时，不应损坏 UUT。

7.5 诊断策略详细设计

a）依据初步设计的诊断策略，分析每一步测试所检测参数的类型、幅值、频率、容差等，确定评判测试结果正常或不正常的标准。

b）设计或选择测试所需的激励和控制用的有源信号及加入方法。

c) 分析确定采用顺序测试方式还是故障字典方式进行诊断。

d) 依据上述分析结果，制定诊断用的详细测试流程图或故障字典，便于诊断软件设计。

e) 进行故障诊断软件详细设计。

7.6 UUT 与 ATE 的兼容性

7.6.1 UUT 外部测试特性设计

a）UUT 设计应尽可提高功能模块化程度和功能独立性，对各电路或功能进行独立测试或分段测试，方便使用 ATE 进行控制。

b）UUT 对外接口设计要保证 UUT 与 ATE 能够连接简单，为检测信号、激励信号、ATE 同步控制信号提供有效传输通路。

c）所需信号的检测方法、幅值、频率和准确度要求等，应在 ATE 能力范围之内。

d）UUT 所设置足够的外部测试点，以满足使用 ATE 检测时的故障诊断能力要求。

e）测试点通过外部连接器应该是可达的，功能信号一般设在 UUT 输入和输出信号连接器中，故障隔离与维修用测试点可以设在专用检测插座中。

7.6.2 UUT 测试文件

a）UUT 输入和输出说明。承制方应提供描述 UUT 的输入和输出参数的说明，以便对 UUT 兼容性进行评价、测试设备的设计或选用。

b）测试要求文件（TRD）。承制方应编写并提供 UUT 的 TRD 或测试规范。详细描述对 UUT 进行全面测试所需要的有关内容和要求，包括性能特性要求、接口要求、测试方法、测试条件、激励值以及有关响应等。TRD 用于：

1）明确 UUT 正常或不正常状态的标准。

2）检测并确定超差或故障状态。

3）UUT 的调整和校准。

4）把每个故障或超差状态隔离到约定的产品层次，并满足隔离模糊度要求。

7.7 注意事项

a）测试性详细设计可分为两部分：有关 BIT、状态监控和中央测试系统的设计等（属于嵌入式诊断设计）；有关外部测试接口（测试点）及与测试设备兼容性设计等（属于外部诊断设计）。测试性详细设计应使所有系统和设备都能进行规定程度的测试，并达到规定的故障检测率与隔离率要求。

b）有效地综合各项诊断资源（如 BIT、机载测试设备、状态监控装置、利用 ATE、维修辅助手段和技术手册等），确保测试性设计能够满足使用和各级维修的要求。

c）BIT、状态监控和中央测试系统等都是嵌入式诊断的组成部分。BIT、状态监控是基础，中央测试系统用于进行综合分析与处理，设计时应注意它们之间的协调和接口关系。

d）嵌入式诊断设备（传感器、监测电路、显示控制装置、专用信息处理机、中央测试计算机等）应满足有关可靠性和维修性要求。

e）测试性设计应考虑以下影响因素：

1）中央测试系统、系统级 BIT 与其他信息系统的综合。

2）需要脱机测试的产品与外部测试设备的兼容性。

3）综合诊断需求。

4）预测与健康管理（PHM）需求等。

8 测试性预计

8.1 目的和方法

a）测试性预计的目的是，根据测试性/BIT 设计资料，选用适当的预计方法估计 FDR 和 FIR 可能达到的量值，检查是否满足规定指标要求，找出设计不足，以便采取改进措施。

b）可选用的测试性预计方法如表 3 所列。相似产品类比方法比较简单，工程分析方法是目前常用的方法，而计算机仿真方法则需要具备仿真条件。

c）下面介绍常用的 BIT 预计和 UUT 测试性预计的工程分析方法，需要输入的主要信息有：UUT 及各组成部分的功能描述、划分情况和电路原理图，FMEA 数据（如故障模式及发生频数比、故障率等），测试点、诊断策略和测试程序，BIT 方案、BIT 测试内容和算法，防止虚警措施，以及类似产品的测试经验等。

表 3　测试性预计方法的特点及适用条件

序号	测试性预计方法	预计方法的特点	适 用 条 件
1	相似产品类比方法	方法简单,预计的准确度取决于类比产品相似程度	有相似的产品,并且已知其测试性水平
2	工程分析方法	预计的准确度取决于故障模式、影响分析和故障率数据的准确性,分析和填表工作量较大	已进行了测试性设计,设计资料和有关数据齐全
3	计算机仿真方法	预计的准确度取决于仿真软件适用性和产品仿真模型的准确性,方便多次进行预计	有适用的仿真软件工具、产品仿真模型、设计资料和有关数据

8.2 BIT 预计

a）分析 UUT 每一故障模式能否被 BIT 检测到、隔离到哪一级可更换单元、模糊度是多少。

b）将每一故障模式的故障率及分析结果填入 BIT 预计工作单（表格），参见本指南附录 F 中表 F.1。

c）分别统计 BIT 可检测故障模式的故障率（λ_D）、隔离故障模式的故障率（λ_{IL}）和各故障模式的总故障率（λ_T），用公式 $FDR=\lambda_D/\lambda_T$ 和 $FIR=\lambda_{IL}/\lambda_D$ 求出 BIT 的 FDR 和 FIR 预计值。

d）结果分析如下：

1）将 BIT 的 FDR 和 FIR 预计值与要求值比较，检查是否满足要求。

2）列出 BIT 不能检测的故障模式和功能，并分析它们对系统安全、使用的影响。

3）必要时提出改进 BIT 的建议。

BIT 预计的具体方法参见本指南附录 F。

8.3 UUT 测试性预计

a）预计 UUT（SRU、LRU、系统）使用所设计的各种测试方法的故障检测与隔离能力。

b）分析每一故障模式能否被 BIT、ATE、驾驶员和维修人员检测和隔离，隔离到哪一级可更换单元、模糊度是多少。

c）将每一故障模式的故障率及分析结果填入 UUT 测试性预计工作单（表格），参见本指南附录表 F.2。

d）分别统计每种测试方法可检测故障率（λ_D）、隔离故障率（λ_L）和故障模式的总故障率（λ_T），用公式 $FDR=\lambda_D/\lambda_T$ 和 $FIR=\lambda_L/\lambda_D$ 求出 UUT 各种测试方法的 FDR 和 FIR 预计值。

e）结果分析

1）将 FDR 和 FIR 的预计值与要求值比较，检查是否满足要求。

2）列出不能检测和不能隔离的故障模式和功能，并分析它们对系统安全、使用的影响。

3）必要时提出改进测试性设计的建议。

测试性预计的具体方法参见本指南附录 F。

8.4 注意事项

a）有 BIT 设计指标的产品应单独进行 BIT 故障检测率和隔离率的预计。

b）由于目前未见有工程实用的 FAR 预计方法，FAR 可以暂不预计，但应注意审查是否采取了有效的防虚警措施。

c）目前常用的工程分析方法预计结果准确度还不高，所以预计值应大于规定指标。

d）初步设计与分析阶段可采用相似产品类比方法进行预计。

e）有适用的仿真软件工具并建立了产品仿真模型时，可以采用计算机仿真方法进行预计。

9 测试性设计与分析资料

测试性设计与分析资料的最终形式是测试性设计与分析报告，其主要内容如表 4 所列。

表 4 测试性设计与分析报告的主要内容

序号	项目	测试性设计与分析报告内容
1	封面	产品型号、名称、报告名称、编写日期、设计研制单位
2	产品简介	说明产品的功用、组成框图、工作原理、工作方式和输出特性等
3	设计要求	测试性、BIT 设计要求，外/内场测试定量要求和定性要求，指标分配等
4	诊断方案	说明产品在使用和维修时计划使用的故障检测与故障隔离手段，即用什么方法和设备来完成状态监控和故障诊断任务 a）明确系统/设备运行中检测的方式/方法，如 BIT 工作模式等。 b）说明外场和内场维修时用的检测方式/方法（BIT/ATE/人工等）
5	固有测试性设计	a）说明按功能、结构合理地划分为几个 LRU 和 SRU。 b）结合产品特点制定产品的测试性设计准则。 c）各条准则贯彻情况的具体说明，符合性检查或进行固有测试性评价结果

（续）

序号	项目	测试性设计与分析报告内容
6	测试点及诊断策略	a）说明设置测试点的依据。 b）用列表或图示方法说明测试点设置（各 LRU、SRU 设置的观测／激励／控制用测试点）和引出点编号（插座序号）。 c）外部测试要求（如激励和测试信号的类型、幅值、频率、精度、负载等）。 d）诊断策略（诊断树或测试流程图）。 e）故障检测率（FDR）与隔离率（FIR）的初步预计
7	BIT 设计	a）设计的 BIT 工作模式，说明各 BIT 模式测试的项目（可用流程图或列表说明）。 b）说明各 BIT 的各项测试序号、测试内容和实现方法、测试流程图。 c）采取必要的防止虚警措施，如延时、滤波/表决、多次测试、合适的测试容差等方法。 d）设计 BIT 信息的存储、显示/报警/传输方式的说明
8	BIT 预计	a）各项 BIT 预计方法和工作完成情况的说明（如分析检测与隔离情况，预计表格的内容，分析所得数据、未检测故障和防虚警措施，写预计报告等）。 b）BIT 预计表格，填写预计表中有关内容（故障模式、故障率数据、故障模式发生频数比等）与 FMEA 一致，说明数据来源。 c）结果分析：BIT 的 FDR 和 FIR 预计值与要求值比较，如不满足要求时需要分析原因；未检测故障模式分析，改进措施和建议
9	测试性预计	a）设备/ LRU/SRU 测试性预计（BIT/ATE/人工测试）方法和工作说明。 b）测试性预计表格，说明数据来源。 c）结果分析：FDR 和 FIR 预计值与要求值比较，如不满足要求时需要分析原因；未检测故障模式分析，改进措施和建议
10	结论	a）上述各部分的主要结果和存在问题。 b）产品测试性设计与分析的结论

a）研制各阶段所进行的测试性设计与分析工作，都应整理成相应当资料，作为产品设计资料的组成部分之一。

b）研制各阶段的测试性设计与分析资料，应随着设计工作的进展进一步完善和细化。研制各阶段测试性设计与分析资料是产品阶段设计评审资料之一。

c）在详细设计结束时，应写出内容完整的产品测试性设计与分析报告，它是产品设计定型评审的重要资料之一。

附录 A

(资料性附录)

测试性和诊断参数

A.1 概述

测试性参数是用于定量描述测试性设计特性的，国内最常用的测试性和诊断参数是故障检测率、故障隔离率和虚警率。故障检测时间、故障隔离时间要求包含在平均修复时间（MTTR）要求之内，一般不再单独规定。不能复现（CND）率与重测合格（RTOK）率一般用于外场测试性数据统计。

A.2 测试性参数

A.2.1 故障检测率（FDR）

用规定的方法正确检测到的故障数与发生故障总数之比，用百分数表示：

$$\text{FDR} = \frac{N_\text{D}}{N_\text{T}} \times 100\% \tag{A.1}$$

式中：N_T——故障总数，或在工作时间 T 内发生的实际故障数；

N_D——用规定的方法正确检测到的故障数。

式（A.1）用于验证和现场数据统计。

对于电子系统和设备来说，故障率（λ）为常数，用于测试性分析和预计的数学模型用下式表示：

$$\text{FDR} = \frac{\sum \lambda_{\text{D}i}}{\sum \lambda_i} \times 100\% \tag{A.2}$$

式中：λ_i ——第 i 个故障模式的故障率，单位为次每小时（1/h）；

$\lambda_{\text{D}i}$——第 i 个被检测出故障模式的故障率，单位为次每小时（1/h）。

A.2.2 故障隔离率（FIR）

用规定的方法将检测到的故障正确隔离到不大于规定模糊度的故障数与检测到的故障数之比，用百分数表示：

$$\text{FIR}_\text{L} = \frac{N_\text{IL}}{N_\text{D}} \times 100\% \tag{A.3}$$

式中：N_IL——用规定方法正确隔离到小于等于模糊度 L（隔离组内的可更换单元数）的故障数；

N_D——用规定方法正确检测到的故障数。

用于测试性分析及预计数学模型为

$$\text{FIR}_\text{L} = \frac{\sum \lambda_{\text{L}i}}{\sum \lambda_{\text{D}i}} \times 100\% \tag{A.4}$$

式中：λ_{Di}——检测出的第 i 个故障模式的故障率，单位为次每小时（1/h）；

$\quad\quad\lambda_{Li}$——可隔离到小于等于 L 个可更换单元的故障中，第 i 个故障模式的故障率，单位为次每小时（1/h）。

A.2.3 虚警率（FAR）

在规定的工作时间，发生的虚警数与故障指示总数之比，用百分数表示。虚警是指当 BIT 或其他监控电路指示被测单元有故障，而实际上该单元不存在故障的情况。

$$FAR = \frac{N_{FA}}{N} = \frac{N_{FA}}{N_F + N_{FA}} \times 100\% \quad\quad (A.5)$$

式中：N_{FA}——虚警次数；

$\quad\quad N_F$——真实故障指示次数；

$\quad\quad N$——故障指示（报警）总次数。

用于某些系统及设备的 FAR 分析及预计数学模型可表示为

$$FAR = \frac{\lambda_{FA}}{\lambda_D + \lambda_{FA}} \times 100\% \quad\quad (A.6)$$

式中：λ_{FA}——虚警发生的频率，包括会导致虚警的 BITE 的故障率和未防止的虚警事件的频率等之和；

$\quad\quad \lambda_D$——被检测到的故障模式的故障率总和。

FAR 是 BIT 的一个限制性参数，它的理想值为 0%。

虚警率的另一个常用的定义是在规定工作时间内，单位时间的平均虚警数(λ_{FA})。它是虚警出现的频率，其倒数为平均虚警间隔时间（MTBFA）。数学模型为

$$\lambda_{FA} = \frac{N_{FA}}{T} \quad\quad (A.7)$$

式中：N_{FA}——虚警次数；

$\quad\quad T$——系统累积工作时间，单位为小时（h）。

大多数系统采用 FAR 度量 BIT 虚警，FAR 给出了 BIT 指示中虚警的比例，但没有给出虚警发生的频率。而且实际运行中 FAR 统计值会受系统可靠性影响，即在相同情况下可靠性高的系统 FAR 统计值高于可靠性低的系统 FAR 统计值。用平均虚警间隔时间（MTBFA）量化虚警要求，MTBFA 统计值不受系统可靠性影响，并可清楚表明虚警对系统可靠性的影响，但没有给出 BIT 指示中虚警所占的比例。FAR 与 MTBFA 比较如表 A.1 所列。

表 A.1　FAR 与 MTBFA 比较

	飞行小时/fh	虚警次数	真实故障指示次数	FAR	MTBFA/h
系统 A	500	5	0（可靠性高）	100%	100
系统 B	500	5	5（可靠性较低）	50%	100
系统 C	500	5	15（可靠性更低）	25%	100

A.2.4 故障检测时间

故障检测时间是指从开始故障检测到给出故障指示所经历的时间。

平均故障检测时间定义为多次故障检测时间的平均值。

A.2.5　故障隔离时间

故障隔离时间定义为从开始隔离故障到完成故障隔离所经历的时间。

平均故障隔离时间定义为多次故障隔离时间的平均值。

A.2.6　不能复现率

由 BIT 或其他检测电路指示的故障在基层级维修测试中不能重现的故障数与其指示的故障总数之比，用百分数表示。

A.2.7　重测合格率

在中继级或基地级维修测试中，发现有"故障"的单元是合格的单元数与被测单元总数之比，用百分数表示。

附录 B
(资料性附录)
诊断方案的确定

B.1 诊断方案组成要素

诊断方案是指对系统或设备的性能监测、故障检测与隔离的总体构想。确定诊断方案依据是系统的使用要求、初步维修方案、测试设备配置规划、保障系统以及人员配备等。

通常是采用 BIT、外部自动测试和人工测试来提供 UUT 的性能监测、故障检测与隔离能力。BIT 能在 UUT 工作期间周期地或连续地监测其运行状态及时发现故障并报警。外部自动测试通常是借助自动测试设备（ATE）完成的。主要是在中继级和基地级维修使用。但是 BIT 和 ATE 往往不能达到百分之百地故障检测与隔离能力，有些难于实现自动检测的故障模式或部件需要人工测试，或者为自动测试提供备份。

实现BIT、自动测试或人工测试，都需要一定硬件、软件和（或）设备，这些就是组成诊断方案的组成要素，如图B.1所示。对于一个特定的系统或设备来说，要通过比较分析，按需要选用其中一部分或大部分或全部要素构成自己的诊断方案，在满足故障检测与隔离要求的条件下，诊断方案越简单越好。

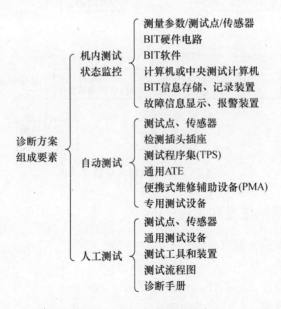

图 B.1　诊断方案组成要素

B.2 对应各级维修的产品测试

针对型号的三级维修体制，故障诊断、检测也分三级：基层级检测对象是系统和设

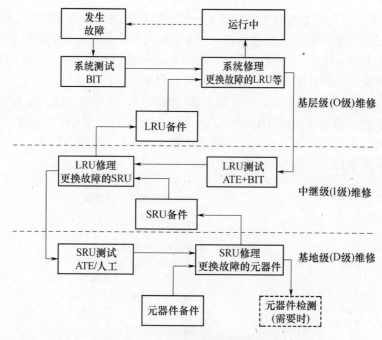

备；中继级检测对象是在基层级维修换下来的有故障的 LRU；基地级检测对象是在中继级维修换下来的有故障的 SRU。对应各级维修的产品的修理过程（检测、隔离与更换）如图 B.2 所示。

a）基层级（O 级）：电子类系统或设备主要使用 BIT 来检测是否可正常工作，给出"正常"或"故障单元"的显示。当有故障时应能把故障定位到 LRU。BIT 可以在系统运行前、运行过程中和运行后进行检测。对于实现 BIT 有困难的非电子类产品，可用便携式维修辅助设备（PMA）或专用外部测试设备进行必要的检测工作。

b）中继级（I 级）：应选用或设计 ATE 或配备专用测试设备，加上 BIT 和人工测试，完成对 LRU 的故障检测、隔离，并可进行维修后的检验等。

c）基地级（D 级）：选用或设计 ATE，或配备专用测试设备及人工测试，完成对 SRU 的检测。

图 B.2 三级维修的故障修理过程

B.3 制定诊断方案的依据和过程

a）制定诊断方案的依据有：

1）系统使用要求。

2）系统构成、特性、可靠性、维修性要求。

3）系统测试性要求。

4）诊断方案组成要素。

5）系统研制费用、进度等。

b）诊断方案的制定过程

确定系统诊断方案的主要工作是：

1）提出满足使用要求的备选诊断方案，包括对应各级维修产品的 BIT、自动测试、人工测试、技术文件等配置方案，当有两种测试方法可以选用时应通过定性权衡分析确定。提出的备选诊断应能够满足故障检测与隔离能力要求。

2）进行诊断能力和费用分析（属于定量权衡分析），选出满足故障检测与隔离要求且费用最少的方案。

机内测试（BIT）采用硬件和（或）软件实现，外部测试可用专用测试设备或自动测试设备（ATE），人工测试则要用测试流程图或手册，以及简单的通用的检测设备。诊断方案的一般制定过程和步骤如图 B.3 所示。

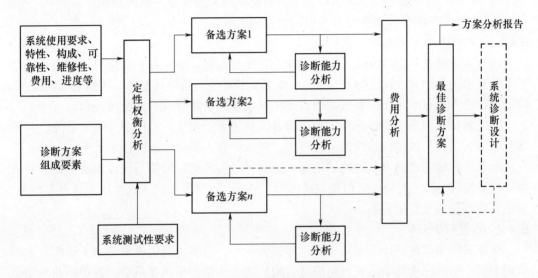

图 B.3　制定诊断方案的过程

B.4　权衡分析方法

B.4.1　定性权衡分析

B.4.1.1　选用 BIT 还是 ATE

BIT 主要用于系统或设备的在线故障检测，并可把故障隔离到设备的 LRU，其最主要的优点是能在执行任务环境中运行，因而可以实时对系统进行监控。ATE 可提供比 BIT 更强的测试能力，主要用于系统内 LRU 的故障检测，并提供把故障隔离到 SRU 的能力。应根据 BIT、ATE 特点和需求，通过比较分析确定。

a）BIT 特点

1) 在系统工作同时进行性能监控、迅速检测和隔离故障。

2) 可指示故障和报警、记录故障信息，减轻维修人员负担。

3) 如需要，还可以参与余度管理和故障预测等。

4) 减少在维修车间测试时间和测试设备的需求。

5) 减少 UUT 与 ATE 之间接口装置及有关的条例指令等的需求。

6) 降低对维修人员技术水平的要求。

7) 减少人工排除故障时的盲目拆换次数和人工测试不当引起的故障。

8) BITE 可能发生故障和虚警，这会降低系统基本可靠性，并造成无效维修活动。

9) BIT 可能会增加系统的重量、体积、功耗和费用。

b）ATE 特点

1) 与 BIT 比较有更强的故障检测与隔离能力，适用于对 LRU 和 SRU 进行测试。

2) 可参与分析隔离间歇故障和 BIT 虚警的原因。

3) 减少了系统 BITE 的设计及研制费用。

4) 可选用现有的自动测试设备，省去研制费。

5) 不增加被测系统的重量、体积和功率，不降低其可靠性。

6) ATE 一般不适于在系统执行任务时进行实时监控性能和故障诊断。

7) 增加了地面测试设备和有关的综合保障需求。

B.4.1.2 选用人工测试或自动测试

进行人工测试和自动测试（指用 ATE）权衡分析时，应以修理级别分析和整个维修方案的要求为基础。一般情况下，自动测试可更快地检测与隔离故障、判断系统的状态，降低对维修人员技术水平的要求，但自动测试设备的研制费或购买费用较高。

人工测试采用通用的较简单的测试设备，费用要低得多。但检测与隔离故障、判断系统状态所需时间也比自动测试要长得多，要求维修人员有较高的技术水平。

所以，在确定是选用自动测试还是人工测试时要考虑：被测系统或设备测试的复杂性、故障检测与隔离时间（MTTR 组成部分）要求、维修人员技术水平、测试设备费用、被测系统数量和服役年限等。

B.4.2 定量权衡分析

可以采用测试性预计的方法进行诊断能力分析。有多种费用模型可用于诊断方案的费用分析，如故障诊断子系统费用模型、BIT 寿命周期费用增量模型、等费用曲线模型等。因为这些模型需要费用数据较多，计算繁杂。在我国当前费用数据不足的情况下工程实用性不大，可参照本指南介绍的简单的费用分析示例，进行简单的费用分析以达到节省费用的目的。应注意的是，依据使用要求有两种测试方法可以选用时，才需要进行这种费用分析。

简单费用分析示例（其中数据是假设的，只用于演示费用分析方法）。

a）被监控的系统：机载电源系统。

b）被监控的功能：主接触器操作。

c）BIT 所需的输入信号：主接触器位置，电机状态，电机驱动状态。

d）BIT 软件：对输入信号的比较计算程序。

e）对驾驶员的输出：无。

f）对维修人员的输出：主接触器故障。

g）飞机机队数据：300 架飞机，每架飞行 3000fh，机队飞行时间：900000fh。

h）BIT 硬件：导线费用 5 元。

i）每架飞机安装 BIT 的费用：20 元/h。

j）300 架飞机硬件及安装 BIT 的费用：(5＋20)×300＝7500 元。

k）BIT 的研制费用。

l）BIT 设计研制耗时：50h。

2）每小时工时费：30 元。

3）总计：50×30＝1500 元。

l）BIT 修理费用。

1）BIT 故障率：0.00002（1/h）。

2）机群寿命期 BIT 的故障数：0.00002×900000＝18。

3）外场每次 BIT 故障修理 2h，工时费 20 元/h，修理费用：2×20＝40 元。

4）机群寿命期 BIT 的修理费用：18×40＝720 元/h。

m）BIT 所需费用总计：7500＋1500＋720＝9720 元。

n）BIT 效益。

1）维修活动频率：0.00018。

2）采用 BIT 后节省的维修时间：0.6666h。

3）机群寿命期内节省的维修时间：0.00018×0.6666×900000＝108h。

4）节省的费用（效益）：108×20＝2160 元（维修工时费 20 元/h）。

5）地面保障设备的节省：无。

o）结论：BIT 所需费用超过 BIT 效益（9720 元＞2160 元）。

p）建议：系统中不须安装 BIT。

附录 C
(资料性附录)
测试性分配方法

C.1 测试性分配工作要求

测试性分配主要在方案论证和初步（初样）设计阶段进行，但有一个逐步深入和修正的过程。首先将系统测试性指标分配给子系统或设备；其次，再分配给其各组成单元LRU，随着设计工作的进展最后再分配给其组成部分 SRU。测试性分配应注意以下要求：

a）应考虑故障率影响因素。如要考虑故障影响、平均故障修复时间（MTTR）、费用等有关影响因素，可应用综合加权分配法。

b）根据系统要求指标求得各组成单元的分配值，故障检测率、隔离率一般在 0~1 之间。

c）依据各分配值综合后得到的系统故障检测率、隔离率，应大于研制合同或任务书规定的指标。

有 4 种测试性分配方法可以选用：等值分配方法、按故障率分配方法、综合加权分配方法、有老产品时分配方法，本附录仅介绍其中的两种分配方法，即按故障率分配方法、有老产品时分配方法。

C.2 故障检测率和隔离率分配方法

C.2.1 按故障率分配方法

按故障率分配方法只考虑故障率 λ 影响，简单实用。具体分配步骤如下。

a）画出系统功能构成层次图，说明系统指标分配的产品层次。

b）分析各层次产品的组成单元特性，取得故障率数据和系统要求指标。

c）用下面数学模型计算各组成单元的 FDR 和 FIR 分配值：

$$\text{FDR}_{ia} = 1 - \lambda_s(1 - \text{FDR}_{sr})/n\lambda_i \tag{C.1}$$

式中：FDR_{ia}——第 i 个组成单元的 FDR 分配值；

FDR_{sr}——系统 FDR 要求值；

λ_s——系统故障率，单位为次每小时（1/h）；

λ_i——第 i 个组成单元故障率，单位为次每小时（1/h）；

n——系统组成单元个数。

$$\text{FIR}_{ia} = 1 - \lambda_{DS}(1 - \text{FIR}_{sr})/n\lambda_{Di} \tag{C.2}$$

式中：FIR_{ia}——第 i 个组成单元的 FIR 分配值；

FIR_{sr}——系统 FIR 要求值；

λ_{DS}——系统可检测故障率，单位为次每小时（1/h）；

λ_{Di}——第 i 个组成单元可检测的故障率，单位为次每小时（1/h）；

n——系统组成单元个数。

如果出现某个组成单元故障率比其他单元故障率小很多倍，导致此分配方法不适用时，可以忽略此单元。

d）确定组成各单元的分配值。计算的分配值为多位小数，采用第三位进位的方法取两位即可。

e）若基于某些考虑要调整分配值，则应保证：依据各分配值综合后得到系统参数值（FDR_s，FIR_s）大于原要求值，FDR_s、FIR_s 的量值计算如下：

$$FDR_s = \sum_{i=1}^{n} \lambda_i \, FDR_{ia} / \sum_{i=1}^{n} \lambda_i \tag{C.3}$$

$$FIR_s = \sum_{i=1}^{n} \lambda_{Di} \, FIR_{ia} / \sum_{i=1}^{n} \lambda_{Di} \tag{C.4}$$

在产品各组成单元差别不大、没有故障率数据的情况，可直接令系统各组成单元的指标等于系统要求指标，即所谓等值分配方法。若要考虑多种影响因素时可应用综合加权分配法，详见本指南参考文献[1]。

分配示例 1：某系统由 5 个 LRU 组成。其功能层次图如图 C.1 所示，图中括号内数据是故障率 λ（$\times 10^{-6}$/h）。该系统要求的故障检测率 $FDR_{sr} = 0.95$。

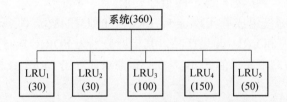

图 C.1　功能层次图

分配任务是将系统故障检测率要求值 $FDR_{sr} = 0.95$，分配给系统的 5 个 LRU，选用按故障率分配方法，$n = 5$，$\lambda_s = 360$（10^{-6}/h），分配结果如表 C.1 所列。

表 C.1　按故障率分配示例

组成单元	数量	λ_i/（10^{-6}/h）	FDR_{ia} 计算值	FDR_{ia} 调整值
LRU_1	1	30	0.88	0.88
LRU_2	1	30	0.88	0.88
LRU_3	1	100	0.964	0.97
LRU_4	1	150	0.976	0.98
LRU_5	1	50	0.928	0.93
合计	5	$\lambda_s = 360$	$FDR_s = 0.9500$	$FDR_s = 0.9536$

由计算出的 FDR_{ia} 值综合后得出的系统的 $FDR_s = 0.9500$，调整后为 $FDR_s = 0.9536$，大

于要求值,分配结果符合分配要求。

C.2.2 有部分老产品时分配方法

当系统组成单元中有部分老的产品(货架产品,其测试性指标已确定)时,要首先求出新品部分的总指标 P_N,然后再选用按故障率分配法或综合加权分配法,将 P_N 分配给各新的组成单元。

假设系统由 n 个单元组成,其中有 r 个是新品,则老品数量为 $n-r$ 个。新品部分总指标 P_N 用如下数学模型求出:

$$P_N = \left(P_{sr} \sum_{i=1}^{n} \lambda_i - \sum_{j=1}^{n-r} \lambda_j P_j \right) \Big/ \sum_{i=1}^{r} \lambda_i \tag{C.5}$$

式中: P_{sr}——系统要求指标;

n——系统组成单元数;

P_N——新品部分总的要求指标;

λ_i——第 i 个新产品的故障率,单位为次每小时(1/h);

P_j——第 j 个老产品测试性指标;

λ_j——第 j 个老产品的故障率,单位为次每小时(1/h);

r——新产品数。

求出 P_N 值后,再选用按故障率分配法或综合加权分配法[1]求得新品各单元分配值,可保证满足整个系统(包括老产品)的指标要求。

分配示例2:某系统组成单元数 $n=5$,LRU$_1$~LRU$_5$ 的故障率(×10^{-6}/h)数据列如表 C.2 所列,其中 LRU$_2$ 和 LRU$_3$ 为老产品,其指标分别为 FDR$_2$=0.85,FDR$_3$=0.95,新品数 $r=3$,系统故障检测率要求值 FDR$_{sr}$=0.95。要求计算出 LRU$_1$、LRU$_4$ 和 LRU$_5$ 的分配值 FDR$_{ia}$ 应是多少?

用式(C.5)求出新品部分总指标 FDR$_N$=0.96304,选用式(C.1)按故障率分配方法,计算得出新品的 FDR$_{ia}$ 和调整后的取值列于表 C.2 之中。

表 C.2 系统中有老产品时的分配示例

组 成		λ_i/(10^{-6}/h)	λ_{NS}/(10^{-6}/h)	FDR$_N$	FDR$_{ia}$ 计算	FDR$_{ia}$ 取值
老品	LRU$_2$	30			0.85	0.85
	LRU$_3$	100			0.95	0.95
新品	LRU$_1$	30			0.9055	0.91
	LRU$_4$	150	230	0.96304	0.9811	0.99
	LRU$_5$	50			0.9433	0.95
		λ_s=360			FDR$_s$=0.9500	FDR$_s$=0.9550

C.3 虚警率分配问题

C.3.1 虚警率的分配

虚警问题是测试性/BIT 设计中一个困难问题,依据现有工程实用技术还很难完全消灭虚警,虚警率(FAR)要求是一个不得已而提出的限制性指标,FAR 要求值多数为不大于 1%～3%。虚警率的分配涉及不确定因素较多，分配结果不易准确。所以，在工程上可以采用各组成单元的 FAR 要求等同于系统级的 FAR 要求（即等值分配法），重要的是要设计必要的防虚警措施。

C.3.2 平均虚警间隔时间的分配

计算系统的 MTBFA 和 MTBF 两者的比值，按此同一比值确定系统各组成单元的 MTBFA 要求值（等比值分配方法），可保证虚警对系统和各 LRU 基本可靠性的影响程度相同。

$$MTBFA_i=（MTBFA_s/MTBF_s）\times MTBF_i \qquad (C.6)$$

式中：$MTBFA_s$——系统的 MTBFA 要求值；

$MTBF_s$——系统的 MTBF 要求值；

$MTBFA_i$——第 i 个组成单元的 MTBFA 分配值；

$MTBF_i$——第 i 个组成单元的 MTBF 分配值。

或者，将系统要求的 MTBFA 值均匀地分配给各组成单元，考虑系统各组成单元的运行比不同，还应进行适当修正。此方法未考虑虚警与可靠性的关系。平均虚警间隔时间（MTBFA）是按系统运行时间统计的，在此时间内系统发生的虚警次数等于系统各组成单元发生虚警次数之和。

附录 D

(资料性附录)

固有测试性设计内容

D.1 概述

固有测试性是指仅取决于产品硬件设计，不依赖于测试激励和响应数据的测试性，包括功能和结构的合理划分、测试可控性和可观测性、初始化、元器件选用等，即在系统和设备硬件设计上要保证其具有方便测试的特性。它既支持 BIT 也支持外部测试，是达到测试性和诊断定量要求的基础。固有测试性设计是产品测试性初步设计与分析阶段的主要工作，它涉及硬件设计的诸多方面，这里给出与测试性关系密切的几个硬件设计问题。

在实际工程使用中，一般将固有测试性设计内容与定性设计要求列入测试性设计准则之中，以方便设计人员使用。

D.2 功能与结构划分

设备越复杂查找故障也越困难，把复杂设备合理地划分为较简单的可单独测试的组成单元，可使功能测试和故障隔离都容易进行，也可以减少相关的费用。划分的基本原则是：以功能的组成为基础，进行结构合理划分与封装，以简化故障诊断和修理。

a）产品层次划分：根据确定的维修方案和系统特性，可以把复杂系统分为多个层次，一个复杂系统划分为若干子系统或设备；子系统再分为若干个 LRU；LRU 再划分为若干个 SRU。通常，采用分层测试和更换的方法进行维修。

b）功能划分：功能划分是设计过程中的一个步骤，是结构划分和封装的基础。明确区分各个功能电路及其有关硬件，作为 UUT 的可更换单元，最好一个单元只实现一种功能。如果一个可更换单元包含两种以上功能的话，应保证能对每种功能可进行单独测试。

c）结构划分：在结构安排和封装时，依据功能划分情况构成不同的可更换单元。复杂度适当、相互间连线尽可能少，以便于故障隔离。同时应考虑各单元的重量与体积不要过大，以便于更换和搬运。

合理和不合理功能划分与封装示例如图 D.1 和 D.2 所示，图中 TP 为测试点。

d）电气划分：对于较复杂的可更换单元，应尽量利用阻塞门、三态器件或继电器把要测试的电路与暂不测试的电路分离，以简化故障隔离和缩短测试时间。

e）尽量将功能不能明确区分的电路和元器件划分在一个可更换单元中。

f）由于反馈不能断开、信号扇出关系等原因不能做到唯一性隔离时，应尽量将属于同一个隔离模糊组的电路和部件封装在同一个可更换单元中。

g）如有可能，应尽量把数字电路、模拟电路、射频（RF）电路、高压电路分别划分为单独的可更换单元。

h）如有可能，还应按可靠性和费用进行划分，即把高故障率（或高费用）的电路和部件划分为一个可更换单元。

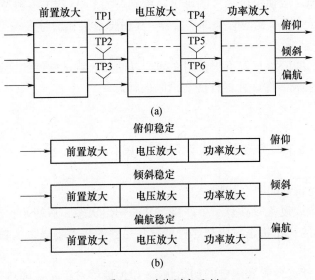

图 D.1 功能划分示例

(a) 不合理功能划分；(b) 合理功能划分。

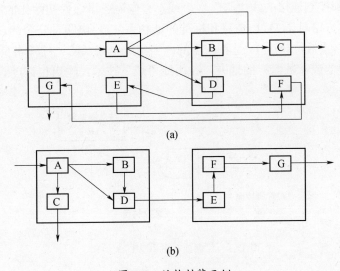

图 D.2 结构封装示例

(a) 不合理的封装；(b) 合理的封装。

D.3 功能和结构设计

在产品的功能和结构具体设计时应充分注意为测试提供方便，以简化故障隔离和维修，例如：

a）所设计的产品，应在更换其某一个可更换单元后不需要进行调整和校准。

b）如有可能，在电子设备中只使用一种逻辑系列，在任何情况下，都保持所用逻辑系列数最少。

c）只要有可能，应使每个较大的可更换单元（如LRU级）有独立的电源。

d）产品及其可更换单元应有外部连接器，其引脚数量和编号应与推荐或选用的测试设备接口要求一致。

e）各元器件之间应留有人工测试用空间，以便插入测试探针和测试夹子。

f）UUT及其组成部件、元器件应有清晰的标志。

D.4　初始化

数字系统和设备的良好初始化设计可降低BIT和ATE软件设计费用和外场测试费用。

a）表示初始化设计的两个特性

1）设计的系统或设备应具有一个严格定义的初始状态。从初始状态开始隔离故障，如果没有达到正确的初始状态，应把这种情况与足够的故障隔离特征数据同时报告给操作人员。

2）系统或设备能够预置到规定的初始状态，以便能够对给定故障进行重复多次测试，并可得到多次测试响应。

b）初始化方法举例

1）使用外部控制连接的线"与"（"或"）作为逻辑部件初始化的手段，如图D.3所示。这种技术方法对于DTL电路和标准的低功率TTL电路是安全的，但对大功率和肖特基TTL电路置低位超过1s是不安全的。当集成电路（IC）的输出反馈到IC（如触发器、移位寄存器或计数器）的地方，使用线"或"技术，输出也许能置低位。

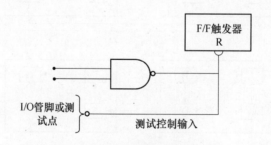

图D.3　控制输入的线"或"初始化

2）将所有时序电路初始化到一个已知的初始状态，应使用尽可能短的序列，最好是一个转换，最多不能超过20个转换。

3）利用I/O管脚或测试点提供所有时序逻辑部件初始化的方法，这可用于触发器、计数器、寄存器、存储器等。如果用"加电"实现初始化，则加电后初始化就再不能控制了。

4）相同的负载电阻可用于几个不同的存储元件置位或复位，可从外部控制置位或复位。

5）如果置位／复位线直接连到电源 V_{CC} 或接地，那么它就不能由测试者驱动了。如所需逻辑高信号源从负载电阻得到，逻辑低信号源来自输入端为高电压的反相器，就会方便测试者控制了。

c）初始化设计检查

承制方内部应事前进行必要的初始化设计检查，在测试性验证时应检验所有的存储器、触发器、寄存器等都能被初始化到一个已知状态。

D.5 测试控制（可控性）

D.5.1 概述

测试可控性是确定或描述系统和设备内部有关节点和信号可被控制程度的一种设计特性。通过附加必要的电路和数据通路，使测试设备能够控制 UUT 内部的元器件工作，从而简化故障检测与隔离工作，减少测试设备和测试程序的复杂性。下面是一些可控性设计的例子。

D.5.2 打开反馈回路

在闭环状态下，反馈回路内任一单元的故障都可在反馈回路上所有的测试点（TP）观察到，故不可能将故障隔离到一个可更换单元上，如图 D.4 所示。所以，应尽量避免反馈回路。

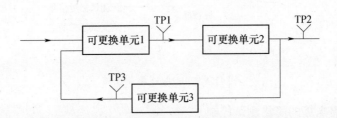

图 D.4　闭环造成的不能单独由测试点解决的模糊隔离问题示例

a）反馈环应尽量避免与可更换单元交叉。在反馈回路必须与可更换单元交叉的地方，应为测试提供打开回路方法，如果可更换单元是 LRU，故障隔离应在基层级维修时进行，则附加的控制信号和测试点应连到 BITE 而不是 ATE 上，如图 D.5 所示。但打开反馈回路造成不稳定的情况除外。

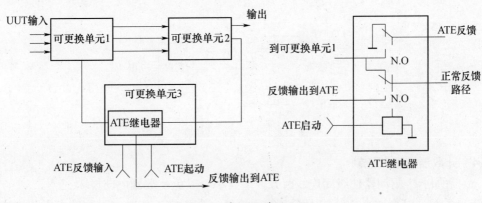

图 D.5　打开反馈环示例

b) 在反馈通道上插入一个门电路以中断反馈,这个门电路由测试设备来的信号控制,如图 D.6 所示。

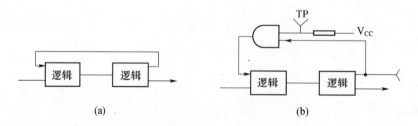

图 D.6　附加逻辑元件控制反馈

(a) 不采用；(b) 采用。

c) 从结构上断开反馈回路并把两头都接到外部管脚上,正常工作时由跨接线短路此两管脚。测试时取下跨接线便可打开反馈环,并可得到一个驱动点和一个测试点,如图 D.7 所示。

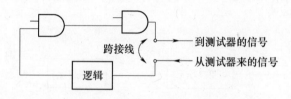

图 D.7　用跨接线控制反馈

D.5.3　复杂时序电路的简化测试控制

为控制时序电路并对部分电路的工作进行测试,附加的元件可用于强制达到某一易于测试的状态。如锁存电路的附加输入允许由外部控制锁存器,如图 D.8 所示。

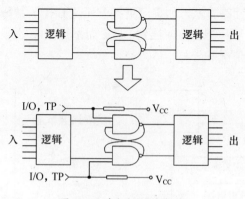

图 D.8　外部控制锁存器

D.5.4　计数器链测试控制

a) 附加一个驱动器使级间连线断开,但要小心以免计数器内部损坏。

b) 插入一对测试点从结构上断开级间连线。在正常工作时这对测试点用跨接线短路，如图 D.9 所示。

c）附加逻辑元件使计数器能不依赖前级的进位输出而独立计时。如图 D.10 所示，如后段计数器在低位时是可工作的，则附加的"与"门将允许后段计数器独立工作。

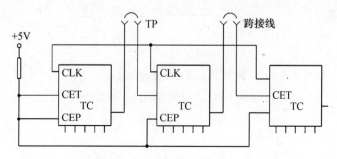

图 D.9　跨接线断开计数器链

图 D.10　计数器控制

D.6　测试观测（可观测性）

可观测性是确定或描述 UUT 有关信号可被观测程度的一种设计特性。要求提供测试点、数据通路和电路，以便观测和确定有关内部节点的数据，进行故障检测与隔离。例如：

a）使用空的 I/O 管脚提供到内部节点（即不可达的）信号的通道。

b）使用奇偶发生器取得数字印制电路板的高可观测性，而不用过分依赖于把电路板边缘连接器、管脚作为测试点。

c）选择测试点使之最易接近内部节点，以准确地确定重要的内部节点的数据。

d）利用印制电路板上的发光二极管显示来指示重要电路的正常工作。例如，供电电压正常，锁相回路锁闭等。

e）使用故障指示器给出测试结果的显示，"通过"指示无故障，"不通过"指示一个故障状态，不管这故障是由输入还是显示器本身有故障引起的。

f）对关键的故障指示器，应提供可选择的测试方法，如"按钮测试"，以有效验证其工作可靠。

g）使用多路转换器来减少故障隔离的边缘连接器输出点数、调整和测试用点数。

h）应尽量避免用线"与"、线"或"连接（会产生模糊隔离），可用测试点将连接线分为较小的隔离模糊组，如图 D.11 所示。

i）应尽量避免采用余度电路，因为不能从其输出端区分哪一个是余度故障，如果当接头断开时电路的输出没有发生变化，那么电路中的这个接头就是有余度的。

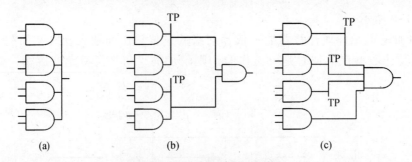

图 D.11　减少隔离模糊度设计

(a) 模糊度=4；(b) 模糊度=2；(c) 模糊度=1。

D.7　其他

a）故障信息记录、报警、状态指示等，应能满足使用和维修要求。

b）传感器、测试点、连接器等的设置和选用，应考虑故障检测和兼容性要求。

c）在满足性能要求的前提下，优先选用结构化简单、故障模式清楚、测试性好的元器件。

附录 E
(资料性附录)
优选测试点和诊断策略

E.1　概述

a) 简化

为便于理解作如下简化:

1) 用测试点代表测试 (利用测试点获取 UUT 状态信息的过程)。

2) 用 UUT 组成单元代表其故障 (具有相同或相似表现特征的故障模式集合)。

3) 并假设 UUT 为单点故障。

4) 在故障信息传输可达的各个测试点上, 都能有效测量故障信息。

b) 基本原理

优选测试点和诊断策略的基本原理是:

将 UUT 看作是各组成单元各故障状态和正常状态的集合, 建立测试性模型。选用合适的测试点对 UUT 进行测试, 第一次测试可以把 UUT 分割为正常的和含有故障的两部分, 最好是对半分割。第二次再选用合适的测试点只对有故障的部分进行测试, 再分割为正常的和含有故障的两部分。随着测试与分割的继续, 所包含的状态数越来越少, 直到成为单一状态为止。

优选测试点和诊断策略的方法已有计算机辅助设计软件可以选用, 这里介绍实用的工程方法供参考。

E.2　画 UUT 框图初选测试点

a) UUT 资料分析, 根据 UUT 的设计资料, 分析其功能和性能特点、故障特征、输入输出关系。

b) 画功能框图, 根据 UUT 的功能与结构的划分结果, 画出功能方框图, 清楚表明各方框之间的输入、输出关系。

c) 进行故障模式、影响及测试方法分析, 依据 UUT 各组成单元的构成及工作原理、FMEA 分析和检测技术等, 初步分析各组成单元 (或部件) 的功能故障模式、影响、测的量参数/测试点、可能的测试方法和故障率 (引发该故障模式的元器件故障率之和) 等; 填入如表 E.1 所列的表格中。

表 E.1　故障模式及测试方法分析

UUT 名称:　　　　　　　　　分析者:　　　　　年　　月　　日

序号	组成单元	故障模式	故障影响	故障率 /（1/h）	检测参数 （测试点）	可用测试方法		
						BIT	ATE	人工
1								

（续）

序号	组成单元	故障模式	故障影响	故障率 /（1/h）	检测参数 （测试点）	可用测试方法		
						BIT	ATE	人工
2								
……								
合计								

d）初选测试点，一般是在 UUT 的输出端设置故障检测用测试点，在 UUT 内部各组成单元输出端设置故障隔离用测试点，将初选的测试点标注在框图上（即为 UUT 的相关性图示模型）。

E.3 建立相关性数学模型

表示 UUT 的各组成单元故障 F_i（$i=1,2,\cdots,m$）与测试点 T_j（$j=1,2,\cdots,n$）之间关系的相关性数学模型，可以用如下相关性矩阵来表示：

$$D_0 = \begin{bmatrix} d_{11} & d_{12} & \dots & d_{1n} \\ d_{21} & \dots & & d_{2n} \\ & & \ddots & \\ d_{m1} & \dots & & d_{mn} \end{bmatrix}$$

$$d_{ij} = \begin{cases} 1 & \text{当测试点 } T_j \text{可测得故障 } F_i \text{信息时（} T_j \text{与} F_i \text{相关）} \\ 0 & \text{当测试点 } T_j \text{不能测得故障 } F_i \text{信息时（} T_j \text{与} F_i \text{不相关）} \end{cases}$$

式中：D_0 中第 i 行表示，第 i 个组成单元故障信息在各测试点 T_j（$j=1,2,\cdots,n$）的反应。而第 j 列表示第 j 测试点是否可测得各组成单元故障 F_i（$i=1,2,\cdots,m$）的信息。

UUT 经过合理划分后，一般其组成部件和初选测试点数量不是很多，可用直接分析法建立相关性模型。如图 E.1 所示，初选测试点 T 已经标注在图 E.1（a）上。根据功能信息流方向，逐个分析各组成部件 F_i 的故障信息在各测试点 T_j 上的反映，即可得到对应的相关性数学模型 $D_{4\times4}$，如图 E.1（b）所示，为了识别正常状态可加上无故障时的一行。

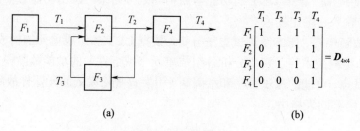

(a)   (b)

图 E.1 相关性模型

(a) 相关性图示模型；(b) 相关性矩阵（数学模型）。

E.4 简化相关性矩阵识别模糊组

为了简化以后的计算工作量，并识别冗余测试点和故障隔离的模糊组，在建立了

UUT 的相关性矩阵之后，应首先进行简化。

a）比较相关性矩阵 D_0 的各列，如果有 $T_k=T_L$，且 $k{\neq}L$，则对应的测试点 T_k 和 T_L 是互为冗余的，只选用其中容易实现的和测试费用少的一个即可，并在 D_0 中去掉未选测试点对应的列。如图 E.1（b）所示矩阵，T_2、T_3 是冗余的，只选用其中一个即可。

b）比较 D_0 中各行，如果有 $F_x=F_y$ 且 $x{\neq}y$，则其对应的故障（或可更换的组成单元）是不可区分的，可作为一个故障隔离模糊组处理。并在 D_0 中，合并成为一行。如图 E.1（b）所示矩阵 F_2 和 F_3 是一个模糊组，可合并为一行。此 UUT 出现冗余测试点和模糊组的原因是存在着一个反馈回路。

c）这样就得到简化后的相关性矩阵，也得知有几个故障隔离的模糊组。

E.5 优选测试点

考虑可靠性影响时各测试点的故障隔离权值可用式(E.1)计算：

$$W_j = \sum_{k=1}^{Z} \left\{ \left(\sum_{i=1}^{m} P_i d_{ij} \right)_k \left[\sum_{i=1}^{m} P_i (1 - d_{ij}) \right]_k \right\} \tag{E.1}$$

式中：W_j——第 j 个测试点的权值；

d_{ij}——UUT 相关性矩阵中第 i 行第 j 列元素 $i=1,2,\cdots,m$，$j=1,2,\cdots,n$；

P_i——UUT 第 i 个状态的发生概率；

k——分析的矩阵数，$k=1,2,\cdots,z$。

a）计算出各测试点的 W_j 之后，选用 W_j 值最大者对应的测试点 T_j 将矩阵 D 分割成两个子矩阵：$D^0{}_p$ 和 $D^1{}_p$；

其中，$D^0{}_p$ 是 T_j 列中为 0 元素对应行所构成的子矩阵，P 为表示第几次分割的序号；

$D^1{}_p$ 是 T_j 列中为 1 元素对应行所构成的子矩阵。

开始时只有一个矩阵，当选出第一个测试点并分割矩阵后，$z=2$。

b）对矩阵 $D^0{}_p$ 和 $D^1{}_p$ 计算 W_j 值，选用 W_j 大者为第二个故障隔离用测试点，再分割子矩阵，这时子矩阵数可能是 $z=2+2=4$。

c）重复上述过程，直到各子矩阵变为只有一行为止，就完成了优选测试点和故障诊断测试过程分析。

可以证明，优先选用 W_j 值最大的测试点分割相关性矩阵，符合对半分割思路，可以尽快的隔离出发生某一故障类的组成单元。

去掉式（E.1）中的第一个"∑"符号可简化计算，但选用测试点可能不是最少的。

E.6 制定诊断策略和故障字典

E.6.1 诊断策略

a）构建诊断策略

依据优选测试点及分割矩阵的先后顺序制定诊断测试策略(测试顺序)，以二叉树的形式表示，可称为故障诊断策略或诊断树，依据它进行测试可以用最少的测试步骤完成故障检测与隔离。具体制定过程如下：

1) 以相关性矩阵 D_0 和第一个选用测试点为根节点，画出两个分支。依据其分割矩阵的结果，在一个分支上标注"0"并在末端画出对应的子矩阵的行标志符，形成一层分节点 $\boldsymbol{D}_1^0$ ；而在另一个分支上标注"1"并在末端画出对应的子矩阵的行标志符，形成另一个一层分节点 $\boldsymbol{D}_1^1$ 。

2) 用相同的方法，依据选用的第二个测试点分割子矩阵的结果，再从一层分节点 $\boldsymbol{D}_1^0$ 出发，画出两个分支，形成二层分节点 $\boldsymbol{D}_2^0$ 和 $\boldsymbol{D}_2^1$ 。

3) 重复上述过程，直到用完测试点、各分支上新的分层节点成为单行矩阵为止，即达到了二叉树的叶节点，叶节点表示 UUT 的一种状态。

b）结果分析

1）选用的测试点数和故障隔离的模糊组。

2）故障检测与隔离能力的初步预计。

3）估计平均测试步骤数 N_{DS} 和平均测试费用 C_{DS} 。

$$N_{\mathrm{DS}} = \sum_{i=1}^{m} P_i K_i \qquad (\mathrm{E.2})$$

$$C_{\mathrm{DS}} = \sum_{i=1}^{m} P_i \left(\sum_{j=1}^{K_i} C_j \right)_i \qquad (\mathrm{E.3})$$

式中：P_i——诊断树各分支发生概率；

K_i——诊断树各分支的测试步骤数；

m——诊断树的分支数；

C_j——第 j 测试点的相关费用。

这种诊断树是一种自适应诊断策略，每一步测试都依据前一步的测试结果而定。UUT 的每次检测和隔离故障，会适应 UUT 所处状态走诊断树的不同分支。

E.6.2 故障字典

UUT 故障时在各测试点的测试结果与无故障时不同，不同的故障其测试结果也各不相同。将 UUT 的各种故障与其在各测试点上的测试结果列成表格就是故障字典。在简化后的 UUT 相关性矩阵中去掉未选用测试点所对应的列，就成为该 UUT 的故障字典了。

UUT 诊断树表示的是检测和隔离故障时的顺序测试；而故障字典表示的是 UUT 各故障状态的特征量，用于在采集各个测试点的信息之后，判断哪个组成单元发生了故障。

E.7 优先测试点和诊断策略示例

某 UUT 经过功能、结构划分等初步设计之后，已知其由 4 个单元部件组成，UUT 各组成单元的故障概率 P_1=0.02、P_2=0.03、P_3=0.05、P_4=0.1，UUT 的可靠度 P_0=0.8，各测试的相关费用是 C_1=10 元、C_2=15 元、C_3=20 元、C_4=5 元。

a）初选测试点并标注在 UUT 框图上

在 UUT 两个输出端上设置故障检测用的测试点，在各组成单元的输出端设置隔离用的测试点，如图 E.2 所示。

b）建立相关性矩阵

此 UUT 组成单元不多，通过对测试性框图的直接分析建立相关性矩阵，如表 E.2 所列。图中 T_j 是测试点，F_i 是各组成单元故障，F_0 表示系统正常，W_j 是各测试点的权值。

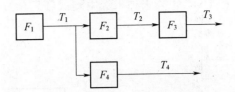

图 E.2 系统相关性图示模型

c）简化矩阵识别模糊组

该矩阵中没有相同的行与相同的列，没有冗余测试点和模糊组，无需简化。

d）优选测试点

暂不考虑费用影响，用式（E.1）计算各测试点的权值 W_j，结果列于表 E.2 的最下面。首先选用 W_j 值最大的测试点 T_4 为第一个测试点，分割矩阵 $\boldsymbol{D}_0$ 为 $\boldsymbol{D}_1^1$ 和 $\boldsymbol{D}_1^0$，如表 E.3 所列。

表 E.2 相关性矩阵

F_i	T_j			
	T_1	T_2	T_3	T_4
F_1	1	1	1	1
F_2	0	1	1	0
F_3	0	0	1	0
F_4	0	0	0	1
F_0	0	0	0	0
W_j	0.0196	0.0475	0.09	0.1056

表 E.3 分割矩阵

	F_i	T_j				
		T_4	T_1	T_2	T_3	
	F_1	1	1	1	1	$\boldsymbol{D}_1^1$
	F_4	1	0	0	0	
$\boldsymbol{D}_2^1$	F_2	0	0	1	1	$\boldsymbol{D}_1^0$
	F_3	0	0	0	1	
$\boldsymbol{D}_2^0$	F_0	0	0	0	0	
	W_j	0	0.002	0.0275	0.066	

再次计算 W_j 值列入表 E.3 的最下面，选用 W_j 值最大的测试点 T_3 为第二个测试点，分割矩阵 $\boldsymbol{D}_1^0$ 后已是单行了，$\boldsymbol{D}_1^0$ 分割后的 $\boldsymbol{D}_2^0$ 也成单行，而 $\boldsymbol{D}_2^1$ 用 T_2 分割也为单行了。

所以 T_4、T_3、T_2 为选用的测试点。

e）诊断策略和故障字典

1）UUT 诊断策略。根据优选测试点和分割矩阵的结果，画出诊断树如图 E.3 所示，其中树叶处数字为发生概率，T_i 下面的为测试费用。

2）UUT 故障字典。在 UUT 矩阵去掉未选用测试点 T_1，就成为故障字典，如表 E.4 所列。

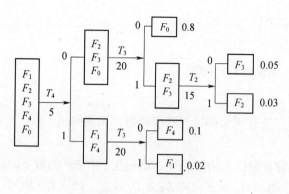

图 E.3　UUT 诊断树

表 E.4　故障字典

F_i	T_j		
	T_2	T_3	T_4
F_1	1	1	1
F_2	1	1	0
F_3	0	1	0
F_4	0	0	1
F_0	0	0	0

f）结果分析

1）选用测试点数和模糊组。该 UUT 最后选用 3 个测试点，比初选测试点少了 1 个。没有模糊组。

2）故障检测与隔离能力预计（未考虑故障率影响）。

FDR＝100%　可检测出所有组成单元的功能故障。

FIR＝100%　　隔离到单个组成单元。

3）平均测试步骤数。依据已知各概率值 P_i 和诊断树各分支的测试步骤数 K_i 可以计算平均测试步骤数 N_{DS}。

$$N_{DS}=\Sigma P_i K_i =(0.8+0.1+0.02)\times 2+(0.05+0.03)\times 3=2.08$$

4）平均测试费用

$$C_{DS} = \sum_{i=1}^{m} P_i\left(\sum_{j=1}^{K_i} C_j\right)_i = (0.8 + 0.1 + 0.02)\times(5 + 20) + (0.05 + 0.03)\times(5 + 20 + 15) = 26.2 \text{ 元}$$

g）当不考虑式（E.1）中的第一个"Σ"符号时，每次选用测试点时均只考虑要分割的一个矩阵。对此 UUT 选用第一个测试点和分割矩阵情况不变。选用第二个测试点和分割矩阵情况，如表 E.5 和表 E.6 所列，选用了 4 测试点。诊断树如图 E.4 所示。

表 E.5　用 T_1 分割

F_i		T_j			
		T_4	T_1	T_2	T_3
D_1^1	F_1	1	1	1	1
	F_4	1	0	0	0

表 E.6　用 T_2 分割

		T_4	T_1	T_2	T_3	
D_1^0	F_2	0	0	1	1	D_2^1
	F_3	0	0	0	1	
	F_0	0	0	0	0	
	W_j	0	0.002	0.0255	0.064	

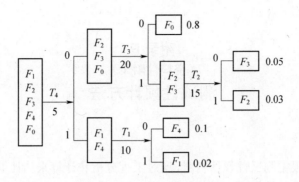

图 E.4 UUT 的诊断树

此时平均测试步骤数 N_{DS} 不变，平均诊断测试费用 $C_{DS}＝25×0.8 +40×0.08+15×0.12＝25$。此结果与用最优方法（费用最少）的结果相同，表明此方法给出的是自适应的诊断策略是准最优的。

附录 F

（资料性附录）

测试性预计方法

F.1 概述

测试性预计是根据测试性设计资料,通过工程分析和计算来估计 FDR 和 FIR 可能达到的量值,并与规定的指标要求进行比较。测试性预计的主要目的是通过估计测试性指标是否满足规定要求,评价和确认已进行的测试性设计工作,找出不足,为改进设计提供依据。

故障检测时间与故障隔离时间是平均修复时间（MTTR）的组成部分,在维修性中已考虑,可以不再预计。在方案阶段缺少数据,可用与相似系统类比的方法预计可能达到的测试性指标。初步设计时的诊断能力初步估计参见本指南 6.3.3 和附录 E.7,这里只介绍详细（正样）设计阶段工程上常用的测试性预计方法。一般是按系统的组成,由下往上、由局部到总体的顺序来进行。即先分析各个元器件故障模式的检测与隔离情况、估计 SRU 的故障检测率、隔离率,然后预计 LRU 的检测率、隔离率,最后预计系统的检测率、隔离率。因为有 BIT 的检测率和隔离率的设计指标,所以还应进行 BIT 的故障检测率与隔离率预计,简称 BIT 预计。这里介绍常用的工程分析预计方法。

需要输入的主要信息有：系统及各组成部分的功能描述、划分情况和电路原理图、FMEA 结果、故障率数据、诊断方案、测试点和测试程序的选择结果、BIT 方案、测试方法和原理、BIT 测试内容和算法、防止虚警措施、以及类似产品的测试经验等。测试性预计工作的输入和输出如图 F.1 所示。

F.2 BIT 预计

F.2.1 BIT 预计方法

BIT 预计工作在 BIT 分析和设计基础上进行,估计 BIT 故障检测率和隔离率量值,由于目前未见工程实用的虚警率预计方法,可以暂不进行虚警率的预计,但应注意审查是否采取了有效防虚警措施。BIT 预计的主要工作步骤如下。

a）准备 UUT 设计资料

系统的功能划分和固有可测试性设计结果绘制 UUT 图,表示出信号流程和所有功能的相互关系（通路）,必要时为每个功能方框给出描述和说明,并把 BITE 和测试点等标注在图中,以及相关设计资料。

b）BIT 方案分析

分析系统运行前 BIT、运行中 BIT 和运行后维修 BIT 的工作原理,及它们所测试的范围,起动和结束条件,故障显示记录情况等。

c）BIT 算法分析

对 BIT 的所有算法和软件流程进行分析,以识别各种 BIT 模式检测和隔离功能单元、部件或故障模式的能力。

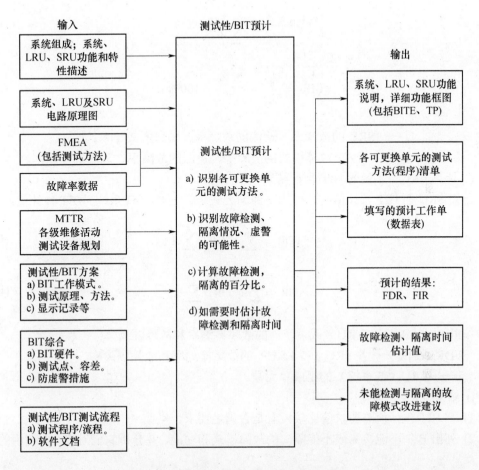

图 F.1　测试性预计工作的输入与输出

　　d）获得 FMECA 资料和可靠性预计数据，以便列出所有的故障模式，掌握故障影响情况、功能单元或部件的故障率，以及故障模式发生频数比。如果未进行 FMECA 和可靠性预计，应补做。至少应进行 FMEA，并通过可靠性分析得到有关故障率数据。

　　e）故障检测分析

　　根据前面分析的结果，识别每个故障模式（或功能单元／部件）BIT 能否检测，哪一种 BIT 模式可以检测，并把其故障率 λ_{Di} 数据填入 BIT 预计工作单。

　　f）故障隔离分析

　　分析 BIT 检测出的故障模式（功能单元／部件）能否用 BIT 隔离，可隔离到几个可更换单元（LRU 或 SRU）上，并把其故障率 λ_{Li} 数据填入 BIT 预计工作单。

　　g）填写 SRU 的 BIT 预计工作单

　　把以上分析结果，即可检测的故障率、可隔离的故障率、以及会导致虚警的事件的频率等数据填入 BIT 预计工作单中（工作单格式如表 F.1 所列）。

　　h）计算 SRU 的预计结果

　　分别计算工作单上各栏的故障率的总和。用下面的数学模型计算 SRU 的故障检测率、故障隔离率：

$$FDR = \frac{\lambda_D}{\lambda} = \frac{\sum \lambda_{Di}}{\sum \lambda_i} \times 100\%$$ （F.1）

$$FIR_L = \frac{\lambda_{1L}}{\lambda_D} = \frac{\sum \lambda_{Li}}{\lambda_D} \times 100\%$$ (F.2)

式中：λ、λ_D、λ_{IL}——SRU 的故障率、检测的故障率、隔离的故障率；

λ_i、λ_{Di}、λ_{Li}——第 i 个故障模式的故障率、检测的故障率、隔离的故障率。

i）计算 LRU、系统的 BIT 预计结果

已知 SRU 的 BIT 预计值时，可用下面的公式求得 LRU（或系统）BIT 预计值：

$$FDR_s = \sum_{i=1}^{n} \lambda_i FDR_i / \sum_{i=1}^{n} \lambda_i$$ (F.3)

$$FIR_s = \sum_{i=1}^{n} \lambda_{Di} FIR_i / \sum_{i=1}^{n} \lambda_{Di}$$ (F.4)

式中：FDR_s、FIR_s——LRU（或系统）的故障检测率和故障隔离率；

FDR_i、FIR_i——各 SRU（或 LRU）的故障检测率和故障隔离率；

n——LRU（或系统）的组成单元数。

j）结果分析

1）把 BIT 预计值与要求值比较，看是否满足要求。

2）列出 BIT 不能检测或不能隔离的故障模式和功能，并分析它们对安全、使用的影响。

3）必要时提出改进 BIT 的建议。

k）虚警分析

FAR 的预计较难进行，结果也更不准确。可采取分析方法来检查、评价防止虚警措施的充分性和有效性。主要分析工作是：

1）分析每项 BIT 测试（包括测试、故障判定和报警逻辑）是否采取了有效减少虚警的措施。

2）统计采取了减少虚警措施的测试数目 $N1$。

3）统计未采取减少虚警措施的测试数目 $N2$。

4）计算采取了减少虚警措施的百分比 $R_{FA} = N1 / (N1+N2)$，它反应采取减少虚警措施的覆盖面。

5）分析 $N2$ 中各项测试发生虚警的可能性，其中很可能发生虚警的应采取必要措施。

F.2.2 BIT 预计工作单

BIT 预计工作单的推荐格式如表 F.1 所列，其各栏的填写内容说明如下。

表 F.1　BIT 预计工作单

①SRU							所属 LRU				分析者：				日期：		

② 项目		③ 组成部件		④ 故障率/(10⁻⁶/h)			⑤ 检测 λ_D/(10⁻⁶/h)				⑥ 隔离 λ_{IL}/(10⁻⁶/h)					⑦ 虚警 λ_{FA}	⑧ 测试编号	⑨ 备注
序号	名称代号	区位编号	λ_P	FM	α	λ_{FM}	PBIT	IBIT	MBIT	UD	1SRU	2SRU	3SRU	1LRU	2LRU			
1	U_1	0111	120	FM$_{11}$	0.3	36	36	36	36		36			36				
				FM$_{12}$	0.3	36	36	36	36			36		36				
				FM$_{13}$	0.4	48	48	48	48		48			48				
2	U_2	0112	40	FM$_{21}$	0.6	24	24	24	24		24			24				
				FM$_{22}$	0.4	16	0	16	16		16			16				
3	U_3	0113	28	FM$_{31}$	0.5	14	14	14	14			14		14				
				FM$_{32}$	0.5	14	0	0	0	14								
故障率（1/h）总计			188				158	174	174	14	124	50		174				
检测率、隔离率预计值/%							84.0	92.6	92.6	7.4	71.3	20.7		100				

表 F.1 中，PBIT 为周期 BIT；IBIT 为启动 BIT；MBIT 为维修 BIT；λ 为故障率(10⁻⁶/h)；FM 为故障模式；α 为故障模式发生频数比；UD 为未能检测

隔离到 1SRU 的 FIR₁＝71.3%。

隔离到≤2SRU 的 FIR₂＝（71.3+20.7）%=92%（只隔离到 2 个 SRU 的是 20.7%）。

①栏：写明 SRU 和所属 LRU 名称或代号。最后，LRU 和系统的故障检测率和隔离率可由各 SRU 的预计值计算出。

②栏：写明 SRU 内部被分析的功能单元（或元件、器件）的名称、代号及序号。

③栏：写明功能单元（或元件、器件）的区位编号和故障率 λ_P（10⁻⁶/h）。

④栏：填写功能单元（或元件、器件）的故障模式（FM）、故障模式发生频数比（α）及其故障率（λ_{FM}），三者的关系如下：

$$\begin{cases} \lambda_{FMi}=\alpha_i \lambda_p \\ \Sigma \lambda_{FMi}=\lambda_p \\ \Sigma \alpha_i=1 \end{cases} \tag{F.5}$$

⑤栏：填写 BIT 可检测的故障模式的故障率：

a) PBIT 栏为系统运行中 PBIT 可检测的故障率。

b) IBIT 栏为系统运行前 IBIT 可检测的故障率。

c) MBIT 栏为系统运行后维修 BIT 可检测的故障率。

d) UD 栏为三种 BIT 未能检测到的故障率。

⑥栏：填写 BIT 隔离的故障模式的故障率。其中，1SRU、2SRU、3SRU 分别表示该故障模式可隔离到 1、2、3 个 SRU；1LRU、2LRU 分别表示该故障模式可隔离到 1 个 LRU 和 2 个 LRU。

⑦栏：填写未防止的可导致虚警事件的频率，也包括 BITE 故障会导致虚警发生的频率。

⑧栏：填写对应的 BIT 测试程序或 BIT 硬件编号（BIT 电路/软件可以位于 SRU 内，或者 LRU 内，或者是系统级 BIT）。

⑨栏：填写需要说明的内容。

F.3　系统测试性预计

系统测试性预计是根据系统设计的可测试特性来估计用多种测试方法可达到的故障检测能力和故障隔离能力。所用检测方法包括 BIT、驾驶员（操作者）观测和维修人员的计划维修等。系统测试性预计的主要工作如下。

a) 画出测试性框图

以系统功能框图为基础，根据设计的可测试特性，把 BITE，测试点（TP）及其引出方法标注在框图上。框图的每个功能可附有必要的说明，要表示各功能块（LRU 或 SRU）的输入输出通路，以及它们之间的相互关系。

b) 取得故障模式和故障率数据

各 LRU 功能故障模式和故障率数据是测试性分析预计的基础，可从 FMECA 和可靠性预计资料中得到这些数据。如没有这些资料的话，应先进行可靠性预计和 FMEA 工作。

c) 取得 BIT 分析预计的结果

根据 F.2 BIT 预计结果，得到各 LRU 的 BIT 可以检测和隔离有关故障模式的故障率数据。如未进行单独 BIT 预计工作，那么应按 F.2 叙述的内容和方法进行必要的分析和预计，以便取得必要数据。

d) 驾驶员（或操作者）可观测故障分析

根据测试特性设计（如故障告警、指标灯、功能单元状态指示器等），分析判断驾驶员可观测或感觉到的故障模式及其故障率。或者从 FMEA 表格中得到有关数据。

e) 维修故障检测分析

分析系统维修方案和计划维修活动安排及外部测试设备规划，测试点的设置等，识别通过维护人员现场维修活动可以检测的故障模式及其故障率，或者从维修分析资料和 FMEA 表格中得到这些数据。

f) 填写系统测试性预计工作单

把以上分析的结果，即用各种方法可检测和隔离的故障模式的故障率填入系统测试性预计工作单中，工作单格式见表 F.2。

g）计算系统的故障检测率和隔离率

分别计算系统总的故障率（λ_T）、可检测的故障率（λ_D）和可隔离的故障率（λ_I）。

计算故障检测率 $FDR = \lambda_D / \lambda_T$。

计算故障隔离率 $FIR_L = \lambda_{IL} / \lambda_D$。

h) 不能检测故障分析

列出用 BIT、驾驶员观测和计划维修都不能检测的故障模式，并按其影响和发生频率来分析对安全和使用的影响，以便决定是否需要进一步采取改进措施。

i) 预计结果分析

把以上分析和预计的结果，与规定的系统测试性要求进行比较，评定是否满足要求，必要时提出测试性设计上的改进建议，并使建议得到贯彻执行。

系统级测试性工作单的推荐格式见表 F.2，各栏填写内容说明如下。

表 F.2　系统测试性预计工作单

①系统名称：　　　　　　　　分析者：　　　　　日期：

系统组成单元			④故障率 /(10^{-6}/h)			⑤λ_D（检测的）/ (10^{-6}/h)						⑥λ_{IL}（隔离的）/ (10^{-6}/h)			⑦ 测试 编号	⑧ 备 注
② 序 号	②名称 代号	③ λ_{LRU}	FM	α	λ_{FM}	B	P	M	UD	d	λ_d	1LRU	2LRU	3LRU		
1	LRU$_1$	240	FM$_1$	0.3	72	72				1	72	72				
			FM$_2$	0.3	72	72				1	72	72				
			FM$_3$	0.4	96			96		1	96	96				
2																
3																
4																
5																
6																
故障率（1/h）总计																
检测率、隔离率预计值（%）																

表 F.2 中　①栏：填写所分析系统或分系统名称。

②栏：填写组成系统的 LRU 名称或代号。

③栏：填写各个 LRU 的故障率（10^{-6}/h）。

④栏：填写 LRU 的功能故障模式（FM）、发生频数比（α）及其故障率（λ_{FM}，10^{-6}/h）数据。FM，α 由 FMEA 表格中得到。$\lambda_{FM} = \alpha \lambda_{LRU}$。

⑤栏：填写可检测的故障模式的故障率（10^{-6}/h）。

B——用 BIT 可检测到的。

P——驾驶员可以发现的。

M——按维修方案计划维修可检测的。

UD——以上三种方式都检测不到的。

d——可检测系数，如完全可检测到时 $d=1$，完全不能检测时 $d=0$，如果某个故障模式的检测还依赖于其他因素和条件，又不容易判定其影响（如润滑油渗漏多少时判断为故障？），则 $d=0.5$。

λ_d——可检测的故障率（10^{-6}/h），$\lambda_d = d\lambda_{FM}$　　$\lambda_D = \Sigma \lambda_d$。

⑥栏：填写可隔离到 1 个 LRU、2 个 LRU 或 3 个 LRU 的故障率(10^{-6}/h)。

⑦栏：填写测试程序的编号。

F.4 LRU 测试性预计

对于系统中每个 LRU（特别是非电子类的）应该进行测试性分析和预计，即通过 BIT、外部测试设备（ATE）和观察/测试点（TP）等方法检测故障和隔离故障到 SRU 的能力，用以评定 LRU 的设计是否符合测试性要求。

a）分析预计需要输入的主要资料有：

1) LRU 的测试性框图。

2) LRU 的接线图、流程图和机械布局图等。

3) 可靠性预计和 FMFA 结果。

4) 内部、外部观察、测试点位置。

5) 工作连接器和检测连接器（插座）输入 / 输出信号。

6) LRU 的 BIT 设计资料。

7) 有关 LRU 维修方案、测试设备规划的资料。

b）根据以上资料进行如下几项分析工作：

1) BIT 分析。分析 LRU 的 BIT 软件和硬件可检测和隔离哪些功能故障模式，它们的故障率是多少。这是 BIT 检测和隔离故障的能力分析。

2) 输入 / 输出信号分析。分析工作连接器和检测连接器的输入 / 输出信号可检测和隔离哪些功能故障模式及其故障率数据。如有的输入 / 输出信号中如 BIT 已用的（BIT 分析中已考虑了）这里不再分析。这是 ATE（自动的或半自动的）的检测和隔离能力分析。

3) 观察点和测试点（TP）分析。分析 LRU 前面板上的观察点或指示器，分析内部测试点（可在打开 LRU 面板不拨出 SRU 板的情况下即可用来检测和隔离故障）。这是分析人工检测和隔离的能力。

4) 把以上分析所得数据填入 LRU 测试性分析预计工作单，并计算故障检测率和隔离率。

5) 把预计结果与要求值比较，必要时提出改进 LRU 测试性设计建议。

c) LRU 测试性分析预计工作单格式见表 F.3，各栏内容填写方法与 BIT 预计和系统测试性预计工作单类似。其中⑤栏填写的可检测故障率是：

1）BIT——LRU 内 BIT 可检测的。

2）ATE——工作插头和检测插头上输入 / 输出信号可检测的（自动和半自动测试）。

3）人工——观察点、指示器和内部测试点可检测的（人工测试）。

表 F.3 LRU 测试性预计工作单

①LRU 名称：　　　　所属系统：　　　　　　　分析者：　　　　日期：

②组成单元(SRU)		③SRU故障率	④故障模式的故障率/（1/h）			⑤可检测的故障率λ_D/（1/h）			不能检测故障率(1/h)	⑥隔离的故障率λ_{IL}/（1/h）			⑦BIT或 I/O编号	⑧备 注
序号	名称代号	λ_{SRU}	FM	α	λ_{FM}	BIT	ATE	人工		1SRU	2SRU	3SRU		
1	SRU$_1$	80	FM$_1$											
			FM$_2$											
			⋮											

(续)

②组成单元（SRU）		③SRU故障率	④故障模式的故障率/（1/h）			⑤可检测的故障率λ_D/（1/h）			不能检测故障率（1/h）	⑥隔离的故障率λ_IL/（1/h）			⑦BIT或I/O编号	⑧备注
序号	名称代号	λ_{SRU}	FM	α	λ_{FM}	BIT	ATE	人工		1SRU	2SRU	3SRU		
2	SRU$_2$			1										
				:										
⑨ 故障率（1/h）总计														
⑩检测率、隔离率预计值														

F.5 SRU 测试性预计

SRU 的测试性分析预计的目的和方法与 LRU 的相同，只是分析的对象是组成 LRU 的各个 SRU。SRU 测试性分析预计工作单的格式如表 F.4 所列。这里不再重述。

表 F.4 SRU 测试性预计工作单

①SRU 名称：　　　　所属 LRU：　　　　分析者：　　　　日期：

②部件		③组成元器件			④故障率（1/h）			⑤λ_D（检测）/（1/h）			⑥λ_IL（隔离到元器件）/（1/h）				⑦I/O编号	⑧备注
序号	名称代号	区位	代号	λ_p	FM	α	λ_{FM}	ATE	人工	不能检测	1个	2个	3个	4个		
⑨ 故障率（1/h）总计																
⑩检测率、隔离率预计值																

前面介绍的测试性预计方法和推荐的预计工作单格式，SRU 是以元器件故障模式为基础统计的，LRU 和系统可以按功能故障模式为基础统计。这种预计方法是近似的方法，预计值应大于要求的指测试性标值。

参 考 文 献

[1] 田仲，石君友．系统测试性设计分析与验证[M]．北京：北京航空航天大学出版社，2003．

[2] 曾天翔．电子设备测试性及诊断技术[M]．北京：航空工业出版社，1995．

[3] MIL-HDBK-2165A．Testability Handbook for Systems and Equipment[S]．Department of Defense，1995．

[4] XKG/C02—2009．型号测试性设计准则制定指南[M]．北京：国防科技工业可靠性工程技术研究中心，2009．

[5] XKG/C03—2009．型号 BIT 设计指南[M]．北京：国防科技工业可靠性工程技术研究中心，2009．

[6] Arinc characteristic 624-1，Design guidance for onboard maintenance system[S]．ARINC，1993．

XKG

型 号 可 靠 性 技 术 规 范

XKG / C02—2009

型号测试性设计准则制定指南

Guide to the establishment of testability design criteria for materiel

目　次

前　言

　　本指南的附录 A～附录 C 均是《资料性附录》。

　　本指南是由国防科技工业可靠性工程技术研究中心负责组织实施。

　　本指南起草单位：北京航空航天大学可靠性工程研究所、航空工业发展研究中心、航天二院 23 所、航空 611 所。

　　本指南主要起草人：田　仲、石君友、曾天翔、周鸣岐、田春雨。

型号测试性设计准则制定指南

1 范围

本指南规定了型号(装备,下同)测试性设计准则制定和符合性分析与检查的要求、程序和方法。

本指南适用于方案阶段、工程研制阶段的各类型号测试性设计准则的制定和符合性分析与检查。

2 规范性引用文件

下列文件中的有关条款通过引用而成为本指南的条款。凡注明日期或版次的引用文件,其后的修改单(不包括勘误的内容)或修订版本都不适用本指南,但提倡使用本指南的各方探讨使用其最新版本的可能性。凡未注明日期或版次的引用文件,其最新版本适用于本指南。

GJB 451A　可靠性维修性保障性术语

GJB 2547　装备测试性大纲

GJB 3385　测试与诊断术语

GJB 3966　被测单元与自动测试设备兼容性通用要求

GJB/Z 91　维修性设计技术手册

3 术语和定义

GJB451A、GJB2547、GJB3385 确立的以及以下术语和定义适用于本指南。

3.1 测试性 testability

产品能及时准确地确定其工作状态(可工作、不可工作或性能下降)并隔离其内部故障的能力。

3.2 测试性设计准则 testability design criteria

在产品设计中为提高测试性而应遵循的细则,它是根据在产品设计、生产、使用中积累起来的行之有效的经验和方法编制的。

3.3 符合性 conformity

产品设计与测试性设计准则所提要求的符合程度。

3.4 符合性分析与检查 conformity analysis and check

对产品的测试性设计进行分析与检查,以确认与测试性设计准则的符合程度。

3.5 测试可控性 test controllability

确定或描述系统和设备有关信号可被控制程度的能力。

3.6 测试可观测性 test observability

确定或描述系统和设备有关信号可被观测程度的能力。

3.7　机内测试 built-in test（BIT）

系统或设备自身具有的检测和隔离故障的自动测试功能。

完成机内测试功能的设备称为机内测试设备 built-in test equipment（BITE）。

3.8　被测试单元 unit under test（UUT）

被测试的任何系统、分系统、设备、组件和部件等的统称。

3.9　可更换单元 replaceable unit

在规定维修级别上可从 UUT 上整体拆卸并更换的单元。

3.10　现场可更换单元 line replaceable unit（LRU）

在工作现场（基层级）可从系统或设备上拆卸并更换的单元。同义词：外场可更换单元、外场可更换组件。

3.11　车间可更换单元 Shop replaceable unit（SRU）

在维修车间（中继级）从 LRU 上拆卸并更换的单元。同义词：车间可更换组件、内场可更换单元。

3.12　测试程序集 test program set（TPS）

对被测试单元，启动并执行给定测试所需要的测试程序、接口装置、测试程序说明和辅助数据的组合。同义词：测试程序及接口组合。

3.13　自动测试设备 automatic test equipment（ATE）

自动对 UUT 功能和参数进行测试、评价性能下降程度和（或）隔离故障的设备。

4　符号和缩略语

4.1　符号

下列符号适用于本指南。

W_i——第 i 条测试性准则的加权系数；

S_{wi}——第 i 条测试性准则的加权评分；

S_T——测试性设计准则符合性评分。

4.2　缩略语

下列缩略语适用于本指南。

ATE —— automatic test equipment，自动测试设备；

BIT —— built-in test，机内测试；

BITE ——built-in test equipment，机内测试设备；

FMEA ——fault modes and effects analysis，故障模式及影响分析；

IC ——integrated circuites，集成电路；

I/O ——input/output，输入/输出；

LRU ——shop replaceable unit，现场可更换单元；

LSI ——large scale integrated cuites，大规模集成电路；

RAM ——random access memory，随机存取存储器；

RF ——radio frequency，射频；

ROM —— read-only memory，只读存储器；

SRU —— shop replaceable unit，车间可更换单元；

TPS —— test program set，测试程序集 ；

TRD —— testability requirement document，测试性要求文件；

UUT —— unit under test，被测试单元；

VLSI—— very large scale integrated circuites，超大规模集成电路。

5 一般要求

5.1 测试性设计准则的目的和作用

a) 目的

制定测试性设计准则的目的是提高产品测试性，进而提高产品设计质量的最有效的方法之一。用以指导设计人员进行产品的测试性设计。

b) 作用

在产品设计过程中测试性设计准则的作用如下：

1）落实测试性设计与分析工作项目要求。

2）进行测试性设计与分析的重要依据。

3）达到产品测试性要求的重要途径。

4）规范设计人员的测试性设计工作。

5）检查测试性设计符合性的基准。

5.2 制定测试性设计准则的时机

a）各层次产品（包括型号级、系统级、分系统或设备级）的测试性设计准则，均应在产品方案阶段开始制定，初步（初样）设计阶段完成，设计评审时应提供一份将要采用的测试性设计准则。

b）随着产品设计工作的进展，还应不断改进和完善测试性准则，并在详细（正样）设计开始之前最终确定其内容和说明。

5.3 制定测试性设计准则依据

制定测试性设计准则的依据如下。

a）型号《研制总要求》及研制合同（包括工作说明）中规定的测试性设计要求。

b）GJB2547《装备测试性大纲》、GJB/Z91《维修性设计技术手册》等有关标准、手册和规范中提出的与有关测试性要求和设计准则。

c）相似产品中制定的测试性设计准则。

d）在测试性设计方面的经验和教训。

e）产品的特性。

5.4 测试性设计准则的类型、内容和格式

测试性设计准则是型号规范文件之一。测试性设计准则文件按产品层次分为以下3 类。

a) 型号测试性设计准则文件：由总师单位制定，面向整个型号。

b) 系统级测试性设计准则文件：由配套系统研制单位参考测试性准则制定依据和型号的顶层测试性设计准则文件制定，用于自己的系统测试性设计。

c) 分系统或设备测试性设计准则文件：由配套设备研制单位参考测试性准则制定依据和系统级测试性设计准则文件制定，用于自己的分系统或设备测试性设计。

测试性设计准则文件的类型及其划分如图1所示。

测试性设计准则文件格式见本指南附录A。

图1 测试性设计准则文件类型

5.5 测试性设计准则的管理与贯彻

a) 测试性设计准则的制定和贯彻应该纳入到质量和可靠性管理系统中进行统一管理。在产品设计过程中，设计人员认真贯彻实施测试性设计准则，并反馈发现的问题，提出完善设计准则的建议。

b) 为切实贯彻测试性设计准则和检查贯彻情况，承制方应进行设计准则的符合性检查并提供报告。在评审时，应对测试性设计准则的贯彻情况进行符合性检查，这是测试性评审的重要内容之一。

6 测试性设计准则制定与贯彻程序

测试性设计准则的制定程序如图2所示。

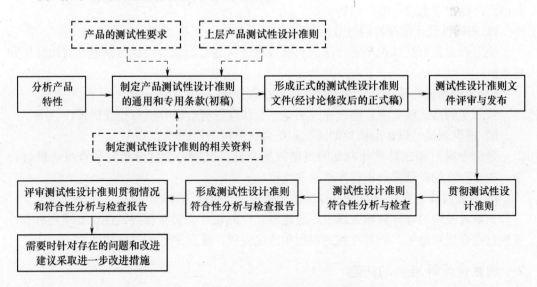

图2 测试性设计准则制定与贯彻程序

其具体过程如下。

a) 分析产品特性

分析产品层次和结构特性，以及影响测试性的因素与问题，明确测试性设计准则针对的产品层次及类别。产品层次范围是指型号、系统、分系统、设备、组件等，不同层次产品的测试性设计准则是不同的；产品类别包括电子类产品、机械类产品、机电类产品，以及这些类别的各种组合等，不同类别产品的测试性设计准则是不同的。

b）制定产品测试性设计准则的通用和专用条款（初稿）

1）产品的测试性要求是制定测试性设计准则的重要依据，通过分析研制合同或者任务书中规定的产品测试性要求，尤其是测试性定性要求，可以明确测试性设计准则的范围，避免重要测试性设计条款的遗漏。在制定配套产品的测试性设计准则时，应参照"上层产品测试性设计准则"的要求进行剪裁。

2）测试性设计准则中包括通用和专用条款，通用条款对产品中各组成单元是普遍适用的；专用条款是针对产品中各组成单元的具体情况制定的，只适用于特定的组成单元。在制定测试性设计准则通用和专用条款时，可以收集参考与测试性设计准则有关的标准、规范或手册，以及相似产品的测试性设计准则文件。其中，相似产品的测试性设计经验和教训是编制专用条款的重要依据。

c）形成正式的测试性设计准则文件（经讨论修改后的正式稿）

经有关人员（设计、测试、工艺、管理等人员）的讨论、修改后，形成正式的产品测试性设计准则文件（正式稿）。

d）测试性设计准则文件评审与发布

邀请专家对测试性设计准则文件进行评审，根据其意见进一步完善准则文件。最后经过型号总师批准，发布测试性设计准则文件。

e）贯彻测试性设计准则

产品设计人员依据发布的测试性设计准则文件，进行产品的测试性设计。反馈发现的问题，提出完善设计准则的建议。

f）测试性设计准则符合性分析与检查

根据规定的方法和表格将产品的测试性设计状态与测试性设计准则进行对比分析和检查。

g）形成测试性设计准则符合性分析与检查报告

按规定的格式和要求，整理完成测试性设计准则符合性分析与检查报告。

h）评审测试性设计准则贯彻情况和符合性分析与检查报告

邀请专家对测试性设计准则的贯彻情况和设计准则符合性分析与检查报告进行评审，指出存在的问题并给出评审结论和建议。

i）需要时针对存在的问题和改进建议采取进一步改进措施

评审时发现的存在问题或评审不通过时，产品设计人员根据测试性设计准则符合性分析与检查评审结果，针对存在的问题和改进建议，采取进一步改进措施。

7　测试性设计准则的内容

7.1　型号测试性设计准则

型号测试性设计准则是规定配套系统、分系统或设备制定测试性设计准则要求的顶层文件之一，其主要内容包括：制定测试性设计准则的要求、实现测试性定性设计要求的有关具体规定以及测试性设计准则的一些通用条款等，如测试要求、诊断能力综合、性能监控、机械系统状态监控、划分等。

7.2　系统级测试性设计准则

系统级产品的测试性设计准则是系统测试性设计时应遵循的条款，其主要内容包括：

测试要求、诊断能力综合、性能监控、机械系统状态监控、测试控制、测试通路、划分、测试点、传感器、指示器、连接器设计、兼容性设计、系统 BIT 设计等，以及测试数据和结构设计方面的部分内容。

7.3 分系统/设备级测试性设计准则

分系统/设备级产品的测试性设计准则是分系统/设备测试性设计时应遵循的条款,其主要内容包括：测试要求、诊断能力综合、性能监控、机械系统状态监控、测试控制、测试通路、BIT 设计、测试点、传感器、指示器、连接器设计、兼容性设计、划分、结构设计、光电设备或射频电路测试性、元器件测试特性等，有关测试数据内容部分适用。

测试性准则的各部分详细内容参见本指南附录 B，可以根据产品的特点和要求进行剪裁。

7.4 测试性设计准则的内容和应用

a) 测试性设计准则的一般内容和应用（表 1）。

b) 对于电子类产品，表 1 中的"4 机械系统状态监控"、"5 光电设备测试设计"、和"12 传感器"的测试性设计准则条款不适用外，其余有关电子类产品的测试性设计准则内容适用。

c) 对于机械和机电类产品，表 1 中的"17 模拟电路设计"、"18 数字电路设计"、"19 大规模集成电路"和"20 射频电路设计"的测试性设计准则条款不适用外，其余类别的测试性设计准则内容，有的全部条款适用、部分条款容适用或个别条款适用。

8 测试性设计准则符合性分析与检查

8.1 符合性分析与检查要求

测试性设计准则符合性分析与检查是一项重要的测试性工作。通过设计准则符合性分析与检查，有助于发现产品设计中存在的测试性隐患，能够为提高产品测试性水平提供支持。其要求如下。

a) 在研制过程中应对测试性设计准则贯彻情况进行分析，确定产品测试性设计是否符合设计准则的要求，并确定存在的问题，尽早采取改进措施。

b) 将设计准则贯彻情况的分析/评价结果，编写、提交测试性设计准则的符合性分析与检查报告，并经型号总师系统的批准，以作为测试性评审资料之一。对其中个别条目没有采取技术措施不符合准则要求的，应充分说明其理由，并得到总设计师或研制单位最高技术负责人的认可。

c) 应由测试性设计准则符合性分析与检查小组，负责完成测试性设计准则的符合性分析与检查工作。

表 1　测试性设计准则的一般内容和应用

类　别	系　统	分系统或设备	电　路
A、测试要求和数据			
1 测试要求	√	√	√
2 诊断能力综合	√	√	×

（续）

类　别	系　统	分系统或设备	电　路
3 性能监控	√	√	×
4 机械系统状态监控	√	√	×
5 光电设备测试设计		√	×
6 测试数据和资料	△	△	√
B. 固有测试性和兼容性			
7 测试控制	√	√	√
8 测试通路	√	√	√
9 划分	√	√	√
10 结构设计（电子功能的）	△		√
11 测试点	√	√	√
12 传感器	√	√	×
13 指示器	√	√	×
14 连接器设计	√	√	×
15 兼容性设计	√	√	×
C. BIT 设计			
16 BIT 设计	√	√	√
D. 电路及元器件测试性			
17 模拟电路设计	×	×	√
18 数字电路设计	×	×	√
19 大规模集成电路等	×	×	√
20 射频电路设计	×	√	√
21 元器件测试特性	√	√	√
注：√—适用，△—部分适用，×—不适用			

8.2　符合性分析与检查方法

8.2.1　概述

　　测试性设计准则符合性分析与检查方法，可分为符合性定性分析方法、符合性评分方法两种。

8.2.2　符合性定性分析方法

　　经订购方同意，可选用定性分析方法。测试性设计准则符合性定性分析与检查表格如表 2 所列。

表 2　测试性设计准则符合性定性分析与检查表

型号：　　　　　　产品名称：　　　　　　　　　　产品编号：

测试性设计人员：　　　审核人员：　　　　　　　　共　页　第　页

序号	设计准则条目	是否符合		判断依据（设计措施）	不符合条目的原因说明	处理措施及建议
		是	否			
1						
2						
3						
……						
符合的、不符合的条目总数		××	××	符合要求的条目数占准则总条数的百分比		××%

　　a）对每一条测试性设计准则的贯彻情况进行分析，将分析结果填入表 2 中。

　　1）对于符合要求的准则条目，在表中的"是否符合"栏的"是"中打"√"，并填写判断依据（设计措施、贯彻情况和符合程度）。

　　2）对于不符合要求（未贯彻）的准则条目，在表中的"是否符合"栏的"否"中打"√"，并填写"不符合条目的原因说明"和"处理措施及建议"。

　　b）统计符合要求的测试性设计准则条目占准则总条数的百分比。

8.2.3　符合性评分方法

　　a）方法概述

　　可邀请有关专家一起参加对产品测试性设计准则进行符合性分析与检查，建议采用国军标 GJB2547《装备测试性大纲》中给出的固有测试性评价方法——加权评分方法，也称专家打分法。其原理是：对于每一条测试性设计准则，依据其贯彻执行情况确定其基本得分；再乘以加权系数，得到每条准则的得分；产品测试性设计准则总评分等于每条设计准则得分的加权平均值。

　　b）加权原则

　　通过赋予各条设计准则不同的权值来考虑其对测试性的影响。根据各条准则对测试的相对重要程度，分别确定 1~10 的权值，一般原则是：

　　1）对满足测试性要求是关键性的准则，规定加权分数为 8~10。

　　2）对满足测试性要求是重要的但不是关键的设计准则，规定加权系数为 4~7。

　　3）对测试性有益，但对满足测试性要求不是重要的设计准则，规定加权系数为 1~3。

　　可参考本指南附录 C 的表 C.2 来确定各条准则的权值。

　　c）测试性符合性评分值要求

　　订购方应确定用于测试性设计准则符合性评分的最低要求值，一般为 85 分~95 分。目标值应该是 100 分，表示各条测试性设计准则已经全部结合到设计到产品中，全部符合准则要求。产品测试性设计准则符合性总评分值，应大于已确定的最低要求值。

　　通常需要经过一个协商过程才能最后确定测试性设计准则符合性评分的最低要求值，这往往不仅是由于设计技术上的限制，还要考虑费用、进度、对其他专业工程的影响等。

d）加权评分步骤

1）建立产品的固有测试性符合性检查表，表的格式如表3所列。

2）确定每条准则的加权系数 W_i，其范围是 $1 \leqslant W_i \leqslant 10$，并填入检查表中。

3）确定采用的记分办法，0~100 分，其中 100 代表测试性准则全部贯彻执行了（符合准则要求），0 分表示没有考虑测试性设计。

4）以上三步的内容应经订购方同意。

5）根据设计资料分析统计各条设计准则的适用对象数 N_t，并填入检查表中（如电路板中的节点总数）。

6）分析确定各条设计准则的符合准则要求对象数 N_0，并填入检查表中（如测试器可达的电路板的节点数）。

7）根据记分方法计算每条设计准则的得分 S_i，具体方法如下。

(1) 各条测试性设计准则得分：$S_i = \dfrac{N_0}{N_t} \times 100$。

(2) 对于只能回答"是（符合设计准则）"或"否（不符合设计准则）"的条目：回答"是"时 $S_i = 100$，回答"否"时 $S_i = 0$。

8）计算产品总的测试性设计准则符合性评分

$$S_T = \sum_{i=1}^{n} W_i S_i \Big/ \sum_{i=1}^{n} W_i$$

式中：S_T ——产品测试性设计准则符合性评分；

n ——测试性设计准则的条目数。

表3 测试性设计准则符合性分析与检查表（符合性评分）

产品名称：　　　　　　　　　　　　　　　　　　　　共　页　第　页

序号	测试性设计准则条目	加权系数 W_i	设计准则适用对象数 N_t	符合设计准则对象数 N_0	得分 $S_i = (N_0/N_t) \times 100$	加权得分 $S_{wi} = W_i S_i$
1						
2						
3						
……						
测试性设计准则符合性评分	$S_T = \Sigma S_{wi}/\Sigma W_i = \times\times$					

符合性分析与检查人员：　　　　　　　　年　月　日

8.3 符合性分析与检查报告

完成测试性设计准则各条目的符合性分析与检查之后，应编写测试性设计准则符合性分析与检查报告，其主要内容包括：

a) 产品功能及设计方案描述。

b) 符合性分析与检查说明。

c) 符合性分析与检查结论（含存在的主要问题及改进建议）。

d) 符合性分析与检查小组成员及签字。

9　注意事项

a）研制单位应由熟悉产品和测试性的技术人员，通过产品特性分析，制定测试性设计准则。

b）测试性设计准则应充分吸收国内外相似产品设计的成熟经验和失败教训。

c）测试性设计准则应该逐步完善，即根据产品研制情况增加有效的条款和去除无效的条款，提高准则的适用性。

d）测试性设计准则的内容应该具有可操作性，便于设计人员贯彻执行。

e）在符合性分析与检查报告中，应对每条设计准则的贯彻情况有具体说明，不能只打个"√"。

f）未能贯彻的设计准则条款和固有测试性总评分低于要求值时，应说明其原因和建议。

g）注意收集、整理和积累测试性设计准则条款的信息，建立信息库，为测试性设计提供支持。

h）测试性设计准则应注意与维修性、可靠性、安全性、保障性设计准则之间的协调。具体内容按 XKG/K10-2009《型号可靠性设计准则制定指南》、 XKG/W03-2009《型号维修性设计准则制定指南》、XKG/A02-2009《型号安全性设计准则制定指南》、XKG/B03-2009《型号保障性设计准则制定指南》等规定。

附录 A

（资料性附录）

测试性设计准则文件格式示例

1 主题内容与适用范围

2 规范性引用文件

3 术语和定义

4 符号和缩略语

5 产品概述

6 测试性设计准则一般要求

6.1 ××

6.2 ××

……

7 测试性设计准则详细要求

7.1 ××

7.2 ××

……

8 附录

……

参考文献

(注：准则文件各条款具体内容略)

附录 B

（资料性附录）

测试性设计准则条款示例

B.1 测试要求

a) 在各维修级别上，对每个被测单元应确定如何使用机内测试（BIT）、自动测试设备（ATE）和通用电子测试设备来进行故障检测和故障隔离。

b) 计划的测试自动化程度应与维修技术人员的能力相一致。

c) 对每个被测单元，测试性设计的水平应支持维修级别、测试手段组合及测试自动化的程度。

B.2 诊断能力综合

a) 建立保证测试兼容性的方法，并写入相关文件。

b) 在每一维修级别上，应确定保证测试资源与其他诊断资源（技术信息、人员和培训等）相兼容的方法。

c) 诊断策略（相关性图表、逻辑图）应写入相关文件。

B.3 性能监控

a) 应根据故障模式及影响分析（FMEA）确定要监控的系统性能和订购方要求监控的关键功能。

b) 监控系统的输出显示应符合人机工程要求，以确保用最适用的形式为用户提供要求的信息。

c) 为保证来自被监控系统的数据传输与中央监控器兼容，应建立接口标准。

B.4 机械系统状态监控

a) 机械系统状态监控及战斗损伤监控功能应与其他性能监控功能结合起来。

b) 应设置预防性维修监控功能（燃油分析、减速器破裂等）。

c) 应进行预防性维修分析，制定计划维修程序。

B.5 光电设备测试设计

a) 应设有光分离器和光耦合器，以便无需进行较大分解就可访问信号。

b) 光学系统应进行功能分配，以便对它们及其相关的驱动电子设备可独立测试。

c) 预定用于脱机测试的测试装置应达到所要求的机械稳定性。

d) 应将温度稳定性纳入测试装置及被测单元（UUT）设计，以保证在整个正常工作环境中有一致的性能。

e) ATE 系统、光源和监控系统应有足够的波长范围，以便适用于各种 UUT。

f) 获得准确的光学读数（对准），应有足够的机械稳定性和可控性。

g) 应能自动进行轴线校准或使之无需校准。

h) 应有适当的滤波措施以达到光线衰减要求。

i) 光源在整个工作范围内应提供足够的动态特性。

j) 监控器应具有足够的灵敏度，以适应广泛的光强度范围。

k) 所有调制模型均应能被仿真、激励和监控。

l) 测试程序和内部存储器应能测试灰色阴影的像素。

m) 用较大的分解或重新排列，即可保证光学部件的可达性。

n) 为聚焦和小孔成像，目标应能自动控制。

o) 平行光管（准直仪）应在它们整个运动范围内自动可调。

p) 平行光管应有足够的运动范围，以满足多种测试应用。

B.6　测试数据和资料

a) 时序电路的状态图应能识别无效序列和不确定的输出。

b) 如果使用计算机辅助设计，计算机辅助设计的数据库应能有效地支持测试生成过程和测试评价过程。

c) 对设计中使用的大规模集成电路，应有足够的数据准确地模拟大规模集成电路并产生高置信度的测试。

d) 对计算机辅助测试生成，软件应满足程序容量、故障模拟、部件库和测试响应数据处理的要求。

e) 依据 GJB3966《被测单元与自动测试设备兼容性通用要求要求》为 UUT 编写测试性要求文件（TRD）。

f) 每个主要的测试均应包含测试流程图，测试流程图应仅限于少数几张图表；图表之间的连接标志要清楚。

g) 被测单元每个信号的容差范围应是已知的。

h) 布局的更改应尽快通知测试人员。

B.7　测试控制(可控性)

a) 应使用连接器的空余插针将测试激励和控制信号从测试设备引到电路内部的节点。

b) 电路初始化应尽可能容易和简单（总清，初始化序列小于 N 个时钟周期）。

c) 设计应保证余度元件能进行独立测试。

d) 应可利用测试设备的时钟信号断开印制电路板上振荡器和驱动所有的逻辑电路。

e) 在测试模式下，应能将长的计数器链分成几段，每一段都能在测试设备控制下进行独立测试。

f) 测试设备应能将被测单元从电气方面将项目划分成个较小的易于独立测试的部分（如将三态器件置于高阻抗状态）。

g) 应避免使用单稳触发电路，不可避免时，应具有旁路措施。

h) 应采取措施保证可以将系统总线作为一个独立整体进行测试。

i) 反馈回路应能在测试设备控制下断开。

j) 在有微处理器的系统中，测试设备应能访问数据总线、地址总路线和重要的控制线。

k) 在器件高扇入的节点（测试瓶颈）上应设置测试控制点。

l) 应为具有高驱动能力要求的控制信号设置输入缓冲器。

m) 应采用如多路转换器和移位寄存器之类的有源器件，使测试设备能利用现有的输入插针控制所需的内部节点。

n) 如果需要大驱动电流的有源测试点，则应有它们自己的驱动器级。

B.8 测试通路（观测性）

a) 应使用连接器的备用插针将附加的内部节点数据传输给测试仪器。

b) 信号线和测试点应设计成能驱动测试设备的容性负载。

c) 应提供使测试设备能监控印制电路板上的时钟并与之同步的测试点。

d) 电路的测试通路点应位于器件高扇出点上。

e) 应采用缓冲器和多路分配器保护那些因偶然短路而可能损坏的测试点。

f) 当测试点是锁存器且易受反射信号影响时，应采用缓冲器。

g) 应采有源器件（如多路分配器和移位寄存器），以便利用现有的输入插针将需要的内部节点数据传输到测试设备上。

h) 为了与测试设备相兼容，被测单元中的所有高电压在提供给测试通路前，应按比例降低。

i) 测试设备的测量精度应满足被测单元的容差要求。

B.9 划分

a) 每个需要测试的功能的全部元器件应安装在一块印制电路板上。

b) 如果在一块印制电路板上设有一个以上的功能，那么它们应保证能够分别测试或独立测试。

c) 在混合功能中，数字和模拟电路应能分别进行测试。

d) 在一个功能中，每块被测电路的规模应尽可能小，以便经济地进行故障检测和隔离。

e) 如果需要，上拉电阻应与驱动电路安装在同一印制电路板上。

f) 为了易于与测试设备兼容，模拟电路应按频带划分。

g) 测试所需的电源类型和数目应与测试设备相一致。

h) 测试要求的激励源的类型和数目应与测试设备相一致。

i) 故障不能准确隔离的元（部）件组应放在相近的地方或同一封装内。

j) 系统和设备应按功能进行合理划分，并在结构安排上作为单独测试的可更换的单元。

k) 对于较复杂的可更换单元，应尽量利用阻塞门、三态器件或继电器把要测试的电路与暂不测试的电路隔离，以简化故障隔离和缩短测试时间。

l) 尽量将功能不能明确区分的电路和元器件划分在一个可更换单元中。

m) 由于反馈不能断开、信号扇出关系等不能做到唯一性隔离时，应尽量将属于同一个隔离模糊组的电路和部件封装在同一个可更换单元中。

n) 如有可能，应尽量把数字电路、模拟电路、射频（RF）电路、高压电路分别划分为单独的可更换单元。

o) 如有可能，还应按可靠性和费用进行划分，即把高故障率或高费用的电路和部件划分为一个可更换单元。

B.10 结构设计（用于电子功能）

a) 为了便于识别，印制电路板上的元器件应按标准的坐标网格方式布置。

b) 部件之间应留有足够的空间，以便可以利用测试夹和测试探头进行测试。

c) 印制电路板上所有元器件均应按同一方向排列（如插座的 1 号插针应处于相同方向）。

d) 连接电源、接地、时钟、测试和其他公共信号的插针应布置在连接器的标准（固定）位置。

e) 印制电路板连接器或电缆连接器上的输入和输出信号插针的数目应与所选择测试设备的输入和输出信号的能力相兼容。

f) 印制电路板的布局应支持导向探头测试。

g) 为改善 ATE 对表面安装器件的测试，应采取措施保证将测试用连接器纳入设计。

h) 为了减少所需的专用接口适配器的数目，在每块印制板上应尽可能使用可拆除的短接端子或键式开关。

i) 无论何时只要可能就要在输入／输出连接器和测试连接器上尽可能包括电源和接地线。

j) 在确定敷形涂覆时应考虑测试和修理的要求。

k) 设计时应避免采用会降低测试速度的特殊准备（如特殊冷却）的要求。

l) 项目的预热时间应尽可能短，以便使测试时间最短。

m) 每个硬件部件均应有清晰的标志。

B.11 测试点

a) 测试点的设计应作为 UUT 设计的一个组成部分，应设置必要的外部和内部测试点。测试点的数量以满足性能监控、故障检测与隔离要求为准。

b）所提供的测试点可用于定量测试、性能监控、故障隔离、校准或调整、输入激励等。测试点与新设计的或计划选用的自动测试设备兼容。

c) 除另有规定外，现场可更换单元（LRU）级产品应设置外部测试点，外部测试点应尽可能组合在一个检测插座中，并应备有与外壳相连的盖帽。

d) 车间可更换单元（SRU）级产品的测试点应能把重要信号提供给外部测试设备，必要时提供测量输入激励的手段。

e) 测试点的测量值都以某公共的设备地为基准。

f) 选择的测试点应把模拟电路和数字电路分开，以便独立测试。

g) 高电压和大电流的测量点，在结构上要与低电平信号的测试点隔离，应符合安全要求。

h) 测试点与 ATE 间采取电气隔离措施，保证不致因设备连到 ATE 上而降低设备的性能。

i) 测试点的选择应适当考虑合理的 ATE 测量精度要求、频率要求。

j) 测试点应有与维修手册规定一致的明显标记，如编号、字母或颜色。

B.12 传感器

a) 传感器是指把特定参量（非电量）转换为便于测试分析形式（电量）的一种装置，应尽可能少用或不用。

b) 只要有可能应优先使用无源传感器而不使用有源传感器，如必须使用有源传感器时应使其对电路与传感器组合的可靠性影响最小。

c) 应避免使用需要校准（初始校准或其他校准）的传感器。

d) 选用经过良好设计的传感器，必要时采用滤波器或屏蔽使电磁辐射造成的干扰最少。

e) 传感器的灵敏度对系统分辨率必须是适当的，信号输出形式应适应测试系统要求，并且有足够的频率响应。

f) 负载影响和失真最小，物理特性能满足使用要求。

g) 传感器的测量范围应满足测试系统要求。

h) 传感器的可靠性、维修性方面应满足规定要求。

i) 为获得宽频带动态数据，压力传感器的放置应靠近压力敏感点。

j) 传感器的选择应考虑传感器的工作环境条件。

k) 应考虑测试介质和敏感元件之间的热惯性（滞后）。

l) 应制定校准敏感装置的程序。

B.13 指示器

a) 所选指示器应便于使用和维修人员监视和理解。

b) 在电子系统准备状态显示面板上，可以把各分系统和设备的指示器集中在一起，以便综合显示多种系统信息。

c) 驾驶人员用的系统状态和警告或警戒指示器的设计要符合驾驶人员使用要求，系统状态指示器应提供系统准备或功能良好和不好的指示。

d) 故障指示器应能连续显示故障信号，BIT 信息应能激发位于 LRU 中的通过/不通过（GO / NO-GO）指示。当电源中断或移去时，LRU 等级的故障指示器应能保持最近的测试结果。当产品处于其正常安装位置时，维修人员应能看到所有故障指示器。

B.14 连接器设计

a) 器件连接器

1) 器件连接器的触点布局应采用标准形式，电源电压、数字与模拟信号触点的安排应与集成电路中的类似，如针 8 为接地、针 16 为电源电压。

2) 如果必须使用一个以上的测试连接器时，信号应合理地收集。当模拟和数字信号均需要激励和测量时，数字和模拟信号应各自仅送到一个连接器中。

3) 高压或高频信号应优先安排在中间，以便使电磁干扰最小。

4) 相同类型的连接器应进行编号，以避免错误连接或损坏。

5) 对敏感或高频信号应采用同轴线连接，以便最大程度地避免外部电磁干扰。

6) 连接器的机械结构应允许快速更换插针，因为常见的故障是由于不适当地处理或拆卸电缆造成触点断开。

7) 连接器应安装在可达的地方，以便进行更换和修理，如果仅需要更换一个连接器，最好不要拆下整个单元，因为经验表明，组装可能会引起新的故障和降低该单元的可靠性。

8) 如果可能的话，应使用零插拔力连接器，即在插、拔连接器时所需的力最小。

9) 为了保证测试目标与测试设备的适配更简单和有效，器件连接器数量应尽可能的少。

10) 应避免使用专用的插、拔工具。

b) 模块连接器

1) 在同一类设备中，组件块和模块应尽量采用相同类型的连接器，可以减少备件的类型和数量，从而降低费用。

2) 模块连接器中所有功能触点，包括电源电压，接地连接和所有测试触点均应以与连接器相同的方式进行布局。

3) 连接器应用机械的方法进行编码,以防止无意中将一个模块连接到其他接受同一类型连接器的功能中去。

4) 连接器的选择应保证仅用微小的力就可装或拆，以防止连接器承受高机械应力。

5) 在修理费用比插件板还贵的情况下，应考虑使用标准插件板。

6) 如果功能连接器不能提供足够的内部测试点时，在组件块内应考虑使用测试连接器，如 IC 插座。

7) 在与自动测试设备一起使用时,应避免通过中断机械连接或利用接线柱存取测试点的数据。因为这两种方法均要求在测试过程中进行人工干预，从而可能会引入错误，类似的问题也会出现在使用人工导向探针时。

8) 通常，用于引出印制电路板或模块内的测试点的数据的方法的优先顺序如下：

(1) 功能连接器。

(2) 在插件板的边缘增加测试连接器。

(3) 在模块中加入附加测试连接器（如集成电路插座）。

(4) 钉床，仅适用于印制电路板没有密封的情况。

(5) 集成电路插件板。

(6) 拆卸机械连接。

(7) 使用探头、测试插件板。

B.15 兼容性设计

a) 在所有装配和拆卸层次的可更换单元的功能应尽可能模块化（功能模块化）。

b) 测试 LRU 或 SRU 时，最好不用其他 LRU 或 SRU 的激励和模拟（功能独立性）。

c) 为进行无模糊的故障隔离和监控余度电路、BIT 电路，应提供了足够的测试点（测试点的充分性）。

d) 在输入、输出或在测试连接器上应有性能检测和故障隔离所需测试点，测试点应能通过外部连接器可达（测试点可达性）。

e) 测试点应有足够的接口能力（如适应 3m 长连接电缆的阻抗），适应 ATE 的测量装置，测量信号不失真，不影响 UUT 的正常工作（测试点接口能力）。

f) 测试点电压在 300V～500V 有效值时应设置隔离措施，并设警告标志。电压大于 500V 时，应采取降压措施（测试点安全性）。

g) UUT 在 ATE 上测试时，应尽可能减少所需的调整工作（如可调元器件的调整、平衡调节、调谐、对准等）；应尽可能减少需要外部设备产生激励或监控响应信号。

h) LRU 或 SRU 在 ATE 上测试时，应尽可能减少需要特殊的环境，如真空室、油槽、振动台、恒温箱、冷气和屏蔽室等。

j) 对于激励信号和测量信号的测量应有足够的精度（保证高置信度测试）。

B.16 BIT 设计

a) 每个 UUT 内的 BIT 应能在测试设备的控制下执行。

b) TPS 应设计成能够利用 BIT 能力。

c) UUT 上的重要功能应采用 BIT 指示器，BIT 指示器的设计应保证在 BIT 故障时给出故障指示。

d) BIT 应采用积木式方式（即在测试一个功能之前应对该功能的所有输入进行检查）。

e) 积木式 BIT 应充分利用功能电路。

f) 组成 BIT 的硬件、软件和固件的配置应是最佳的。

g) UUT 上的只读存储器（ROM）应包含自测试子程序。

h) 自测试电路应设计成可测试的。

i) 应有识别是硬件还是软件导致了故障指示的方法。

j) BIT 应具有保存联机测试数据的能力，以便分析维修环境中不能复现的间歇故障和运行故障。

k) 预计的 BIT 电路的故障率、附加重量与体积、功耗增加等应在规定的范围内。

l) 按故障率和功能重要程度给每个 UUT 分配适当的 BIT 能力。

m) 存储在软件或固件中的 BIT 门限值，应便于根据使用经验进行必要的修改。

n) 为了尽量减少虚警，BIT 传感器数据应进行滤波和处理。

o) BIT 提供的数据应满足系统使用和维修人员的不同需要。

p) 应为置信度测试和诊断软件留有足够的存储空间。

q) 任务软件应具有足够的检测硬件错误的能力。

r) BIT 的故障检测时间应与被监控功能的关键性相一致。

s) 在确定每个参数的 BIT 门限值时，应考虑每个参数的统计分布特性、BIT 测量误差，最佳的故障检测和虚警特性。

    t) BIT 的设计应保证其不会干扰主系统功能。

B.17　模拟电路设计

    a) 每一级的有源电路应至少引出一个测试点到连接器上。

    b) 每个测试点应经过适当的缓冲或与主信号隔离，以避免干扰。

    c) 应避免对产品进行多次、有互相影响的调整。

    d) 应保证不用借助其他被测单元上的偏置电路或负载电路，电路的功能仍是完整的。

    e) 与多相位有关的或与时间相关的激励源的数量应最少。

    f) 要求对相位和时间测量的次数应最少。

    g) 要求的复杂调制测试或专用定时测试的数量应最少。

    h) 激励信号的频率应与测试设备能力相一致。

    i) 激励信号的上升时间或脉冲宽度应与测试设备能力相一致。

    j) 测量的响应信号频率应与测试设备能力相一致。

    k) 测量时，响应信号的上升时间或脉冲宽度应与测试设备能力相兼容。

    l) 激励信号的幅值应在测试设备的能力范围之内。

    m) 测量时，响应信号的幅值应在测试设备的能力范围之内。

    n) 应避免外部反馈回路。

    o) 应避免使用温度敏感元件或保证可对这些元器件进行补偿。

    p) 应尽可能允许在没有散热条件下进行测试。

    q) 应尽量使用标准连接器。

    r) 放大器和反馈电路结构应尽可能简单。

    s) 在一个器件中功能完整的电路不应要求任何附加的缓冲器。

    t) 输入和输出插针应从结构上分开。

    u) 如果电压电平是关键的话，那么所有超出 1A 的输出就应设有多个输出插件，以便允许对模拟输出采用开尔文（Kelvin）型连接，并可将电压读出且反馈到 UUT 中的电流控制电路。从而，开尔文型连接允许在 UUT 输出端维持在规定的电压。

    v) 电路的中间各级应可通过利用输入/输出（I／O）连接器切断信号的方法进行独立测试。

    w) 模拟电路所有级的输出（通过隔离电阻）应适用于模块插针。

    x) 带有复杂反馈电路的模块应具有断开反馈的能力以便对反馈电路和（或）元器件进行独立测试。

    y) 所有内部产生的参考电压应引到模块插针。

    z) 所有参数控制功能应能独立测试。

B.18　数字电路设计

    a) 数字电路应设计成主要以同步逻辑电路为基础的电路。

    b) 所有不同相位和频率的时钟应都来自单—主时钟。

    c) 所有存储器应都用主时钟导出的时钟信号来定时（避免使用其他部件信号定时）。

d) 设计应避免使用阻容单稳触发电路和避免依靠逻辑延时电路产生定时脉冲。

e) 数字电路应设计成便于"位片"测试。

f) 在重要接口设计中应提供数据环绕电路。

g) 所有总线在没有选中时，应设置默认值。

h) 对于多层印制电路板，每个主要总线的布局应便于电流探头或其他技术在节点外进行故障隔离。

i) 只读存储器（ROM）中每个字应确切规定一个已知输出。

j) 选择了不用的地址时，应产生一个明确规定的错误状态。

k) 每个内部电路的扇出数应低于一个预定值。

l) 每块电路板输出的扇出数应低于一个预定值。

m) 在测试设备输入端时滞可能成为问题的情况下，电路板的输入端应设有锁存器。

n) 设计上应避免"线或"逻辑。

o) 设计上应采用限流器以防止发生"多米诺"效应。

p) 如果采用了结构化测试性设计技术（如扫描通路、信号特征分析等），那么应满足所有的设计规则要求。

q) 电路应初始化到一明确的状态以便确定测试的方式。

r) 时钟和数据应是独立的。

s) 所有存储单元必须能变换两种逻辑状态（即状态 0／1），而且对于给定的一组规定条件的输出状态必须是可预计的。其必须为存储电路提供直接数据输入（即预置输入）以便对带有初始测试数据的存储单元加载。

t) 计数器中测试复盖率损失与所加约束的程度成正比。应通过保证计数器高位字节输入是可观察的，至少可部分地提高测试性。

u) 不应从计数器或移位寄存器中消除模式控制。

v) 计数器的负载或时钟线不应被同一计数器的存储输出激励。

w) 所有只读存储器（ROM）和随机存取存储器（RAM）输入必须可在模块 I／O 连接器上观察。所有 ROM 和 RAM 的芯片选择线在允许主动操作的逻辑极性上，不要固定，RAM 应允许测试人员进行控制以执行存储测试。

x) 可在不损失测试性的情况下，应利用单脉冲激励存储块的时钟线。如果单脉冲激励组合电路，则测试性会大大损失。

y) 较多的顺序逻辑应借助门电路断开和再连接。

z) 大的反馈回路应借助门电路断开和再连接。

aa) 对大量存储块来讲，应利用多条复位线代替一条共用的复位线。

ab) 所有奇偶发生和校验器必须能变换成两种输出逻辑状态。

ac) 所有模拟信号和地线必须与数字逻辑分开。

ad) 没有可预计输出的所有器件必须与所有数字线分开。

ae) 来源于 5 个或更多不同位置的线或信号必须分成几个小组。

af) 模块设计和集成电路（IC）类型应最少。

ag) 模块特性（功能、插针数、时钟频率等）应与所计划的 ATE 资源相兼容。

ah) 改错功能必须具有禁止能力以便主电路可以对故障进行独立测试。

B.19 大规模集成电路（LSI）、超大规模集成电路（VLSI）和微处理机

a) 应最大限度地保证 LSI、VLSI 和微处理机可直接并行存取。驱动 LSI、VLSI 和微处理机输入的保证电路应是三稳态的，以便测试人员可以直接驱动输入。

b) 采取措施保证测试人员可以控制三态启动线和三态器件的输出。

c) 如果在微处理机模块设计中使用双向总线驱动器，那么这些驱动器应布置在处理机／控制器及其任一支撑芯片之间。微处理机 I／O 插针中双向缓冲器控制器应易于控制，最好是在无需辨认每一模式中插针是输入还是输出的情况下由微处理机自动控制。

d) 应使用信号中断器存取各种数据总线和控制线内的信号，如果由于 I／O 插针限制不能采用信号中断器时，那么应考虑采用扫描输入、扫描输出以及多路转换电路。

e) 选择特性（内部结构、器件功能、故障模式、可控性和可观测性等）已知的部件。

f) 为测试设备留出总线，数据总线具有最高优先级。尽管监控能力将有助于分辨故障，但测试设备的总线控制仍是最希望的特性。

g) 含有其他复杂逻辑器件的模块中的微处理机也应作为一种测试资源。对于有这种情况的模块，有必要在设计中引入利用这一资源所需的特性。

h) 通过相关技术或独立的插针输出控制 ATE 时钟。

i) 如果可能的话，提供"单步"动态微处理机或器件。

j) 利用三态总线改进电路划分，从而将模块测试降低为一系列器件功能块的测试。

k) 三态器件应利用上拉电阻控制浮动水平，以避免模拟器在生成自动测试向量期间将未知状态引入电路。

l) 自激时钟和加电复位功能在它们不能禁止和独立测试时，不应直接连接到 LSI／VLSI／微处理机中。

m) 设计到 LSI、VLSI 或两者混合，或微处理机中的所有 BITE 应通过模块 I／O 连接器提供可控性和可观察性。

B.20 射频（RF）电路设计

a）发射机（变送器）输出端应有定向耦合器或类似的信号敏感／衰减技术，以用于 BIT 或脱机测试监控（或者两种兼用）。

b）如果射频发射机使用脱机 ATE 测试的话，应在适当的地点安装测试（微波暗室、屏蔽室），以便在规定的频率和功率范围内准确地测试所有项目。

c）为准确模拟要测试的所有 RF 信号负载要求，在脱机 ATE 或者 BIT 电路中应使用适当的终端负载装置。

d）在脱机 ATE 内应提供转换测试射频被测单元所需的全部激励和响应信号。

e）为补偿测量数据中的开关和电缆导致的误差，脱机 ATE 或 BIT 的诊断软件应提供调整 UUT 输入功率（激励）和补偿 UUT 输出功率（响应）的能力。

f）射频的 UUT 使用的信号频率和功率应不超出 ATE 激励／测量能力，如果超过，ATE 内应使用信号变换器，以使 ATE 与 UUT 兼容。

g）RF 测试 I／O 接口部分，在机械上应与脱机 ATE 的 I／O 部分兼容。

h）UUT 与 ATE 的 RF 接口设计，应保证系统操作者不用专门工具就可迅速且容易地连接和断开 UUT。

i）RF 类 UUT 设计应保证无需分解就能完成任何组件或分组件的修理或更换。

j）应提供充分的校准 UUT 的测试性措施（可控性和可观测性）。

k）应建立 RF 补偿程序和数据库，以便用于校准使用的所有激励信号和通过 BIT 或脱机 ATE 到 UUT 接口测量的所有响应信号。

l）在 RF 类 UUT 接口处每个要测试的 RF 激励／响应信号，均应明确规定。

B.21　元器件测试特性

a）在满足性能要求条件下，优先选择具有良好测试性的元件和模块，以及内部结构和故障模式以充分了解集成电路。

b）元器件如有独立刷新要求，测试时，应有足够的时钟周期保障动态器件的刷新。

c）被测单元使用的元器件应属于同一逻辑系列，如果不是，相互连接时应使用通用的信号电平。

d）使用元器件的品种和类型应尽可能地少。

e）如果性能要求允许，应使用标准件而不使用非标准件。在生成测试序列时，优先考虑常规的、系统化的测试而不采用技术难度大的测试，尽管后者的测试序列短。

说明：

附录 B 给出的是测试性通用设计准则的详细内容，其中 B.1～B.6 是测试要求和数据方面设计准则的内容，B.7～B.15 是固有测试性和兼容性方面设计准则的内容，B.16 是 BIT 设计准则的内容，B.17～B.21 是电路的设计准则的内容。承制方以此为基础，可根据以往的经验和所研制型号和系统的特点，经过剪裁制定出具体系统和设备的测试性设计准则。

附录 C

（资料性附录）

测试性设计准则符合性分析与检查表示例

C.1 符合性评分表示例

仅用表 C.1 中的 7 条设计准则作为例子来说明测试性设计准则符合性分析与检查的具体评分方法。测试性设计准则符合性分析与检查表包括：测试性设计准则条目、加权系数、设计准则适用对象数、符合设计准则对象数、得分和加权得分等，示例见表 C.1。

表 C.1 测试性设计准则符合性分析与检查评分表示例（固有测试性评价）

产品名称：××××   共 页 第 页

序号	测试性设计准则条目	加权系数 W_i	设计准则适用对象数 N_t	符合设计准则对象数 N_0	得分 $S_i=$ $（N_0/N_t）\times 100$	加权得分 $S_{wi}=W_iS_i$
1	元器件间应留有放置测试探头的空间	6	10	9	90.0	540.0
2	所有元器件应按相同方向排列	6	25	25	100.0	600.0
3	印制电路板的布局应支持导向探头测试	8	8	7	87.5	700.0
4	每个元件应有清晰的标记	8	25	8	32.0	256.0
5	一个待测功能的组成部件应全都放在一块板上	9	4	4	100.0	900.0
6	如果一块板上实现一个以上的功能,各功能应能单独测试	9	4	4	100.0	900.0
7	需要时,作为驱动部件的上拉电阻应与被驱的电路装在同一块板上	7	2	2	100.0	700.0
测试性设计准则符合性评分 （固有测试性评分）		$S_T=\Sigma S_{wi}/\Sigma W_i=86.7$				

符合性分析与检查人员：×××   ×年 ×月 ×日

测试性设计准则条目的加权系数，可以参考表 C.2 确定。

表 C.2　测试性设计准则条目加权系数参考表

对测试性的重要性	加权系数	说　明	例　子
关键性的	8～10	获得最有效测试所需要的项目	结构与功能划分，测试文件
很重要的	5～7	获得可接受的综合测试水平所需要的项目	控制和观测点的选择
重要的	3～4	对适应自动测试所需要的项目	与 ATE 接口的考虑
有关测试时间的	2	影响测试时间要求的项目	UUT 预热时间
有关便于测试的	1	为测试提供方便的项目	提供外部设备测试点

C.2　符合性检查定性分析示例

测试性设计准则符合性分析与检查的定性分析表格示例，见表 C.3。

表 C.3　测试性设计准则符合性分析与检查定性分析表示例

型号：××××　　　　产品名称：××××　　　　产品编号：××××××

测试性设计人员：×××　　审核人员：×××　　　　共 1 页 第 1 页

序号	设计准则条目	是否符合		判断依据（设计措施）	不符合条目的原因说明	处理措施及建议
		是	否			
1	元器件间应留有放置测试探头的空间	√		设计和制版时已考虑		
2	所有元器件应按相同方向排列	√		设计时已考虑		
3	印制电路板的布局应支持导向探头测试	√		设计和制版时已实现		
4	每个元件应有清晰的标记		×		采购的元件多数无有标记	采购有标记的元件或在有关资料中元器件位置图上标明
5	一个待测功能的组成部件应全都放在一块板上	√		设计上已实现		
6	如果一块板上实现一个以上的功能，各功能应能单独测试	√		设计上已实现		
7	需要时，作为驱动部件的上拉电阻应与被驱的电路装在同一块板上	√		设计上已考虑		
符合的、不符合的条目总数		6	1	符合要求的条目数占准则总条数的百分比		85.7%
注：√—"符合"，×—"不符合"						

参 考 文 献

[1] 田仲，石君友. 系统测试性设计分析与验证[M]. 北京：北京航空航天大学出版社，2003.

[2] 曾天翔. 电子设备测试性及诊断技术[M]. 北京：航空工业出版社，1995.

[3] MIL-HDBK-2165A. Testability Handbook for Systems and Equipment[S]. Department of Defense，1995.

[4] XKG/K10-2009. 型号可靠性设计准则制定指南[M]. 北京：国防科技工业可靠性工程技术研究中心，2009.

[5] XKG/W03-2009. 型号维修性设计准则制定指南[M]. 北京：国防科技工业可靠性工程技术研究中心，2009.

[6] XKG/A02-2009. 型号安全性设计准则制定指南[M]. 北京：国防科技工业可靠性工程技术研究中心，2009.

[7] XKG/B03-2009. 型号保障性设计准则制定指南[M]. 北京：国防科技工业可靠性工程技术研究中心，2009.

XKG

型 号 可 靠 性 技 术 规 范

XKG／C03—2009

型号 BIT 设计指南

Guide to the BIT design for materiel

目　次

前　言

本指南的附录 A~附录 F 均是《资料性附录》。

本指南由国防科技工业可靠性工程技术研究中心负责组织实施。

本指南起草单位：北京航空航天大学可靠性工程研究所、中国航空工业发展研究中心、航天二院 23 所、航空 611 所。

本指南主要起草人：石君友、田仲、曾天翔、周鸣岐、田春雨。

型号 BIT 设计指南

1 范围

本指南规定了型号（装备，下同）机内测试的设计要求、程序和方法。

本指南适用于型号工程研制阶段的机内测试设计。

2 规范性引用文件

下列文件中的有关条款通过引用而成为本指南的条款。凡注明日期或版次的引用文件，其后的任何修改单（不包括勘误的内容）或修订版本都不适用于本指南，但提倡适用本指南的各方探讨使用其最新版本的可能性。凡未注日期或版次的引用文件，其最新版本适用于本指南。

GJB 451A 可靠性维修性保障性术语

GJB 2547 装备测试性大纲

GJB 3970 军用地面雷达测试性要求

GJB 4260 侦察雷达测试性通用要求

GJB 3385 测试与诊断术语

3 术语和定义

GJB 451A、GJB 3385 确立的以及下列术语和定义适用于本指南。

3.1 机内测试 built-in test（BIT）

系统或设备自身具有的检测和隔离故障的自动测试功能。

3.2 机内测试设备 built-in test equipment（BITE）

完成机内测试功能的设备（包括 BIT 专用的以及与系统功能共用的硬件和软件）。

3.3 机内测试系统 built-in test system（BITS）

完成机内测试功能的系统，由多个机内测试设备组成，具有比机内测试设备更强的能力。

3.4 被测试单元 unit under test（UUT）

被测试的任何系统、分系统、设备、组件和部件等的统称。

3.5 现场可更换单元 line replaceable unit（LRU）

在工作现场可从系统或设备上拆卸并更换的单元。同义词：外场可更换组件、外场可更换单元。

3.6 车间可更换单元 shop replaceable unit（SRU）

在维修车间可从 LRU 上拆卸并更换的单元。同义词：车间可更换组件、内场可更换单元。

3.7 故障检测率 fault detection rate（FDR）

用规定的方法正确检测到的故障数与发生故障总数之比，用百分数表示。

3.8 故障隔离率 fault isolation rate（FIR）

用规定的方法将检测到的故障正确隔离到不大于规定模糊度的故障数与检测到的故障数之比，用百分数表示。

3.9 BIT 虚警 BIT false alarm

BIT 指示有故障而实际上不存在故障的现象，包括假报故障和错报故障。

3.10 虚警率 false alarm rate（FAR）

在规定的期间内发生的虚警数与同一期间的故障指示总数之比，用百分数表示。

3.11 平均虚警间隔时间 mean time between false alarm（MTBFA）

各次虚警间隔时间的平均值，用产品运行总时间与自动测试指示的虚警总数之比表示。

3.12 BIT 运行时间 BIT run time

BIT 完成规定测试功能所需的运行时间。

4 符号和缩略语

4.1 符号

无。

4.2 缩略语

下列缩略语适用于本指南。

BILBO——built-in logical block observer，内置逻辑块观测器；

BIT——built-in test，机内测试；

BITE——built-in test equipment，机内测试设备；

BITS——built-in test system，机内测试系统；

BRT——BIT run time，BIT 运行时间（s）；

CFDU——centralized fault display unit，集中故障显示装置；

FAR——false alarm rate，虚警率；

FDR——fault detection rate，故障检测率；

FIR——fault isolation rate，故障隔离率；

LRU——line replaceable unit，现场可更换单元；

MTBF——mean-time-between-failures，平均故障间隔时间（h）；

MTBFA——mean time between false alarm，平均虚警间隔时间（h）；

MTM——modularization test and maintenance，模块化测试维护；

SRU——shop replaceable unit，车间可更换单元；

TSMD——time stress measurement device，时间应力测量装置；

UUT——unit under test，被测单元。

5 一般要求

5.1 目的和作用

a) 目的

BIT 是型号诊断方案中的重要组成要素,利用 BIT 可以实现型号在任务执行前、任务执行中和任务执行后的自动化嵌入式测试。BIT 不仅是保障型号任务成功性、安全性的重要手段,而且可以大大提高型号的维修效率。

b) 作用

1) 使型号具备自动化的嵌入式状态监测与故障检测能力。

2) 使型号具备自动化的嵌入式故障隔离能力。

3) 使型号具备自动化的嵌入式故障信息存储、指示和报警能力。

4) 使型号具备自动化的嵌入式故障预测能力。

5.2 时机

BIT 设计应在型号研制的方案设计、初步(初样)设计和详细(正样)设计阶段开展。

5.3 BIT 定性要求

5.3.1 BIT 诊断测试功能要求

BIT 的诊断测试功能包括状态监测功能、故障检测功能、故障隔离功能、故障预测功能等,应根据使用需求确定 BIT 诊断测试功能组成。

5.3.2 BIT 工作模式要求

BIT 基本工作模式包括运行前 BIT、运行中 BIT 和运行后 BIT,应根据使用需求确定 BIT 的工作模式组成。

5.3.3 BIT 信息要求

BIT 信息要求应明确如何处理 BIT 的信息,确定是否要求对 BIT 信息进行记录存储、指示报警、和数据导出。

5.4 BIT 定量要求

5.4.1 性能要求

BIT 的性能要求包括故障检测率(FDR)、故障隔离率(FIR)、虚警率(FAR)或平均虚警间隔时间(MTBFA)。

不同类型的型号,其 FDR、FIR、FAR、MTBFA 指标要求范围差异明显,一般在型号的研制要求中应提出明确的 BIT 性能指标要求。

5.4.2 时间要求

BIT 的时间要求是 BIT 运行时间(BRT)。BRT 的指标要求依不同系统而定,一般要求值越小,表明对 BIT 的要求越严格。

5.4.3 可靠性要求

BIT 的可靠性要求是 BITE 或者 BITS 的平均故障间隔时间 MTBF。一般要求 BITE 的平均故障间隔时间 MTBF 是 UUT 平均故障间隔时间的 10 倍以上。

5.5 BIT 设计流程

在明确 BIT 定性和定量要求基础上,进行 BIT 总体设计和详细设计。BIT 设计流程如图 1 所示。

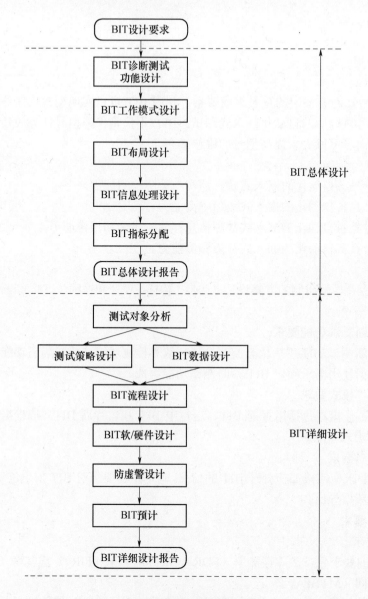

图 1 BIT 设计流程

  BIT 总体设计内容包括：BIT 诊断测试功能设计、BIT 工作模式设计、BIT 布局设计、BIT 信息处理设计和 BIT 指标分配，并完成 BIT 总体设计报告。

  BIT 详细设计内容包括：测试对象分析、测试策略设计、BIT 数据设计、BIT 流程设计、BIT 软/硬件设计、防虚警设计和 BIT 预计，并完成 BIT 详细设计报告。

6 BIT 总体设计

6.1 BIT 诊断测试功能设计

  a) 诊断测试功能分类

  1) 状态监测功能：通过状态监测对产品关键特性参数进行实时监测，是确保产品正常运行以及任务可靠性、安全性的重要手段。

　　2）故障检测功能：通过故障检测可以及时发现产品发生的故障，是确保产品任务可靠性和安全性的重要手段。

　　3）故障隔离功能：通过故障隔离可以快速地将系统故障定位更换单元上，是提高产品维修效率、缩短维修时间的重要手段。

　　4）故障预测功能：通过故障预测可以在故障发生之前预测到故障将要发生的时刻，是产品实现任务可靠性和安全性和自主保障的重要手段。

　　b）诊断测试功能设计原则

　　1）根据 BIT 定性要求选择确定 BIT 应具备的诊断测试功能。

　　2）BIT 定性要求无明确规定时，简单 BITE 一般应具备状态监测或者故障检测功能，复杂 BITE 一般应具备状态监测、故障检测和故障隔离功能，BITS 一般应具备状态监测、故障检测、故障隔离和故障预测等全部功能。

6.2　BIT 工作模式设计

6.2.1　BIT 工作模式分类

　　根据运行阶段的不同，BIT 工作模式分类如下：

　　a）任务前 BIT：在系统执行任务前的准备过程中工作的 BIT，用于任务前的测试，也称为"运行前 BIT"。

　　b）任务中 BIT：在系统执行任务过程中工作的 BIT，用于任务中的测试，也称为"运行中 BIT"。

　　c）任务后 BIT：在系统任务完成后工作的 BIT，用于任务后的测试与管理，也称为"运行后 BIT"或"维修 BIT"。

6.2.2　BIT 工作模式设计原则

　　a）根据 BIT 定性要求选择确定 BIT 应具备的工作模式。

　　b）BIT 的工作模式必须包括任务前 BIT。

　　c）任务阶段存在状态监控和任务安全要求时，BIT 的工作模式应包括任务中 BIT。

　　d）任务结束后需要维护时，BIT 的工作模式应包括任务后 BIT。

　　e）任务前 BIT 在启动后只运行一次就自动停止，属于单次 BIT，可以采用加电 BIT 或者接通 BIT 实现；任务前 BIT 可以采用主动式 BIT 设计，也可以采用被动式 BIT 设计；任务前 BIT 的运行时间应满足 BRT 要求。

　　f）任务中 BIT 在启动后持续运行，可以采用周期 BIT 或连续 BIT 实现；任务中 BIT 不能中断系统任务运行，应选择被动式 BIT 设计；任务中 BIT 的运行时间应满足 BRT 要求。

　　g）任务后 BIT 应可以启动全部的任务前 BIT 和任务中 BIT，同时还可以调取 BIT 的记录数据。

6.3　BIT 布局设计

6.3.1　BIT 测试层次设计

6.3.1.1　BIT 测试层次分类

　　a）系统 BIT：在系统级设有 BIT，对系统进行测试。

　　b）分系统 BIT：在分系统级设有 BIT，对分系统进行测试。

c) LRU BIT：在 LRU 级设有 BIT，对 LRU 进行测试。

d) SRU BIT：在 SRU 级设有 BIT，对 SRU 进行测试。

e) 元器件 BIT：在元器件级设有 BIT，对元器件自身进行测试。

6.3.1.2　BIT 测试层次设计原则

a) BIT 可以应用到不同的产品层次上，如系统、分系统、LRU、SRU、元器件；根据需要选择在指定的某个层次或多个层次上设置 BIT。

b) 产品层次越高，相应级别 BIT 的诊断测试功能应越完备。

c) 系统 BIT 和分系统 BIT 应具有状态监测、故障检测、故障隔离、故障预测功能。

d) LRU BIT 应具有状态监测、故障检测功能。

e) SRU BIT、元器件 BIT 应具有故障检测功能。

f) 应优先考虑采用高层次 BIT 设计，以提供更完备的的诊断测试功能。

g) 上层 BIT 应能够启动下层 BIT。

h) 下层产品没有 BIT 时，应由上层产品 BIT 提供相应的诊断测试功能。

6.3.2　BIT 分布形式设计

6.3.2.1　BIT 分布形式分类

a) 分布式：产品的各组成单元都具有 BIT，各 BIT 相互独立，根据各 BIT 测试结果来判断产品是否正常。

b) 集中式：产品各组成单元中仅特定单元具有 BIT，或者特定单元为 BIT 专用单元，其他单元没有 BIT，利用该 BIT 完成产品的测试。

c) 分布—集中式：分布式与集中式的综合，各单元的 BIT 配合中央 BIT 共同完成测试。

6.3.2.2　BIT 分布形式设计原则

a) 电子系统应采用分布式或者分布—集中式 BIT，并优先考虑采用分布—集中式 BIT。

b) 非电子系统应采用集中式或者分布—集中式 BIT，并优先考虑采用分布—集中式 BIT。

c) BIT 测试层次多于 2 层时，各相邻层次可以采用分布式、集中式和分布—集中式 BIT 的各种复合形式。

d) 分布式 BIT 应提供简单的 BIT 汇总设计。

e) 分布—集中式 BIT 应优先采用专用总线进行 BIT 通信。

f) BIT 可以共用产品的功能通路或者设置专用装置，构成 BITE；各 BITE 联合可以构成 BITS。

BIT 分布形式示例可以参考本指南的附录 A。

6.4　BIT 信息处理设计

6.4.1　BIT 信息处理功能分类

a) 信息记录和存储。

b) 信息指示与报警。

c) 信息导出。

6.4.2 BIT 信息处理设计原则

a) 根据 BIT 定性设计要求确定 BIT 信息处理功能。

b) 信息记录和存储功能设计应考虑：

1) 记录和存储的信息内容，如故障检测信息、故障隔离信息、故障发生时间等。

2) 存储位置，如各 BITE 独立存储、特定 BITE 统一存储等。

c) 信息指示与报警功能设计应考虑：

1) 指示位置，如各 BITE 本地指示、统一位置指示。

2) 报警形式，如灯光报警、声响报警、文字（或编号）闪烁报警、图像报警，或者组合形式等。

3) 报警指示器：如指示灯、仪表板、数码显示、显示器，或者组合形式等。

4) 报警级别：设置不同的报警级别，故障信息至少分为通知给驾驶员和维修人员两类。对通知给驾驶员的故障信息还需要设置更细的报警级别。

d) 信息导出功能设计应考虑：

1) 导出位置：如各 BITE 本地导出、统一位置导出。

2) 导出方式：如打印方式、磁盘转存方式、接口通信方式，不推荐采用人工填表方式导出信息。

e) 分布式 BIT 的信息存储、导出应由各 BITE 本地处理。

f) 分布—集中式 BIT 的信息存储、指示、导出应优先由集中 BITE 统一处理。

BIT 信息处理示例可以参见本指南附录 B。

6.5 BIT 指标分配

应将 BIT 的定量要求进行分配，确定各层次产品 BIT 的定量要求，分配方法按 XKG/C01—2009《型号测试性设计与分析应用指南》规定。

7 BIT 详细设计

7.1 测试对象分析

7.1.1 测试对象分类

对每个 BIT，需要明确它的测试对象类别。测试对象类别包括电子产品和非电子产品，其 BIT 设计特点如下：

a) 对于电子产品，采用 BIT 进行测试时，需要设置电路测试点；一般仅测试产品的电子类故障，不能测试产品的非电类故障。

b) 对于非电子产品，采用 BIT 进行测试时，需要设置足够和有效的传感器。

7.1.2 测试对象故障分析

a) 根据测试对象的可靠性设计分析资料和经验，确定测试对象的所有故障。

b) 分析确定需要 BIT 诊断的故障集合。

7.2 测试策略设计

BIT 的测试策略设计包括测试点（传感器）位置的布局和优选、建立诊断树和故障字典等内容，详细信息按 XKG/C01—2009《型号测试性设计与分析应用指南》规定。

7.3 BIT 数据设计

7.3.1 故障归类分析

a) 根据测试策略设计，确定 BIT 可以检测和隔离的故障。

b) 根据产品的使用与维护需求，对可检测和可隔离故障进行归类，确定应指示的故障名称。

7.3.2 故障指示与记录

a) 故障指示与记录数据至少应包括：

1) 故障单元名称或标识。

2) 故障名称或标识。

3) 故障发生时间。

b) 数据存储容量至少应该保证能够存储一次任务执行过程中的全部 BIT 信息。

c) 当存储容量饱和时，应丢弃最早记录的信息，确保当前的 BIT 信息能被记录。

7.4 BIT 流程设计

7.4.1 状态监测流程

状态监测功能应实时监测系统中关键的性能或功能特性参数，并随时报告给操作者。完善的监控 BIT 还需要记录存储大量数据，以分析判断性能是否下降和预测即将发生的故障。

状态监测的参考测试流程如图 2 所示。

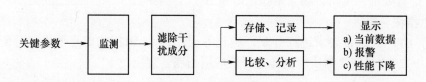

图 2 状态监测流程

7.4.2 故障检测流程

故障检测功能应检查系统功能是否正常，检测到故障时给出相应的指示或报警。

故障检测设计有两种方式：被动式和主动式。在系统运行过程中的故障检测应采用被动式设计，参考测试流程如图 3（a）所示，直接根据系统工作产生的测试点数据判断是否发生故障，并特别注意防止虚警。在系统运行前、后的故障检测可以采用主动式，参考测试流程如图 3（b）所示，需要加入测试激励信号，然后获得测试响应信号，判定是否发生故障。此时虚警问题不像运行中那么严重，因此可以不考虑防虚警问题。

7.4.3 故障隔离流程

在检测到故障后才启动故障隔离程序。用 BIT 进行故障隔离一般需要测量被测对象内部更多的参数，通过分析判断才能把故障隔离到存在故障的组成单元。故障隔离的测试流程如图 4 所示。

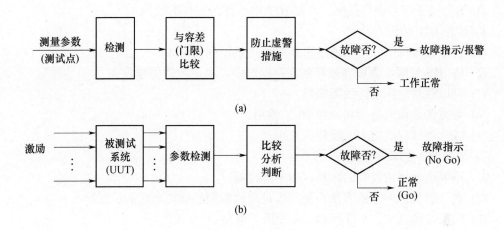

图 3 故障检测流程

(a) 被动方式；(b) 主动方式。

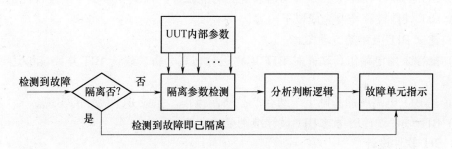

图 4 故障隔离测试流程

7.4.4 故障预测流程

非电子类产品的故障多具有渐变特性，在发生功能故障之前存在着可以识别的潜在故障表现，据此可以实现提前的故障预测。采用 BIT 实现故障预测需要处理复杂的推理计算，因此只有在 BITS 中才可能应用。故障预测的测试流程如图 5 所示。

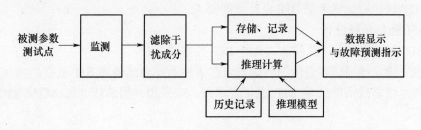

图 5 故障预测测试流程

7.5 BIT 软/硬件设计

7.5.1 BIT 软件与硬件权衡

a) 当 UUT 没有微处理器时，应采用硬件 BIT 设计。

b) 当 UUT 具有微处理器时，可以采用软件 BIT 取代部分硬件 BIT。

c) 结合以下因素进行权衡，确定 BIT 中软件与硬件的比例。

1) 软件 BIT 的优点：

(1) 在系统改型时，可以通过重新编程得到不同的 BIT。

(2) 将 BIT 门限、测试容差存储在存储器中，易于用软件修改。

(3) 可以对功能区进行故障隔离。

(4) 可方便地输入激励和监控 UUT 输出。

(5) 综合测试程度更大，硬件需求少。

2) 硬件 BIT 的适用之处：

(1) 不能由计算机控制的区域，如电源检测。

(2) 有计算机，但存储容量不足以满足故障检测和隔离需求的情况。

(3) 信号变换（如 A / D 和 D / A 变换）电路。

7.5.2 BIT 硬件设计

a) 应明确由硬件部分实现的 BIT 功能。

b) BIT 的硬件设计中应尽量采用系统的功能硬件，以减少 BIT 专用硬件比例。

c) BIT 硬件设计需要完成以下内容：

1) 建立 BIT 电路的原理图。

2) 推荐采用电路仿真软件对 BIT 电路进行仿真分析，确认 BIT 电路能够达到预期的作用。

3) 在 BIT 电路图的基础上，结合产品研制流程，完成 BIT 硬件的实现。

d) BIT 硬件设计应考虑 BIT 设计准则要求。

7.5.3 BIT 软件设计

a) 应明确由软件部分实现的 BIT 功能。

b) BIT 的软件设计中应尽量采用系统的功能软件，以减少 BIT 专用软件比例。

c) BIT 软件设计需要完成以下内容：

1) BIT 软件的需求分析。

2) BIT 软件的详细设计。

3) BIT 软件的编码和测试。

d) BIT 软件设计应考虑 BIT 设计准则要求。

7.5.4 BIT 通信总线设计

a) BIT 之间优先采用总线方式进行 BIT 数据交互。

b) 当系统总线通信容量未饱和时，可以采用系统总线传递 BIT 数据。

c) 当系统总线不能满足 BIT 通信要求时，应采用专用总线（如 MTM 总线）传递 BIT 数据。

BIT 硬件、软件设计示例可以参考本指南的附录 C，BIT 设计准则示例可以参考本指南的附录 D，MTM 总线介绍可以参见本指南附录 E。

7.6 BIT 防虚警设计

7.6.1 防虚警设计方法分类

BIT 防虚警设计的方法可以归纳为表 1 所列的 4 大类 14 种方法，在 BIT 设计时可以从中选择一种或者多种方法进行应用。

表 1　降低 BIT 虚警方法

类　别	方　法	特　点
测试容差设置	(1) 确定合理测试容差。 (2) 延迟加入门限值。 (3) 自适应门限	(1) 需要直接引入到 BIT 设计中。 (2) 原理简单，容易实现。 (3) 普遍适用
故障指示与报警条件限制	(1) 重复测试法。 (2) 表决方法。 (3) 延时方法。 (4) 过滤方法	(1) 需要直接引入到 BIT 设计中。 (2) 原理简单，容易实现。 (3) 普遍适用
提高 BIT 的工作可靠性	(1) 联锁条件。 (2) BIT 检验。 (3) 重叠 BIT	(1) 需要直接引入到 BIT 设计中。 (2) 原理简单，容易实现。 (3) 根据具体需求应用
灵巧 BIT	(1) "灵巧" BIT。 (2) 自适应 BIT。 (3) 暂存监控 BIT。 (4) "灵巧" BIT 与 TSMD 综合	(1) 需要直接引入到 BIT 设计中。 (2) 原理复杂，实现难度较大。 (3) 根据具体需求应用

7.6.2　防虚警设计方法选用原则

a) 每个 BIT 在设计中都必须采用一种或者多种防虚警方法。

b) 软件 BIT 的防虚警设计可以采用自适应门限、以及故障指示与报警条件限制、提高 BIT 的工作可靠性和灵巧 BIT 类防虚警方法。

c) 硬件 BIT 的防虚警设计可以采用确定合理测试容差、延迟加入门限值、延时方法、连锁条件、BIT 检验、重叠 BIT 等防虚警方法。

d) 测试容差设置类防虚警方法只适用于测试模拟信号的 BIT。

e) 延迟加入门限值、自适应门限、延时方法等防虚警方法只需选择一种方法。

f) 重复测试法、表决方法等防虚警方法只需选择一种方法。

BIT 防虚警设计方法详细介绍可以参见本指南附录 F。

7.7　BIT 预计

在完成 BIT 详细设计后，应进行 BIT 预计，确定是否满足分配的指标要求，预计方法按 XKG/C01—2009《型号测试性设计与分析应用指南》规定。

8　BIT 设计报告

8.1　BIT 总体设计报告

BIT 总体设计报告的内容及其说明，一般包括以下几点。

a) 主题内容与适用范围：说明编写 BIT 设计报告的目的、适用范围等。

b) 引用文件：说明编写 BIT 设计报告的主要依据文件和资料。

c) 术语：针对 BIT 设计报告的内容和应用对象，给出必要的术语定义和解释。

d) 产品概述：说明产品名称、型号、功能和配套关系。

e) BIT 诊断测试功能设计：说明 BIT 的诊断测试功能组成。

f) BIT 工作模式设计：说明 BIT 的工作模式。

g) BIT 布局设计：说明 BIT 的测试设计和分布形式设计。

h) BIT 信息处理设计：说明 BIT 的信息处理方式。

i) BIT 指标分配：说明 BIT 的定量要求分配情况，如果有单独的分配报告，此部分可以省略。

8.2 BIT 详细设计报告

BIT 详细设计报告的内容及其说明，一般包括以下几点。

a) 主题内容与适用范围：说明编写 BIT 设计报告的目的、适用范围等。

b) 引用文件：说明编写 BIT 设计报告的主要依据文件资料。

c) 术语：针对 BIT 设计报告的内容和应用对象，给出必要的术语定义和解释。

d) 产品概述：说明产品名称、型号、功能和配套关系。

e) 测试对象分析：说明 BIT 的测试对象类别与故障分析情况。

f) 测试策略设计：说明 BIT 的测试策略与流程设计。

g) BIT 数据设计：说明故障归类分析和故障指示与记录设计。

h) BIT 硬件/软件设计：说明 BIT 的硬件/软件设计。

i) BIT 防虚警设计：说明 BIT 的防虚警设计措施。

j) BIT 指标预计：说明 BIT 的预计情况，如果有单独的预计报告，此部分可以省略。

9 注意事项

a) 根据型号的使用与维护特点确定 BIT 的要求,对于任务执行中可靠性和安全性要求较高的型号，至少对任务过程中的 BIT 提出定性定量要求；对于需要利用 BIT 完成快速检修的情形，还应考虑提出有针对性的 BIT 要求。

b) 原则上要求 BIT 的 MTBF 应比 UUT 的 MTBF 高 10 倍，但采用 BITS 实现复杂功能往往需要设计集中管理模块或系统，此时可以适当降低对 BIT 这种高可靠要求。

c) BIT 信息处理是 BIT 设计中非常重要的环节，应该予以足够重视，并在 BIT 设计报告中进行说明。

d) BIT 防虚警设计是影响 BIT 使用效果的关键因素之一，应根据 UUT 特点和 BIT 特点确定有效的防虚警措施；所有在任务过程中运行的 BIT，都应该考虑采取防虚警设计。

e) BIT 设计不仅体现在 BIT 设计报告中，还应该体现在相应的性能设计文件中，使 BIT 设计有效地结合到性能设计中去。

附录 A
（资料性附录）
系统 BIT 分布类型示例

A.1 分布式 BIT

系统的 BIT 可以采用分布式配置方案。图 A.1 给出了一种分布式 BIT 配置方案示例。该方案在系统的各个模块中设置独立的 BIT，由各个模块 BIT 测试结果利用归纳法来判断系统是否正常。这种 BIT 配置方式可以减少故障隔离的模糊度，其中各模块 BIT 可独立运行，与其他模块隔离。

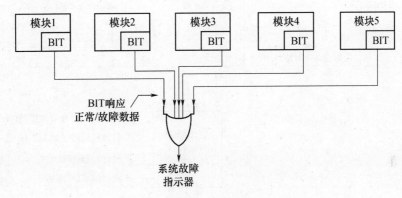

图 A.1　分布式 BIT 分布形式配置

A.2 集中式 BIT

集中式 BIT 配置如图 A.2 所示。该方案只在 LRU1（一般是具有数字计算处理能力的单元）设置了 BIT，负责 LRU1~LRU4 的全部故障检测和隔离。

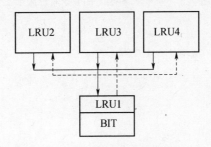

图 A.2　集中式 BIT 分布形式配置

A.3 分布—集中式 BIT

分布—集中式 BIT 配置方案综合了分布式 BIT 与集中式 BIT 的优点，得到了广泛应用。图 A.3 是分布—集中式 BIT 的示例。每个分系统具有各自 BIT，BIT 信息通过集中故障显示接口装置进行综合处理。采用分布—集中式 BIT 配置方案时,可以利用专用的测试总线进行 BIT 信息的通信。

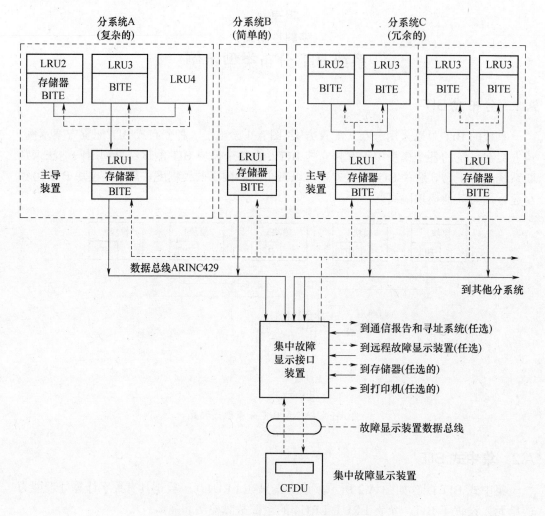

图 A.3　分布—集中式 BIT 分布形式配置

附录 B

（资料性附录）

BIT 信息输出设计示例

B.1 F/A-18 飞机 BIT 信息输出设计

F/A-18A 飞机中有 41 个武器可更换组件（WRA）包含有 BIT；而在 F/A－18B 飞机中有 58 个（其中有 2 个可拆卸的货舱）WRA 包含有 BIT。故障既在 WRA 本身显示，又在前轮舱的维修监控板上显示。

F/A-18A 状态监控接口主要是针对训练目的的 19 个空对地和 13 个空对空战术参数，以及用于度量应力和性能趋势分析的某些机体与发动机参数进行监控。航空电子设备（非多路总线）的 BIT 接口，通过通信系统控制器与任务计算机（MC）和直接与 MC 相连的航空电子设备多路总线兼容设备连接。对飞行员的显示是实时的，对于间歇故障也可以实时指出。前轮机舱内的维修监控板可以存储供地面维修人员查询的 4 位 BIT 代码。

在 F/A-18A/B 中利用状态监控系统和显示器就可以将各种注意事项、建议和 BIT 信息显示给驾驶员，显示器还可以作为启动 BIT、维修 BIT 和存储器检查的控制板。

前轮舱中的维修监控板在任一时刻可以处理 990 个不同的故障代码和存储 62 个故障代码。使用时，只要按下显示按钮，即可对所触发的故障代码进行显示（显示 1.5s），松开按钮后显示还可以持续 10s。对于 F-18 战斗机型，故障代码有 41 个，代表 41 个黑盒子；对于 F-18 攻击机型，故障代码有 58 个。

B.2 B747-400 飞机 BIT 信息输出设计

B747-400 飞机的 BIT 信息输出采用中央维修计算机系统（CMCS）控制。CMCS 的综合显示系统（IDS）包括电子仪表显示系统（EFIS）、发动机指示与机组报警系统（EICAS）、EFIS / EICAS 接口设备，共有 6 个彩色显示器。EFIS 包括 2 个主飞行显示器（PFD）和 2 个导航显示器（ND），EICAS 也有 2 个显示器，如图 B.1 所示。

CMCS 中配有两台相同的中央维修计算机（CMC），以提供功能余度。2 台 CMC 以主从关系工作，通常由左边 CMC 完成有关系统控制和数据输出，当其发生故障时，自动转由右边 CMC 控制。CMCS 有一个控制显示装置（CDU）装在设备舱内，主要是为了方便维修人员在更换 LRU 时使用，避免维修人员机上、机下往返走动。CMCS 的 4 个 CDU 具有相同的功能，可同时执行不同的任务。

有 70 个机载系统（即成员系统）与 CMC 接口。每个系统的 BITE 负责连续监控系统本身及其接口，如有部件失效或故障，分散的 BITE 就向 CMC 报告有关信息。

每个成员系统把检测到的故障，根据维修需要分成两类：

a) 与车间维修有关的故障

即隔离到 LRU 内部的组件或部件（SRU）的故障。故障数据存储在非易失存储器中，以便以后在机上或车间读出；同时归并产生与外场维修有关的故障。

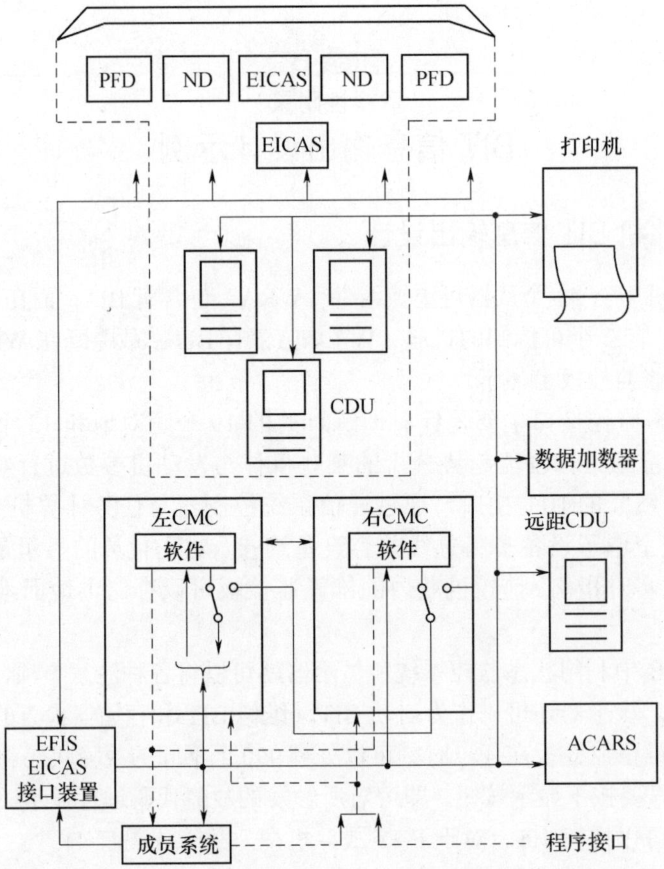

图 B.1　CMCS 方块图

b)　与外场维修有关的故障

即需要外场维修人员修复排除的故障。这类故障由成员系统及时输到 CMC，进行故障归并处理，并与机组报警相关联。

综合显示系统（IDS）完成 EFIS 和 EICAS 功能，并把结果分别显示在有关的 6 个显示器上。6 个显示器从 3 个 EFIS / EICAS 接口单元（EIU）上接收机载系统的数据。

EIU 把数据传给 6 个显示器的同时，也传输给两台 CMC。这样，CMCS 通过 EIU 间接地接收机载系统的数据。IDS 将把这些系统的飞行面板效应报告给 CMCS，CMCS 隔离出有故障的 LRU 或接口，从而使它们与飞行面板效应对应起来。

CMCS 的控制和显示通过任一个 CDU 来启动。按下 CDU 上的菜单键（"MENU"），可得到 CDU 菜单。通过菜单操作可以查看以下故障信息。

a)　当前飞行段故障

当前飞行段故障是指本次飞行中发生的故障，查询显示这类故障是为了帮助外场维修人员找出驾驶员报告的飞行中报警现象的原因。

根据菜单操作，可得到当前飞行段故障菜单，显示出驾驶舱效应及相关故障信息。

b) 现有故障

现有故障指目前仍存在的故障，不管这些故障是何时发生的。通过菜单操作，可以得到现有故障系统列表，选取需询问的系统，可得该系统进一步的维修信息、或快照、或输出信息报告。

c) 故障历史

故障历史存储的是指以前飞行段中发生的故障，以供查询。CMCS 能存储多达 500 条故障信息在非易失存储器中。当飞行段记数超过 99 时，故障将从存储器中抹除。

d) EICAS 维修页

IDS 的 EICAS 连续监测 11 个系统，并可给出有关参数的实时显示和历史数据的快速显示（快照），这些显示称为 EICAS 维修页。

由 EICAS 显示参数的 11 个系统或项目是：环境控制系统、电气系统、飞行控制系统、燃油系统、液压系统、IDS 配置、起落架、辅助动力装置、发动机性能、发动机超限、电子式推进控制系统。

附录C

（资料性附录）

典型 BIT 设计示例

C.1 概述

BIT 的具体设计方法很多，本附录仅对典型的 BIT 设计给出示例。

C.2 硬件 BIT 设计示例

C.2.1 电压求和 BIT

电压求和是一种并行模拟 BIT 技术，它使用运算放大器将多个电压电平叠加起来，然后将求和结果反馈到窗口比较器并与参考信号相比较，再根据比较器的输出生成通过/不通过信号。这种技术特别适用于监测一组电源的供电电压。

电压求和 BIT 电路包括电压求和运算放大器网络、窗口比较器和通过/不通过触发器等，如图 C.1 所示。

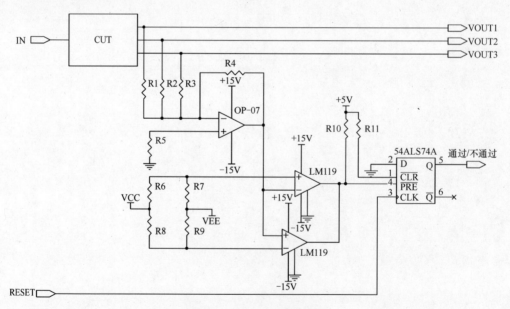

图 C.1　电压求和 BIT 电路

通过选择合适的求和电阻器阻值，确保在被测电路（CUT）的输出电压符合规定时，运算放大器（OP-07）的输出电压为正常水平。求和之后的电压送入比较器电路，如果该电压超出窗口电压范围，比较器电路输出低电压，并通过触发器输出不通过信号。否则，触发器一直输出通过信号。

C.2.2 余度系统 BIT

在余度系统中，通过比较表决技术可以对各个余度信号进行比较，实现余度通道的故障在线监控。

　　BAe-146 飞机检测襟翼开关位置的 BIT 是典型的二余度信号比较监控方法。该 BIT 分别检测两个襟翼的 0°、18°、30° 转角信号，进行两两比较，其中对应 0° 状态的 BIT 电路如图 C.2 所示。

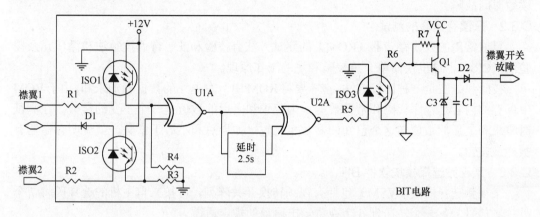

图 C.2　飞机襟翼开关 BIT 电路

　　由两个襟翼来的位置信号经过光电隔离后，输入到异或门（U1A）。在左右襟翼正常时，它们的位置状态相同，异或门输出为高电平。如果左右襟翼位置状态不一致（出现故障），则异或门会输出低电平。延时 2.5s 后，故障仍然存在，则或门（U2A）的两个输入就都处于低电平，因此输出高电平驱动光电隔离器件（ISO3），送出襟翼开关故障信号。

C.3　软件 BIT 设计示例

C.3.1　随机存取存储器测试

　　随机存取存储器(RAM)的测试方法有很多种，这里介绍两种简单的软件比较测试方法：0-1 走查法和寻址检测法。

C.3.1.1　0-1 走查法

　　首先将 0 逐一写入随机存取存储器（RAM）的各个单元，紧接着在逐一读出，判断是否为 0；对指定的单元置 1，并将其他单元的数据读出，如果读出的数据全部为 0，则说明写入操作时单元之间无干扰；将该指定的单元恢复置 0 后，再对其他各单元重复这一操作。

　　将 1 逐一写入 RAM 的各个单元，紧接着在逐一读出，判断是否为 1；对指定的单元置 0，并将其他单元的数据读出，如果再写入时单元之间无干扰，则读出的数据应该全部为 1；将该指定的单元恢复置 1 后，再对其他各单元重复这一操作。

C.3.1.2　寻址检测法

　　寻址检测法可以对 RAM 的写入恢复功能和读数时间是否存在故障进行检测。该方法对 RAM 的每个寻址单元在写入 1 或者 0 之后，立刻执行读操作，通过检查读数是否正确来检测写入恢复功能是否存在故障。而寻址规则依据下面的两种情况：

　　a)　地址从原码转换到反码，此时地址寄存器和译码器中的每一位都发生变化，因此所需的转换时间最长。

b) 地址变换时只有一位发生变化，此时地址寄存器和译码器中只有一位发生变化，因此所需的转换时间最短。

在这种地址转换最坏情况下的读写检测可以确定随机存取存储器（RAM）是否存在读数时间故障。

C.3.2 只读存储器的测试

目前常用的只读存储器（ROM）的测试方法有校验和法、奇偶校验法和循环冗余校验法（CRC），这里仅简单介绍校验和法的工作原理。

校验和方法是一种比较方法，它需要将 ROM 中所有单元的数据相加求和。由于 ROM 中保存的内容是程序代码和常数数据，因此求和之后的数值是一个不变的常数。在测试时将求和之后的数值与这个已知的常数相比较，如果总和不等于常数，就说明存储器有故障或差错。

C.3.3 某视频选择模块软件 BIT

某视频选择模块（VSM）包括有视频转换开关阵列，可按来自主机的选择码将 7 个外视频信号的某一个转送到 6 个视频输出通道的规定通道。

VSM 的 BIT 主要由软件控制来完成，系统的框图如图 C.3 所示。

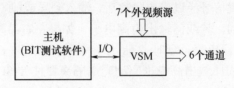

图 C.3　VSM BIT 框图

BIT 软件的结构如图 C.4 所示，主体上包括 BIT 管理层软件（带有故障清单）和 VSM 功能测试软件两部分。

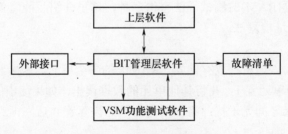

图 C.4　VSM BIT 软件结构

C.4　硬件/软件结合 BIT

C.4.1　微处理器 BIT

微处理器 BIT 是使用功能故障模型来实现的，该模型可以对微处理器进行全面有效的测试。

微处理器 BIT 的测试工作是分阶段完成的，每个后续阶段都以前一个阶段的测试工作成功完成为基础。这些阶段是按着以下规定顺序执行的：

a) 核心指令测试。

b) 读寄存器指令测试。

c) 内存测试。

d) 寻址模式测试。

e) 指令执行测试。

f) 指令时序测试。

g) I/O 外围控制器测试。

通常情况下，微处理器 BIT 按照微处理器的运算速度执行。

微处理器 BIT 的简化通用电路设计如图 C.5 所示。

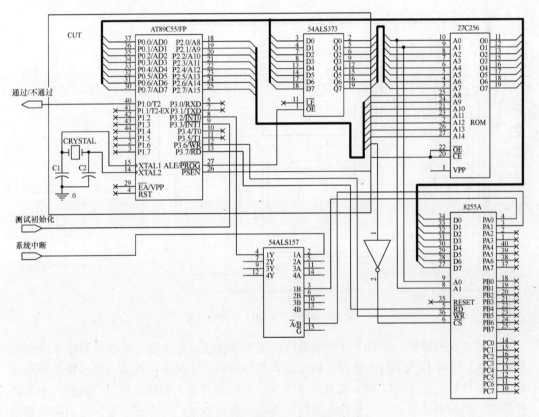

图 C.5 微处理器 BIT 简化通用电路

在该电路中，额外的只读存储器（ROM）是 27256，它存储着 BIT 软件，通过测试初始化信号激活并运行该软件。BIT 软件在执行时，首先将通过/不通过输出信号设置为通过状态，然后调用一系列检验程序。首先验证移动（MOVE）、比较（COMPARE）和分支（BRANCH）等核心指令，如果发现错误，将通过/不通过输出信号设置为不通过状态，并终止测试。在核心指令操作正常后，再进行寄存器读写操作，如果发现错误，同样将通过/不通过输出信号设置为不通过状态，并终止测试。在指令操作正常后，再依次如前进行存储器测试、各种寻址模式下寄存器的正确调用测试、程序代码执行及其结果对比测试、各种指令成对组合执行测试以验证是否存在非数据相关故障和成对指令时序相关故障、I/O外围控制器测试等。

C.4.2 数字环绕BIT

数字环绕是一种非并行的BIT技术,它本身不仅包括硬件和软件(保存在ROM内),还特别需要被测电路提供微处理器和相应的数字输出、输入器件。该技术增加了必要的线路,即增加了数字开关将输出环绕到输入,以便在BIT初始化之后,将离开数字输出器件的数据发送到位于现场可更换模块上的数字输入器件。在ROM中保存着相应的BIT环绕路线信息,以及控制传输的测试数据和与接收到的数据进行比较的测试数据。如果比较结果不匹配,则表示存在故障。

数字环绕BIT的一个简化的电路设计如图C.6所示。

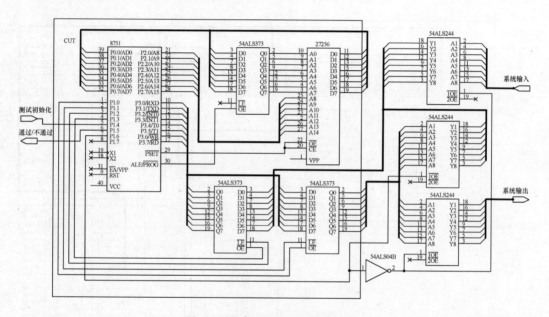

图 C.6 数字环绕BIT的简化电路

从图C.6中可知,该BIT在被测电路的输入和输出总线上增加了3个数字集成电路芯片54ALS244构成了输入缓存、输出缓存和相应的数字开关。在微处理器接收到测试初始化信号后,通过端口P1.6接通数字开关,同时断开输入和输出缓存。然后向输出器件施加一系列测试模式,并从输入器件中读取相应的数据,与存储器中保存的期望数据相比较,如果不匹配,则给出测试不通过信号。测试完毕后,通过控制断开数字开关,并接通输入和输出缓存,进行正常的操作。

C.4.3 模拟/数字混合环绕BIT

对于模拟/数字混合系统,一般都具有模拟输入/输出的控制结构,如伺服控制器、自动驾驶仪收发器、双向通信线路等。因此,常常使用模拟环绕实现系统的BIT。

模拟环绕技术在结构上不仅包括硬件,还需要ROM存储的测试模式等固件。模拟环绕BIT的框图如图C.7所示。

采用模拟环绕BIT技术可以测试外部模拟接口的所有测试/响应对,如果再扩充采用微处理器BIT技术,就可以同时对微处理器系统的内部组件进行校验。

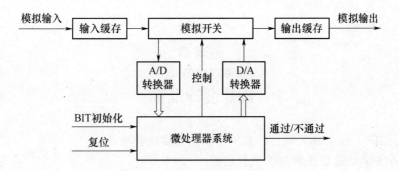

图 C.7   模拟环绕 BIT 的框图

附录 D
（资料性附录）
BIT 设计准则

本指南提供了有关 BIT 设计准则的主要内容以供参考。

a) 任务关键功能必须由 BIT 进行监控。

b) BIT 容差的设定保证在预期的工作环境中故障检测率最大而虚警率最小。

c) 应使用并行 BIT 监控系统关键功能,必须使由于采用余度电路造成的故障掩盖的可能性最小。

d) 作为一个设计目标,BIT 的可靠性应比被测电路的可靠性高一个数量级,如果 BIT 电路的故障率较高,那么就会对系统可靠性带来严重的影响。

e) 系统和(或)分系统中的所有单元的诊断测试应能对单元的运行状态进行评价和将故障隔离到可更换单元。

f) 在经费允许情况下,使系统故障隔离的模糊度最小。

g) BITE 电路或装置的重量、体积和功耗不超出设计要求的限制;由于装入 BITE 电路和装置造成的电子系统设计的硬件增量不应超过电子系统电路、部件和器件的 10%。

h) 提供确定计算机及控制器活动的 BIT 电路(如看门狗计时器)。

i) 提供一个系统控制板照明检查按钮,以供系统使用或系统测试前使用。

j) 在系统用户手册中应保证包含 BIT 使用的限制条件,避免 BIT 在不正确的环境下使用。

k) 地面维修 BIT 在系统控制板上应有一个专用的开关,以便人工对 BIT 程序进行操控;这样当需要时即可重新启动关键系统功能测试。

l) 大型系统的 BIT 校准通常应在计算机控制(可以采用人工干预)下完成。

m) 在系统 BIT 开始运行前,BIT 应首先检查其本身的完整性。

n) BIT 电路应设置在其测试的分系统级,以便当分系统从主系统上拆下来时仍可用 BIT 进行测试。

o) 每个 LRU、SRU 内的 BIT 应能在测试设备的控制下执行。

p) UUT 上的重要功能应采用 BIT 指示器,BIT 指示器的设计应保证在 BIT 故障时给出故障指示。

q) BITE 电路和装置应能测试被测对象的工作模式,指示系统的工作准备状态。

r) 为了便于对系统故障进行修理,系统 BIT 诊断的故障应用清楚的文字表示,而不应用代码或指示灯表示。

s) BIT 应采用积木式方式(即在 BIT 测试之前应对该功能的所有输入进行检查)。

t) 积木式 BIT 应充分利用功能电路。

u) 组成 BIT 的硬件、软件和固件的配置应保证最佳。

v) BIT 应具有保存联机测试数据的能力,以便分析维修环境中不能复现的间歇故障和运行故障。

w) 为了尽量减少虚警，BIT 传感器数据应进行滤波和处理。

x) BIT 提供的数据应满足系统使用和维修人员的不同需要。

y) BIT 的故障检测时间应与被监控功能的关键性相一致。

z) 在确定每个参数的 BIT 门限值时，应考虑每个参数的统计分布特性、BIT 测量误差，最佳的故障检测和虚警特性。

aa) BIT 的设计应保证其不会干扰主系统功能。

bb) BITE 设计是系统或设备的整体设计工作的一部分，其设计工作必须与系统其他设计工作同时进行，贯穿于产品研制的各个阶段。

cc) 根据使用、维修和测试性要求，系统、分系统、设备和各级可更换单元等可分别设置必要的 BITE。

dd) 在满足使用要求的条件下，BITE 设计应尽量简单，避免工艺上无法保障的设计。BITE 电路应尽可能采用标准化或与被测对象所用的同类型部件。

ee) BITE 电路和装置的故障不应造成被测系统或设备的故障和性能退化。

ff) BITE 电路应与被测对象电路匹配。

gg) BITE 电路和装置在系统工作期间工作方式应通过分析来确定；分析时应同时考虑 BITE 的虚警和后果；除另有规定外，在系统工作期间应对致命性故障模式或项目进行连续监控或工作测试。

hh) BITE 设计应有尽量消除造成虚警的条件，使其影响减弱到最低程度；为减少虚警的影响，BITE 应按其重要性分开设置，可各自进行测试。

ii) 确定适当的 BITE 测试容差（门限值），它一般应大于下一级维修的测试容差；确定 BITE 测试容差时，应考虑环境对传感器、BITE 电路的影响。

jj) BIT 设计时应注意区别发生故障时系统特性和未发生故障但受到可以忽略的影响时的特性（如电源在容差范围之内的波动的影响应当是允许的，不应判为故障）。

kk) 诊断程序的有效性与 BITE、BIT 的类型和质量以及设备内测试点的数量和位置有很大的关系，这些测试点应在设计阶段的早期由产品设计人员提供和计划。

ll) 系统软件程序应包括一个自引导程序或具有相同功能的程序以建立最大工作指令集，利用最大工作指令集就可正确的建立其他指令，这样即可验证整个系统控制器指令集。

mm) 所有自测试程序应与功能固件分开存储，以防止测试软件中的问题造成系统功能固件出问题。

nn) 存储在软件或固件中的 BIT 门限值应便于根据使用经验进行必要的修改。

oo) 应为诊断软件留有足够的存储空间。

pp) 测试软件应包括故障检测的通过/不通过（GO/NO GO）测试和故障隔离诊断测试。

qq) 在考虑下列数字存储器容量时应保留足够的字节，以存放 BIT 软件：

1) 控制存储器中用于存放诊断和初始化例行程序的存储容量。

2) 主存储器中用于存放错误处理和通过/不通过（GO/NO GO）测试程序的存储容量。

3) 辅助存储器（如软盘存储器）中用于存放诊断例行程序的存储容量。

rr) 每个存储器字节长度应满足主存储器和辅助存储器中提供错误检测和校正技术的要求。

ss) 应把足够的存储量分配给不可改写的存储器（如只读存储器、保护存储器区），确保关键测试程序和数据的完整；应采用足够的硬件和软件余度，以可靠地装入关键的软件段。

tt) 系统应用软件（任务软件）的设计应包括足够的中断和陷井能力，保证数据库在遭到破坏或丢失有关错误性质的信息之前，能立即处理并存储 BIT 硬件检测到的错误。

uu) 操作系统和每个关键应用程序必须包含满足故障检测时间要求的软件检验子程序。

vv) 所编制的软件应能使 BIT 检测到的故障信息存入非易失存储器或其他记录装置中。

附录 E
（资料性附录）
MTM 总线介绍

E.1 目的

MTM 总线（模块测试和维护总线）专用于电子分系统和模块的测试、诊断和维修。MTM 总线可用于以下几个方面。

a) 模块测试：在制造期间，测试模块为单个组件的缺陷提供故障隔离。

b) 分系统测试：分系统内模的脱机测试，以及分系统内模块间的互联测试。

c) 分系统诊断：系统内部的在线诊断，用以支持记录已检测到的错误、启动自测试、重置分系统资源以及其他的诊断功能。

d) 软/硬件开发：使用低级别的可观测/可控性技术（如扫描，边界扫描等）获得模块或分系统的状态，利用这些技术可以减少硬/软件开发成本以及产品上市时间。

E.2 MTM 总线应用层次

测试性设计功能（如内部扫描、边界扫描、机内测试）越来越多地纳入到组件设计中，以辅助元器件、电路板、分统和系统的测试与维修。

在不同的结构层次，可以采用不同的测试总线。在分系统中，采用 MTM 总线可以实现电路板或者模块之间的测试信号互连，如图 E.1 所示。

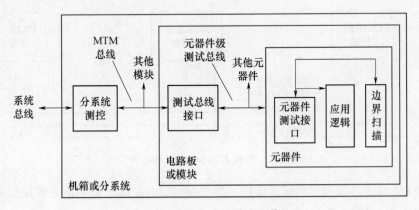

图 E.1 测试和维修总线的等级

E.3 与其他测试总线的关系

MTM 总线作为底板串行测试总线，它可以和其他测试总线并行使用，或者在同一级别上使用。该总线还可以和模块上的测试总线联合，共同完成元器件的测试功能，如图 E.2 所示。

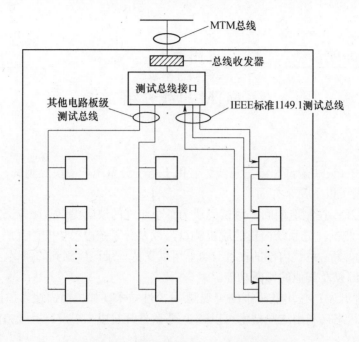

图 E.2   MTM 总线和模块上测试总线的转化

E.4   MTM 总线信号

MTM 总线是一个同步串行底板总线，由 4 个必备信号和一个可选信号构成，如图 E.3 所示。

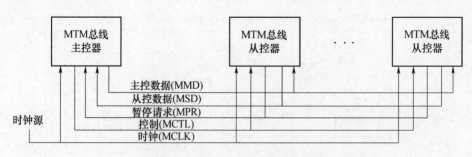

图 E.3   底板式的 MTM 总线信号

a) MTM 总线必须包括测试和维修总线控制信号 MCTL，从当前主模块到其所连接的从模块间该信号都是单向的。

b) MTM 总线必须包括测试和维修总线主数据信号 MMD，从当前主模块到其所连接的从模块间的信号都是单向的。

c) MTM 总线必须包括测试和维修总线从数据信号 MSD，从每个连接的从模块到当前主模块间的信号也是单向的。

d) MTM 总线必须包括测试和维修总线时钟信号 MCLK，从总线时钟源到主模块和其所连接的从模块间的信号都是单向的。

e) MTM 总线可以包括测试和维修总线的暂停请求信号 MRT，从所有连接的子模块到当前主模块间的信号也是单向的。

E.5 MTM 总线协议略述

MTM 总线协议包括物理层、链接层和消息层，如图 E.4 所示。

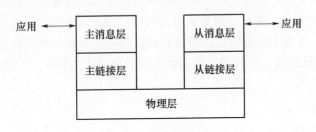

图 E.4　协议层

物理层协议指明了物理上的相互链接关系，这种链接就构成了总线。它包括有关物理链接、信号特征和定时特征的最低要求。

链接层协议是通信协议的主体，它允许无差错包在 MTM 总线主控器和一个或几个从控器之间传输。协议内容包括系列化/打包的信息、奇偶校验以及地址识别等。链接层还提供了数据和控制多路复用规范。

消息层协议指明了信息和功能识别的语法，这些功能至少是 MTM 主控器或者是从控器所支持的。

MTM 总线主控器使用消息和从控器进行通信，这些消息由一组信息传输包组成。一条消息由一个头包、一个可选的应答/包计数包和不定数量的数据包组成。

图 E.5 描绘了 MTM 总线消息的标准格式。

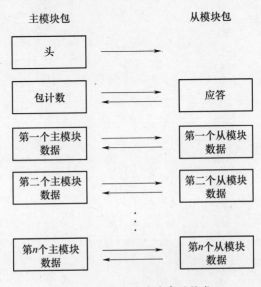

图 E.5　MTM 总线消息的格式

在开始发送一条消息时，MTM 总线主控器发送一个包含从控器地址的头包，这些从控器将沿着指令参与到信息序列中。若是寻址单个的 MTM 总线从控器，并且头包还包括一个应答包请求，那么当被寻址的从控器返回应答包时，主控器发送包计数包。在传送消息期间，这个包计数包识别 MTM 总线希望传输多少信息包，其中不包括头包和包计数包。这时，消息可能包括了 MTM 总线主控器和单个寻址的从模块之间进行的数据包的传输，这依靠指令来进行。如果要对多个从控器进行寻址（即通过广播或多点传输），则不会发送应答包，并且任何数据包的传输仅仅是从主控器到从控器。在广播和多点传输的情况下，当 MTM 总线主控器没有被任何从控器积极驱动时，它接收一个常量逻辑 0——从数据链的值。被传输的数据包的数量取决于头包内指令的类型。

附录 F
（资料性附录）
BIT 防虚警方法

F.1 测试容差设置

a) 确定合理的测试容差量值

测试容差（或门限值）指的是被测参数的最大允许偏差量，超过此量值产品不能正常工作，表明发生了故障。如果测试容差过严，会把合格产品判为故障而产生虚警。

1) 最坏情况分析方法

通过分析各影响因素在最坏情况下对被测参数的影响大小来确定测试容差。

2) 统计分析方法

通过分析计算，得出每个影响被测参数的因素所引起该参数的变化量，平方后求和，再取均方根的方法（RMS）来确定测试容差。

3) 对容差的要求

各级维修测试的容差值不应相同，从基层级测试、中继级测试到基地级测试，容差是逐级减小的，如图 F.1 所示。在任何情况下，BIT 的测试容差要比较高维修级别（中继级和（或）基地级）所要求的测试容差宽。

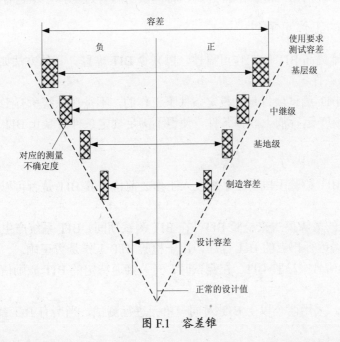

图 F.1　容差锥

b) 延迟加入门限值

系统工作过程中的操作指令会导致系统特性发生较大的瞬态变化或其他已知的扰动，但未发生故障。这时如果仍然用系统稳态工作时的测试容差（或门限值）进行检测，就会发生虚警。为了避免这种情况的发生，应在瞬态变化或扰动衰减以后再插入测试门限值。

　　c) 自适应门限值

　　系统一般具有不同的工作模式，模式改变时其状态有较大的变化，这时若发生故障其状态参数变化也大；而稳态工作时发生故障产生的偏离和漂移较小。对于瞬态工作时的故障和稳态工作时的故障应采用不同的门限值。应适时地改变门限值大小，以适应被测对象的不同工作状态。

F.2　故障指示与报警条件限制

　　在故障指示、报警条件上加以限制是减少虚警的有效措施。具体方法包括：

　　a) 重复测试方法

　　在 BIT 检测为"不通过"（不正常）时，重复测试多次，在每次测试结果都是"不通过"时才给出故障指示或报警。

　　b) 表决方法

　　在 n 次测试中有 m 次（$n>m>n/2$）不通过时报警。如果 n 次测试结果多数为不通过，则可以确认被测参数不正常，应给出故障指示。

　　c) 延时方法

　　在测试结果为不正常时，延迟一定时间后报警。其报警条件是：被测参数超过门限值，且保持超门限值时间大于规定延迟时间。

　　d) 过滤方法

　　采用诊断文件过滤器对虚警进行过滤，将确认的虚警过滤掉，不进行记录和报警。

F3　提高 BIT 的工作可靠性

　　采取适用措施提高 BIT 的工作可靠性，以减少 BIT 虚警。具体方法如下。

　　a) 施加连锁条件

　　有些系统的 BIT 测试项目是在设定条件下工作的，不是在系统所有工作模式下都进行测试。给这种 BIT 运行加上联锁条件，使得不满足规定条件时禁止 BIT 运行，避免出现虚警。

　　b) BIT 检验

　　设计适当的 BIT 检验手段，在系统投入工作之前检查其 BIT 是否可以正常工作。具体包括以下内容：

　　1) 注入系统的故障模式来检验 BIT。在 BIT 测试期间，BIT 系统产生某种模拟的系统故障模式，然后运行相应的 BIT 程序，用于检验 BIT 工作是否正确。

　　2) 注入激励信号来检验 BIT。在测试时，开关接通特定的 BIT 激励信号，用来检测 BIT 可否正常工作。

　　c) 重叠 BIT。采用两个以上 BIT 对同一单元进行测试，当所有 BIT 都指示故障时，才给出故障报警。

F4　"灵巧" BIT

　　常见的"灵巧" BIT 技术如下。

a) 综合型 BIT

综合型 BIT 是由若干分系统得到的 BIT 报告被传递到更高一级的 BIT 系统进行分析，其分析结果再返回低一级的分系统。它可进一步分成如下两类。

1) 集中式综合 BIT：各 BIT 系统与一个中央 BIT 分析器通信。

2) 分层 BIT：BIT 分系统与高一级系统通信。

b) 信息增强 BIT

BIT 的决断不仅根据被测单元的内部信息，而且根据外部提供的信息，如状态信息等，从而使决断更加准确。

c) 维修经历 BIT

利用被测单元的维修历史数据以及在执行任务期间 BIT 报告的顺序等信息，通过数据分析，确定该单元的实际问题，更有效地区分出间歇故障和虚警。

d) 改进决断 BIT

采用更可靠的决断规则做出决断。如采用动态门限值、暂存监控、验证假设等。

e) "灵巧" BIT 与 TSMD 综合系统

获取环境应力数据与 BIT 数据结合起来进行趋势分析，可以提高 BIT 故障检测与隔离的准确性，减少虚警。以"灵巧"BIT 作为控制主体，通过 TSMD 记录系统监测系统的工作和环境参数，可以大大提高识别虚警的能力。

参 考 文 献

[1] 田仲，石君友. 系统测试性设计分析与验证[M]. 北京：北京航空航天大学出版社，2003.

[2] IEEE Std 1149.5. IEEE Standard for Module Test and Maintenance Bus(MTM-Bus) Protocal[S]. IEEE，1995.

[3] XKG/C01-2009. 型号测试性设计与分析应用指南[S]. 北京：国防科技工业可靠性工程技术研究中心，2009.

XKG

型号可靠性技术规范

XKG／C04—2009

型号测试性要求验证试验
与评价应用指南

Guide to the demonstration of testability for materiel

目　次

前　言

本指南的附录 A～附录 D 均是《资料性附录》。

本指南是由国防科技工业可靠性工程技术研究中心负责组织实施。

本指南起草单位：北京航空航天大学可靠性工程研究所、航天二院 23 所，航空工业发展研究中心、航空 611 所。

本指南主要起草人：田　仲、石君友、周鸣岐、曾天翔、田春雨。

型号测试性要求验证试验与评价应用指南

1 范围

本指南规定了型号（装备，下同）测试性要求验证试验的要求、程序和方法。

本指南适用于型号在研制总要求或技术合同中，有测试性要求的电子系统和设备，非电子设备也可以参照使用。

2 规范性引用文件

下列文件中的有关条款通过引用而成为本指南的条款。凡注明日期或版次的引用文件，其后的修改单（不包括勘误的内容）或修订版本都不适用本指南，但提倡使用本指南的各方探讨使用其最新版本的可能性。凡未注明日期或版次的引用文件，其最新版本适用于本指南。

GB4087.3　　数据的统计处理和解释　二项分布可靠度　单侧置信下限
GB5080.5　　设备可靠性试验　成功率的验证试验方案
GJB451A　　可靠性维修性保障性术语
GJB1135.3　　地空导弹武器系统维修性评审、试验与评定
GJB1298　　通用雷达、指挥仪维修性评审与试验方法
GJB1770.3　　对空情报雷达维修性　维修性试验与评定
GJB2072　　维修性试验与评定
GJB2547　　装备测试性大纲
GJB3385　　测试与诊断术语
GJBz20045　　雷达监控分系统性能测试性方法 BIT 故障发现率、故障隔离率、虚警率

3 术语和定义

GJB451A、GJB2547、GJB3385 确立的以及下列术语和定义适用于本指南。

3.1 测试性要求 testability requirements

在产品研制总要求、技术合同或技术规范中规定的，有关产品测试性设计的定量要求与定性要求。

3.2 测试性验证 testability demonstration

为确定产品是否达到规定的测试性要求而进行的试验与评价工作。

依据测试性要求验证计划，通过演示检测和隔离故障(注入/模拟的/自然发生的)的方法，评定所研制产品是否达到规定测试性要求的过程。

3.3 测试性分析评价 testability analysis and evaluation

通过综合利用在产品研制阶段与测试性有关的信息，发现不足改进设计，评价产品是否满足规定测试性要求的过程。可利用的信息有：各种试验过程中自然发生或注入故

障的检测、隔离信息，虚警信息，仿真分析以及相似产品的信息等。

3.4 测试性核查 testability verification

承制方在订购方的监督下，为实现产品的测试性要求，自签订合同起，贯穿于整个设计过程的试验与评价工作。需要在产品研制阶段的各种试验过程中，分析和评价自然发生、注入或模拟故障的检测、隔离结果及虚警情况等，发现其不足并改进设计。

4 符号和缩略

4.1 符号

下列符号适用于本指南。

C——置信水平；

c——合格判断定数；

D——鉴别比；

n——样本数；

R_0——设计要求值；

R_L——最低可接受值（有的标准用 P_L、R_1）；

λ——故障率，单位为次每小时（1/h）；

α——承制方风险；

β——订购方风险。

4.2 缩略语

下列缩略语适用于本指南。

ATE —— automatic test equipment，自动测试设备；

BIT —— built-in test，机内测试；

BITE ——built-in test equipment，机内测试设备；

CND —— cannot duplicate，不能复现；

FAR —— false alarm rate，虚警率；

FDR —— fault detection rate，故障检测率；

FIR —— fault isolation rate，故障隔离率；

LRU —— line replaceable unit，现场可更换单元；

MTBFA — mean time between false alarms，平均虚警间隔时间(h)；

RTOK ——retest okay，重测合格；

SRU —— shop replaceable unit，车间可更换单元；

TPS —— test program set，测试程序集；

UUT —— unit under test，被测试单元。

5 一般要求

5.1 目的、作用和时机

a) 目的。测试性验证试验是为了确定产品是否达到了规定的测试性要求。

b) 作用。通过试验鉴别测试性设计缺陷，采取纠正措施，达到规定的测试性设计要求。

c) 时机。测试性验证试验在工程研制与定型阶段进行。另外,在定型前的研制过程中还应进行测试性核查。

5.2 测试性验证内容

a) 验证时定性考核的内容

定性考核的内容是技术合同中规定的测试性定性要求。包括:划分要求、测试点要求、性能监控要求、故障指示与存储要求、原位检测和机载测试系统要求、兼容性要求、综合测试能力要求和有关维修和诊断的资料与文档的完整性、适用性要求等。

b) 验证时定量考核的内容

目前一般只规定故障检测率(FDR)、故障隔离率(FIR)、虚警率(FAR)的指标,未规定故障检测与隔离时间、不能复现(CND)比例、重测合格(RTOK)比例的指标。所以,测试性验证时定量考核的重点是 FDR、FIR、FAR 三个指标,包括机内测试(BIT)的指标和使用自动测试设备(ATE)的指标。

5.3 验证产品的状态和验证方案

a) 产品状态

实施测试性验证的产品的技术状态,应该是性能合格、准备定型的产品/样机。而且其配套的测试设备和接口设备齐全,满足开展试验要求。

b) 验证方案

为减少验证的工作量和达到要求的评估准确度,应根据所研制产品的特点选择合适的测试性验证方案,包括确定样本量、判决规则(判定是否合格方法),以及获取故障样本方法等。

5.4 测试性验证大纲/计划

a) 根据型号测试性工作项目要求和测试性工作计划,制定型号测试性验证大纲和系统测试性验证计划。

b) 在设计阶段结束之前,完成制定现场可更换单元(LRU)级产品的测试性验证计划。该计划的内容包括:验证试验的要求、验证方案、受试产品、故障注入设备、测试设备、数据收集、试验组织的构成、进度安排等。

5.5 与其他验证的关系及试验的管理

a) 与其他试验的关系

由于测试性与产品的性能、可靠性、维修性密切相关,所以测试性验证应尽可能与维修性试验、可靠性试验与性能试验等相结合,以避免不必要的重复工作,节约时间和费用。

b) 试验的组织管理

测试性验证试验是订购方和承制方共同完成的工作,应做好有关组织与管理工作。一般应成立验证工作领导小组和验证试验工作组,明确领导小组和试验工作组职责、人员的分工与培训、场地与保障器材、验证经费等。若测试性验证与维修性验证同时进行(希望如此),则组织管理工作应合二为一。

6 测试性验证主要工作与实施程序

6.1 测试性验证的主要工作

a) 制定测试性验证大纲/计划,建立验证试验组织。

b) 准备试验产品及其有关测试设备。

c) 确定产品测试性试验验证方案，用于指导和规范验证试验的实施。

d）获取故障样本，有以下 3 种途径：

1) 实施故障注入试验，可利用简单工具通过手工操作方式注入故障，也可以利用注入设备实施半自动化操作方式注入故障。

2) 研制阶段相关数据收集。

3) 试用/使用现场数据收集。

e) 收集、确认并汇总有关测试性数据并填入数据记录表，表格示例本指南见附录 B。

f) 合格判定/参数评估，对收集的数据进行综合分析，统计故障检测、隔离以及报警成功的次数，评估测试性参数的量值，根据试验方案判定是否合格(是否接受产品)。

g) 编写产品的测试性验证试验报告。

h) 组织评审，确认产品的测试性验证结果。

测试性验证试验工作中，技术性较强的是确定验证方案、故障注入试验和测试性数据的收集与确认等，将在第 7 部分和本指南附录 A、附录 D 中给出进一步说明，其他工作不再赘述。

6.2 测试性验证实施程序

测试性验证工作实施程序如图 1 所示。

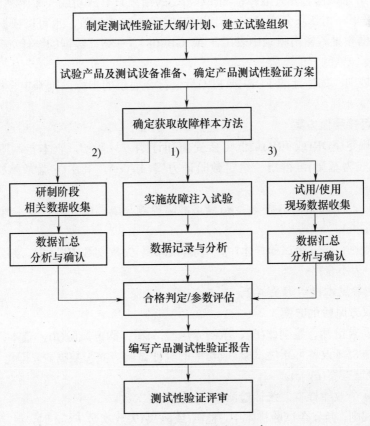

图 1　测试性验证工作实施程序

7 测试性验证主要工作说明

7.1 制定测试性验证大纲/计划

a) 对于整个装备,应制定型号测试性验证大纲,其主要内容包括:

1) 型号中要求进行测试性验证的产品清单。

2) 确定测试性验证的主要内容、验证方案等要求。

3) 测试性验证主要工作完成时间的要求。

4) 测试性验证保障条件的考虑。

5) 测试性验证组织和管理方面的要求。

6) 测试性验证与其他试验结合的要求等。

b) 系统或设备应制定测试性验证计划

1) 应依据型号测试性验证大纲和系统或设备的特点制定测试性验证计划。

2) 对测试性验证的各项工作实施要求、步骤和进度等做出规划安排。

c) 测试性验证大纲/计划通过评审后作为实施测试性验证的依据。

7.2 确定测试性验证方案

7.2.1 估计测试性参数值的方案

a) 依据检验产品故障检测与隔离的充分性要求确定样本量 n_1,方法参见本指南附录 A.1。

b) 注入 n_1 个故障样本,故障检测(或隔离)的结果只有成功或失败两种可能,可以在规定置信水平下,用二项分布公式估计出 FDR(或 FIR)的量值。也可以依据故障检测(或隔离)试验数据参见本指南附录中表 C.1 或 GB4087.3—85《数据的统计处理和解释、二项分布可靠度、单侧置信下限》。

c) 判决规则:如估计的 FDR(或 FIR)量值符合要求的指标,则判定合格;否则,为不合格。

7.2.2 最低可接受值方案

a) 依据规定 FDR(或 FIR)最低可接受值和订购方风险 β,查本指南附录 C.2 数据表(以二项分布为基础)可得出一组定数验证方案 (n_i, c_i),其中 n 为故障样本量,c 为合格判定数。

b) 在 (n_i, c_i) 中选用样本数 $n_i \geq n_1$(满足故障检测与隔离的充分性要求确定样本数)的为验证方案 (n, c)。

c) 判决规则:当 n 个试验样本中,检测(或隔离)失败次数 $F \leq c$ 时,判定合格,接收产品;否则,为不合格。

具体方法参见本指南附录 A.2。

7.2.3 考虑双方风险的方案

a) 根据要求指标、鉴别比 (D)、承制方风险 (α) 和订购方风险 (β),查本指南附录 C.3 或 GB5080.5—85《设备可靠性试验 成功率的验证试验方案》数据表,即可得出 FDR(或 FIR)需要的验证方案 (n, c)。

b) 注入 n 个故障样本,统计检测(或隔离)失败次数。

c) 判决规则:当 n 个试验样本中,检测(或隔离)失败次数 $F \leq c$ 时,判定合格;否则,为不合格。

具体方法详见本指南附录 A.3。

7.2.4　GJB2072 的方案

a) GJB2072《维修性试验与评定》等标准给出了估计 FDR(或 FIR)置信下限值 P_L 的以正态分布为基础的公式和计算试验用样本量 n 的近似公式，并规定样本量不小于30。

b) 注入 n 个故障样本，根据试验数据用有关公式和规定置信水平估计 FDR(或 FIR)值。

c) 判决规则：若下限 $P_L > P_S$(不可接受值)，则判定合格；否则，为不合格。

具体方法参见 GJB2072 和本指南附录 A 中 A.4 条。

7.2.5　综合分析评价

a) 对于难以用故障注入方式进行测试性验证的产品，通过综合利用在产品研制阶段与测试性有关的信息，评价产品是否满足规定测试性要求。可利用的信息有：各种试验过程中自然发生或注入故障的检测、隔离信息，虚警信息，仿真分析等测试性研制试验信息以及相似产品的信息等。

b) 分析评价的主要内容

1) 分析设计资料：确认已将测试性/BIT 设计到产品中，资料完整、规范，符合测试性设计要求，并通过设计评审。

2) 分析有关试验结果和数据：有模拟/仿真试验结果、研制阶段故障检测与隔离数据、现场试用时的故障检测与隔离数据、虚警数据，证明确实已将测试性/BIT 设计到产品中。依据收集到的故障检测与隔离数据，估计 FDR 和 FIR 量值。

7.2.6　各验证方案的适用条件

a) 估计参数值的方案，适用于有置信水平要求的测试性指标验证，对样本量要求不严格，适用于多种收集数据方法，也适用于使用阶段测试性评价。

b) 最低可接受值的方案，操作简单方便，适用于内场故障注入试验、验证有置信水平要求的测试性参数的最低可接受值。

c) 考虑双方风险的方案，适用于内场故障注入试验、验证有双方风险要求的测试性参数值。

d) GJB2072 的方案，需要用近似公式计算测试性参数值，适用于内场故障注入试验、验证有置信水平要求的参数不可接受值。

e) 只有难以用故障注入方式进行测试性验证试验、收集的有效故障样本数又达不到要求时，经订购方同意才能使用综合分析评定方法。

选用测试性验证方案时可参考表 1 给出的各验证方案的主要特点，适用条件和有关文献资料等

表 1　各测试性验证方案特点比较

验 证 方 案	主 要 特 点	适 用 条 件	有关文献资料
a) 估计参数值的验证方案(基于二项分布和检验充分性)	a. 合格判据合理、准确。 b. 考虑产品组成特点。 c. 给出参数估计值。 d. 可查数据表方法简单。 e. 分析工作多一些	a. 适用于有置信水平要求的指标。 b. 不适用于有 α、β 要求的情况	a. GB4087.3 二项分布单侧置信下限。 b. 有关资料

(续)

验 证 方 案	主 要 特 点	适 用 条 件	有关文献资料
b) 最低可接受值验证方案(基于二项分布和检验充分性	a) 合格判据合理、准确。 b) 考虑产品组成特点。 c) 可查数据表方法简单	a) 适用于验证指标的最低值。 b) 不适用于有 α 要求的情况	a) GB4087.3 二项分布单侧置信下限。 b) 有关资料
c) 考虑双方风险的验证方案(基于二项分布。	a) 合格判据合理、准确。 b) 明确规定 n 及 C。 c) 可查数据表,相对简单。 d) 未给出参数估计值。 e) 未考虑产品组成特点	a) 要求首先确定鉴别比和 α、β 的量值。 b) 不适用于有置信水平要求的情况	a) GJBz20045。 b) GB5080.5。 c) GJB1298
d) GJB2072 的验证方案(基于正态分布	a) 比471A 通告 2 方法有改进。 b) 可计算出下限值近似值。 c) P_L 和 n 估计准确度低。 d. 未考虑产品组成特点	a) 适用于验证指标的最低值。 b) 不适用于有 α、β 要求的情况	a) GJB2072。 b) GJB1135.3。 c) GJB1770.3

7.2.7　虚警率的验证方案

a) 虚警率(FAR)指标是不得已而提出的限制性要求,一般只有 1%~5%,很难人为模拟或注入虚警。FAR 与 FDR、FIR 有很大不同,所以需要对虚警指标验证问题做进一步说明。

b) 如果能够收集到足够的有关虚警的数据,表 1 中的验证方案 a)和 b)适用于虚警率指标的验证。此外,GJB2072 和 GJBz20045 中给出的有关 FAR 的验证方案,本指南没有详细介绍。因为虚警和多种因素有关,受产品工作环境条件影响较大,很难人为地在实验室条件下真实地模拟或注入虚警,所以要验证是否达到了规定的虚警率要求是比较困难的,结果也不准确。认真分析评价防止虚警措施的充分性和有效性是重要的补救措施之一。

c) 建议将规定的 BIT 虚警要求指标纳入可靠性要求一起验证,可靠性验证通过了,则认为 BIT 虚警对可靠性的影响不大,是可以接受的,不再考虑虚警参数的具体量值是多少。

d) 注意收集产品现场运行中有关虚警的足够数据,评估得到的 FAR 或平均虚警间隔时间(MTBFA)的量值才是比较准确的。

7.3　获取故障样本方法

7.3.1　故障注入试验及其数据收集

a) 试验准备工作

1) 准备好受试产品、相关测试设备、故障注入设备和数据记录表,试验人员培训等。

2) 进行故障样本分配,建议使用 GJB2072 中的按比例分层抽样分配方法,依据故障相对发生频率分配样本和抽取注入故障模式。

3) 进行验证产品的可注入故障分析,建立可注入故障模式库,参见本指南附录 B。

b) 故障注入试验

试验时可按样本分配结果,从可注入故障模式库中逐个选取故障模式,开始故障注入试验。故障注入试验的流程如图 2 所示。

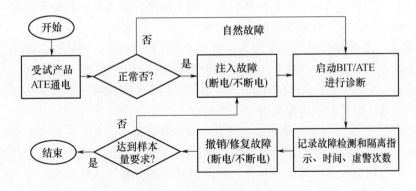

图 2　故障注入试验流程图

1) 受试产品通电，启动有关测试设备。

2) 检查产品是否正常(确认在故障注入之前产品是工作正常的)：

(1) 如未注入故障时产品出现不正常，属于自然故障，可计为一个样本，转至第4)步。

(2) 如产品正常，则进行第 3)步，可以开始注入故障。

3) 注入故障，从可注入故障模式库中选一个故障注入到产品中(手工注入时产品需断电，自动注入时可以不用断电)。

4) 启动 BIT/ATE 等测试设备，实施故障检测与隔离。

5) 记录故障检测和隔离的结果、检测与隔离时间、虚警次数等数据。

6) 撤销/修复注入的故障(断电或不用断电)，使产品处于正常状态。

7) 检查是否达到规定的故障样本数：

(1) 如未达到规定的故障样本数，重复 3)～7)步注入下一个故障(已注入的故障模式不能再重复注入)。

(2) 如达到规定的故障样本数，则转至第 8)步，故障注入试验结束。

8) 试验结束。

c) 在试验过程中同时考查规定的测试性定性要求的各项内容。

d) 整理分析测试性验证试验数据。

7.3.2　研制阶段数据收集

a) 收集研制阶段各种试验的故障检测、隔离数据和虚警数据，如性能试验、可靠性试验、维修性试验、测试性研制试验等的数据。多数是自然发生故障数据，也有为检验余度管理、调试机内测试(BIT)或自动测试设备(ATE)注入故障的数据。

b) 研制阶段测试性数据收集是随着产品各项试验展开而进行的，这些数据跨越产品不同的技术状态和较长的时间段，所以应对初始收集和记录的数据进行分析与确认，去除无效的或不适用的数据。

c) 应按事先准备好的数据记录表由专人负责收集和记录。针对要验证的产品按不同的检测方法和不同的测试性参数，进行统计、分析、分类、汇总。

7.3.3　现场运行数据收集

a) 收集装备设计定型时各种现场试验的数据，如性能定型试验、外场试验、航行试验、飞行试验、专项试验过程中的自然发生故障的检测、隔离数据和虚警数据。以定型状态数据为主，存在少量技术改动的产品数据。

b) 所收集的是实际使用环境下的真实数据，统计数据越多，测试性验证结果就越准确。但是要统计到足够的测试性数据，可能需要装备试用或使用较长的时间。为确认虚警、不能复现(CND)或重测合格(RTOK)，需要跟踪到下一级维修工作。这个过程和要求与使用阶段测试性评价时收集数据的方法相同。

c) 现场测试性数据收集是随着装备的各项试验展开而进行的，应按事先准备好的数据记录表由可靠性、维修性、测试性数据收集小组负责。测试性数据收集应与可靠性、维修性与保障性数据收集相结合，并纳入装备的质量与可靠性信息系统。

7.4 测试性验证报告

a) 在完成验证数据分析和评定之后，应编写产品的测试性验证报告。

b) 测试性验证报告的主要内容有：

1) 验证的目的，说明产品测试性验证工作的目的。

2) 验证的依据，列出制定测试性验证试验所依据的各项文件、规范、标准等。

3) 验证产品说明，列出产品的测试性要求、技术状态等信息。

4) 验证的组织与实施情况。

5) 试验方案与合格判据。

6) 验证数据，说明获取数据的途径，要求依据规范表格列出测试性相关数据。

7) 参数评估计算。

8) 验证结论，确定验证合格的测试性参数和不合格的测试性参数。

9) 存在的问题及改进建议。

10) 在试验过程中对各项测试性定性要求的符合情况进行检查、分析结果的说明。

c) 测试性验证报告应有验证组织负责人或技术主管签字。

7.5 测试性验证评审

按照测试性验证大纲/计划的要求进行测试性验证结果评审，以确认测试性验证的有效性。

评审应该对测试性验证工作的完成情况、故障注入试验过程监管、数据收集、发现的问题、分析处理的合理性、结论的正确性等进行审查和确认。

8 注意事项

a) 测试性定性要求的验证，应在试验过程中通过故障检测和隔离的演示操作和有关资料审查，与测试性指标的验证同时进行。

b) 如果产品的测试性指标未规定置信水平或承制方风险(α)和订购方风险(β)，则应在测试性验证之前，承制方与订购方应协商确定置信水平或 α 与 β 要求值。

1) 置信水平取值范围一般是 0.7～0.9，在相同条件下：

(1) 样本数不变，置信水平越高，估计的下限值越低，不容易通过验证试验。

(2) 置信水平不变，样本数越多，估计的下限值越高，容易通过验证试验。

2) 承制方和订购方风险取值范围一般是 $\alpha=\beta=0.1～0.3$，在相同条件下：

(1) 鉴别比不变，$\alpha=\beta$ 值越小，所需样本数越多。

(2) $\alpha=\beta$ 值不变，鉴别比越小，所需样本数越多。

c) 选定测试性验证方案时，应注意各种试验方案的适用条件是否符合具体产品的测试性验证要求。

d) 故障注入试验数据收集，收集的是在内场故障注入试验过程中的有关数据，受试产品符合设计定型技术状态，试验时间集中，收集数据工作较简单，统计判别容易，收集的故障检测和隔离数据符合测试性验证要求。

e) 研制阶段数据收集，收集的是研制过程中的有关数据，受试产品处于不同技术状态。收集数据时间较长，数据的分析、确认、统计工作量大，取得足够的符合测试性验证要求的数据有难度。

f) 现场运行数据收集，收集的是现场试验过程中的真实故障检测、隔离和虚警数据，受试产品符合设计定型技术状态。但与故障注入试验比较，所需试验时间较长、数据统计分析工作有一定难度。

g) 建议首先选用故障注入试验获取故障样本的方法，当确实无条件进行故障注入试验验证时，也可以选用两种或三种相结合的收集数据方法。

h) 利用现场收集到的数据进行测试性使用评价时，除了评估 FDR、FIR、FAR 之外，还应统计评价 CND、RTOK 的百分比。

i) 测试性验证试验应注意与可靠性试验、维修性试验、保障性试验、性能试验相结合，注意与其他验证试验的协调，应符合 XKG/D04—2009《型号 RMS 要求验证程序和方法应用指南》、XKG/W04—2009《型号平均修复时间验证试验与评价应用指南》、XKG/B04—2009《型号再次出动准备要求验证试验与评价应用指南》等规定。

附录 A
(资料性附录)
测试性验证方案

A.1 估计测试性参数值的验证方案

A.1.1 确定样本量

a) 根据试验用样本的充分性来确定样本量。故障隔离是要求将故障隔离到产品的各组成单元,所以各组成单元的功能故障都需要进行检验,即要保证对应产品组成单元的每一功能故障至少有 1 个样本。应对产品的各组成单元的功能故障模式、故障率及注入方法进行分析,参见本指南附录 B。

保证充分检验产品所需故障样本量 n_1 可计算如下:

$$n_1 = \frac{\lambda_U}{\lambda_{min}} \text{ (取整数)} \tag{A.1}$$

式中:n_1——充分检验产品所需样本量;

λ_U——产品的故障率(10^{-6}/h);

λ_{min}——产品各组成单元功能故障的故障率中最小的故障率值(10^{-6}/h)。

某一功能故障的故障率等于与该功能有关的所有元器件故障率之和,如果 λ_{min} 值比平均值小很多,为避免 n_1 过大可选用次小的 λ 值计算 n_1 值。

b) 最少样本量。考虑统计评估指标要求,验证试验用故障样本量的下限可计算如下:

$$n_2 = \frac{\lg(1-C)}{\lg R_L} \tag{A.2}$$

式中:R_L——测试性指标的最低可接受值;

n_2——达到 R_L 所需最低样本量,应为正整数;

C——置信水平。

如果试验用样本量小于 n_2 值,即使检测/隔离都成功也达不到规定的最低可接受值 R_L。

c) 综合试验用样本量 n 在 n_1、n_2 中取大的,即 $n=\max(n_1, n_2)$,如果出现 $n_2>n_1$ 的情况,可分别给故障率高的功能故障增加样本,一直到要求的样本数。

d) 样本量分配。将样本量 n 分配给产品各组成单元的各故障类,如故障类 F_i 的样本数计算如下:

$$n_{Fi} = n\frac{\lambda_F i}{\lambda_U} \text{ (取整数)} \tag{A.3}$$

式中:n_{Fi}——分配给第 i 个故障类的样本数;

λ_{Fi}——第 i 个故障类的故障率,单位为 10^{-6} 次每小时(10^{-6}/h);

λ_U——产品的故障率,单位为 10^{-6} 次每小时(10^{-6}/h)。

A.1.2 参数估计与判决规则

根据试验数据(或收集的故障样本数据)用二项式分布模型估计 FDR、FIR 的单侧置信下限量值(也可以置信区间估计)。

a) 单侧置信下限

测试性参数的单侧置信下限 P_{L} 根据下式计算：

$$\sum_{i=0}^{F}\binom{n}{i}P_{\mathrm{L}}^{n-i}(1-P_{\mathrm{L}})^{i}=1-C \tag{A.4}$$

式中：P_{L}——单侧置信下限；

C——置信水平；

n——样本量；

F——失败次数。

b) 区间估计

测试性参数的置信区间 $(P_{\mathrm{L}},\ P_{\mathrm{U}})$ 可用下式计算：

$$\sum_{i=0}^{F}\binom{n}{i}P_{\mathrm{L}}^{n-i}(1-P_{\mathrm{L}})^{i}=\frac{1}{2}(1-C) \tag{A.5}$$

$$\sum_{i=F}^{n}\binom{n}{i}P_{\mathrm{U}}^{n-i}(1-P_{\mathrm{U}})^{i}=\frac{1}{2}(1-C) \tag{A.6}$$

式中：P_{L} ——置信下限；

P_{U} ——置信上限；

C、n、F ——同式(A.4)。

已知 C、n、F 直接用上式求解估计值比较繁琐，可以查二项分布单侧置信下限表(见本指南附录 C.1)和区间估计表(见本指南参考文献 〔3〕)。

c) 判决规则

1) 如在规定置信水平下，估计的下限大于等于最低可接受值，即判为合格；否则为不合格。

2) 如提出的 FDR 和 FIR 指标，未指明是最低可接受值时，可进行区间估计，指标在置信区间内即判为合格(接收产品)。

A.1.3 注意事项

a) 应根据产品测试性要求，明确进行指标估计的方法和置信水平。

b) 应认真进行功能故障模式分类、故障率及注入方法分析。为操作方便，较简单的产品也可以按合理划分后的组成部件功能来区分故障类。

c) 根据样本分配结果建立可注入故障模式库，每个故障类中可注入故障数应大于分配数 2 个~3 个，以便备用。

d) 对于检测率，n 是注入故障样本数；F 是检测失败次数；对于隔离率，n 是检测出故障样本数；F 是隔离故障失败数。

e) 此方法不适用于规定双方风险要求的指标验证。

A.2 最低可接受值验证方案

a) 确定测试性试验方案

1) 故障检测率、隔离率指标越高越好，在给定相关参数最低可接受值(单侧置信下限)和订购方风险 β 情况下，求解式(A.7)的第2式可得出一组定数试验方案(n_i, c_i)。其中 n 是样本数，c 是合格判定数。

直接求解方程较麻烦，可以查有关数据表，参见本指南附录C.2。

2) 在(n_i, c_i)中可选用样本数 $n \geq n_1$ 的一个为验证方案(n, c)，其中 $n_1 = \lambda_U / \lambda_{min}$。最少 n 应大于产品组成单元的等价故障类数。

b) 样本量分配

可使用 GJB2072 中的按比例分层抽样分配方法，按故障相对发生频率把确定的样本量 n 分得产品各组成单元。

c) 判决规则

注入 n 个故障样本，如检测(隔离)失败次数 $F \leq c$，则判定合格；否则，不合格。例如，当选定 $FDR_1 = 0.90$，$\beta = 0.2$ 时，可查数据表得一组试验方案，如表A.1所列。

表 A.1 一组试验方案

c	0	1	2	3	4	5	6	7	8	9	10	11	12
n	16	29	42	54	66	78	90	101	113	124	135	146	157

如果按 $n \geq n_1$ 要求选择了(42, 2)作为试验方案。在注入42个故障样本后，如果检测失败数 $F \leq 2$，则检测率合格，接收产品。

d) 注意事项

1) 应明确产品测试性指标的最低可接受值和 β 值。

2) 应认真进行功能故障模式分类、故障率及注入方法分析。为操作方便，较简单的产品也可以按合理划分后的组成部件功能来区分故障类。

3) 根据样本分配结果建立可注入故障模式库，每个故障类中可注入故障数应大于分配数2个~3个，以便备用。

4) 此方法虽然未要求估计参数值，如需要可以根据 n、F 值查有关数据表，得出参数量值。

5) 对于检测率 n 是注入故障样本数，F 是检测失败次数；对于隔离率 n 是检测出故障样本数，F 是隔离故障失败数。

6) 若首选方案失败数 $F > c$，还可以增加样本数，选用下一方案继续试验；如果累计检测失败数还大于合格判定数，则拒收产品。

7) 此种试验方案简单、准确。但不适用于规定双方风险要求的指标验证。

A.3 考虑双方风险的验证方案

A.3.1 确定样本量及合格判据

a) 在 GB5080.5《设备可靠性试验 成功率的验证试验方案》和 GJBz20045《雷达监控分系统性能测试性方法 BIT故障发现率、故障隔离率、虚警率》中给出了成功率的定数试验方案，可用于故障检测率和隔离率的验证试验方案。此验证方案是以式(A.7)为基础的，直接用公式求解得出 n 和 c 值较繁琐，可以查相应的数据表格。例如，故障检测率要求值是 0.95、鉴别比 $D = (1-R_1)/(1-R_0) = 3$、$\alpha = \beta = 0.1$ 时，查本指南附录表 C.3 表格可得验证方案$(n, c)=(60, 5)$，其中 n 是试验用样本数，c 是合格判定数。

$$\begin{cases} 1-\sum_{i=0}^{c}\binom{n}{i}(1-R_0)^i R_0^{n-i} \leqslant \alpha \\ \sum_{i=0}^{c}\binom{n}{i}(1-R_1)^i R_1^{n-i} \leqslant \beta \end{cases} \tag{A.7}$$

式中：R_0——设计要求值；

R_1——最低可接受值；

α——承制方风险；

β——订购方风险。

b) 判决规则：当注入 n 个故障样本检测(或隔离)失败次数 F 小于等于 $c(F \leqslant c)$ 时，判定合格；否则为不合格。

A.3.2 样本量分配、故障模式选取

a) 样本量分配

在 GB5080.5 和 GJBz20045 中没有给出样本量分配方法，建议使用 GJB2072 附录 B 中给出的按比例分层抽样分配方法。

b) 注入故障模式选取方法

产品备选样本量应是确定试验样本量的 3 倍～4 倍。各组成单元或部件的备选样本量也应如此。样本量分配、故障模式选取方法，详见 GJB2072 附录 B。

A.3.3 注意事项

a) 要求首先确定 q_0、鉴别比 $D=(1-q_0)/(1-q_1)$、α、β 的量值。鉴别比越小，n 值越大。α 和 β 值越小，n 值也越大。规定有估计指标置信水平要求时此方法不适用。

b) 以二项式分布公式为基础，判据更合理也更准确，方法简单易操作。

c) 对于试验结果只能判断合格或不合格，未给出验证参数的估计值。

d) 只考虑了固定的鉴别比和 $\alpha=\beta$ 的情况($\alpha=\beta=0.05$、0.10、0.20、0.30，鉴别比 $D=1.50$、1.75、2.00、3.00)。

A.4 GJB2072 的验证方案

a) 置信下限与判决规则

在国军标 GJB2072 附录 C 中，规定了基于正态分布的试验方案确定方法，使用的基本数学模型(与 MIL-STD-471A 通告 2 的类似)如下。

1) 当 $0.1<P<0.9$ 时，置信水平为$(1-\alpha)$的检测率、隔离率置信下限 P_L 为

$$P_L = P + Z_\alpha \sqrt{\frac{P(1-P)}{n}} \tag{A.8}$$

式中：P_L——故障检测率或隔离率估计值的置信下限；

P——故障检测率或隔离率的点估计值，$P=k/n$；

n——试验样本量；

k——n 次试验中成功的次数；

Z_α——与置信水平相关的系数。

2) 当 $P \leq 0.1$ 或 $P \geq 0.9$、置信水平为 $(1-\alpha)$ 时，置信下限 P_L 为

$$P_L = \begin{cases} \dfrac{2\lambda}{2n-k+1+\lambda} & 当 P \leq 0.1 时 \\[3mm] \dfrac{n+k-\lambda'}{n+k+\lambda'} & 当 P \geq 0.9 时 \end{cases} \tag{A.9}$$

式中：$\lambda = \dfrac{1}{2}\chi_\alpha^2(2k)$，$\lambda' = \dfrac{1}{2}\chi_{1-\alpha}^2[2(n-k)+2]$。

3) 判决规则：故障检测率和隔离率指标越高越好，若 $P_L > P_S$(不可接受值)则接受，否则拒收。

GJB1135.3、GJB1770.3 中也规定了类似的方法。

b) 确定样本量

综合 GJB2072、GJB1135.3、GJB1770.3 给出的方法，可计算试验用样本量 n：

$$n = \frac{(Z_{1-\alpha/2})^2 P_S(1-P_S)}{\delta^2} \tag{A.10}$$

式中：$Z_{1-\alpha/2}$——标准正态分布的第 $100(1-\alpha/2)$ 百分位；

P_S——检测率或隔离率的不可接受值；

δ——允许的偏差值(推荐 0.01~0.07)。

规定：当计算出的样本量小于 30，则令样本量等于 30。

c) 注意事项

1) GJB2072 对于不同的点估计值 P 的范围($0.1 < P < 0.9$；$P \leq 0.1$ 或 $P \geq 0.9$)，用不同的公式计算 P_L 的值，这比 MIL-STD-471A 通告 2 的方法更准确些。

2) 用 $P_L > P_S$ 作为接收或拒收判据，比 MIL-STD-471A 通告 2 的方法更合适。

3) 此方案仍然是个近似方法，P_L 的估计值还有较大的误差。

附录 B

(资料性附录)

试验记录表和可注入故障模式库

B.1 内场故障注入试验数据记录表格

故障注入试验过程中的数据，应有专人按规定的内容和格式记录。记录的内容主要包括：

a) 每次注入故障模式名称或代号。

b) 所用测试手段(BIT、ATE 或人工)。

c) 每次故障检测和隔离指示的结果。

d) 每次故障检测与隔离时间。

e) 试验过程中发生的虚警次数等。

故障注入试验数据记录表格的样式示例如表 B.1 所列。在实际应用中可以参考这些表格，针对产品特点建立具体的数据表格。

表 B.1 故障注入试验记录表格

产品名称：　　　　　　　　　　试验场所：　　　　　　　　　　试验日期：

序号	故障名称	故障表现	BIT							ATE							人工				备注
			指示	检测	隔离		时间	虚警		指示	检测	隔离		时间	虚警		检测	隔离		时间	
					LRU	SRU						LRU	SRU					LRU	SRU		
1																					
2																					
3																					
...																					

B.2 建立可注入故障模式库

B.2.1 故障模式分类及注入方法分析

a) 故障模式分类

分析产品的功能故障及其各组成单元的功能故障。导致产品组成单元的某一功能故障模式的所有元器件故障模式的集合，划分为一类(等效故障集合)，注入其中任一个故障就等于注入了该功能故障。为操作方便，较简单的产品也可以按合理划分后的组成部件来划分等价故障类别。分析的重点是产品的各组成单元的功能故障、故障率及注入方法。

b) 故障模式及注入方法分析

在内场进行测试性验证试验的产品一般多是现场可更换单元(LRU)级的产品，所以这里以 LRU 为例进行分析。依据组成 LRU 各车间可更换单元(SRU)的构成及工作原理、

FMEA 表格、测试性/BIT 设计与预计资料等，分析各 SRU 的各功能故障对应的等价故障集中可注入的故障模式及注入方法、功能故障的故障率(等于引发该功能故障的所有元器件故障率之和)、检测方法、测试程序编号等相关数据，填入表 B.2 中。

表 B.2　SRU 故障分类及注入方法分析

LRU 组成单元(SRU)名称：　　　　　　　　　　　　　　　　　　日期：

序号	功能故障模式	名称和代号	故障率 λ_g	引发功能故障的元器件				测试程序编号		
				名称或故障模式	故障率 λ_i	注入方法	不能注入原因	BIT	ATE	人工
1										
2										
...										
合计										

注：故障"注入方法"代号：FI—硬件注入，FE—软件模拟；
　　"不能注入原因"代号：A—无物理量入口；B—无软件入口；C—无支持设备；D—需要改进软件

B.2.2　可注入故障模式库建立

在完成对产品及其组成单元的故障模式及注入方法分析的基础上，即可建立故障模式库。

a) 故障模式数量及分布要求

故障模式库中故障模式的数量应足够大，一般是试验用样本量的 3 倍～4 倍，至少应保证故障率最小的组件(故障类)有 2 个可注入故障模式，其他故障率较高的组件(故障类)可注入故障模式数应大于分配给它的样本数，以便实施抽样和备份。

故障模式库中故障分布情况，应按产品组成单元(故障类)故障率成正比配置。

b) 故障模式信息内容

库中每个故障模式都是可注入的，给出的相关信息内容应包括：

1) 故障模式名称和代号。

2) 故障模式所属产品及其组成单元名称或代号。

3) 故障模式及所属故障类名称和代号。

4) 故障特征。

5) 检测方法与测试程序。

6) 注入方法和注意事项等。

c) 故障模式库

为便于故障模式抽取和注入，根据产品及其组成单元的故障模式及注入方法分析的结果，将各个可以注入的故障模式及其相关信息，按产品组成单元分组编号、顺序排列，集合后即构成产品可注入故障模式库，如表 B.3 所列。故障模式库可以是纸介质的，也可以是电子的。

表 B.3 可注入故障模式库

序号	故障名称代号	故 障 位 置		故障特征	故障注入方法	检测方法测试程序
		SRU 名称和代号	组件(或故障类)名称和代号			
1						
2						
3						
...						

附录 C

(资料性附录)

测试性验证用数据表

C.1 概述

本附录给出了 3 个用于测试性验证试验的数据表，以方便查询。

a) 单侧置信下限估计数据表(见表 C.1)

1) 该数据表用于根据试验数据，用二项式分布模型估计 FDR、FIR 的单侧置信下限值。

2) 表中的数据是根据式(A.4)求出的单侧置信下限值，置信水平为 80%。表的第 1 列是故障样本数(n)，第 1 行是检测或隔离失败次数(F)。

3) 查表示例。例如，试验的故障样本 $n=40$，BIT 检测的失败次数 $F=2$。则查此表可知：BIT 的检测检测率是 0.896(89.6%)，为单侧置信下限值，置信水平为 80%。

b) 最低可接受值验证方案数据表(见表 C.2)

1) 该数据表用于根据要求的最低可接受值(单侧置信下限)R_L 和订购方风险 β，确定验证试验方案。

2) 表中的数据是根据式(A.7)的第 2 式求出的，对应订购方风险 $\beta=0.2$。该表的第 1 列是最低可接受值 R_L，第 1 行是合格判定数(允许失败次数)c，表中的数据是试验样本数 n。

3) 查表示例。例如，当要求的最低可接受值 $FDR_1=0.90$ 和 $\beta=0.2$ 时，查此数据表可知，对应 $R_L=90$ 的一行即是可用的一组验证方案：

$$C: \quad 0 \quad 1 \quad 2 \quad 3 \cdots$$
$$n: \quad 16 \quad 29 \quad 42 \quad 54 \cdots$$

再考虑最小样本的限制(如不小于 30 个)，可确定 $n=42$、$c=2$ 为试验方案。

c) 考虑双方风险的验证方案数据表(见表 C.3)

1) 该数据表用于依据故障检测率(或隔离率)要求值、承制方风险和订购方风险，确定验证试验方案。

2) 表中的数据是根据式(A.7)求出的，其中 R_0 是接收概率为 $1-\alpha$ 时的故障检测率(或隔离率)要求值、α 是承制方风险、β 是订购方风险、D 是鉴别比。

3) 查表示例。例如，故障检测率要求值是 0.95、鉴别比 $D=3$、$\alpha=\beta=0.1$ 时，查此表格，可得验证方案：$n=60$、$c=5$，其中 n 是验证试验用样本数，c 是合格判定数。

C.2 单侧置信下限估计

表 C.1 用于估计故障检测率或隔离率的单侧置信下限值。

表 C.1　单侧置信下限估计数据表(置信水平 80 %)

n	F										
	0	1	2	3	4	5	6	7	8	9	10
22	0.929	0.870	0.815	0.763	0.713	0.664	0.617	0.570	0.524	0.479	0.434
23	0.932	0.875	0.823	0.773	0.725	0.678	0.632	0.587	0.543	0.499	0.456
24	0.935	0.880	0.830	0.782	0.736	0.691	0.646	0.603	0.560	0.518	0.477
25	0.938	0.885	0.837	0.790	0.746	0.702	0.660	0.618	0.576	0.536	0.496
26	0.940	0.889	0.843	0.798	0.755	0.713	0.672	0.631	0.592	0.552	0.514
27	0.942	0.893	0.848	0.805	0.764	0.723	0.683	0.644	0.606	0.568	0.530
28	0.944	0.897	0.853	0.812	0.772	0.732	0.694	0.656	0.619	0.582	0.546
29	0.946	0.900	0.858	0.818	0.779	0.741	0.704	0.667	0.631	0.595	0.560
30	0.948	0.903	0.863	0.824	0.786	0.749	0.713	0.678	0.643	0.608	0.574
31	0.949	0.906	0.867	0.829	0.793	0.757	0.722	0.687	0.653	0.620	0.587
32	0.951	0.909	0.871	0.834	0.799	0.764	0.730	0.697	0.664	0.631	0.599
33	0.952	0.912	0.875	0.839	0.805	0.771	0.738	0.705	0.673	0.641	0.610
34	0.954	0.914	0.878	0.844	0.810	0.777	0.745	0.714	0.682	0.651	0.621
35	0.955	0.917	0.882	0.848	0.815	0.784	0.752	0.721	0.691	0.661	0.631
36	0.956	0.919	0.885	0.852	0.820	0.789	0.759	0.729	0.699	0.670	0.641
37	0.957	0.921	0.888	0.856	0.825	0.795	0.765	0.736	0.707	0.678	0.650
38	0.959	0.923	0.891	0.860	0.829	0.800	0.771	0.742	0.714	0.686	0.659
39	0.960	0.925	0.893	0.863	0.834	0.805	0.777	0.749	0.721	0.694	0.667
40	0.961	0.927	0.896	0.866	0.838	0.810	0.782	0.755	0.728	0.701	0.675
41	0.962	0.929	0.899	0.870	0.841	0.814	0.787	0.760	0.734	0.708	0.682
42	0.962	0.930	0.901	0.873	0.845	0.818	0.792	0.766	0.740	0.715	0.689
43	0.963	0.932	0.903	0.875	0.849	0.822	0.797	0.771	0.746	0.721	0.696
44	0.964	0.933	0.905	0.878	0.852	0.826	0.801	0.776	0.751	0.727	0.703
45	0.965	0.935	0.907	0.881	0.855	0.830	0.805	0.781	0.757	0.733	0.709
46	0.966	0.936	0.909	0.883	0.858	0.834	0.809	0.785	0.762	0.738	0.715
47	0.966	0.938	0.911	0.886	0.861	0.837	0.813	0.790	0.767	0.744	0.721
48	0.967	0.939	0.913	0.888	0.864	0.840	0.817	0.794	0.771	0.749	0.727
49	0.968	0.940	0.915	0.890	0.867	0.843	0.821	0.798	0.776	0.754	0.732
50	0.968	0.941	0.916	0.892	0.869	0.846	0.824	0.802	0.780	0.759	0.737

(续)

n	F										
	0	1	2	3	4	5	6	7	8	9	10
51	0.969	0.942	0.918	0.895	0.872	0.849	0.827	0.806	0.784	0.763	0.742
52	0.970	0.944	0.920	0.896	0.874	0.852	0.831	0.809	0.788	0.768	0.747
53	0.970	0.945	0.921	0.898	0.876	0.855	0.834	0.813	0.792	0.772	0.751
54	0.971	0.946	0.922	0.900	0.879	0.858	0.837	0.816	0.796	0.776	0.756
55	0.971	0.947	0.924	0.902	0.881	0.860	0.840	0.819	0.800	0.780	0.760
56	0.972	0.947	0.925	0.904	0.883	0.862	0.842	0.823	0.803	0.784	0.764
57	0.972	0.948	0.926	0.905	0.885	0.865	0.845	0.826	0.806	0.787	0.768
58	0.973	0.949	0.928	0.907	0.887	0.867	0.848	0.829	0.810	0.791	0.772
59	0.973	0.950	0.929	0.909	0.889	0.869	0.850	0.831	0.813	0.794	0.776
60	0.974	0.951	0.930	0.910	0.891	0.871	0.853	0.834	0.816	0.798	0.780
61	0.974	0.952	0.931	0.911	0.892	0.873	0.855	0.837	0.819	0.801	0.783
62	0.974	0.952	0.932	0.913	0.894	0.875	0.857	0.839	0.822	0.804	0.786
63	0.975	0.953	0.933	0.914	0.896	0.877	0.859	0.842	0.824	0.807	0.790
64	0.975	0.954	0.934	0.916	0.897	0.879	0.862	0.844	0.827	0.810	0.793
65	0.976	0.955	0.935	0.917	0.899	0.881	0.864	0.847	0.830	0.813	0.796
66	0.976	0.955	0.936	0.918	0.900	0.883	0.866	0.849	0.832	0.815	0.799
67	0.976	0.956	0.937	0.919	0.902	0.885	0.868	0.851	0.834	0.818	0.802
68	0.977	0.957	0.938	0.920	0.903	0.886	0.870	0.853	0.837	0.821	0.805
69	0.977	0.957	0.939	0.922	0.905	0.888	0.871	0.855	0.839	0.823	0.807
70	0.977	0.958	0.940	0.923	0.906	0.889	0.873	0.857	0.841	0.826	0.810

注：n—样本数；F—失败次数；更多数据见 GB4087.3—85

C.3 最低可接受值验证方案

表 C.2 用于依据 β 和 R_L 确定测试性验证方案

表 C.2 最低可接受值验证方案数据表($\beta = 0.2$)

R_L	c															
	0	1	2	3	4	5	6	7	8	9	10	11	12	13	14	15
0.60	4	7	10	13	16	19	22	24	27	30	33	35	38	41	44	46
0.61	4	7	10	13	16	19	22	25	28	31	34	36	39	42	45	47
0.62	4	7	11	14	17	20	23	26	29	32	34	37	40	43	46	49
0.63	4	8	11	14	17	20	23	26	29	32	35	38	41	44	47	50
0.64	4	8	11	14	18	21	24	27	30	33	36	39	43	46	49	52
0.65	4	8	12	15	18	22	25	28	31	34	38	41	44	47	50	53
0.66	4	8	12	15	19	22	26	29	32	35	39	42	45	48	52	55
0.67	5	9	12	16	19	23	26	30	33	37	40	43	47	50	53	56

(续)

R_L	c															
	0	1	2	3	4	5	6	7	8	9	10	11	12	13	14	15
0.68	5	9	13	16	20	24	27	31	34	38	41	45	48	52	55	58
0.69	5	9	13	17	21	24	28	32	35	39	43	46	50	53	57	60
0.70	5	9	14	18	21	25	29	33	37	40	44	48	51	55	59	62
0.71	5	10	14	18	22	26	30	34	38	42	46	49	53	57	61	65
0.72	5	10	15	19	23	27	31	35	39	43	47	51	55	59	63	67
0.73	6	11	15	20	24	28	32	37	41	45	49	53	57	61	65	69
0.74	6	11	16	20	25	29	34	38	42	47	51	55	60	64	68	72
0.75	6	11	16	21	26	31	35	40	44	49	53	58	62	66	71	75
0.76	6	12	17	22	27	32	37	41	46	51	55	60	65	69	74	78
0.77	7	12	18	23	28	33	38	43	48	53	58	63	68	72	77	82
0.78	7	13	19	24	30	35	40	45	50	56	61	66	71	76	81	86
0.79	7	14	20	25	31	37	42	48	53	58	64	69	74	79	85	90
0.80	8	14	21	27	33	39	44	50	56	61	67	72	78	83	89	94
0.81	8	15	22	28	34	41	47	53	59	65	70	76	82	88	94	100
0.82	9	16	23	30	36	43	49	56	62	68	74	81	87	93	99	105
0.83	9	17	24	32	39	46	52	59	66	72	79	85	92	98	105	111
0.84	10	18	26	34	41	48	56	63	70	77	84	91	98	105	112	119
0.85	10	19	28	36	44	52	59	67	75	82	90	97	104	112	119	127
0.86	11	21	30	39	47	55	64	72	80	88	96	104	112	120	128	136
0.87	12	23	32	42	51	60	69	78	86	95	104	112	121	129	138	146
0.88	13	24	35	45	55	65	75	84	94	103	112	122	131	140	149	159
0.89	14	27	38	49	60	71	81	92	102	113	123	133	143	153	163	173
0.90	16	29	42	54	66	78	90	101	113	124	135	146	157	169	180	191
0.91	18	33	47	60	74	87	100	113	125	138	150	163	175	187	200	212
0.92	20	37	53	68	83	98	112	127	141	155	169	183	197	211	225	239
0.93	23	42	60	78	95	112	129	145	161	178	194	210	226	242	257	273
0.94	27	49	71	91	111	131	150	169	188	207	226	245	263	282	300	319
0.95	32	59	85	110	134	157	180	204	226	249	272	294	316	339	361	383
0.96	40	74	106	137	167	197	226	255	283	312	340	368	396	424	452	479
0.97	53	99	142	183	223	263	301	340	378	416	454	491	528	566	603	639
0.98	80	149	213	275	335	394	453	511	568	625	681	737	793	849	905	960
0.99	161	299	427	551	671	790	906	—	—	—	—	—	—	—	—	—

注：表中数据是样本数 n；R_L 是最低可接受值；c 是合格判定数(允许失败次数)

C.4 考虑双方风险的验证方案

表 C.3 用于依据故障检测率(或隔离率)要求值、和双方风险确定验证试验方案。

表 C.3 考虑双方风险的验证方案数据表

R_0	D	$\alpha=\beta=0.05$		$\alpha=\beta=0.1$		$\alpha=\beta=0.2$		$\alpha=\beta=0.3$	
		n	c	n	c	n	c	n	c
0.995	1.5	10647	65	6581	40	2857	17	1081	6
	1.75	5168	34	3218	21	1429	9	544	3
	2	3137	22	1893	13	906	6	361	2
	3	1044	9	617	5	285	2	162	1
0.990	1.5	5320	65	3215	39	1428	17	540	6
	1.75	2581	34	1607	21	714	9	272	3
	2	1567	22	945	13	453	6	180	2
	3	521	9	308	5	142	2	81	1
0.980	1.5	2620	64	1605	39	713	17	270	6
	1.75	1288	34	770	20	356	9	136	3
	2	781	22	471	13	226	6	90	2
	3	259	9	53	5	71	2	40	1
0.970	1.5	1720	63	1044	38	450	16	180	6
	1.75	835	33	512	20	237	9	90	3
	2	519	22	313	13	150	6	60	2
	3	158	8	101	5	47	2	27	1
0.960	1.5	1288	63	782	38	337	16	135	6
	1.75	625	33	383	20	161	8	68	3
	2	374	21	234	13	98	5	45	2
	3	117	8	76	5	35	2	20	1
0.950	1.5	1014	62	610	37	269	16	108	6
	1.75	486	32	306	20	129	8	54	3
	2	298	21	187	13	78	5	36	2
	3	93	8	60	5	28	2	16	1
0.940	1.5	832	61	508	37	224	16	90	6
	1.75	404	32	244	19	107	8	45	3
	2	248	21	155	13	65	5	30	2
	3	77	8	50	5	23	2	13	1
0.930	1.5	702	60	424	36	192	16	77	6
	1.75	336	31	208	19	92	8	38	3
	2	203	20	125	12	55	5	25	2
	3	66	8	42	5	20	2	11	1

(续)

R_0	D	$\alpha=\beta=0.05$		$\alpha=\beta=0.1$		$\alpha=\beta=0.2$		$\alpha=\beta=0.3$	
		n	c	n	c	n	c	n	c
0.920	1.5	613	60	371	36	168	16	67	6
	1.75	294	31	182	19	80	8	34	3
	2	177	20	109	12	48	5	22	2
	3	57	8	37	5	17	2	10	1
0.910	1.5	536	59	329	36	149	16	60	6
	1.75	253	30	154	18	71	8	30	3
	2	157	20	96	12	43	5	20	2
	3	51	8	33	5	15	2	9	1
0.900	1.5	474	58	288	35	134	16	53	6
	1.75	227	30	138	18	64	8	27	3
	2	135	19	86	12	39	5	18	2
	3	41	7	25	4	14	2	8	1
0.850	1.5	294	54	181	33	79	14	3	6
	1.75	141	28	87	17	42	8	18	3
	2	85	18	53	11	21	4	12	2
	3	26	7	16	4	9	2	5	1
0.800	1.5	204	50	127	31	55	13	26	6
	1.75	98	26	61	16	28	7	13	3
	2	60	17	36	10	19	5	9	2
	3	17	6	9	3	4	1	4	1

注：R_0—要求值；α—承制方风险；β—订购方风险；D—鉴别比；n—样本数；c—合格判定数

附录D
(资料性附录)
测试性验证示例

D.1 概述

某型号一个电子产品由4个单元组成,要求对其进行测试性验证,产品研制任务书要求:故障检测率不小于70%,订购方风险$\beta=0.2$。

D.2 验证试验实施要求

a) 组建测试性验证试验评定小组,组成人员包括订购方代表、质量部门代表、设计人员、测试人员、使用人员、测试性专业人员等,设一名组长负责组织和管理。参加试验的人员分成两组,一组负责故障注入或模拟,另一组进行检测和维修。进行检测维修的人员应在事先不了解所注入故障的情况下进行故障检测,并详细记录检测结果。

b) 试验时,由试验组按照故障分配表,在预先准备好的可注入故障库中选择故障。每次注入一个故障,首先进行产品的自检,然后用测试仪进行检测,对各种检测方式的检测结果均进行详细的记录。修复后再进行下一次故障模拟,直到达到规定样本数为止。试验期间发生的自然故障也应作为样本记入试验结果。

D.3 确定验证方案

a) 查有关数据表

该产品规定的测试性指标是故障检测率的最低可接受值,$\beta=0.2$,选用最低可接受值验证方案较方便。查本指南附录C中的表C.2可知,验证方案(n, c)有:(5,0)、(9,1)、(14,2)、(18,3)、(21,4)、(25,5)、(29,6)、(33,7)、(37,8)、(40,9)等。其中,n是故障样本数,c是合格判定数。

b) 考虑检验的充分性

产品由4部分组成,总故障率为$1138(10^{-6}h^{-1})$,各部分故障率分别为$185(10^{-6}h^{-1})$、$62(10^{-6}h^{-1})$、$81(10^{-6}h^{-1})$、$810(10^{-6}h^{-1})$。为了保证故障率最低的组成部分至少分配到1个~2个故障(其他组成部分按比例增加),$n_1=\lambda_U/\lambda_{min}=1138/62=18.3$,总的注入故障数应大于18。

c) 验证方案

考虑到总故障数应大于18,一般应不小于30,所以可选取试验方案:(n, c)为(33,7)。

D.4 故障样本分配和注入故障模式分析

a) 故障样本分配

根据产品各部分的故障率数据和样本数,可以得到产品故障样本分配表,如表D.1所列。

表 D.1　某产品故障样本分配表

组成单元	故障率/(10⁻⁶ h)	单元数量	各组的故障率/(10⁻⁶ /h)	相对发生频率	分配的样本量
单元A	185	1	185	0.162	5
单元B	62	1	62	0.054	2
单元C	81	1	81	0.071	3
单元D	810	1	810	0.711	23

b) 注入故障模式分析

对各个组成单元进行了可注入故障模式分析和预选，其中单元B 的备选注入故障见表 D.2，其余的省略。

表 D.2　单元 B 的备选注入故障表

代码	名　称	功　能	故 障 模 式
1	集成电路1	驱动、锁存	性能退化
2	可编程逻辑器件	组合逻辑	性能退化
3	集成电路2	驱动	逻辑输出故障
4	FPGA 芯片	逻辑组合	逻辑输出故障
5	集成电路3	时钟分频	性能退化
6	串行存储器	串行存储	数据丢失
7	协议芯片	总线收发	逻辑输出故障
8	晶振	时钟	频漂
9	总线耦合器	信号耦合	断路

D.5　故障注入试验及验证结果

a) 进行测试性验证试验时，按照故障样本分配表所确定的故障样本数，选择故障进行注入。如单元B 进行故障注入时，从9个备选故障中随机选取 2个故障进行注入，整个产品选取 33个故障进行注入。每个故障注入后，对故障进行检测、记录故障检测结果。

b) 共注入33个故障，正确检测出 29个故障，4个故障没有检测出来。因为没检测出的故障数小于合格判定数7 ，所以判定故障检测率验证结果判定为合格。

c) 如果想知道具体故障检测率数值，可根据试验数据(注入 33 个故障，检测失败 4次)查本指南附录表 C.1，可得知故障检测率为 80.5%。

参 考 文 献

[1] MIL-STD-471A ． Maintainability Verification/Demonstration/Evaluation[S] ． Washingtom DC ：Department of Defense，1978.

[2] 田仲，石君友．系统测试性设计分析与验证[M]．北京：北京航空航天大学出版社，2003.

[3] 王海波，等．空空导弹测试性验证应用研究[J]．航空兵器，2005，3.

[4] XKG/D04—2009．型号 RMS 要求验证程序和方法应用指南[M]．北京：国防科技工业可靠性工程技术研究中心，2009.

[5] XKG/W04—2009．型号平均修复时间验证试验与评价应用指南[M]．北京：国防科技工业可靠性工程技术研究中心，2009.

[6] XKG/B04—2009．型号再次出动准备要求验证试验与评价应用指南[M]．北京：国防科技工业可靠性工程技术研究中心，2009.

XKG

型 号 可 靠 性 技 术 规 范

XKG / A01—2009

型号安全性分析与危险控制
应用指南

Guide to the safety analysis and hazard control for materiel

目　次

前　言

本指南附录 A~附录 C 均是《资料性附录》。

本指南由国防科技工业可靠性工程技术研究中心负责组织实施。

本指南起草单位：北京航空航天大学可靠性工程研究所、航空工业发展研究中心、航天空间飞行器总体设计部、舰船研究院、航空 611 所。

本指南的主要起草人：潘星、赵廷弟、曾天翔、肖名鑫、洪国钧、吕明华。

型号安全性分析与危险控制应用指南

1 范围

本指南规定了型号（装备，下同）研制中安全性分析与危险控制的要求、程序和方法。

本指南适用于型号寿命周期各阶段各类型号系统安全性分析与危险控制，对使用阶段亦可参照。

2 规范性引用文件

下列文件中的有关条款通过引用而成为本指南的条款。凡注明日期或版次的引用文件，其后的任何修改单（不包括勘误的内容）或修订版本都不适用于本指南，但提倡使用本指南的各方探讨使用其最新版本的可能性。凡未注日期或版次的引用文件，其最新版本适用于本指南。

GJB 451A　　　可靠性维修性保障性术语
GJB 900　　　　系统安全性通用大纲
GJB 5852　　　装备研制风险分析要求
GJB/Z 99　　　系统安全工程手册
GJB/Z 142　　　军用软件安全性分析指南
GJB/Z 768A　　故障树分析指南
GJB/Z 1391　　故障模式、影响及危害性分析指南

3 术语和定义

GJB 451A、GJB 900、GJB/Z 99 和 GJB 5852 确立的以及下列术语和定义适用于本指南。

3.1 安全性分析 safety analysis

辨别、分析产品存在的潜在危险，并根据实际需要对这些危险进行定性和定量描述，确定相应的消除和减少危险措施的一种技术方法。

3.2 危险控制 hazard control

保证将发生危险事件的风险保持在可接受极限水平之内的过程，包括制定待实施的工程技术和管理决策，及时地实施危险减少或消除措施，并监控控制措施的有效性。

3.3 残余危险 residual hazard

采取危险消除、减少等措施之后系统虽满足安全性要求但系统中仍然存在的、不能或不打算采取进一步安全性改进措施的危险。

3.4 安全可靠度 safety reliability

在规定一系列的任务剖面中,不发生由于系统或其设备故障造成灾难性事故的概率。

4 符号和缩略语

4.1 符号

下列符号适用于本指南。

P_L——损失概率；

R_S——安全可靠度；

n——故障次数；

t——工作时间，单位为小时（h）；

λ_t——期望的故障数；

R_M——事故风险。

4.2 缩略语

下列缩略语适用于本指南。

CA——criticality analysis，危害性分析/意外事件分析；

ETA——event tree analysis，事件树分析；

FRACAS——failure reporting，analysis & corrective action system，故障报告、分析和纠正措施系统；

FHA——fault hazard analysis，故障危险分析；

FMEA——fault mode and effects analysis，故障模式及影响分析；

FMECA——fault modes，effects and criticality analysis，故障模式、影响及危害性分析；

FTA——fault tree analysis，故障树分析；

HAZOP——hazard and operability analysis，危险与可操作危险分析；

IFA——interface analysis，接口分析；

O&SHA——operational & support hazard analysis，使用和保障危险分析；

OHHA——occupational health hazard analysis，职业健康危险分析；

PHA——preliminary hazard analysis，初步危险分析；

PRA——probability risk assessment，概率风险评价；

RAC——risk assessment code，风险评价指数；

SCA——sneak circuit analysis，潜在通路分析；

SSHA——subsystem hazard analysis，分系统危险分析；

SHA——system hazard analysis，系统危险分析；

SSA——software safety analysis，软件安全性分析；

ZSA——zone sfety analysis，区域安全性分析。

5 一般要求

5.1 概述

型号安全性分析与危险控制是系统安全性工程活动的重要组成部分。

安全性分析通过对危险进行检查、研究和分析来检查系统或设备在每种使用模式中的工作状态并确定潜在的危险，预计这些危险对人员伤害或对系统损坏的严重性和可能性，并确定消除或减少危险的方法。

危险控制通过危险分析来辨识各种危险源,并对系统或设备的事故风险(R_M)进行评估,采取相应控制措施来保证将事故风险保持在可接受水平之内的过程,最后对危险控制结果进行验证和跟踪来保证危险控制措施的有效性。危险控制的具体措施包括:危险消除、危险减少或采取控制措施减少事故风险发生可能性;采用告警和安全保护设施、编制应急预案以及专用规程和培训教材等活动,当事故触发后能及时报警、对人员和系统提供保护以及保证最大限度地降低后果的损失。

型号安全性分析是危险控制的基础,在安全性分析中需要对事故风险进行评价,并把事故风险评价结果作为危险控制的依据。在型号安全性分析中主要采用危险分析,来指出系统中潜在的危险,确定系统中可能的事故及事故的发展过程,是进行系统危险消除、减少和控制的前提。危险控制是根据系统中潜在危险发生的可能性及后果的严重程度来评定并采取一定的控制方法来提高系统安全性水平的一项工作,在系统寿命周期过程的各个阶段,都要反复进行安全性分析和危险控制。在系统设计和研制阶段进行系统安全性分析和危险控制,可以分析系统的安全性是否符合有关标准和规定,并提前消除由于系统安全性问题可能引起的潜在风险;在系统试验、使用前进行安全性分析和危险控制,可以消除已判定的危险事件或将事故风险控制在规定的可接受水平。

本指南中型号安全性分析与危险控制主要是指采用各种危险分析技术对系统或设备的潜在危险进行检查、分析和评价,并在系统安全性管理和设计等工作中采取措施对事故风险进行控制,防止系统在研制、生产、使用和保障过程中发生人员伤亡和系统损坏的各种事故。

5.2 型号安全性分析与危险控制的目的、作用和时机

5.2.1 目的

安全性分析与危险控制的目的是检查、分析和确定系统或设备可能存在的危险,以及确定这些危险事件的发生对人员伤害或对系统损坏带来的危险的后果严重性和发生可能性,并在型号安全性设计中采取相应的措施来控制危险,以便能够在事故发生之前消除或尽量减少事故发生的可能性或降低事故有害影响的程度。

5.2.2 作用

安全性分析与危险控制的作用为:

a) 确定系统存在的危险,并消除、减少这些危险,或通过减小危险发生可能性来控制其发生的风险。

b) 确定现有危险的原因、影响及各种危险的相互关系。

c) 确定系统设计中需要采取的预防措施或修复措施。

d) 确定系统应进行哪些专门的试验以验证其安全性。

e) 确定可能导致事故发生的任何系统缺陷。

5.2.3 时机

a) 安全性分析与危险控制工作在研制阶段早期就应进行,并随着研制工作逐渐深入。

b) 安全性分析与危险控制工作应贯穿整个安全性工作中,二者交叉进行,经过反复多次迭代后直至事故风险控制在可接受范围之内。

5.3 型号安全性分析与危险控制的内容

安全性分析与危险控制的内容包括:

a) 识别危险源，列出影响型号安全的危险源清单。

b) 进行危险分析，识别并评价事故风险，列出安全性关键项目清单，作为型号安全性设计重点考虑的对象。

c) 根据危险分析结果采取相应措施来消除或减少危险，或控制系统中存在的危险条件，减少由危险条件发展到事故后果的可能性，并指出控制事故风险的最佳方法，和减轻未能控制的危险所产生的有害影响的方法。

d) 获取有关系统设计以及使用和维修规程的信息，确定系统设计的不安全状态，以及纠正这些不安全状态的方法。

e) 验证设计是否符合规范、标准、规章或其他文件所规定的各项要求。

f) 验证系统是否存在以前的缺陷。

g) 确定与危险有关的系统接口。

h) 对于无法从设计上消除的危险，并不打算进一步采取设计措施，这些危险视为残余危险，列出残余危险清单，采取一些管理上的措施，使其不发生成危险事件。

6 安全性分析

6.1 安全性分析的依据及输入
6.1.1 安全性分析的依据

a) 型号《立项综合论证报告》、《研制总要求》及研制合同(包括工作说明)中规定的产品安全性设计分析要求。

b) 国内外有关标准、规范和手册中提出的与安全性有关的产品设计要求和安全性分析方法。

6.1.2 系统安全性分析的其他输入

a) 产品设计信息。

b) 相似产品的系统安全性分析报告。

c) 国内外相似型号及本研制单位所积累的安全性设计经验和教训，以及有关安全性信息与数据。

d) 产品的安全特性。

6.2 安全性分析的类型及分析时机
6.2.1 概述

GJB 900《系统安全性通用大纲》和 GJB/Z 99《系统安全工程手册》规定了 5 种常用的安全性分析类型，包括初步危险分析(PHA)、分系统危险分析(SSHA)、系统危险分析(SHA)、使用和保障危险分析(O&SHA)以及职业健康危险分析(OHHA)。每种分析适用于系统寿命周期的不同阶段。此外，GJB 900 还规定了软件安全性分析(SSA)及工程更改建议的安全性评审等其他类型的分析。

6.2.2 安全性分析类型
6.2.2.1 初步危险分析

初步危险分析(PHA)属于定性分析方法。PHA 是分系统或系统在寿命周期内进行系统安全性分析的第一种技术，是进行其他分析的基础。PHA 应在型号研制的初期进行，以识别所考虑的各种系统备选方案的危险。如有可能，在论证阶段就应开始。

随着研制工作的进展，这种分析应不断改进。根据需要，PHA 可在系统或设备研制的任何阶段开始，但在系统研制阶段的后期才开始 PHA，将可能造成设计更改受到限制，而且不可能通过这种分析来确定初步的安全性要求。若分系统的设计已达到可进行详细的分系统危险分析，则应终止 PHA。对于现役的系统或设备也可采用 PHA 以初步了解其安全性。在进行 PHA 之前承制方应制定初步危险表，初步列出深入分析的危险部位，确定安全性设计需要特别重视的危险部位，以便订购方尽早选择重点管理的部位，有关初步危险表的制定、格式及内容见 GJB/Z 99《系统安全工程手册》中 6.2.1 条。

为避免在 PHA 中遗漏或忽略任何危险、状态或事件，应采用系统性的分析方法，常用的 PHA 方法有自上而下分析、基本危险分析和辅助分析。运用这些方法进行初步危险分析时可以采用表格的方式，采用的格式和方法很大程度上取决于所分析的系统或设备的复杂性、时间和费用约束、可用信息种类、分析的深度，以及分析人员的习惯和经验。表 1 和表 2 分别给出了 2 种典型的 PHA 表例，表例中表头的各项要求及采用这些表格进行 PHA 分析的具体方法按 GJB/Z 99《系统安全工程手册》中 6.2.2 条规定。

表 1 列表式初步危险分析(表例 1)

产品号	系统分系统或设备	系统的事件阶段	危险说明	对系统的影响	风险评价	建议的措施	建议措施的影响	备注	状况

表 2 列表式初步危险分析(表例 2)

初步危险分析　　　　分析序号 NO.＿＿＿　修改号 NO.＿＿＿

页号＿＿＿ 共＿＿＿页

承制方＿＿＿＿＿＿

分系统＿＿＿＿＿＿＿　　　制表者＿＿＿＿＿＿ 日期＿＿＿＿＿

系　统＿＿＿＿＿＿＿　　　审查者＿＿＿＿＿＿ 日期＿＿＿＿＿

图　号＿＿＿＿＿＿＿　　　批准者＿＿＿＿＿＿ 日期＿＿＿＿＿

一 般 说 明			危险原因及影响			纠正措施
功能说明及序号	系统工作模式	危险说明	可能的原因	对分系统及接口的影响	危险严重性等级	再设计及控制措施的说明

6.2.2.2　分系统危险分析

分系统危险分析(SSHA)一般在方案阶段进行，在详细的分系统设计信息可获得时就应开始。它用于确定有关分系统的部件和各部件间接口的危险；确定其性能、性能恶化、功能故障及操作差错会引起危险的所有部件；确定部件的故障模式及其对安全性的影响。

SSHA 实际上是初步危险分析的扩展，它比 PHA 更复杂，它包括定性和定量分析。当分系统设计可获得详细的信息时，便可立即进行 SSHA，随着分系统设计的进展，这种分析也应不断修改。

SSHA 用于确定与分系统设计有关的危险(包括部件的故障模式、关键的人为差错输入)和组成分系统的部件(或设备)之间的功能关系所导致的危险；确定与分系统部件的工作或故障有关的危险及其对系统安全的影响。

目前具体用于分系统及其组成单元的 SSHA 方法主要有 5 种：故障模式、影响及危害性分析(FMECA)、故障危险分析(FHA)、故障树分析(FTA)、事件树分析(ETA)和潜在通路分析(SCA)。这些方法的具体运用和应填写的表格样式见本指南 6.3.1 条和 GJB/Z 99《系统安全工程手册》中 6.2.3 条。

6.2.2.3　系统危险分析

系统危险分析(SHA)通常在工程研制阶段进行，并应尽早开始，它用于确定与各分系统接口有关的危险。

SHA 用于确定整个系统设计中有关安全性问题的部位，包括安全关键的人为差错，特别是分系统间接口的危险，并评价其风险。SHA 主要用于审查以下有关各分系统相互关系的问题：

a) 符合系统或分系统文件规定的安全性设计准则。

b) 独立的、相关的和同时发生的危险，包括安全装置的故障或产生危险的共同原因。

c) 由于某分系统的正常使用导致其他分系统或整个系统的安全性下降。

d) 设计更改对分系统的影响。

e) 人为差错的影响。

f) 软件事件、故障和偶然事件(如定时不当)对系统的安全性的可能影响。

g) 软件规格说明中的安全性设计准则是否已得到满足。

h) 软件设计需求及纠正措施的实现方法不影响或降低系统的安全性或引入新的危险。

SHA 的重点在于各分系统间的接口，因此考虑各部件或分系统间的各接口关系成为 SHA 中的一项重要工作。各接口间的关系主要分为物理的、功能的和能量流的关系。

SHA 所用的方法有 FMECA、FHA、FTA、危险标识法和人为差错分析等。运用这些方法进行系统危险分析时可以采用表格的方式，前面所采用的格式也同样适用于系统危险分析。然而在 SHA 中，不仅限于分析各独立分系统的危险，而且必须考虑各分系统的相互作用和作为系统整体而工作存在的危险。在进行 SHA 时，采用的基本分析格式包括叙述性格式、列表式格式和图形格式，所选择的格式和方法取决于可用的系统信息量、系统的研制周期和 SHA 的应用。表 3 和表 4 给出了 2 种典型的 SHA 表例，表例中表头的各项要求可参照 PHA 中采用的表格格式。SHA 所采用方法的具体运用见本指南 6.3.1 条和 GJB/Z 99《系统安全工程手册》中 6.2.4 条，SHA 其他表格样式见 GJB/Z 99《系统安全工程手册》中 6.2.4 条。

表3 系统危险分析(表例1)

系统危险分析 第_____页 共_____页

系统/型号_____ 分析人员_____ 日期_____

分系统_____ 审核人员_____ 日期_____

产品号	产品说明及接口	系统使用阶段及事件	危险模式或事件	危险对分系统及系统的影响	可能影响危险的输入事件	风险评价		备注纠正措施及建议
						危险严重等级	危险可能性等级	

表4 系统危险分析(表例2)

系统危险分析 分析序号 NO._____ 修改号 NO._____

承制方_____ 页号_____ 共_____页

制表者_____ 日期_____

分系统_____ 所属系统_____ 审查者_____ 日期_____

系 统_____ 图 号_____ 批准者_____ 日期_____

一般说明			其他原因及影响					纠正措施
项目号	危险说明	系统工作模式	潜在原因	对系统的影响	对接口系统的影响	接口参数	危险严重等级	再设计及控制措施

6.2.2.4 使用和保障危险分析

使用和保障危险分析(O&SHA)主要在工程研制阶段就开始并在各后续寿命周期阶段中不断修改。它用于确定与系统的使用和保障有关的危险。这种分析直接关系到系统运输、储存、维修、使用和退役处理等的安全性考虑。特别重要的是：在使用和保障阶段中，系统所作的任何改型和改进，一定要进行分析以确定改型或改进是否引入了危险。

O&SHA 是为了确定和评价系统在试验、安装、改装、维修、保障、运输、地面保养、储存、使用、应急脱离、训练、退役和处理等过程中与环境、人员、规程和设备有关的危险；确定为消除已判定的危险或将其风险减少到有关规定或合同规定的可接受水平所需的安全性要求或备选方案。

O&SHA 所用的方法主要有规程分析和意外事件分析。其中，一个完整的规程分析包括两个阶段的分析工作：第一阶段分析的目的是为了证实设计人员制定的操作和保障规程使操作人员伤亡和设备损坏的概率最小；第二阶段分析是研究由于操作人员偏离设计人员制定的规程可能导致意外的灾难性事故，控制任何可能产生的危险行动。规程分析两个阶段使用的分析表格样式见表5和表6；意外事件分析使用的表格样式见表7。这些表格中表头的各项要求以及这些分析方法的具体运用见 GJB/Z 99《系统安全工程手册》中 6.2.5 条。

表5 规程分析表格式(第一阶段)

识别号	使用步骤	危险要素	危险状态	触发事件	潜在故障	事件概率	影响或结果	危险等级	参考标准或条件	保护或纠正措施	采取措施的人员

表6 规程分析表格式(第二阶段)

手册标志号	规定动作说明	可能发生的其他动作	其他动作的潜在影响	避免其他动作的措施	避免其他动作影响的措施	警告和注意事项	备注

表7 意外事件分析表格式

意外事件可能导致的有害事故	意外事件说明	意外事件可能的原因	意外事件已发生的指示	证实意外事件已发生的方法	防止意外事件演变成有害事故的措施	证实意外事件已被控制的方法	预防措施	备注

6.2.2.5 职业健康危险分析

职业健康危险分析(OHHA)主要在工程研制阶段开始并在各后续寿命周期阶段不断修改,它用于确定有害健康的危险,并提出保护措施。

OHHA 的分析步骤和方法见 GJB/Z 99《系统安全工程手册》中 6.2.6 条。

6.2.3 安全性分析的分析时机

在 GJB/Z 99《系统安全工程手册》中详细说明了系统安全性分析的分析时机,如图 1 所示。一般说来,在系统寿命周期的早期进行分析是最经济有效的,因为在这时通过设计更改来消除或控制危险是比较容易的。通常在论证和方案阶段进行分析的费用最低,在工程研制与生产阶段的费用迅速增长,在使用阶段费用最高。但是由于在研制阶段的早期缺乏分析用的数据,在论证阶段只能进行初步危险分析(PHA),方案阶段开始分系统危险分析(SSHA),工程研制阶段开始系统危险分析(SHA)、使用和保障危险分析(O&SHA)以及职业健康危险分析(OHHA)。

阶段 分析类型	论证	方案	工程研制与定型	生产	使用	退役
PHA						
SSHA						
SHA						
O&SHA						
OHHA						
注:图中阴影线表示分析的最佳时机,空白表示分析的适用时机。						

图1 系统安全性分析时机

另外,对于软件系统,软件安全性分析(SSA)在软件生存周期中的各个阶段中都需要进行。软件安全性分析中用到的安全性技术方法和措施见 GJB/Z 142《军用软件安全性分析指南》。

6.3 安全性分析的方法及其选用

6.3.1 概述

为了使系统具有最佳的安全性,系统安全技术人员必须向系统设计人员提供有关系统危险的所有信息。系统安全性分析包括定性分析和定量分析。当对具体的系统进行分析时，根据系统的特点以及用户的要求可采用各种具体的定性及定量分析方法：定性分析用于检查和确定可能存在的危险、危险可能造成的事故、以及可能的影响和防护性措施；定量分析用于检查、分析并确定具体危险、事故及其影响可能发生的概率，比较系统采用安全措施或更改设计方案后概率的变化。

在实践中得到广泛应用的系统安全性分析定性方法主要有故障危险分析(FHA)、故障模式及影响分析(FMEA)、故障树分析(FTA)、潜在通路分析(SCA)、事件树分析(ETA)、意外事件分析(CA)、区域安全性分析(ZSA)、接口分析(IFA)、电路逻辑分析(CLA)、环境因素分析(EFA)等；定量方法主要有故障模式、影响及危害性分析(FMECA)、故障树分析(FTA)和概率风险评价(PRA)等。

目前定量分析存在的问题不是方法本身，而是可用的安全性数据问题。当前可能获得的有效的定量数据只是电子元器件的故障数据。各种大型的机械、机电设备的故障率数据很少，而且由于环境条件、维修工作等产生的影响，数据的可靠程度差；此外，有关人为差错、环境因素和设备的危险特性的数据更少、更不可靠。因此，定量分析的概率方法由于分析结果误差太大，尚未广泛应用。

6.3.2　安全性分析的常用方法

6.3.2.1　故障模式、影响及危害性分析

故障模式、影响及危害性分析(FMECA)是由"故障模式及影响分析(FMEA)"和"危害性分析(CA)"所组成。危害性分析是故障模式及影响分析的补充和扩展，只有进行故障模式及影响分析，才能进行危害性分析。FMECA 是用来分析产品中所有可能产生的故障模式及其对产品所造成的所有可能影响，并按每一个故障模式的严酷度及其发生概率予以分类的一种自下而上进行归纳的分析技术。FMECA 是一种有效的安全性分析方法，广泛用于 SSHA 和 SHA。

FMECA 通常由分系统或系统的设计人员来实施，也可由有丰富分系统或系统设计经验的可靠性工程人员或系统安全性技术人员来实施。FMECA 必须说明与安全相关的影响，以及所要求确定的其他方面的影响。为了保证能够确定所有的潜在故障模式以及评价这些模式对分系统和系统的安全性影响，FMECA 采用系统的、结构化的分析方法。为了使分析简单、易操作，通常采用列表分析方法。表8和表9分别给出了 FMEA 和 CA 表例，表例中表头的各项要求见 GJB/Z 1391《故障模式、影响及危害性分析指南》。

对定义为影响安全的 I 类严酷度的故障模式，必须成为安全性分析的对象。

表8　故障模式及影响分析(FMEA)表格式

初始约定层次＿＿＿＿＿　任　务＿＿＿＿　审核＿＿＿＿　第＿＿页 共＿＿页
约 定 层 次＿＿＿＿＿　分析人员＿＿＿＿　批准＿＿＿＿　填表日期＿＿＿＿＿

代码	产品或功能标志	功能	故障模式	故障原因	任务阶段与工作方式	故障影响			严酷度类别	故障检测方法	设计改进措施	使用补偿措施	备注
						局部影响	高一层次影响	最终影响					

表9 危害性分析(CA)表格式

初始约定层次＿＿＿＿＿＿ 任　　务＿＿＿＿ 审核＿＿＿＿ 第＿＿页 共＿＿页
约 定 层 次＿＿＿＿＿＿ 分析人员＿＿＿＿ 批准＿＿＿＿ 填表日期＿＿＿＿＿

代码	产品或功能标志	功能	故障模式	故障原因	任务阶段与工作方式	严酷度类别	故障模式概率等级或故障数据源	故障率	故障模式频数比	故障影响概率	工作时间	故障模式危害度	产品危害度	备注

FMECA 的分析步骤如图 2 所示，具体每个分析步骤的详细内容见 GJB/Z 1391《故障模式、影响及危害性分析指南》。

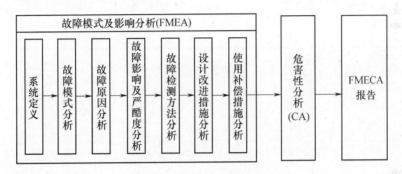

图 2　FMECA 的分析流程

6.3.2.2　故障危险分析

故障危险分析(FHA)用于确定系统和分系统各部件的危险状态及其发生的原因，以及对系统和分系统及其使用的影响。它不仅用于分析设备故障，还用于分析人为差错、危险特性和不利的环境影响。一般来说，在系统安全性大纲制定后就应尽快开始进行 FHA，以弥补 FMECA 在安全性分析中的不足之处。它是在初步危险分析之后进行的，以提供更详细的和更新的系统、分系统及部件潜在故障的信息。它可作为 FTA 等其他分析方法的辅助分析工具。

FHA 方法是由特殊到一般进行归纳推理分析，具体是：

a) 确定系统、所有分系统和部件的功能；

b) 确定由某具体部件发生的故障可能引起的人员受伤或设备损坏，并确定系统或分系统使用过程中何时会发生这类故障；

c) 评价故障的原因，是正常工作条件下部件的故障、或是由于来自前端的事件(如过载的部件、电路或分系统)所造成的"二次故障"；

d) 确定和评价可能"控制"某一故障的前端事件；

e) 确定和评价可能由于部件、电路或分系统的故障引起的和诱发的人员受伤或设备损坏的后端影响；

f) 列出能最大限度地减少或限制故障发生或故障可能造成的影响的措施；

g) 在 FMEA 或 FMECA 中只有那些与安全性有关的信息才用于 FHA，FHA 还包括了 FMEA 或 FMECA 中没有的系统和分系统故障信息，如系统和分系统的危险特性、人为差错和环境对安全的影响；

h) FHA 需要两类数据，一类是危险特性数据，另一类是以前的相似系统的历史经验数据；

i) 在多种原因导致故障的情况下，要处理与产品有关的多种原因还必须采用 FTA。

FHA 方法所采用的表格与初步危险分析(FHA)很相似，主要取决于被分析的具体系统。表 10 和表 11 给出了两个 FHA 表例。这些表格中表头的各项要求以及 FHA 方法的具体运用见 GJB/Z 99《系统安全工程手册》中 6.3.2 条。

表 10   故障危险分析(表例 1)

产品号	主要部件	部件故障模式	部件故障率	系统工作模式	主要部件故障对分系统的影响	引起部件二次故障的因素	可能决定不希望事件的前端部件或输入	危险严重等级	备注

表 11   故障危险分析(表例 2)

故障危险分析 分析序号 NO._____   修改号 NO._____

承制方_____   页号_____ 共_____页

分系统_____   制表者_____   日期_____

系　统_____   审查者_____   日期_____

图　号_____   批准者_____   日期_____

一 般 说 明				危险原因及影响				纠正措施
功能序号	故障模式	故障率	系统工作模式	原因	影响		危险严重性等级	防护与控制措施
					对分系统	对系统		

表 11 中的故障危险的纠正措施是指，对在 FHA 中发现的各种危险，根据危险的严重性及分析人员已有的经验，提出消除危险或降低危险严重程序的纠正措施。

6.3.2.3 故障树分析

故障树分析(FTA)运用演绎法逐级分析，寻找导致某种故障事件的各种可能原因，直到最基本的原因，并通过逻辑关系的分析确定潜在的硬件、软件的设计缺陷，以便采取改进措施。FTA 一般适用于可能会导致产生安全或严重影响任务完成的关键、重要的产品，适用于产品工程研制阶段的设计分析和事故后原因分析。FTA 不仅能分析软、硬件，还可分析环境、人为因素等。故障树还可指出关键的顺序、定时及单点故障。

FTA 方法是一个渐近过程，在对每个事件或条件的分析后，逐步展开，越来越深入地分析导致或诱发顶事件发生的事件或条件，具体分析步骤如下。

a) 确定顶事件。不希望发生的影响系统或分系统安全性的故障事件可能不止一个，在充分熟悉资料和了解系统的基础上，系统地列出所有重大事故的事件，必要时可应用 FMEA，然后再根据分析的目的和故障判据确定被分析的顶事件。

b) 确定能够单独或综合导致顶事件发生的附加事件和条件。

c) 确定这些事件或条件是否独立发生、是同时发生还是所有的事件或条件以不同组合方式发生而导致顶事件的发生，然后运用适当的逻辑符号和规则用图解方式将这些信息表达出来。

d) 确定能够导致每一个附加事件或条件发生的事件和条件。重复这一过程，一直到获得基本信息，如零部件故障、人为差错、危险特性或不利环境条件等。

e) 如果需要，分析人员对故障树中每一个部件故障进行 FMEA。

f) 检查故障树和每一个割集，以确定是否存在单点故障。

g) 确定如何使故障树的每一个底事件的数量最少，然后采取纠正措施使事件或条件发生的可能性最低。

h) 如果要进行定量分析，并且故障树不大，便可列出布尔等式并进行简化；如果故障树较大，进行定量分析必须采用计算机辅助分析。

i) 把已有的、所要求的可靠性及其他概率数据代入布尔方程。

j) 确定顶事件发生的概率。在需要时，可以计算沿着每一个割集的顶事件发生的概率以确定最关键的通道(发生概率最高的通道)。

FTA 详细建树步骤和方法具体运用见 XGK/K07—2009《型号故障树分析应用指南》。

6.3.2.4 事件树分析

事件树分析(ETA)是一种逻辑演绎法,分析给定初因事件可能导致的各种事件序列结果，从而定性或定量地评价系统的特性。ETA 与 FTA 恰好相反，该方法是从原因到结果的归纳分析法。其分析方法是：从一个初因事件开始，按照事故发展过程中事件出现与不出现，交替考虑成功与失败两种可能性，然后再把这两种可能性又分别作为新的初因事件进行分析，直至分析最后结果为止。ETA 方法既可以定性地了解整个事件的动态变化过程，又可以定量计算出各阶段的概率，最终了解事故发展过程中各种状态的发生概率。

a) 编制事件树

ETA 方法的关键是事件树编制，具体步骤如下。

1) 确定初始事件。事件树分析是一种系统地研究作为危险源的初始事件如何与后续事件形成时序逻辑关系而最终导致事故的方法。正确选择初始事件十分重要。初始事件是事故在未发生时，其发展过程中的危害事件或危险事件，如机器故障、设备损坏、能量外逸或失控、人的误操作等。可以用两种方法确定初始事件：

(1) 根据系统设计、系统危险性评价、系统运行经验或事故经验等确定。

(2) 根据系统重大故障或事故树分析，从其中间事件或初始事件中选择。

2) 判定安全功能。系统中包含许多安全功能，在初始事件发生时消除或减轻其影响以维持系统的安全运行。常见的安全功能列举如下：

(1) 对初始事件自动采取控制措施的系统，如自动停车系统等。

(2) 提醒操作者初始事件发生了的报警系统。

(3) 根据报警或工作程序要求操作者采取的措施。

(4) 缓冲装置，如减振、压力泄放系统或排放系统等。

(5) 局限或屏蔽措施等。

3) 绘制事件树。从初始事件开始，按事件发展过程自左向右绘制事件树，用树枝代表事件发展途径。首先考察初始事件一旦发生时最先起作用的安全功能,把可以发挥功能的状态 画在上面的分枝,不能发挥功能的状态画在下面的分枝。然后依次考察各种安全功能的两种可能状态,把发挥功能的状态(又称成功状态)画在上面的分枝,把不能发挥功能的状态(又称失败状态)画在下面的分枝,直至到达系统故障或事故为止。

4) 简化事件树。在绘制事件树的过程中,可能会遇到一些与初始事件或与事故无关的安全功能,或者其功能关系相互矛盾、不协调的情况,需用工程知识和系统设计的知识予以辨别,然后从树枝中去掉,即构成简化的事件树。在绘制事件树时,要在每个树枝上写出事件状态,树枝横线上面写明事件过程内容特征,横线下面注明成功或失败的状况说明。

b) 事件树分析

事件树分析包括定性分析和定量分析两种。

1) 事件树定性分析。事件树定性分析在绘制事件树的过程中就已进行,绘制事件树必须根据事件的客观条件和事件的特征做出符合科学性的逻辑推理,用与事件有关的技术知识确认事件可能状态,所以在绘制事件树的过程中就已对每一发展过程和事件发展的途径作了可能性的分析。事件树画好之后的工作,就是找出发生事故的途径和类型以及预防事故的对策。

(1) 找出事故连锁。事件树的各分枝代表初始事件一旦发生其可能的发展途径。其中,最终导致事故的途径即为事故连锁。一般地,导致系统事故的途径有很多,即有许多事故连锁。事故连锁中包含的初始事件和安全功能故障的后续事件之间具有"逻辑与"的关系,显然,事故连锁越多,系统越危险;事故连锁中事件树越少,系统越危险。

(2) 找出预防事故的途径。事件树中最终达到安全的途径指导我们如何采取措施预防事故。在达到安全的途径中,发挥安全功能的事件构成事件树的成功连锁。如果能保证这些安全功能发挥作用,则可以防止事故。一般地,事件树中包含的成功连锁可能有多个,即可以通过若干途径来防止事故发生。显然,成功连锁越多,系统越安全,成功连锁中事件树越少,系统越安全。

由于事件树反映了事件之间的时间顺序,所以应该尽可能从最先发挥功能的安全功能着手。

2) 事件树定量分析。事件树定量分析是指根据每一事件的发生概率,计算各种事故途径的事故发生概率,比较各个事故途径概率值的大小,做出事故发生可能性序列,确定最易发生事故的途径。一般地,当各事件之间相互统计独立时,其定量分析比较简单。当事件之间相互统计不独立时(如共同原因故障,顺序运行等),则定量分析变得非常复杂。

(1) 各事故发展途径的概率。各事故发展途径的概率等于自初始事件开始的各事件发生概率的乘积。

(2) 事故发生概率。事件树定量分析中,事故发生概率等于导致事故的各发展途径的概率和。定量分析要有事件概率数据作为计算的依据,而且事件过程的状态又是多种多样的,一般都因缺少概率数据而不能实现定量分析。

(3) 事故预防。事件树分析把事故的发生发展过程表述得清楚而有条理,对设计事故预防方案,制定事故预防措施提供了有力的依据。

从事件树可以看出，最后的事故是一系列危害和危险的发展结果，如果中断这种发展过程就可以避免事故发生。因此，在事故发展过程的各阶段，应采取各种可能措施，控制事件的可能性状态，减少危害状态出现概率，增大安全状态出现概率，把事件发展过程引向安全的发展途径。采取在事件不同发展阶段阻截事件向危险状态转化的措施，最好在事件发展前期过程实现，从而产生阻截多种事故发生的效果。但有时因为技术经济等原因无法控制，这时就要在事件发展后期过程采取控制措施。显然，要在各条事件发展途径上都采取措施才行。

ETA 详细建树步骤和方法具体应用按 XGK/K08—2009《型号事件树分析应用指南》规定。

6.3.2.5　潜在通路分析

潜在通路分析(SCA)也称潜在(状态)分析，是用于假设所有零部件均未故障的情况下，从系统工程的角度，通过事先进行的分析工作，发现通路中可能存在的、或在一定激励条件下可能产生非期望功能或抑制期望功能的潜在状态，以保证通路安全可靠的一种分析技术。SCA 技术原则上适用于任何电路和液、气管路或软件，针对电路的 SCA 称为潜在电路分析，它的分析规模可以是一个功能电路、设备、分系统或整个型号电路系统。由于 SCA 的工作量较大，可以根据需要，着重仅对影响人员安全或任务成败等关键电路实施分析。SCA 方法尤其适用于由分立元器件和较少集成电路组成的电子/电气系统。

在运用 SCA 方法时，为了确定分析的界限，使分析范围保持在经济有效的界限内，一般在分析之前会做如下假设：

a) 潜在通路与部件或电路的故障无关。

b) 分析所用的数据库代表所构成的系统技术状态。

c) 参数计算仅进行到为了了解通路使用所需要的程度。

d) 在分析中一般不考虑环境影响。

e) 除非另有说明，否则认为超出分析范围的信号对被分析电路来说，在电压、极性和时间方面是正确的。

在假设之后，可按照如下步骤进行正式的潜在通路分析：

a) 构建网络树。

b) 识别拓扑图。

c) 应用已知线索确定潜在通路。

d) 评价潜在通路对系统性能的影响。

e) 建立接收和拒收的判据。

SCA 方法每个步骤的详细内容和方法具体运用见 GJB/Z 99《系统安全工程手册》中 6.3.4 条和 QJ 3217《潜在分析方法和程序》。

6.3.2.6　区域安全性分析

区域安全性分析(ZSA)通过区域划分的方法对组成系统的分系统或设备及其接口的安装位置进行系统地分析和连续地检查，评价在故障和无故障下各分系统或设备潜在的相互影响及安装存在的固有危险的严重程度。ZSA 是一种定性的分析方法，主要用于设备、各分系统及其之间的相容性，以及确定系统各区域及整个系统存在的危险并评价其严重程度。ZSA 一般应在分系统和设备的 FMECA 之后进行，以便尽早发现问题，及时采取设计改进措施。但是 ZSA 可适用于对系统研制阶段的设计图样、样机及真实系统进行区域性分析检查。ZSA 的主要优点是分析较简单、直观性好，但要求分析人员对系统的设计、安装及使用有丰富的经验以保证能充分发现各种设计及安装的潜在危险。ZSA 的分析流程如图 3 所示。

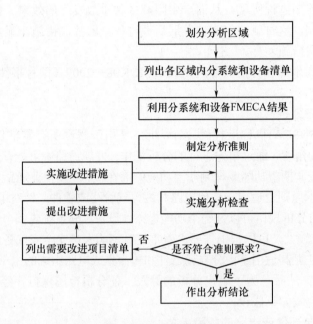

图 3 ZSA 的分析流程

ZSA 的每个步骤的详细内容和方法具体运用及应填写的表格样式见 GJB/Z 99《系统安全工程手册》中 6.3.5 条，其应用案例见本指南附录 A。

6.3.3 安全性分析常用方法的选用

表 12 是从适用阶段、分析方式、分析技术、结果应用和使用文件等几个方面对上述几种常用安全性分析方法进行了比较，在系统安全性分析中时可视情选用。

表 12 几种安全性分析方法的比较

比较项目\分析方法		FMECA	FHA	FTA	ETA	SCA	ZSA
适用阶段	论证	●	●				
	方案	●	●	●	●		●
	工程研制与定型	●	●	●	●	●	●
	生产	●	●	●	●	●	●
分析方式	手工	●	●	●	●	●	●
	半自动	●	●	●	●	●	
分析技术	定性	●	●	●	●	●	●
	定量						

(续)

比较项目\分析方法		FMECA	FHA	FTA	ETA	SCA	ZSA
结果应用	安全性	●	●	●	●	●	●
	可靠性	●		●	●	●	●
使用文件	工程图样	●	●	●	●	●	●
	总体图	●		●	●	●	●
	生产图样	●		●	●	●	
	布线图	●		●	●	●	
注："●"表示该方法可用或者有该属性							

6.4 安全性分析的流程

系统研制生产阶段内总的系统安全性分析流程以及各分析类型可选用的方法如图 4 所示。

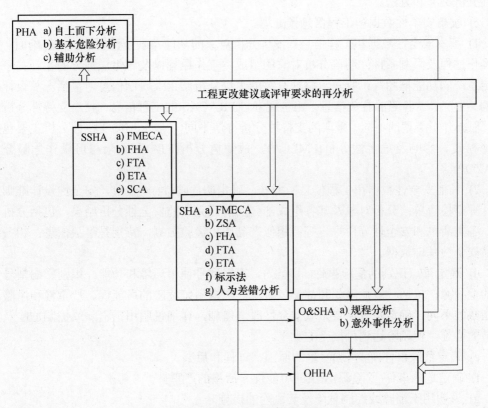

图 4 系统安全性分析总流程

在不同的寿命周期阶段进行某项系统安全性分析活动时推荐的阶段流程如图 5 所示。

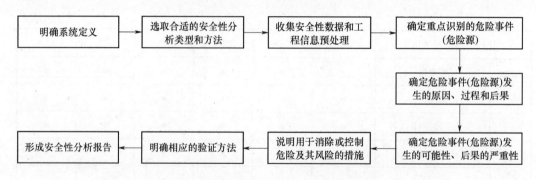

图 5　系统安全性分析活动阶段流程

图 5 的具体步骤说明如下：

a) 明确系统定义。主要包括进行安全性分析的系统的名称和范围、研制和使用要求、边界和接口要求、任务剖面及安全性要求、所处的研制阶段及其技术状态等。剖面的描述应包括寿命剖面、任务剖面和环境剖面。

b) 选取合适的安全性分析类型和方法。选择确定一种本指南 6.2 条和 6.3 条中的安全性分析类型和方法。

c) 收集安全性数据和工程信息预处理。

1) 基本安全性数据和工程信息：细化分析对象的功能及安全性要求、任务剖面、使用操作过程及限制条件；明确分析对象的组成、工作原理以及各组成部分的相互关系，确定系统的功能框图等；收集、整理有关的工程分析结果及研制信息，包括产品设计、采购、生产、试验等的有关信息，还包括来自 FRACAS 的工程信息；收集支持性分析结果，根据分析类型的不同、采取的支持性分析方法不同(一般采用的支持性分析主要包括故障模式、影响及危害性分析(FMECA)、故障树分析(FTA)和危险与可操作危险分析(HAZOP)等)。

2) 其他安全性数据和工程信息：型号已确定的危险(源)检查单、安全性设计准则或设计评审检查单；分析对象及其各组成部分当前已完成的安全性分析结果，包括分析记录、各类清单和安全性分析报告等；相似产品历史经验数据，特别是事故信息；相关的产品安全性基础数据。

d) 确定重点识别的危险事件(危险源)。根据型号使用环境和功能，识别影响型号安全的危险源，包括一般危险源和故障危险源。根据系统危险的可能性、严重性和风险评价指数的不同，确定是否需要采取安全性改进措施，详细说明用于消除或控制危险及其风险的措施，使风险达到可接受的水平。

e) 确定危险事件(危险源)发生的原因、过程和后果。

f) 确定危险事件(危险源)发生的可能性、后果的严重性。

g) 说明用于消除或控制危险及其风险的措施。

h) 明确相应的验证方法。针对所采取或拟采取的安全性改进措施，记录验证其有效性的方法，并对验证活动进行必要的说明。所确定的安全性改进措施经过验证后，应通过更新危险等级划分和风险评价结果，度量其实际效果。应根据更新后的风险指数，考核安全性措施的有效性和充分性，确定是否需要进一步开展安全性改进活动。

安全性的验证方法主要包括演示方法、检查方法、分析方法等。需根据系统、各个分系统和主要设备的特点，选择合适的验证方法进行安全性验证活动。

　　1) 在安全性验证方法中，应优先选用演示方法、分析方法，当以上方法无法进行安全性验证时，使用检查方法进行安全性验证活动。

　　2) 当安全性改进措施尚未实施或未经过验证时，应详细说明安全性工作进展情况，并给出安全性验证计划。

　　i) 形成安全性分析报告。

6.5 安全性分析报告

安全性分析报告由承制方提供。在研制的适当阶段，应根据研制进度和工作计划等的要求，在分析过程中多份具体特定阶段分析报告(PHA 分析报告、SSHA 故障树分析报告、SHA 区域安全性分析报告等)等已完成的分析结果基础上进行汇总和整理形成安全性分析报告，经主管人员审核、批准后提交，以支持其他安全性活动。形成对于采取措施后仍不满足安全性要求且不能或不打算采取进一步安全性改进措施的危险，应确定为残余危险。应将所有的残余危险形成《残余危险清单》(见本指南附录 C)，并说明理由。

系统安全性分析报告主要内容是：

　　a) 概述——实施系统安全性分析的目的、分析对象所处的研制阶段、分析任务的来源、引用文件、术语定义等基本情况。

　　b) 系统定义——系统所确定的设计方案或任务功能。

　　c) 安全性分析工作流程——安全性基本要求、采用的分析方法、分析流程、分析表格的说明；使用数据的来源和依据；其他有关解释和说明等。

　　d) 结论与建议——阐述结论，说明为降低事故风险已经采取的措施，对事故风险指数为 1~5(见本指南 7.4.2 条)的危险说明、可能的改进补偿措施的建议以及执行措施后的效果说明，及采取安全性措施后的安全性情况的变化等。

　　e) 附件——各阶段分析报告、《残余危险清单》等。

安全性分析报告的示例见本指南附录 B。

7 危险及其控制

7.1 危险控制时机、危险源及其分类

7.1.1 危险控制时机

危险控制工作应伴随着安全性分析工作进行，并贯穿型号的整个安全性工作中。通常来讲，在对系统或设备进行安全性分析后，马上就应进行危险控制工作，具体工作流程参见本指南 7.2 条。

7.1.2 危险的主要来源

危险有 4 种主要来源：产品自身的危险、人为差错、设备故障及有害环境。

　　a) 产品自身的危险。构成产品自身的危险的主要来源为产品中或产品使用的材料中的固有危险、设计缺陷和制造缺陷。

　　b) 人为差错。由使用或维修设备时的人为差错造成的危险，也应给予足够的重视。例如，地勤人员错将副翼控制导线交叉连接，会造成飞机飞行时的控制危险。这种错装也可能出现在飞机的初始组装过程中。

c) 设备故障。对安全性产生直接影响的设备故障也是造成危险的不容忽视的因素。例如，飞机在飞行中发动机出现空中停车故障，是一种很有可能会造成机毁人亡的危险。常称为故障危险源。

d) 有害环境。很多自然环境和诱发环境都可能造成灾难性后果，如雷击、龙卷风、地震、酸雨，以及密闭空间内(如飞机驾驶舱)的高温可能使里面的人无法忍受。常称为一般危险源。

7.1.3 危险分类

表 13 列出 15 种按物理现象划分的主要危险类别。

表 13 危险种类

序 号	危险种类	序 号	危险种类	序 号	危险种类
1	环境	6	噪声	11	着火
2	热	7	辐射	12	爆炸
3	压力	8	化学反应	13	电气与电子
4	毒性	9	污染	14	加速度
5	振动	10	材料变质	15	机械

在控制上述各类危险前，首先要分析各类危险的危险源及危险产生原因和影响、人的耐受力(即容限)和安全暴露极限。人的耐受力是大多数人能够忍受而不产生有害效应的极限值。安全暴露极限还包含一个安全系统，使最敏感的人能够忍受而不产生有害效应。具体各类危险的危险源及危险产生原因和影响、人的耐受力(即容限)和安全暴露极限可参见 GJB/Z 99《系统安全工程手册》中 11.3 条～11.17 条。

7.2 危险控制的流程

安全性工作的主要任务是识别、控制和消除危险。通常来讲，危险控制的一般流程应该从危险辨识开始，通过危险分析对危险源进行识别；其次，对事故风险进行评估，评估事故风险后果的严重性和可能性；再根据事故风险评估结果对危险进行控制，采取相应的措施将事故风险降至可接受水平；在危险控制时，重复进行危险验证与评价，同时对事故风险控制及危险控制措施的有效性进行验证，直到认为系统危险已经控制在可接受水平之内；然后对危险进行审查和残余的事故风险的可接受程度进行审查；最后，还应对危险和残余危险进行跟踪和归零。危险控制的流程如图 6 所示。

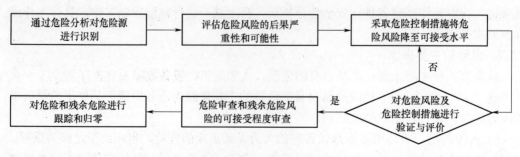

图 6 危险控制的流程

7.3 危险辨识

为了对危险进行控制，首先需要识别危险，确定危险的主要来源，称为危险源，并对危险进行分类，危险辨识即是采用危险分析的方法对系统或设备存在的危险进行识别，它是事故风险评估和危险控制的前提与关键。危险辨识要对系统及其组成部分进行危险分析，分析工作从论证阶段的初步危险分析开始，一直延续到整个系统的系统危险分析。在分析过程中应用本指南 6.3 条中各种分析方法系统地检查系统中潜在的危险，并要根据新系统组成部分的适用性以及在设计中应用的详细程度选择分析的方法和技术。

7.4 事故风险评价

7.4.1 概述

事故风险评价即是对危险事件的风险，或事故风险进行评估，它根据危险事件发生的可能性及后果评定系统或设备的预计损失和采取措施的有效性的一种方法，它对潜在的事故风险作定性或定量分析，用于减少风险度量的不确定性。通常用危险事件发生的可能性和后果严重性来表示风险大小，有定性和定量两种，适用于不同场合。事故风险评价是危险控制的基础，可以根据系统层次按次序揭示系统、分系统和设备中的事故风险，并按风险的可能性和严重性分类，以便分别按轻重缓急采取相应的危险控制措施。

事故风险评价的方法很多，本指南中主要介绍两种常用方法：定性评价的风险评价指数(Risk Assessment Code，RAC)方法和定量评价的概率风险评价(Probability Risk Assessment，PRA)方法。

7.4.2 事故风险评价的常用方法

7.4.2.1 风险评价指数方法

事故风险定性评价最常用的方法是 RAC 方法。其优点是简单直观、使用方便，缺点是风险评估指数的主观性较强。RAC 方法将决定危险事件风险的两个要素：危险严重性和危险可能性。按其特点划分为相对的等级，形成事故风险评估矩阵来进行事故风险指数评估。

a) 事故风险严重性

危险严重性等级给出了事故风险后果严重程度定性的度量。对于主要的系统给出系统报废、系统严重或轻度损坏、严重或轻度职业病明确的规定见表 14，其规定需得到使用方和研制方共同认可。

表 14 事故风险严重性等级

等 级	等 级 说 明
Ⅰ(灾难的)	人员死亡，系统报废，长期的环境破坏等
Ⅱ(严重的)	人员严重受伤，严重职业病，需大修才能恢复的严重损坏，主要设备报废，中期的环境破坏等
Ⅲ(轻度的)	人员轻度受伤、轻度职业病或各类主要设备轻度损坏或低值辅助设备报废，短期的环境破坏等
Ⅳ(可忽略的)	没有人员受伤和职业病，很小或容易整治的环境破坏等

b) 事故风险可能性

事故风险可能性等级给出了发生事故风险的可能程度的定性度量。对于主要的系统，规定了发生事故风险频繁、很可能、有时、极少、不可能等发生频度的大小。对具体系统而言，其规定需得到使用方和研制方共同认可。其规定如表 15 所列。

表 15　事故风险可能性等级

等　级	等　级　说　明
A(频繁)	频繁发生
B(很可能)	在寿命期内会出现若干次
C(有时)	在寿命期内可能有时会发生
D(极少)	在寿命期内不易发生，但有可能
E(不可能)	很不容易发生，可认为不发生

c) 风险评价指数

将事故风险严重性和事故风险可能性等级制成矩阵，并分别给予定性的加权系数，形成风险评价指数矩阵，RAC 方法利用 RAC 矩阵进行风险评价，如表 16 所列。表 16 中的加权系数称为风险评价指数，指数 1～20 是根据事故风险严重性和可能性综合确定的，指数 1 表示风险最高，指数 20 表示风险最低。

表 16　事故风险评价指数矩阵

危险风险指数　危险严重性等级　危险可能性等级	I(灾难的)	II(严重的)	III(轻度的)	IV(可忽略的)
A(频繁)	1	3	7	13
B(很可能)	2	5	9	16
C(有时)	4	6	11	18
D(极少)	8	10	14	19
E(不可能)	12	15	17	20
注：图中粗线以下表示可接受的事故风险指数				

对于不同的事故风险所采取的处理措施，可按其风险指数取值范围采用不同原则，如表 17 所列。

表 17　事故风险处理原则

危险的风险指数	处　理　原　则
1～5	不可接受，必须采取措施消除或降低，使其达到可接受的程度
6～9	不希望有的，需由订购方决策，并采取针对性措施
10～17	经订购方评审或审批后可接受
18～20	不评审即可接受

将风险指数为 1～9 的产品，列为安全性关键项目，在设计中应对安全性关键项目采取安全性设计措施，防止危险发生。

7.4.2.2 概率风险评价方法

概率风险评价(PRA)方法是以可靠性工程原理和实践经验为基础来确定风险大小。该方法已在核工业、化工、航空和航天等领域的系统安全性工作中得到了应用。

a) 概率风险评价数学模型

PRA 模型用于评估系统的事故风险，即损失概率 P_L。与损失概率相反的是安全可靠度 R_S，它是无损失的概率。P_L 和 R_S 的关系为

$$P_L = 1 - R_S \tag{1}$$

R_S 可从泊松密度函数导出：

$$R_S(t) = \int_t^\infty f_n(t)\mathrm{d}t = \int_t^\infty \frac{(\lambda_t)^n}{n!}\mathrm{e}^{-\lambda_t}\mathrm{d}t \tag{2}$$

式中：n——故障次数(指造成灾难性事故的故障次数，下同)；

$f_t(t)$ ——故障概率密度函数；

t——工作时间，单位为小时(h)；

λ_t——期望的故障(或不合格)次数。

当 $n = 0$ 时，式(2)即为系统的安全可靠性函数，即

$$R_S = \mathrm{e}^{-\lambda_t} \tag{3}$$

即损失概率(即风险)是

$$P_L = 1 - \mathrm{e}^{-\lambda_t} \tag{4}$$

考虑最简单的串联系统，包含 m 个部件的串联系统的安全可靠度为

$$R_S = \prod_{i=1}^m R_{S_i} \tag{5}$$

式中：R_{S_i} ——第 i 个部件的安全可靠度。

将式(3)代入式(5)中，得

$$R_S = \prod_{i=1}^m \mathrm{e}^{-\lambda_{t_i}} = \mathrm{e}^{-\left(\sum\limits_{i=1}^m \lambda_{t_i}\right)} \tag{6}$$

因此，系统的损失概率(即风险)，P_L 为

$$P_L = 1 - \mathrm{e}^{-\left(\sum\limits_{i=1}^m \lambda_{t_i}\right)} \tag{7}$$

概率风险评价(PRA)过程如下。

1) 进行 FMECA，确定导致危险的所有故障模式及危险影响等级，有关 FMECA 的

方法见 GJB/Z 1391。

2) 按故障—安全和故障—危险工作方式来区分故障模式,在风险评价中只考虑会引起危险的故障模式。

3) 对危险故障模式的影响严重性相对于发生概率进行权衡,将那些发生概率极高而影响严重性却极低的故障模式或发生概率极低而影响严重性却极高的故障模式忽略掉。

4) 对系统设计进行更改,采用最坏情况分析、人为因素分析等方法消除、减少或安全地控制所有产生重大危险的故障模式。

5) 对系统中残留的最严重的危险进行故障树分析,有关故障树分析的方法按 XGK/K07—2009《型号故障树分析应用指南》规定。

6) 利用前面 PRA 模型进行风险评估,并与系统规定的要求比较。如果二者一致,系统符合安全性要求;否则,改进系统设计。

b) 概率计算方法

在设计中采取了防止危险发生的措施,且可计算出这个措施的安全可靠度,则可用式(8)计算安全可靠度 R_S。

$$R_S = 1 - \sum_{i=1}^{m} \sum_{j=1}^{n} \left[P_{L_{ij}} \left(1 - R_{S_{ij}} \right) \right] \tag{8}$$

式中:R_S——安全可靠度;

$P_{L_{ij}}$——在第 j 个任务段,由 i 个危险引发空难性后果的概率,即损失概率;

$R_{S_{ij}}$——在第 i 个任务段,采取措施脱离第 i 个危险的概率,即安全可靠度。

损失概率(即风险)P_L 即可用式(1)计算得出。

7.4.3 事故风险评价常用方法的选用

在工程型号中可按照具体情况进行选用 RAC 方法、PRA 方法和概率计算方法。通常来讲,RAC 方法由于是一种定性方法,受主观影响程度较大,但是方法比较直观容易理解,适用于系统寿命周期的早期。随着型号研制阶段深入,可以在对系统可靠性模型和故障模式进行详细分析的基础上,考虑使用定量的 PRA 方法。

7.5 危险控制技术和方法

7.5.1 概述

系统安全性工作的目标是尽可能消除危险,在确实不可能消除危险时控制危险,以实现系统的任务要求与经济性、安全性的最合理平衡。危险控制即是采取措施来消除和控制各种事故风险,防止导致人员伤亡和设备损坏的各种事故发生。危险控制通常是在系统安全性设计工作中进行。为了全面提高系统安全性,在系统安全性分析的基础上,即在运用各种危险分析技术来识别和分析各种危险,确定各种潜在危险对系统安全性影响的同时,系统设计人员必须采取各种有效措施来保证系统具有要求的安全性。要减少系统的危险,就首先应对事故风险做出定性或定量的评价,并根据评价的结果,分别采取相应的措施来保证系统使用安全。危险控制即是对事故风险进行控制,通常是按危险严重性和危险可能性划分危险的等级,进行风险评价,再根据风险的评价结果采取相应的控制和处理方法。有关各类危险的控制技术应符合 GJB/Z 99《系统安全工程手册》第 11 章的有关章节规定。最后,还要采取验证措施来验证危险控制的效果。

7.5.2 危险控制措施的优先顺序

危险控制的基本原理是通过减少系统潜在事故的发生频率和降低事故后果的严重程度来控制系统运行时的风险。危险控制措施的优先顺序如图 7 所示。

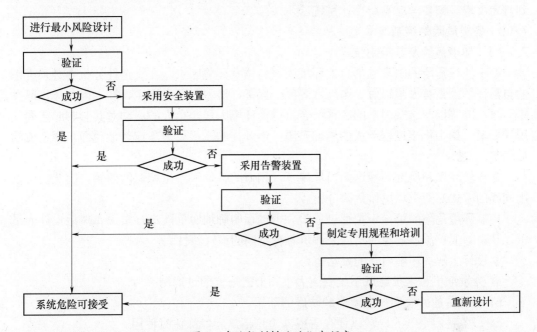

图 7　危险控制措施的优先顺序

进行危险控制措施优先顺序按以下途径。

a) 进行最小风险设计

首先在设计上消除危险，若不能消除已判定的危险，应通过设计方案的选择将其风险降低到订购方规定的可接受水平。

b) 采用安全装置

若不能通过设计消除已判定的危险或者通过设计方案选择不能充分降低其有关的风险，则应通过采用永久性的、自动的或其他装置，使风险降低到订购方可以接受的水平。可能时，应规定对安全装置作定期的功能检查。

c) 采用告警装置

若设计和安全装置都不能有效地消除已判定的危险，或者不能充分降低其有关的风险，则应采用告警装置来检测危险状态，并向有关人员发出适当的告警信号。告警装置的设计应使有关人员对告警信号作出错误反应的可能性最小，而且在同类系统内应实现标准化。

d) 制定专用规程和培训

若通过设计方案选择不能消除危险，或采用安全装置和告警装置不能充分降低其有关的风险，则应制定专用的规程和进行培训。除非订购方放弃要求，但对严重性等级为Ⅰ或Ⅱ级的危险决不能仅使用告警、注意事项或其他形式的提醒作为唯一的降低风险的方法。专用规程应包括人员防护设备的使用方法。由订购方判断为安全关键的工作项目和活动可能要求考核人员的熟练程度。

在系统安全性设计时，可参考以上流程来控制系统危险，在每一危险控制途径后再对系统危险进行评价和验证，验证系统安全性是否达到规定要求，反复迭代后最终使系统安全性达到规定要求。如果采取告警和安全保护设施后，经过验证系统安全性仍达不到规定要求，则要考虑重新设计系统。

7.5.3 各类危险的控制技术

7.5.3.1 环境危险及其控制技术

产生环境危险的因素包括自然环境因素和诱发环境因素。在安全性分析中必须考虑的自然环境因素有太阳辐射、温度、湿度、盐雾、压力、雷电、尘、沙、雨、雪、风、霜、冰、雾等以及这些因素的各种组合。诱发环境因素是指人的活动对其影响起重要作用的要素，如由化学过程造成的局部升温；由过往的飞机、火车或其他地面车辆造成的振动等。

在自然环境和诱发环境这两类环境下，相似的条件将产生相似的效果。因此，可以用同样的方式对两类环境作危险分析。

控制环境危险的第一步是通过危险分析过程明确地对危险进行定义。然后设计人员可以从消除或控制该危险的角度来评价各种不同的设计特性。

从设计上解决环境问题的办法有：

a) 为发动机和人员通风系统安装大小和形式适宜的过滤网。

b) 在设备的外表面加上耐磨和防腐的涂层。

c) 预备备用空气入口，以便在雪或冻雨将正常进口冻住时使用。

d) 为人员配备面罩，以便滤去或中和危险的污染物。

e) 设计雪地轮胎或链条，以便在各种低牵引力(从冻雪到深泥)条件下滑行时使用等。

7.5.3.2 热危险及其控制技术

热危险可能来自于不受控制的热流、高温、低温或者温度变化。这些危险本身可能对人及设备造成伤害或损坏，也可能诱发其他有害的效应。

控制热危险的最好办法是将温度控制在温和的范围内并控制热流。如果自然环境或设备或两者都产生过多的热量，就应使用冷却系统。

热流的控制是通过控制热传递的三种方式(辐射、传导、对流)实现的。

对于热敏感的航空电子设备和航空器及其他可移动设备中的其他电子仪器，必须防止温度超出设计极限。需要在大于设备正常设计温度下完成特殊操作作业时，在设计上可采用两种方法：

a) 可给设备增加附加的热保护装置(如热反射板或辐射器)以冷却设备。

b) 可用设计上改进的相似设备代替防热较差的设备。

7.5.3.3 压力危险及其控制技术

在所有的压力水平上都存在危险，而且正压或负压都可构成危险。内含压力的介质一旦失效，即使压力不大也可造成灾难性的损害。任何承受动压的设备在进行安全性分析时都要考虑正负压力危险。此外，在完成任务时应将任何产品中的压力都限制在所需的最小值。

为了避免压力系统所产生的问题，最有效的手段之一是在保证系统能完成其预定任务的前提下将使用压力尽可能降低，这样有助于降低导致部件破裂或泄漏的应力，从而避免或减少高压分系统的许多其他危险。另外，在设计一个含有压力分系统的系统时，必须考虑压力媒介和环境温度的影响。一般而言，采用液压系统比气压系统安全性好。

压力容器破裂是最常见的压力危险事件之一。压力容器的研制应符合国家有关标准，应通过压力试验予以验证。

7.5.3.4 毒性危险及其控制技术

毒性只对人员构成危险，而不影响设备。如果少量的某种材料能对一般正常的成年人造成伤害，就认为那种材料是有毒的。现代装备运行中往往产生各种有毒物质，例如，导弹发射时推进剂产生的燃烧物质、发动机排出的废气等含有多种有毒成分。其中，一氧化碳(CO)是对人体伤害很大的一种常见的有毒物质。

必须识别和控制 CO——发动机排出的废气中主要的毒性燃烧产物。发动机废气排放 CO 的量，在一定程度上取决于发动机的设计和调节。目前尚没有现实可行的办法来消除这一毒性危险。为了控制 CO 污染，在设计上所采用的主要方法是，在一切设备中要使通风进口尽量远离发动机废气排放出口。设备的位置尽可能有利于顺风把废气带走，并远离操作人员。操作人员如果是在关闭的隔间里，则应设法关闭外部空气的进口，利用供空气或供氧的呼吸器可以确实保护操作人员的安全。

7.5.3.5 振动危险及其控制技术

振动会对人的生理和心理产生不良的影响，还会使设备性能下降或工作无效。为了减少振动危险所采取的设计策略包括：

a) 消除振动。

b) 对人员、其他部件或其他设备进行隔振。

c) 在振源处控制(减少)振动。

设计人员必须时刻注意振源的存在并避免采用产生这些振源的设计方案。如果无法消除振动，就必须通过仔细控制设备的设计和安装予以隔离。如果一个特殊部件的振动无法消除，则必须尽量将其隔离起来，以防止振动传播到其他部件或主设备。

乘员和操作人员的位置应该与有振动的设备相隔离。产生振动的设备与其控制器的连接可用液压式、气动式或电气式，而不是机械式。以机械方式连接的控制器应该采用隔振措施，例如，阻尼缆索或阻尼杆。

如果仪器的安装位置无法离开振动的设备，则应采用减振安装或加阻尼。

7.5.3.6 噪声危险及其控制技术

噪声和爆炸声在军事活动的整个阶段都是存在的。噪声一般是振动的结果，发出声音的振动原因与产生机械振动的原因是一样的。

从设计上消除噪声的工作必须对可能的噪声源做出仔细分析。如果设计的产品包括有运动的气体或液体，或者有产生各种频率的电气部分，则分析人员应寻找可能产生噪声的根源。

喷气发动机的噪声也可以在设计过程中予以减少。在喷气发动机的进气口和排气口的内壁可以设计有许多微小的"捕音器"和"消音"开孔，从而可大大降低噪声程度。

为了控制噪声危险而采用的设计方法可以分为消除或控制噪声以及保护人员不受到噪声危险两种。如果不能在发源处将噪声消除，就应对人员加以保护。人员保护有两类措施，隔离和采用个人保护装置。

7.5.3.7 辐射危险及其控制技术

辐射一般分为两类，电离辐射和非电离辐射。这两类辐射都会造成危害。电离辐射是 X 射线、γ 射线、α 和 β 粒子、中子和其他核粒子。高频电离辐射因改变细胞功能而在生物机体内产生有害的影响。非电离辐射包括紫外线、红外线、可见光辐射和微波辐射，它不具有足以使组织电离的能量，但会产生其他不良影响，如中枢神经紊乱、眼睛和组织烧伤以及暂时性致盲等。一般而言，任何能引起人体组织的物理变化、化学变化，或者置换出固态结晶物质中的原子而使设备失效的电磁辐射都是潜在的危险源。

对许多辐射危险的控制应符合对危险进行控制的优先顺序。例如，保持电压低于10000V，或者避免在用高压时，使用像铅和钨这一类高原子序数的屏蔽材料，这样能避免无意中产生 X 射线。可行时应使用铝制屏蔽。当 X 射线为专门用途所必需时，应使辐照强度和持续时间保持在最低。在辐射强度达到伤害性级别时，应在系统中配置挡板和连锁装置，并为使用 X 射线的设备制定安全规程。

从理论上讲，γ 和 X 辐射不会由屏蔽完全消除，但可以衰减到一个安全使用水平。重金属如铁或铅，因其高密度而可形成良好的屏蔽。中子因其中性电荷和高能量，能穿透物质而使屏蔽更加困难。控制电离辐射危险的有效方法是屏蔽。

采用防晒膏或任何不透明的覆盖物(即使很薄)都能吸收紫外线辐射，用导电材料制成的箔片能封闭微波源或受微波辐射敏感的装置，采用联锁、屏蔽、设置警告装置和标牌灯，能够使激光器的固有危险减少到最低程度。

7.5.3.8 化学反应危险及其控制技术

有些化学反应可能极为剧烈，通过爆炸、有害物质的扩散以及生成并散发出大量的热量而造成直接的严重伤害。另外一些化学反应可能是缓慢和非常温和的，并且它们的效应要经过相当长的时间才能显现出来，这些逐步的效应会促使设备或结构破坏，并会对人体造成伤害。

应尽量避免猛烈分解型的化合物与有机物接触。通过使用氧化抑制剂或温度控制，可以避免大多数过氧化物的危险。一些化合物(如 CO_2、N_2 等)能干扰或减慢化学反应的总速率，可用来抑制像意外火灾这种不希望的化合反应。

常用的腐蚀防护措施是，规定金属应与其接触的物质相容，或在金属上涂保护层(油漆或塑料)；除去金属表面的潮气或杂质，或使用惰性气体形成阻挡作用的表面膜。在每次把两种化合物混在一起或将它们紧靠在一起存放时，应搞清所有可能发生的化学反应，以确保不会发生危险的反应，以及不会生成危险的产物。

7.5.3.9 污染危险及其控制技术

污染是在合乎需要的材料或特定环境中出现任何不希望有的气体、液体或细粒物质，从而会造成伤害、破坏或功能丧失的情况。

有各种不同的污染源，如环境本身、化学反应、人员活动、生产工艺过程以及所需物质中的异物和杂质。污染源可能以固体、液体或气体的形式存在，也可以表现为固体、液体或气体的任意组合形式。

要控制污染，首先应确定污染的可能来源，然后针对其采取相应的措施。对于因不洁净的外界环境的引入、溢出或泄漏、化学反应(主要是腐蚀)及过滤设备故障而导致的污染，其最佳防止办法是保证设备清洁，选用合适的过滤器、过滤工艺和方法，并在设计过程中采取措施防止污染物溢出或泄漏。

在一个完全密闭系统的内部同样可产生污染。内部的污染可能产生于聚合反应、化合物(如聚合物)的分解、微生物或霉菌的生长(生物战试剂)活动、触电金属表面的损耗或者液体与容器内物质之间的化学反应。这类污染的预防措施只能在设计过程中采用。

7.5.3.10 材料变质危险及其控制技术

材料变质即材料强度削弱、材料失效或材料变化。对设计人员来讲，材料强度削弱或材料失效就意味着会引起严重的危险。

造成材料变质的原因很多，如腐蚀、持久应力、振动、老化、损耗、摩擦生热、潮气、放射性环境甚至昆虫。为了控制危险，设计人员必须做到：

a) 分析环境对系统的关键部位造成的影响，例如，若要求两种不同的材料能配合紧密，就应该挑选膨胀系数较小或相似的材料。

b) 安装温度补偿装置消除极端温度的影响，涂漆或表面处理可以保护机体不受腐蚀。

c) 采用安全系数或其他设计方法，以确保材料在其预计的使用寿命内能经受住预期的变质作用，同时仍能满足设计强度要求。

d) 采用减振装置或质地坚固的支架，保证将关键元件和部件控制在安全限度内。

e) 把敏感的机件放入封闭环境中或者用帆布及其他防护性材料盖住，控制橡胶机件的变质，对其进行防护。对于特别关键的部件，要气密封装在惰性气体中。

7.5.3.11 着火危险及其控制技术

着火是一种常见的危险。无意中发生的火灾，或使用火时失去对它的控制，都会产生比其他危险更严重的有害影响。因此，应给予特别重视。

采用能完成规定任务的最不易燃的物质，同时保持燃料不靠近氧化剂，点火源不靠近可燃混合气，这样，设计人员可将意外的火灾事故减少到最低限度。安全性技术人员应建立以下设计目标：

a) 将工作温度定得尽可能低，以避免引燃易燃材料或者防止出现使较不易燃烧的材料能容易地被点燃的环境。

b) 增大点火源与燃烧物之间的距离。

c) 不采用能发生接触自燃反应火及能在空气中自燃或自燃氧化的(自发着火的)物质。

d) 将热能水平保持在最低的有效水平。

e) 在没有对可能的有害影响进行理论分析的情况下，应避免把活性化学物按不了解的方式(或比例)进行组合。

f) 尽量使用活性最低的物质。

7.5.3.12 爆炸危险及其控制技术

爆炸是一种发生在极短时间内的化学反应或状态变化，同时产生高温，通常还产生大量气体，并在周围介质中产生冲击波。爆炸的特性随反应物、密闭条件和环境条件而变化。

通过使工程设计满足有关起爆控制装置(诸如引信、保险与解除保险装置)设计的军用标准，可以使意外的炸药起爆事故减少到最低程度。此外，制定适当的安全性设计原则，可有效地预防爆炸危险。例如，设计导弹系统的点火系统时必须考虑的一些安全性

设计准则是:

    a) 在启动点火器之前,应将点火器与电源隔离开。

    b) 在满足系统要求的前提下,应使用灵敏度最低的点火剂。

    c) 防止开关偶然启动系统。

    d) 保护系统免受射频、静电和其他虚假的电信号的影响。

7.5.3.13　电气与电子危险及其控制技术

电气和电子危险包括电击、引燃易燃物品、产生过热、造成意外起动事故、未按要求操作、电爆和静电等 7 类,这些危险还可能交叉重叠出现。例如,静电也可给电爆装置带来意外起爆或引燃易燃物品。

电气和电子危险和安全保护取决于频率、电压、电流及其他因素。这些危险控制主要采取如下措施:

    a) 对绝缘体的保护措施。

    b) 防电击措施。

    c) 防止电弧或电火花点燃附近可燃气体的措施。

    d) 设备过热防护措施。

    e) 防止设备意外启动事故的措施。

    f) 防止静电危险的措施。

    g) 防雷电措施。

7.5.3.14　加速度危险及其控制技术

运动中的物体都具有动能,即使很少的数量也能伤害人体或损坏设备。损伤不是源于运动本身,而是源于加速、减速或其他形式的能量转换(如冲击等)。例如,在飞机和直升机着落时可能发生撞击,飞机在空中飞行时遇上恶劣天气有时也会受到撞击。

防止加速度、负加速度或冲击造成伤害的最好解决办法是用正确的设计予以消除。其次是安装防护装置以防硬撞击。

当需要在设计过程中考虑加速度危险时,可以采取一些预防伤害的设计措施。例如,可靠的加固性硬件、防滑表面、避免头部在运载器内撞击的足够间隙和限动器,这些都是用来防止跌倒和撞击受伤的设计措施。设备可以装有辅助的机内防护装置,使得由于减速或冲击所产生的损伤减至最少。

7.5.3.15　机械危险及其控制技术

机械设备中的危险可能是所有的危险中最常见的,每一台设备都可能呈现多种机械危险。

在系统设计早期就考虑大型机械设备的重量和重心位置,以便尽量减少由此产生的问题。如果异常的重量和重心状态不可避免,则应在设备上标示重心位置,并标出起吊点或连接点。如果该设备的运输、安装和维修必须使用专用的搬运设备,则该专用搬运设备的设计应与主设备同时进行,以免延误时间和增加费用。

通过在机器的活动机件上使用各种防护装置可以控制机械危险。

下列预防措施对所有机械设备的使用和维修是通用的。

    a) 应对机械设备的全部操作人员进行培训,使其熟悉具体设备在使用中可能出现的危险,以及出现紧急情况时所应采取的行动。

b) 每个操作者都应了解机械设备上的"停止"或"紧急断开"按钮或开关的位置和作用。应定期试验按钮，以确保其能正确工作。

c) 应对使用任何形式的防护装置或其他安全装置的设备作定期检验，以确保安全装置安装在位，而且可正常运转使用。

d) 应告诫每位操作者不得拆除、停用或企图旁路任何防护或安全装置。

e) 需要拆移防护装置或安全装置才能进行的修理、调整或维护工作，只应由经培训过的和被批准的操作人员来完成。

f) 对能卷入工作服的设备，其操作人员应穿紧身工作服和扣袖扣的衬衣或短袖衬衣，不应戴珠宝，包括戒指和手表。操作时不应带手套，女性长发不允许外露等。

7.5.4 危险控制的设计方法

为满足规定的安全性要求，在系统安全性设计中可以采用各种不同的安全性设计方法来控制危险。根据采取安全性措施的优先顺序，安全性危险控制的常用设计方法大致有 14 种，如表 18 所列。

表 18　危险控制的常用设计方法

控制方法 ＼ 控制途径	危险消除	危险减少	告警和安全保护设施	控制方法 ＼ 控制途径	危险消除	危险减少	告警和安全保护设施
控制能量	●	●		状态监控	●	●	
消除和控制危险	●	●		故障—安全	●	●	●
隔离	●	●		告警			●
联锁	●	●		标示			●
概率设计和损伤容限	●	●		损伤抑制			●
降额	●	●		逃逸、救生和营救			●
冗余	●	●		薄弱环节			●
注："●"表示该方法可用							

以上危险控制方法也是系统安全性设计的基本思路和方法，其中通过设计消除危险和控制危险严重性是避免事故发生，达到系统的安全性水平的最有效方法。系统设计人员在系统安全性设计时可以在系统安全性分析的基础上，根据本指南 7.5.2 条中危险控制的流程和途径，选取合适的方法来保证系统满足规定的安全性要求。以上危险控制方法在安全性设计中的具体运用见 GJB/Z 99《系统安全工程手册》。

除安全性设计中进行危险控制外，其他安全性工作也应体现危险控制，包括安全性管理控制、安全性验证评价、安全性培训等。

7.6　危险控制结果的验证

通过采取一些危险控制措施，由危险分析所确定出的系统中的危险已经消除或控制在可接受的限度内。但并不能保证所采取的危险控制措施百分之百的有效，所以需要对危险控制后事故风险水平及危险控制措施的有效性进行验证。危险控制结果的验证一般在安全性验证工作中进行。在危险控制结果验证时必须始终带着这样的问题：更改后的系统是否仍符合系统规范，且这些更改是否消除或控制了已知的危险。通过危险控制和危险验证的反复进行，最终使系统安全性达到规定要求。

危险控制结果验证的对象是系统中安全关键的产品(包括硬件、软件和规程)，即对系统安全使用来说要对它们作正确的识别、控制和保持其正常的性能和容差的那些产品。如果它们不符合规定的安全性要求，就会引起系统的事故。危险控制结果验证的目的主要是在系统研制中验证安全关键的硬件与软件的设计及安全关键的规程的制订是否符合系统规范、系统要求等文件中的安全性要求，即系统及其安全关键产品是否达到规定的安全性水平、能否安全地执行规定的功能和能否按规定的方式安全使用。

危险控制结果验证必须采用能确切验证的定性或定量的方法，其中主要有分析、检查、演示、试验和仿真等5类方法：

a) 分析。分析验证包括原来的工程计算，以确定所设计的硬件按要求运行时能否保持其完整性；核算各种器材所受的载荷与应力，及其相应的尺寸、加速度、速度、反应时间等；验算设计师对产品安全性设计所作的其他工程计算等。

b) 检查。这类验证方法一般不用专用的实验室设备或程序，而是通过目视检查或简单的测量，对照工程图样、流程图或计算机程序清单来确定：产品是否符合规定的安全性要求，如是否存在某种有害状态、有无不适合的材料、有无需要的安全装置等。

c) 演示。演示是一种试验性验证方法，用来确定产品的安全性是否达到所规定的要求。它通常不是用测量设备来测量参量，而是用"通过"或"不通过"的准则来验证：产品是否以安全的、所期望的方式运行，或者一种材料是否具有某种性质。

d) 试验。试验是用仪器测量具体参量的验证方法，通过对试验数据的分析或评价来确定：所测定的结果是否处于所要求的或可接受的限度之内。通过试验也可观察到产品在规定的载荷、应力或其他条件下会不会引起危险、故障或损伤。

e) 仿真。仿真主要是通过仿真的方法模拟产品的运行和工作状态，在仿真过程中验证产品是否存在危险，从而来确定产品的安全性是否符合规定的要求。仿真验证包括实物仿真和计算机仿真等。

应按具体验证对象的安全特性确定采用上述的一种或几种验证方法。在分析或检查验证法不可行时，就应使用演示或试验验证方法。采用的方法应经过订购方的同意。危险验证几种方法的具体运用应符合 GJB/Z 99《系统安全工程手册》中 8.1 条规定。

7.7　危险审查与跟踪

a) 危险审查

在反复进行危险控制和危险验证之后，系统事故风险一般是可以控制在可接受水平之内，这时还需要对危险进行审查，目的是全面审查系统所预计的事故风险，识别系统的所有安全特性和评审试验人员或使用人员应遵守的具体规程和注意事项，以确定系统残留的风险水平是否符合规定的要求，并使试验或使用人员了解系统设计中所残余的所有危险和应遵守的注意事项，使系统能安全地进行试验或使用，或能做出决断：系统是否可以进入下一研制阶段。危险审查内容包括对危险分析报告审查、危险控制措施的有效性审查、残余危险报告审查以及残余危险可接受程度的审查和有关安全规章符合性审查等。

b) 危险跟踪

审查通过后，还应对危险和残余危险进行跟踪和归零，以保证系统危险的确已经得到有效控制，同时还要对残余危险进行监控，防止残余危险演变成其他危险。

8 注意事项

a) 系统安全性分析过程中，要综合应用危险控制活动，系统的安全性水平除了取决于安全性分析外，更重要是是取决于危险控制的成效，有效的危险控制是提高系统运行安全性的关键，只有将安全性分析和危险控制结合起来综合运用，才能达到系统安全的目的。

b) 安全性分析应从寿命周期早期就开始进行，在整个型号研制及使用过程中，应根据工作进展情况和可获取的数据及信息，由浅入深，逐步开展安全性分析工作。

c) 安全性分析工作应贯穿产品整个寿命周期。在不同阶段，由于可获取的数据及信息的不同，安全性分析的重点也有所不同。通常在论证阶段和工程研制初期，安全性分析重点在于考察系统固有危险特性；在论证阶段后期和工程研制阶段，安全性分析则将对故障、接口以及产品使用操作等有关危险进行全面分析和综合评价。

d) 安全性分析工作中应综合运用多种安全性分析方法，减少遗漏危险的可能性。

e) 对工程更改部分，应补充实施安全性分析，确保充分识别和评价工程更改对安全性的影响。

f) 实施安全性分析过程中应充分利用相关历史数据、经验和信息(如相似产品信息、工程研制信息、可靠性分析结果等)，以提高分析的有效性和效率。

g) 安全性分析工作应形成记录。在研制的适当时刻(如转阶段时)，应形成型号安全性分析报告；安全性分析报告应由主管人员审批，并作为实施安全性评审活动的重要内容。

h) 系统研制中的各项安全性分析均是反复迭代、不断修改、不断完善的一个动态管理过程。设计人员应按照系统安全性分析流程的要求及时开展分析并及时更新分析结果、落实改进措施。管理者应该监督安全性分析计划规定的任务的执行，在合适的研制阶段节点，应对分析结果进行评审，控制安全性分析进展并对发现的问题进行调查、分析和解决。

i) 对各类危险的控制应通过认真的分析、严格的试验，从设计、安装和使用等方面入手，消除危险或将危险控制在可接受的范围内。

j) 危险控制应体现在整个安全性工作中，包括安全性管理、分析和设计、验证和培训，其中在安全性设计中最为重要，安全性设计即是采取设计措施来控制系统危险。

k) 在系统安全性水平达到可接受范围后，系统中还会留有残余危险，要对残余危险给予重视和说明，设计人员和操作人员要防止残余危险演变成或带来其他危险。

附录 A

(资料性附录)

××飞机区域安全性分析的应用案例

A.1 概述

　　××飞机区域安全性分析的目的是对该飞机各区域进行相关性检查,判定系统或设备的安装是否符合设计要求,判定同一区域内系统之间的影响程度,分析维护失误的可能性等,以发现可能出现的不安全因素,进而提出相应的改进措施,为确保该飞机安全首飞成功提供了有力的支持。

　　××飞机区域安全性分析工作主要包括安全检的区域划分、区域安全性分析方法及要求的制定、形成区域安全性分析指导文件、区域安全性分析并形成区域安全性分析报告等内容。

A.2 对××飞机安全检查的区域进行划分

　　在区域安全性分析之前,首先根据××飞机布局特点及系统(设备)分析情况,对××飞机安全检查的区域进行划分。××飞机安全检查的区域划分如图 A.1 所示。

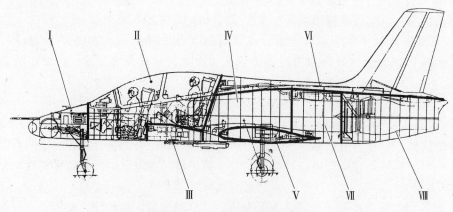

图 A.1　××飞机区域划分图

　　××飞机区域划分说明见表 A.1。

表 A.1　××飞机区域划分说明

区域代号	区域名称	区域范围	说　　明
I	前轮舱及设备舱	4框之前	可进一步分为ⅠA、ⅠB、ⅠC3个小区: ⅠA—前轮舱; ⅠB—前轮舱两侧,装有氧气瓶; ⅠC—电子设备舱,左侧装银锌电瓶

(续)

区域代号	区域名称	区域范围	说　明
II	气密座舱区	4框～9框	可进一步分前、后两舱，即IIA、IIB。 IIA—前舱。 IIB—后舱
III	电子设备舱	6框～8框地板以下	左侧装有静止变流机和转子变流机
IV	油箱区	9斜框～16框	可分为IVA、IVB两小区： IVA—有1、2号油箱槽及倒飞油箱
V	机翼	左右机翼	每个机翼可分为4小区： VA—前缘区，通过电缆，副翼拉杆、燃油、液压导管等。 VB—7肋以内，主梁以前为整体油箱内。 VC—主梁以后7肋以内主起落架舱区。 VD—机翼7肋以外段
VI	背鳍尾翼区	背鳍尾翼	通过空调常温和高温导管，燃油电源枢纽，右侧液压附件，下部燃油、液压、附件等
VII	系统附件安装区	16框～21框	上部有空调散热器，左侧电源枢纽，右侧液压附件，上部燃油、液压、附件等
VIII	发动机舱	21框以后	本区右侧装有滑油箱，燃油增压空气管路左侧、液压油箱、燃油导管、液压导管等下部装有发动机附件、液压油泵、电机等

A.3　制定对××飞机区域安全性分析方法及要求

为了指导分析人员对××飞机区域安全性分析，根据××飞机的布局特点及系统(设备)分布情况，制定了××飞机区域安全性分析方法和要求。

××飞机区域安全性分析应按以下步骤进行。

a) 每个专业系统首先应填写每一个《系统通过区域情况统计表》(见表A.2)。

表 A.2　系统通过区域情况统计表

共　页　第　页

	大区	I			II		III	IV		V				VI	VII	VIII
	小区	IA	IB	IC	IIA	IIB		IVA	IVB	VA	VB	VC	VD			
通过区域统计																
注："√"表示通过的区域																

填表：　　　　　　　　　　　　校对：　　　　　　　　　　　　审核：

b) 按照表 A.1 划分的区域,对该飞机所有专业系统制定详细的分析准则,以指导分析人员对该飞机进行区域安全性分析,并形成"××飞机区域安全性分析表"(见表 A.3),分析人员对同一区域中每个系统应对照区域安全性基本准则填写分析表格。

表 A.3　××飞机区域安全性分析表(部分)

共　页　第　页

区域号:	区域名称:	系统(子系统):		图号(代号):	
准则号	准则内容			分析结论	备注
1	总则				
1.1	系统或设备的安装应考虑区域环境(周围的和内部的)如温度、压力、振动的影响				
1.2	系统和设备的安装布局、连接方式应合理,设备与设备之间的间隙应满足设计要求				
2	操纵系统				
……	……				
3	液压、氮气系统				
……	……				

表的填写说明如下。

a) "分析结论"以符号表示:

1) "√"—符合准则要求。

2) "×"—不符合准则要求。

3) "/"—本条准则在本区域不适用。

b) "备注"以文字说明:

1) 说明不符合的程度。

2) 说明不能符合准则要求时,本系统与邻近系统的相互不利的影响,出现这种情况时填写"区域安全性问题登记表"

c) 进行区域安全性分析后,各专业系统对于那些不符合准则要求及有可能出现"继发性故障"等重大问题,填写《XX飞机区域安全性问题登记表》(见表 A.4);

在多通道系统中,一个系统发生故障而引起邻近其他系统或设备出现的故障,称为"继发性故障"。

表 A.4　××飞机区域安全性问题登记表

共　页　第　页

区域号:	系统(或子系统名称):
区域名称:	图号(或代号):
发现的问题及建设改进措施:	
提出者:　　　校对:　　　审核:	
对上述问题的处理意见	
处理者:　　　审核:　　　审定:　　　批准:	

d) 区域安全性分析后应写出分析报告，以总结本阶段的分析结果。

以上区域安全性分析方法及要求都应在指导性文件中进行详细规定。

A.4　形成《××飞机区域安全性分析指导性文件》

在××飞机区域划分和制定对 XX 飞机区域安全性分析方法及要求后，形成《××飞机区域安全性分析指导性文件》，以指导分析人员进行区域安全性分析。《××飞机区域安全性分析指导性文件》格式(部分)如下：

1　目的

2　适用范围

3　××飞机区域划分

4　区域安全性分析方法及要求

5　区域安全性分析基本准则

5.1　总则

5.2　操纵系统

5.3　液压、氮气系统

5.4　燃油系统

5.5　发动机安装及发动机操纵

5.6　火警系统

5.7　起落装置

5.8　环控系统

5.9　供氧及抗荷

5.10　座舱盖系统

5.11　弹射救生系统

5.12　通信、导航等电子设备

5.13　电气系统

5.14　仪表系统

5.15　军械、火控系统

……

(注：指导性文件各条具体内容略)

A.5　对××飞机进行区域安全性分析，最终形成区域安全性分析报告

分析人员根据表 A.1 中××飞机区域划分，并按《××飞机区域安全性分析指导性文件》中规定的分析方法、要求和分析准则，对××飞机进行区域安全性分析，最终形成《××飞机区域安全性分析报告》。其格式如下：

1 目的

2 ××飞机区域划分

3 ××飞机区域安全性分析方法简述

4 分析结果

4.1 各系统经过的区域(部分)见表 A.5

表 A.5 ××飞机各系统经过的区域

操纵															
液压/氮气															
燃油															
动力															
起落架															
……															
区域	ⅠA	ⅠB	ⅠC	ⅡA	ⅡB		ⅣA	ⅣB	ⅤA	ⅤB	ⅤC	ⅤD			
	Ⅰ			Ⅱ		Ⅲ	Ⅳ		Ⅴ				Ⅵ	Ⅶ	Ⅷ

注：表中阴影代表飞机该系统经过该区域

4.2 各系统分析得出的主要问题(部分)

各系统分析所得出的主要问题(部分)，见表 A.6。

表 A.6 ××飞机各系统分析结论(部分)

操 纵 系 统					
区域	主要问题简述	问题性质			主要措施
		影响维修	影响性能	影响安全	
Ⅱ	1.××摇臂转动时与 6 框相碰约 5mm		√	√	有建议
	2.当升降舵系统驾驶杆后拉、前推至极限位置时××与拉杆××拉杆螺栓之间相碰			√	进一步协调
……	……				
液压、氮气系统					
……	……				

4.3 区域安全性分析结论及有关建议

4.3.1 结论

a) 分析表明，XX 飞机总体布局各系统基本符合安全性准则的各项要求。

b) 各系统分析所得出的主要问题统计。

各系统分析所得出的主要问题统计如表 A.7 所列。

表 A.7　××飞机各系统分析问题统计

区域	I	II	III	IV	V	VI	VII	VIII
问题数	6	17	0	4	2	0	4	0
分析时间：××××年××月								

　　从表 A.7 可知 I(前轮舱及设备舱)、II(气密座舱区)、IV(油箱区)和VII(系统附件安装区)4 个区域安装的系统和设备附件较多，因此反映的问题较多，这反映了一般客观规律，同时也为全机进行区域安全性分析指明了重点。

　　c)　××飞机 14 个系统中经区域安全性分析找到了共 33 个主要问题(初步认为 22 个可能影响安全)，对这些问题逐一提出了分析、改进措施，为提高 XX 飞机的可靠性和安全性提供了技术保证。

4.3.1　建议

　　略。

附录 B

(资料性附录)
安全性分析报告格式(示例)

安全性分析报告格式示例如表 B.1 所列。

表 B.1　安全性分析报告

××(产品)安全性分析报告(示例)(部分)
1 引用文件
2 术语定义
3 产品概述
3.1 设计方案
3.2 任务功能
3.3 研制阶段
4 产品安全性设计要求
4.1 ××
4.2 ××
……
5 产品安全性分析
5.1 分析目的
5.2 安全性分析要求
5.3 采用的分析方法
5.4 安全性分析数据的来源和依据
5.5 安全性分析流程
5.6 安全性分析相关报告
5.7 安全性风险分析与控制
……
6 分析结论与建议
××
7 附件
7.1 残余危险清单
7.2 各阶段分析报告
……
(注：分析报告各条具体内容略)

附录 C
(资料性附录)
残余危险清单格式(示例)

××压力容器残余危险清单(部分)如表 C.1 所列。

表 C.1　××压力容器残余危险清单(部分)

部件或分系统名称	使用方式	故障模式	可能性等级	危险说明	危险影响	危险严重性等级	已采取的控制措施	危险未消除理由
××压力容器	高压	压力小于设计最小值时容器发生故障	极少(D)	容器爆炸	振动和碎片会损坏周围的设备和设施,使周围人员受伤	严重的(Ⅱ级)	a) 容器已隔离; b) 加装容器压力监控报警装置,严格控制容器的强度	已增加冗余的安全装置,危险发生可能性在可接受范围之内
		压力超出时容器发生故障	同上	同上	同上	同上	同上	同上

注:可能性等级、危险严重性等级分别取自表15、表14

参 考 文 献

[1] QJ 3217. 潜在分析方法和程序[S]. 国防科学技术工业委员会，2005.

[2] XGK/K07—2009. 型号故障树分析应用指南[M]. 北京：国防科技工业可靠性工程技术研究中心，2009.

[3] XGK/K08—2009. 型号事件树分析应用指南[M]. 北京：国防科技工业可靠性工程技术研究中心，2009.

[4] 龚庆祥. 型号可靠性工程手册[M]. 北京：国防工业出版社，2007.

[5] 赵廷弟，任占勇. 惯性系统可靠性设计与试验指南[M]. 北京：国防工业出版社，2005.

XKG

型号可靠性技术规范

XKG／A02—2009

型号安全性设计准则制定指南

Guide to the establishment of safety design criteria for materiel

目 次

前　言

　　本指南附录 A、附录 B 均是《资料性附录》。

　　本指南由国防科工业可靠性工程技术研究中心负责组织实施。

　　本指南起草单位：北京航空航天大学可靠性工程研究所、航空工业发展研究中心、航天空间飞行器总体设计部、舰船研究院、航空 611 所。

　　本指南的主要起草人：潘星、赵廷弟、曾天翔、肖名鑫、洪国钧、吕明华。

型号安全性设计准则制定指南

1 范围

本指南规定了型号（装备，下同）安全性设计准则制定和符合性分析与检查要求、程序和方法。

本指南适用于型号寿命周期各阶段的各类型号安全性设计准则的制定和符合性分析与检查。

2 规范性引用文件

下列文件中的有关条款通过引用而成为本指南的条款。凡注明日期或版次的引用文件，其后的任何修改单（不包括勘误的内容）或修订版本都不适用于本指南，但提倡使用本指南的各方探讨使用其最新版本的可能性。凡未注日期或版次的引用文件，其最新版本适用于本指南。

GJB 451A　可靠性维修性保障性术语
GJB 900　　系统安全性通用大纲
GJB 1244　电引信和电子引信安全设计准则
GJB 1329　航空子母炸弹安全性设计与安全性鉴定准则
GJB 2865　火箭和导弹固体发动机点火系统安全性设计准则
GJB 3194　手工布设武器安全性设计准则
GJB/Z 94　军用电气系统安全设计手册
GJB/Z 99　系统安全工程手册
GJB/Z 102　软件可靠性和安全性设计准则
GJB/Z 768A　故障树分析指南
GJB/Z 1391　故障模式、影响及危害性分析指南

3 术语和定义

GJB 451A 和 GJB 900 确立的以及下列术语和定义适用于本指南。

3.1 安全性 safety
产品所具有的不导致人员伤亡、系统毁坏、重大财产损失或不危及人员健康和环境的能力。

3.2 安全性设计准则 safety design criteria
在产品设计中为提高安全性而应遵循的细则。它是根据在产品设计、生产、使用中积累起来的行之有效的工程经验和方法编制的。

3.3 符合性 conformity
产品设计与安全性设计准则所提要求的符合程度。

3.4 符合性分析和检查 conformity analysis and check

对产品安全性设计准则进行分析与检查，以确认与安全性设计准则的符合程度。

4 符号和缩略语

4.1 符号

无。

4.2 缩略语

SDC——safety design criterial，安全性设计准则。

5 一般要求

5.1 制定安全性设计准则的目的、作用和时机

a) 目的

制定安全性设计准则是提高产品安全性，进而提高产品设计质量的最有效方法之一。其目的是用以指导设计人员进行产品的安全性设计。

b) 作用

制定安全性设计准则的作用为：

1) 促进落实安全性设计分析工作项目要求。

2) 进行安全性定性设计分析的重要依据。

3) 达到产品安全性要求的途径。

4) 规范设计人员的安全性设计工作。

5) 作为检查安全性设计符合性的基准。

c) 时机

各层次产品(包括型号级、系统级和设备)的安全性设计准则，均应在产品方案阶段开始制定，在型号设计开始前发布，并在初步(初样)设计和详细(正样)设计阶段认真贯彻实施。

5.2 制定安全性设计准则的依据

制定安全性设计准则的依据有：

a) 型号《立项论证报告》、《研制总要求》及研制合同(包括工作说明)中规定的安全性设计要求。

b) 国内外有关标准、规范和手册中提出的与安全性有关的产品设计要求。

c) 相似型号中制定的安全性设计准则。

d) 国内外相似型号及本研制单位所积累的安全性设计经验和教训。

e) 产品的属性。

f) 产品的安全特性。

g) 产品的初步危险分析结果等。

5.3 制定安全性设计准则的动态管理与职责

制定设计准则是一个不断修改、逐步完善的动态管理过程。型号安全性设计准则在方案阶段就应着手制定；初步(初样)设计评审时，应提供一份将要采用的安全性设计准则，随着设计的进展，不断改进和完善该准则，并在详细(正样)设计开始之前最终确定其内容和说明。

安全性设计准则的制定应该纳入到质量和可靠性管理系统中进行集中统一管理。设计人员应根据产品的安全性要求、特点和类似产品的经验，制定安全性设计准则。在产品设计过程中，设计人员在设计主管领导和监督下认真贯彻实施安全性设计准则，并在执行过程中修改、完善设计准则。为使安全性设计准则能切实贯彻，承制方应提供设计准则符合性分析报告。在进行评审时，应将安全性设计准则和符合性分析报告作为设计评审的内容，以评价设计与准则的相符程度。

5.4 安全性设计准则文件体系

安全性设计准则是型号规范文件之一。安全性设计准则文件的层次按产品层次进行划分，即型号的总师单位应该首先制定面向型号的顶层安全性设计准则文件，型号的各级配套产品研制单位依据型号的顶层安全性设计准则文件制定各自的安全性设计准则文件，全部安全性设计准则文件构成安全性设计准则文件体系，如图1所示。

图 1 安全性设计准则文件体系

6 安全性设计准则的制定

安全性设计准则的制定程序如图2所示。

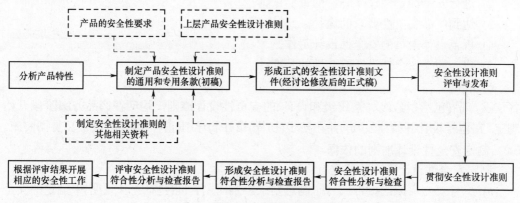

图 2 安全性设计准则制定程序

其具体过程如下：

a) 分析产品特性

分析产品层次和结构特性，以及影响安全性的因素与问题，明确安全性设计准则覆盖的产品层次范围，以及产品类别。产品层次范围是指型号、系统、分系统、设备、部件、零件与元器件等，不同层次产品的安全性设计准则是不同的；产品类别包括电子类产品、机械类产品、机电类产品、软件产品以及这些类别产品的各种组合等，不同类别产品的安全性设计准则是不同的。

b) 制定产品安全性设计准则的通用和专用条款(初稿)

1) 产品的安全性要求是制定安全性设计准则的重要依据，通过分析研制合同或者任务书中规定的产品安全性要求，尤其是安全性定性要求，结合产品初步危险分析的结果，可以明确安全性设计准则的范围，避免重要安全性设计条款的遗漏。在制定配套产品的安全性设计准则时，应参照"上层产品安全性设计准则"的要求进行剪裁或扩展。

2) 安全性设计准则中通用部分的条款对产品中各组成单元是普遍适用的；安全性设计准则中专用部分的条款是针对产品中各组成单元的具体情况制定的，只适用于特定的单元。在制定安全性设计准则通用和专用部分时，可以收集参考与安全性设计准则有关的标准、规范或手册，以及相关产品的安全性设计准则文件、本单位安全性工程设计经验和案例。其中，相似产品的各类安全性问题是归纳出专用条款的重要手段。

c) 形成正式的安全性设计准则文件(经讨论修改后的正式稿)

经有关人员(设计、工艺、管理、使用方代表等人员)对初稿进行逐条分析、讨论、修改后，形成安全性设计准则文件(正式稿)。

d) 安全性设计准则评审与发布

邀请专家对安全性设计准则文件进行评审，根据其意见进一步完善准则文件。最后经过型号总师批准，发布安全性设计准则文件。

e) 贯彻安全性设计准则

产品设计人员依据发布的安全性设计准则文件，进行产品的安全性设计。

f) 安全性设计准则符合性分析与检查

产品设计人员根据规定的表格将产品的安全性设计状态与安全性设计准则进行对比分析和检查。

g) 形成安全性设计准则符合性分析与检查报告

产品设计人员按规定的格式(按照本指南8.2条规定)，整理完成安全性设计准则符合性分析与检查报告。

h) 评审安全性设计准则符合性分析与检查报告

邀请有关专家对安全性设计准则符合性分析与检查报告进行评审。

i) 根据评审结果开展相应的安全性工作

产品设计人员根据安全性设计准则符合性分析与检查报告的评审结果开展相应的安全性工作，如果评审不通过还要对不符合项采取处理措施。

7 安全性设计准则主要内容

有关涉及软件系统的安全性设计准则，按照GJB 900《系统安全性通用大纲》、GJB/Z 99《系统安全工程手册》和GJB/Z 102《软件可靠性和安全性设计准则》规定。

控制所有可能出现的危险是提高系统安全性水平的重要途径。在制订安全性设计准则时，要包括系统设计人员在设计时对环境、热、压力、毒性、振动、噪声、辐射、化学反应、污染、材料变质、着火、爆炸、电气与电子、加速度与冲击、机械安全等15种常见危险进行控制必须遵循的各种设计准则，参见本指南附录A。

a) 环境安全设计

用于消除、减少和控制由于各种环境因素对系统产生的环境危险的安全性设计准则，包括自然环境因素和诱发环境因素。

b) 热安全设计

用于消除、减少和控制系统设计过程中的热问题的安全性设计准则，包括高温、低温和温度变化引起的系统危险。

c) 压力安全设计

用于消除、减少和控制压力危险的安全性设计准则，包括高压、低压和压力变化引起的系统危险。一般液压和气压系统都要有压力安全性设计准则。

d) 毒性安全设计

用于消除、减少和控制只影响人员安全的毒性危险的安全性设计准则。

e) 振动安全设计

用于消除、减少和控制振动危险的安全性设计准则。

f) 噪声安全设计

用于消除、减少和控制噪声危险的安全性设计准则。

g) 辐射安全设计

用于消除、减少和控制各种电离辐射和非电离辐射危险的安全性设计准则。

h) 化学反应安全设计

用于消除、减少和控制各种化学反应危险的安全性设计准则，包括防腐蚀防护。

i) 污染安全设计

用于消除、减少和控制各种由于污染源造成的污染危险的安全性设计准则。

j) 材料变质安全设计

用于消除、减少和控制材料变质危险的安全性设计准则，包括材料强度削弱、材料失效或材料变化引起的系统危险。

k) 着火安全设计

用于消除、减少和控制着火危险的安全性设计准则。

l) 爆炸安全设计

用于消除、减少和控制爆炸危险的安全性设计准则。

m) 电气与电子安全设计

用于消除、减少和控制电击、引燃易燃物品、产生过热、造成意外启动事故、未按要求操作、电爆和静电等电气和电子危险的安全性设计准则。

n) 加速度和冲击安全设计

用于消除、减少和控制加速度和冲击危险的安全性设计准则。

o) 机械安全设计

用于消除、减少和控制机械系统的防护、安装、使用、维修、起重、连接、固定等情况下具有的机械危险的安全性设计准则。

8 安全性设计准则符合性分析与检查

8.1 符合性分析与检查要求

安全性设计准则符合性分析与检查是一项重要的安全性工作。通过设计准则符合性分析与检查，有助于发现产品设计中存在的安全性隐患，能够为提高产品安全性水平提供支持。其要求如下。

a) 在研制过程中应对安全性设计准则贯彻情况进行分析，确定产品安全性设计是否符合设计准则的要求，并确定存在的问题，尽量采取改进措施。

b) 将设计准则贯彻情况的分析/评价结果，编写、提交安全性设计准则的符合性分析与检查报告，并经型号总师系统的批准，以作为安全性评审资料之一。对其中个别条款没有采取技术措施，应充分说明其理由，并得到总设计师或研制单位最高技术负责人的认可。

c) 应由安全性设计准则符合性分析与检查小组负责完成安全性设计准则的符合性分析与检查工作。

8.2 符合性分析与检查方法

8.2.1 概述

安全性分析与检查方法可分为符合性定性分析方法、符合性评分方法两种。

8.2.2 符合性定性分析方法

经订购方同意，可选用定性分析方法。安全性设计准则符合性分析与检查表格如表1所列。

表1中对每条设计准则，对"符合"的条款，在"是否符合"栏"是"中打"√"，并填写"判定依据"；对"不符合"的条款，在"是否符合"栏"否"中打"√"，并填写"不符合条目的原因说明"和"处理措施及建议"。

表 1　安全性设计准则符合性分析与检查表

型号：　　　　　　　产品名称：　　　　　　产品编号：

安全性设计人员：　　　专业人员：　　　审核人员：　　　　共　页　第　页

序号	设计准则条目	是否符合		判定依据(设计措施)	不符合条目的原因说明	处理措施及建议
		是	否			

8.2.3 符合性评分方法

安全性设计准则符合性评分方法按 XKG/C02—2009《型号测试性设计准则制定指南》中 8.2 条及其附录 C 有关内容规定；也可按 XKG/B03—2009《型号保障性设计准则制定指南》中 8.2.3 条规定。

9 注意事项

a) 研制单位应该根据产品特点，制定相应的产品安全性设计准则。

b) 安全性设计准则制定应充分吸收国内外相似产品设计的成熟经验和失败教训。

c) 安全性设计准则制定应逐步修改、完善，即根据产品研制情况增加有效的条款和去除无效的条款，以提高准则的适用性。

d) 安全性设计准则的内容应具有可操作性，便于设计人员贯彻。

e) 安全性设计准则制定应注意与可靠性、维修性、测试性、保障性设计准则之间的协调和相互呼应，具体内容应符合 XGK/K10—2009《型号可靠性设计准则制定指南》、XGK/W03—2009《型号维修性设计准则制定指南》、XGK/C02—2009《型号测试性设计准则制定指南》和 XGK/B03—2009《型号保障性设计准则制定指南》规定。

f) 安全性设计准则符合性分析与检查工作，不能仅由设计人员自己完成，应有安全性专业人员和(或)订购方代表参加评审。

g) 研制单位应积累产品安全性设计准则和信息或数据，建立产品安全性信息库，作为安全性设计经验和教训以供相似型号使用。

附录 A
(资料性附录)
安全性设计准则条款示例(部分)

A.1 环境安全设计

a) 为发动机和人员通风系统安装大小和形式适宜的过滤网。

b) 在设备的外表面加上耐磨和防腐的涂层。

c) 预备备用空气入口,以便在雪或冻雨将正常进口冻住时使用。

d) 为人员配备面罩,以便滤去或中和危险的污染物。

e) 设计雪地轮胎或链条,以便使在各种低牵引力(从冻雪到深泥)条件下滑行时使用等。

A.2 热安全设计

a) 在设备和人员之间设置隔热层或热辐射屏蔽。

b) 如果上述措施还不够,就要准备防护服装(即带隔热层和防辐射层的服装)。

c) 凡必须与人员接触的结构或部件,应按照防止或加速热流的要求规定采用低或高导热性的材料制造。

d) 如果没有实用的方法来控制较高的环境温度,可设置冷却设备,如致冷机。

e) 如果没有实用的方法来控制低温环境,可设置加热设备。

f) 如果设备必须在变化范围较大的环境温度下安全工作,在设备设计中采用伸缩接头(或)规定部件的结构表面采用热膨胀系数相同的材料制造,同时应考虑这些措施对整个系统的影响。

g) 如果系统中存在热敏危险材料,应确保发热元件的传热途径与危险材料位置尽可能远地隔开。

A.3 压力安全设计

a) 需要由操作人员操作的压力系统设计的最低安全系数(材料的极限强度与许用应力之比)不得小于 4.0。

b) 如果需要少量人员接近增压容器,则其最低安全系数(设计爆破压力或发生残余变形的压力与最大预期工作压力之比)为 2.0。如果安全系数小于 2.0,则应对容器的增压进行遥控,增压后人员不得接近。

c) 压力系统的管路、导管、接头和阀等其他部件的最低可接受的安全系数(设计爆破压力与最大预期工作压力之比)为 4.0。

d) 在每种流体系统中应装有过滤器,以防止加注过程或工作和储存期间各种颗粒状物质可能引入系统中,保护那些安全关键的部件。

e) 在可能由颗粒状物质污染造成堵塞、故障或其他有害影响而损坏或失效的关键产品前端最近的位置应装设过滤器。

f) 如果错误连接可能造成故障,则线路和连接器的设计应保证两种不同线路之间不可能进行交叉连接。

    g) 应采用下述最合适的一种或几种组合的设备或方法进行过压保护。

    1) 直接作用式弹簧安全阀或安全减压阀。

    2) 间接作用式安全阀或安全减压阀，如液压控制动作阀。

    3) 安全隔膜。

    4) 直接或间接通大气的流路或通气管。

    h) 带有可燃、有毒、窒息或腐蚀性流体的管道的铺设不应穿过密闭的乘员区。

    i) 所有直接读出的压力表都应装有不碎玻璃或塑料表面的防爆栓。

    j) 其安装方向对压力系统安全运行起关键影响的部件应设计成具有防止错误安装的结构形式，例如，采用尺寸不同的连接器、定位销或定位键以及不对称的设计。

    k) 所有金属管道都应采取耐膨胀和收缩的措施。为此设计的半环只应在一个平面内运动以免产生任何扭转。

    l) 除非操作人员采取措施，否则其故障将导致事故发生的关键液压系统应在显著位置上设置警告灯以向操作人员发出告警信号。

    m) 液压管道应位于电气管道、热管道或由于液压管道泄漏可能导致着火的其他管道之下。

    n) 各种软管应采取防擦伤、扭转或其他损坏的措施。

A.4　毒性安全设计

    a) 计划用于新设计的材料应具有其毒性特性的最新信息。

    b) 在设备的设计中，在满足设备使用任务要求的同时，应使用对操作人员产生毒性危险最少的材料。

    c) 在可能的情况下，设备设计应带有配套的过滤系统，以保护人员免受设备工作所产生的毒性危险。

    d) 诸如坦克、自行火炮和导弹发射器之类的具有密闭操作室的装备，应具有关闭空气口的能力。

    e) 应向负责编写培训材料和使用与维修手册的人员提供完整的有关系统毒性特性的资料。

    f) 装有毒性材料的容器应有告警标志，以警告这种材料与其他材料混合可能产生有害健康的物质。

    g) 新研制的材料应进行试验以决定是否具有毒性，毒性的严重程度及影响范围，并提出解毒的方法。

    h) 毒性气体应具有味觉告警，或加入添加剂以便对毒性气体泄漏发出警告。

    i) 毒性气体应规定其门限值、应急暴露限制，并在告警标志上注明这些限制信息。

    j) 在密闭空间内具有危险的毒性材料，应在告警标志上说明并指出安全使用的条件。

A.5　振动安全设计

    a) 电气零部件(如变压器)的磁感应振动应等于或小于设备设计的最大允许振动。

b) 操作人员使用的控制设备的设计在预期的振动环境下应能满意地完成其全部功能。

c) 所有旋转装置应进行动平衡，在技术规范中应说明平衡要求的极限值。

d) 如果振动环境超过人员承受水平应给操作人员的座椅加装阻尼的减振安装架。

e) 如果操作人员必须长时间(每次超过几分钟)握住有振动的控制器，应给控制器加装泡沫料之类的隔振层以消除振动。

A.6 噪声安全设计

a) 分析产品的使用环境，确定最可能的噪声源。

b) 根据相似设备的外场数据，确定现有的设备可能产生的声级和频率范围。

c) 提供有关设计特性(包括旋转设备允许的不平衡度的规定值)使产生的振动噪声保持在可接受的极限值之内。

d) 如果预期噪声将不可避免地超过允许的水平时，应设计隔音罩、隔音壁和隔音垫来控制将传到操作人员那里的噪声。

e) 隔音壁和隔音挡板的设计应采用铅，其他软材料和公认的吸音设计方案；这类材料的使用不应造成严重的设计问题。

f) 如果由于性能要求或军事上的需要而不能使噪声降低到可接受的水平，则应给操作人员配听力保护装置。

A.7 辐射安全设计

a) 在研制计划一开始鉴别辐射型危险时，应确定在符合军用性能要求下，哪一种危险源可以消除或降低其危险严重性，或者通过另一种设计方案可以消除危险源或降低其危险严重性。

b) 对于所有电激励的辐射装置来说，应确保主操作员和指挥员的控制台上装设可靠的装置来控制辐射的输出(如通/断、低/高能控制装置)和各种辐射特性(如频率和扫描)。

c) 应确保电离辐射放射性同位素按照有关规定进行标志、储存、在设备上安装、操作和处置。

d) 应提供当设备产生辐射时能动作的被动式警告标志和主动式警告装置(同时产生音响和目视信号)，除非出于军事目的由使用方批准后才可不安装。

e) 对激发诸如超高能激光器之类的非常危险的辐射装置，和为拆除辐射量超过人体安全辐射极限的放射性同位素的运输防护装置，应采用遥控操作方式，编制的计时程序应与遥控能力相一致。

f) 所采用的设计技术和材料应与设备寿命周期的整个范围(包括设备每个部件工作、试验和修理环境)相一致，除了主要的作战任务和演习计划外，还应考虑和平时期的使用和训练环境，做到：

1) 不采用易燃材料或受高能粒子轰击后可能成为放射性的材料。

2) 设计应具有耐久的安全特性，使得设备在经过试验和修理的多次循环后其安全特性仍保持有效。

3) 在光学辐射器上安装护眼用的自动滤光器，以减少对操作人员伤害。

4) 在标牌上标示激光器、微波发射器、X 射线和放射性同位素等设备所发射出的辐射类型的特性，以便能正确地选用防护眼镜，防护服和其他的防护设备。

g) 产生高强度微波射线的产品应采取防护措施，限制人员进入有害人体健康的辐射区。

A.8　化学反应安全设计

a) 尽量避免猛烈分解型的化合物与有机物接触。

b) 通过使用氧化抑制剂或温度控制，来避免过氧化物的危险。

c) 规定金属应与其接触的物质相容，或在金属上涂保护层(油漆或塑料)。

d) 除去金属表面的潮气或杂质，或使用惰性气体形成阻挡作用的表面膜。

e) 在每次把两种化合物混在一起或将它们紧靠在一起存放时，应搞清所有可能发生的化学反应，以确保不会发生危险的反应，以及不会生成危险的产物。

A.9　污染安全设计

a) 保证设备清洁，选用合适的过滤器、过滤工艺和方法。

b) 设计过程中采取措施防止污染物溢出或泄漏。

c) 防止完全密闭系统的内部的聚合反应、化合物(如聚合物)的分解、微生物或霉菌的生长(生物战试剂)活动、触电金属表面的损耗或者液体与容器内物质之间的化学反应。

A.10　材料变质安全设计

a) 若要求两种不同的材料能配合紧密，就应该挑选膨胀系数较小或相似的材料。

b) 安装温度补偿装置消除极端温度的影响，涂漆或表面处理可以保护机体不受腐蚀。

c) 采用安全系数或其他设计方法，以确保材料在其预计的使用寿命内能经受住预期的变质作用，同时仍能满足设计强度要求。

d) 采用减振装置或质地坚固的支架，保证将关键元件和部件控制在安全限度内。

e) 把敏感的机件放入封闭环境中或者用帆布及其他防护性材料盖住，控制橡胶机件的变质，对其进行防护。对于特别关键的部件，要气密封装在惰性气体中。

A.11　着火和爆炸安全设计

a) 应降低发动机的排气温度以免引起可燃气体着火。

b) 在可燃环境中工作的发动机排气口处应使用火花消除器。

c) 设备或材料应不释放出可能形成可燃的气体。

d) 如果存在构成火灾和(或)爆炸危险的物质，则应将这些物质和热源隔开，使用火花消除器，设有合适的通风口和排泄口，必要时还应采取其他防火措施。

e) 采用熔断丝和断路器来防止电路过热。

f) 根据设备的工作环境，在设备上应设计有搭接线和接地线。

g) 设备上使用的材料应是耐火的，并尽可能满足军用性能要求。

h) 应对所有点火源进行分析以确定潜在的危险源。

i) 产品中的可燃性材料应采取防护措施以确保材料安全地储存及分配。

j) 燃油箱应置于产品中合适的位置，使得产品受撞击后不会受损坏而导致泄漏；当产品倒置时，燃油箱泄漏不会溅到发热的表面上。

k) 产品内应设有监控及告警设备以便指出着火或者会导致着火的条件。

l) 当设备在含有爆炸性气体混合物的环境中使用时，设备应不会引燃这类爆炸性气体混合物。

m) 对热、电磁波、辐射、机械冲击、电流、静电、电火花、电弧或其他点火方式敏感的爆炸物应采取有效的防护措施。

n) 当产品中具有液化气体的容器时，应防止该容器可能泄漏到密闭的空间而形成爆炸性混合物。

A.12 电气与电子安全设计

a) 系统设计应采用各种防护方法，使操作人员在整个设备的正常工作期间不会意外接触超过 30V 交流(均方根值)或直流电压。

b) 控制器的设计和安装位置应能防止可能造成伤害人员或损坏设备的意外动作。

c) 应规定当安装、拆换或互换整套系统、分系统或任何其他产品时切断电源的方法。

d) 设备上的主电源转换开关应安装在易接近的地方，并应清楚地标明其功能。电池开关的输入端和电源引线的接头应采用物理防护，以防操作人员意外接触。

e) 当设备工作在与空气形成的爆炸性气体混合物大气中，不应使这种混合物引燃起火。

f) 导线或电缆上的屏蔽套应固定以免使屏蔽套以外的载流零件接触或短路。此屏蔽套应在距外露导体足够远处端接，以防电缆导体与屏蔽套之间产生短路或飞弧。屏蔽套或编织层的端头应紧固以防擦伤损坏。

g) 导线或电缆所用的绝缘材料应是不吸水的。

h) 连接器的安排和接线应保证带电的引线端不接在插针和外露的接头上，以防偶然短路或触电。

i) 插针式连接器当断开(外露)时应不带电。

j) 接插件应有防误操作设计。

k) 触点应采取充分的防电弧措施。

l) 除非另有规定，联锁开关应为下列形式：

1) 双体型，在这种联锁开关中电路由两部分的机械分离而断开。

2) 双体旁路型，在这种联锁开关中电路由两部分的机械分离而断开，同时有一个电气上整体组合的旁路装置。

3) 单体型开关组件应带有整体的旁路装置。

m) 应采用熔断丝、断路器或其他保护装置对设备提供电流过载保护。

n) 用于断路器结构件上的绝缘材料，在断路器中发生电弧时，既不应起火燃烧，也不应释放出有害气体。

o) 设计应注意到接地故障和按危险位置确定的电压极限。

A.13　加速度和冲击安全设计

a) 明确定义可预见到的有关设备、操作人员和非操作人员可能承受的冲击情况。

b) 确定部件(装置、组件或个别零件)在正常或不正常情况下会以什么样的方式(在什么样的事件中)成为加速过程的一部分。

c) 确定分系统采用的材料、开关和安装座，使得当出现在 b)条规定的事件时，受损坏或损伤的可能性最小。

d) 操作人员与设备某部分可能相撞的部位，应考虑填塞衬垫以减少危险。

e) 应使用防护罩、限动带或其他的操作人员限动吊带装置，使操作人员的身体和携带物在可预见的情况下与危险区域隔开。

f) 结构件应设计成能承受突然撞击、停机或动态载荷产生的过载。

g) 底板应采用弹簧或其他减振器以避免底板因加速度或减速度影响而断裂。

h) 只有在设备的设计和制造难以满足规定的振动和冲击要求时，或在振动和冲击可能是伤害性或破坏性的地方，才使用抗冲击和隔振装置。

A.14　机械安全设计

a) 当设备处于运转状态时，应提供防护装置，保护操作人员免受运动部件(例如，齿轮、风扇或皮带、支架或运行中的其他装置)造成的伤害。

b) 当维修、调整、校准或其他理由需要接触设备内的部件时，或需要拆除或旁路任何保护装置时，应设有可靠的锁定装置、联锁装置或禁止装置以防止有危险的装置运转。

c) 设备设计应使它在工作中所产生的振动不应达到使人产生不舒适的感觉，并应避开共振频率。

d) 支承件、固定夹、导轨、电缆卡箍和安装螺钉应设计成能在最大加速度(预期其载体在所有运行条件下可能产生的最大加速度)条件下支承装在其上的装置，并经得住偶然发生的误用情况。

e) 大型或重型的部件应是可拆装和更换的，而且其拆换不损坏周转部件、不对人员造成危险。

f) 当机壳、部件或其他大型装置能够从正常的机架位置或机座上拆下进行维修或修理时，它们应设计成能够在平滑的平面上进行而不损坏其零件。

g) 在人员需接近的金属制品、机柜、抽屉、结构和组件上应避免出现锐角、凸出部和锐边。

h) 铰接在设备壳体的护罩在其打开位置上应有固定装置，以防发生偶然关闭事故而伤人。

i) 在需要用机械或动力起吊的地方，应规定起吊点位置并应标志清晰。

j) 在腐蚀或污染可能使机械系统中有严格安全性要求的产品损坏或故障的情况下，应使用那些磨损、耗损和分解作用最小的材料、液体和设计。

k) 系统应设计成能在最大的污染容限下使用，即采用最大的间隙和孔眼尺寸使堵塞和卡死现象减少到最少。

l) 各种可展开及可伸缩的结构，如掩蔽屏障、千斤顶、机座、支柱、三角架等的设计应不受各种凸块、锐缘或可能对人员或有关设备产生危险的设计特性的影响。

附录 B
（资料性附录）
安全性设计准则符合性分析与检查表示例

表 B.1 为某型歼击机燃油箱安全性设计准则符合性分析与检查表(部分)。

表 B.1 某型歼击机燃油箱安全性设计准则符合性分析与检查表(部分)

型号：××歼击机　　　　产品名称：燃油箱　　　产品编号：××××

安全性设计人员：××××　　专业人员：××××　　审核人员：××××　　　　共　页　第　页

序号	设计准则条目	是否符合		判定依据(设计措施)	不符合条目的原因说明	处理措施及建议
		是	否			
1	在设备操作所涉及的范围内，结构不得有尖角和锐边	√		在设备操作所涉及的范围内，设计时没有尖角和锐边		
2	有相对运动的部位要求有防止擦伤的保护措施	√		有防止擦伤保护装置，并贴有警告标识		
3	设备经过鉴定，证明其具有足够的耐介质腐蚀能力			产品材料设计时采用防锈铝，这种材料是耐燃油和滑油的		
4	油箱加油口接头防止燃油流入油箱以外，加油口盖有燃油密封装备，并标志表明是否处于闭锁状态		√		加油口盖没有燃油密封装备，会造成燃油泄露并引发火灾	需要更改设计

注：表中"√"表示"符合"或"不符合"

参 考 文 献

[1]　曾声奎. 系统可靠性设计分析教程[M]. 北京：北京航空航天大学出版社，2001.

[2]　龚庆祥. 型号可靠性工程手册[M]. 北京：国防工业出版社，2007.

[3]　赵廷弟，任占勇. 惯性系统可靠性设计与试验指南[M]. 北京：国防工业出版社，2005.

[4]　XKG/K10—2009. 型号可靠性设计准则制定指南[M]. 北京：国防科技工业可靠性工程技术研究中心，2009.

[5]　XKG/W03—2009. 型号维修性设计准则制定指南[M]. 北京：国防科技工业可靠性工程技术研究中心，2009.

[6]　XKG/C02—2009. 型号测试性设计准则制定指南[M]. 北京：国防科技工业可靠性工程技术研究中心，2009.

[7]　XKG/B03—2009. 型号保障性设计准则制定指南[M]. 北京：国防科技工业可靠性工程技术研究中心，2009.

XKG

型号可靠性技术规范

XKG／B01—2009

型号修理级别分析应用指南

Guide to the level of repair analysis for materiel

目　次

前　言

本指南的附录 A 是《资料性附录》。

本指南由国防科技工业可靠性工程技术中心负责组织实施。

本指南起草单位：北京航空航天大学可靠性工程研究所、航空 611 所、航空 601 所、船舶 701 所、装甲兵工程学院。

本指南的主要起草人：吕川、周栋、吕刚德、李宏、张平、单志伟。

型号修理级别分析应用指南

1 范围

本指南规定了型号（装备，下同）修理级别分析工作的要求、程序和方法。

本指南适用于新研制、改型和仿制装备的论证、方案、工程研制与定型阶段、生产使用阶段。对现役装备也可参照使用。

2 规范性引用文件

下列文件中的有关条款通过引用而成为本指南的条款。凡注明日期或版次的引用文件，其后的任何修改单（不包括勘误的内容）或修订版本都不适用于本指南，但提倡使用本指南的各方探讨使用其最新版本的可能性。凡未注日期或版次的引用文件，其最新版本适用于本指南。

GJB 368B　装备维修性工作通用要求

GJB 431　产品层次、产品互换性、样机及有关术语

GJB 450A　装备可靠性工作通用要求

GJB 451A　可靠性维修性保障性术语

GJB 1181　军用装备包装、装卸、储存和运输通用大纲

GJB 1371　装备保障性分析

GJB 2961　修理级别分析

GJB/Z 1391　故障模式、影响及危害性分析指南

3 术语和定义

GJB451A 确立的及下列术语和定义适用于本指南。

3.1 维修级别 maintenance level

按产品维修时所处场所划分的等级。

根据装备的特点不同，维修级别存在不同的划分体制。表1为三级维修体制中各级别的一般定义和功能。

表1　三级维修体制的定义和功能

级别	定义	功能
基层级	由装备的使用操作人员和装备所属部队的保障人员进行维修的机构，一般指使用现场	只限定完成较短时间的简单维修工作，如装备保养、检查、测试及更换较简单的部件等。它配备有限的保障设备，由操作人员和少量维修人员实施维修。这一级通常还承担战场抢修工作

(续)

级 别	定 义	功 能
中继级	比基层级有较高的维修能力,有数量较多和能力较强的人员及保障设备,一般指师级修理厂或军区中心修理厂	承担基层级所不能完成的、可在修理厂实施的维修工作
基地级	具有更高能力的维修机构,一般指部队大修厂或装备制造厂	承担装备大修和大部件的修理、备件制造和中继级所不能完成的工作

3.2 修理级别分析 level of repair analysis

在装备的研制、生产和使用阶段,对预计有故障的产品,进行非经济性或经济性的分析以确定最佳的可行修理级别的过程。

3.3 敏感性分析 sensitivity analysis

在进行修理级别分析时,改变某些数据单元的取值以检验其对计算的保障费用及相应的修理级别分析建议产生影响的一种方法。

3.4 维修方案 maintenance concept

装备采用的维修级别、维修原则、各维修级别主要维修保障工作等的描述。

3.5 运输 transportation

保证有关产品用现有的或计划的军用运输器材能在不同地区之间进行运输的要求和设计上的考虑。具有这种特性的产品可以有效地利用空中的、陆上的和水上的运输工具。

3.6 运输性 transportability

装备自行或借助牵引、运载工具,利用铁路、公路、水路、海上、空中和空间等任何方式有效转移的能力。

3.7 保密要求 security

为保证各种活动、通信、文件管理和工艺技术的保密而制定的要求。这些要求包括:在具有保密措施的设施内进行修理、人员审查以及保密装备的储存与运输。这些会影响与限制执行修理或报废的修理级别。

4 符号和缩略语

4.1 符号

下列符号适用于本指南。

O——基层级;

I——中继级;

D——基地级;

X——报废。

4.2 缩略语

下列缩略语适用于本指南。

FMEA——fault mode and effects analysis,故障模式及影响分析;

FMECA——failure modes,effects and criticality analysis,故障模式、影响及危害性分析;

LORA——level of repair analysis，修理级别分析；

LRU——line replaceable unit，现场可更换单元；

MTBF——mean-time-between-failures，平均故障间隔时间(h)；

MTTR——mean time to repair，平均修复时间(h)；

O&MTA——operation & maintenance task analysis，使用和维修任务分析；

RCMA——reliability-centered maintenance analysis，以可靠性为中心的维修分析；

SSRU ——subitem SRU，车间可更换子单元；

SRU ——shop replaceable unit，车间可更换单元。

5 一般要求

5.1 目的与作用

a) 目的

修理级别分析是装备保障性分析的重要组成部分。修理级别分析的目的是为装备的修理确定可行的费用效能最佳的维修级别或作出报废决策，并使之影响设计。

b) 作用

通过修理级别分析，可以对不同维修级别的保障资源进行合理配置。

5.2 时机

修理级别分析工作应尽早开始，并随研制工作的进展反复进行并不断细化。

5.3 修理级别分析程序

5.3.1 概述

修理级别分析过程是装备寿命周期内反复进行的综合性评估过程。这个过程要综合设计、使用、性能、费用和保障等方面的特性，分析备选的保障方案和装备设计方案，并用其结果影响装备的设计和维修规划，从而得到一种合理的维修方案。

完整的修理级别分析过程包括 GJB 2961《修理级别分析》规定的工作项目 100 系列（修理级别分析的规划与控制）、工作项目 200 系列（数据的准备与管理）、工作项目 300 系列（评估）和工作项目 400 系列（应用）。具体的实施工作项目应根据产品特点进行适当剪裁，有计划地贯穿于装备研制过程中。

对每一待分析的产品，首先应进行非经济性分析，确定合理的维修级别。如不能确定其维修级别，则需进行经济性分析，确定合理可行的维修级别。

5.3.2 程序

修理级别分析的工作程序如图 1 所示。

a) 制订修理级别分析工作计划：应在装备研制初期规定修理级别分析的工作要求与安排。

b) 待分析产品的清单：确定需进行修理级别分析的产品，列出待分析产品目录。

c) 确定待分析的因素：依据产品特点，确定修理级别分析中应该涉及的影响因素，包括安全性、保障资源要求、检测使用要求等。

d) 收集分析所需数据：通过各种可行渠道收集支持分析用的各类数据。

e) 能否采用修理级别简化分析方法：根据掌握数据情况，判断可否采用简化的分析处理方法进行修理级别分析。

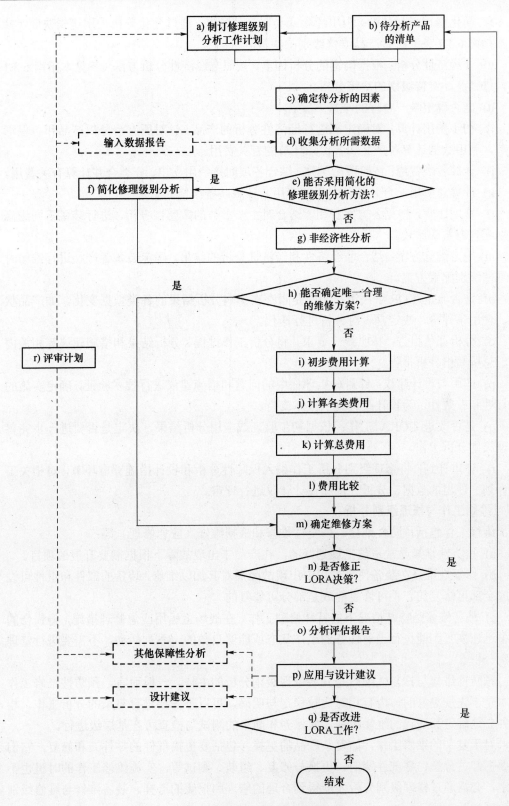

图 1　修理级别分析工作流程图

f) 简化修理级别分析：利用经验或类似产品数据，通过简化分析采用逻辑决断（参见本指南 6.3.1 条）进行产品维修级别的决策分析。

g) 非经济性分析：根据确定的分析因素，按照非经济性分析方法（参见本指南 6.3.1 条）进行产品维修级别的决策分析。

h) 能否确定唯一合理的维修方案。

i) 初步费用计算：对确定需进行经济性分析的产品，针对所有待分析产品和各保障环节，利用数据计算各产品和各保障环节的有关费用。

j) 计算各类费用：按照费用类别，综合各项间接费用支出，分类合并计算有关费用。

k) 计算总费用：合并各种发生的费用，计算装备维修的总费用。

l) 费用比较：根据各方案费用，结合对主要参数的敏感性分析，进行装备不同维修级别配置方案的比较。

m) 确定维修方案：结合非经济性和经济性分析的结果，确定装备各产品进行维修时的维修级别配置方案。

n) 是否修正 LORA 决策：判断是否存在影响分析结果的各类数据变化，如产品状态、使用条件等，决定是否对分析进行迭代。

o) 分析评估报告：按照统一要求，将分析工作过程、分析结果和措施建议等相关内容汇总撰写出分析报告。

p) 应用与设计建议：针对分析评估中的问题和措施建议进行技术验证，确定实施的可行性和有效性，为设计改进提供技术支持。

q) 是否改进 LORA 工作：依据初步验证或应用分析结果，决定是否要进一步完善修理级别分析工作。

r) 评审计划：将修理级别分析工作纳入保障性分析和设计措施评审环节，对相关工作计划、使用的数据、分析评估和设计建议进行评审。

5.4 维修工作与修理级别分析

维修工作包括预防性维修、修复性维修和战损维修（应急修理）等：

a) 预防性维修通常是预先规划好的，在产品未出现故障下根据需要开展的项目。

b) 修复性维修在装备使用过程中出现故障后对其加以维修，装备的部件和组件可设计成全部可修复的、不可修复的或是部分可修复的。

c) 战伤维修是特殊情况下的特殊修理工作，在战场上运用应急修理措施，将损伤的装备迅速恢复到能执行当前任务的工作状态或能够自救的一系列活动，不需要进行修理级别分析。

预防性维修与修复性维修是开展修理级别分析的主体。一般而言，预防性维修工作基本是事先规划好的，内容相对比较稳定与明确，可以不需要进行复杂的分析工作，相对独立地确定其适宜的维修级别，如保养和简单的测试与检查可在基层级进行。

对于复杂的维修工作，如复杂产品的更换（包括要更换部件的零件）和修复，它们需要拆卸、分解、零部件鉴定、更换与修复、组装、测试等，实施维修工作的时机也不确定，必需通过修理级别分析才能得到合理的修理和报废的选择。装备维修与维修级别的关系如图 2 所示。

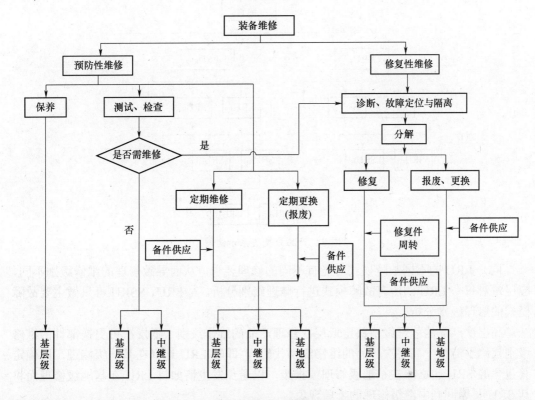

图 2   装备维修与维修级别的关系

5.5   修理级别分析对象及其层次

修理级别分析的对象是装备的设备、组件和部件等。分析对象一般分为以下 3 个层次。

a)   外场可更换单元/现场可更换单元（LRU）：出故障后可在工作现场从系统或装置上拆卸或更换的单元。

b)   内场可更换单元/车间可更换单元（SRU）：出故障后可在车间（中继级或基地级）内，从 LRU 上拆卸或更换的单元。

c)   车间可更换子单元（SSRU）：出故障后可在车间（中继级或基地级）内，从 SRU 上拆卸或更换的单元。

各类产品的层次关系如图 3 所示。在物理结构上，SRU 包含在 LRU 中，SSRU 包含在 SRU 中，LRU 与 LRU 间可是相互独立分开和包含的。

待分析产品的所属分类类型与产品的设计密切相关。考虑到可靠性、维修性、测试性、安全性、保障性以及经济性等因素，产品的所属分类在研制过程中可能会有所调整。

5.6   修理级别分析原则及维修代码

5.6.1   分析原则

对新研制的产品应根据要求开展修理级别分析。

对有维修级别要求的成品则按相关要求进行维修，不再进行修理级别分析；对没有维修级别要求的成品，应根据其维修要求进行适当的修理级别分析，规划其合理的维修级别。

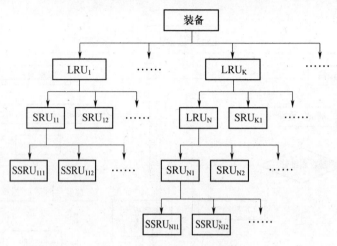

图 3　产品分类关系示意图

　　同一 LRU 的不同故障模式可能有不同的修理要求,从而导致修理的维修级别不同,应尽量对每个 LRU 的所有故障模式进行修理级别分析。对 SRU、SSRU 可只做主要故障模式的修理级别分析。

　　高层次产品的修理级别决定低层次修理产品的维修级别(低层次可更换部件的维修级别代码不能低于高层次产品的维修级别代码)。即若 LRU 选择在基地级修理,则确定其包含的 SRU 也必须在基地级修理或报废,以避免发生诸如将 LRU 在基地级修理而将其 SRU 又返回到中继级修理的矛盾现象。

5.6.2　维修代码

　　在修理级别分析中用代码来表示各级维修和报废决策,代码符号如下。

　　a) 基层级代码:O。

　　b) 中继级代码:I。

　　c) 基地级代码:D。

　　d) 报废决策代码:X。

　　三个维修级别代码的高低次序依次为:D、I、O。

　　各类产品可能采用的维修级别的编码如图 4 所示。

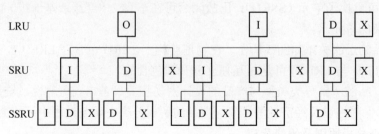

修理级别编码分配
O: 基层级
I: 中继级(两级维修下没有该级别)
D: 基地级
X: 报废

图 4　产品维修级别编码

5.7 寿命周期各阶段 LORA 目标

修理级别分析的广度和深度应与新研装备所处的寿命周期阶段相适应，下列说明了在每个阶段中修理级别分析的主要目标任务。

a) 论证阶段

该阶段的修理级别分析工作通常是根据工程研究、评估工作、历史数据及专家意见去确定初步的维修方案，并且只应分析各种基本方案。在该阶段，修理级别分析应有选择的实施，是确定各种备选方案、进行权衡以及从保障性角度对设计施加影响的最有利时机。

b) 方案阶段

在该阶段，装备的战术技术指标已确定，可以通过权衡分析，研究备选的保障、设计和使用方案。如果时间给予保证并适当剪裁，修理级别分析有助于确立维修方案、提出费用效益好的可靠性和测试性要求。

c) 工程研制与定型阶段

该阶段的修理级别分析用来优化保障系统并确定一个较优的维修方案。在该阶段，修理级别分析是详细的，应同时考虑经济性因素和非经济性因素；对设计工作的影响限定在分系统内及以下层次的产品，以及诸如包装、测试性和可达性等细节上。

d) 生产与使用阶段

1) 修改现行的维修方案，使装备与使用环境的变化相适应。

2) 根据产品改进或装备的改装或需求的变化，改进维修方案。

5.8 工作协调与接口

a) 与装备所处阶段匹配

修理级别分析工作应与装备所处的寿命周期阶段工作目标保持一致，全部工作应与其他设计、研制、生产和部署工作一起计划、综合和实施，应充分利用其他工程分析的结果和数据，以满足修理级别分析对输入数据的要求，以便取得最佳的费用效能。

1) 工作和数据接口的关系。各阶段的修理级别分析工作和接口的关系如图5所示。

2) 与其他专业关系。修理级别分析工作与维修策略、可靠性、维修配置表、供应工作：

(1) 修理级别分析确定了与修复性维修、预防性维修工作有关的维修级别和维修费用。

(2) 修理级别分析用于可靠性关键产品，以确定其是否是重要的维修产品；同时也用作设计中权衡分析的工具，即将其设计成可修的还是故障即报废的产品。

(3) 修理级别分析的结果是制定维修配置表的重要依据。

(4) 修理级别分析应充分考虑供应保障能力，并为供应保障工作提供重要依据；供应工作是确定备件和器材的品种和数量并进行采购的过程，这些备件与器材是在装备服役初期使用、维修所必需的。

b) 与其他设计分析工作的协调

修理级别分析工作的成效取决于各项设计分析工作的协调，确切反映当时的技术状态，修理级别分析的全部活动应与装备保障性分析及其他专业工程分析综合并协调。其相互关系如图6所示。

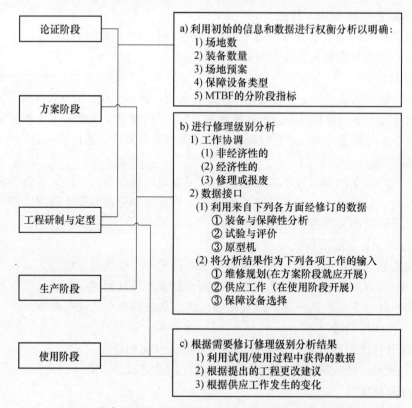

图 5   寿命周期中的修理级别分析工作和数据接口的关系

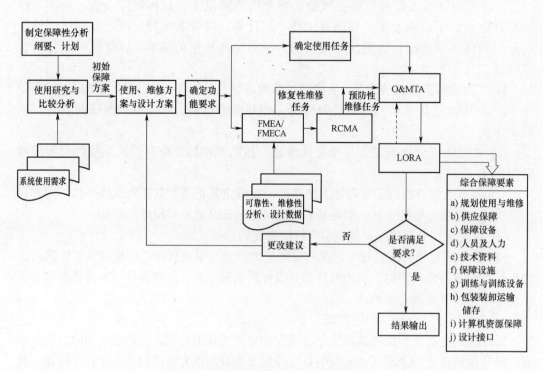

图 6   修理级别分析与其他专业分析关系

c) 装备配套单位间的工作协调

修理级别分析工作是装备研制各参研单位的共同协同完成的任务，产品上一层次负责单位与下一层次配套单位应密切配合，实现数据与分析结果的有效传递和综合优化。配套单位应提供详细的《设备各 LRU、SRU、SSRU 清单》（见表 2），以及相关产品的修理级别分析结果汇总表（见表 3）。系统负责单位应在综合下一层次配套单位分析结果基础上，通过权衡分析，确定合适的维修级别。

表 2　设备各 LRU、SRU、SSRU 清单（示意）

修理产品项目			名称	代号（装备）	生产厂家	单台设备使用数量	单机使用数量	MTBF	MTTR	单价	备注
LRU₁											
	SRU₁										
		SSRU₁									
		……									
		SSRUₙ									
	……										
	SRUₙ										
		SSRU₁									
		……									
		SSRUₙ									
LRUₙ											
	SRU₁										
		SSRU₁									
		……									
		SSRUₙ									

表 3　修理级别分析结果汇总表（示意）

修理产品代号			修理产品名称	故障模式	维修级别			备注
					拆换	修理	报废	
LRU₁					O	I		
					O	D		
	SRU₁				I	D		
		SSRU₁					D	
		⋮						
		SSRUₙ						
	⋮							
	SRUₙ				D	D		
		SSRU₁						

(续)

修理产品代号			修理产品名称	故障模式	维修级别			备注
					拆换	修理	报废	
		⋮						
		$SSRU_N$						
	⋮							
LRU_N								
	SRU_1							
		$SSRU_1$						
		⋮						
		$SSRU_N$						

d) 数据协调和方法统筹

应保证数据的协调性、可追溯性和分析深度与方法的合理规范。

5.9 工作项目的剪裁

修理级别分析工作项目、阶段适用性和文件等如表 4 所列。

表 4 修理级别分析的工作项目、阶段适用性和文件

工作项目	阶段适用性				形成的文件	备注
	论证阶段	方案阶段	工程研制与定型阶段	生产与使用阶段		
101 修理级别分析的规划与控制	G	G	G	C	修理级别分析工作计划	
102 评审	G(*)	G	G	G(*)	会议纪要	可用于任何评审工作
					修理级别分析评审计划	仅用于评审程序项目
201 输入数据准备	S	G	G	C	修理级别分析输入数据报告	当订购方进行评估工作时需要
301 评估的实施与报告制订	S	G	G	S	修理级别分析报告	如果要求有修理级别分析报告,则修理级别分析输入数据报告不再需要
401 分析结果的应用	G	G	G	G	验证评估报告	

注: S 有选择的采用; G 一般适用; C 一般只适用于设计更改; * 对单独研制的设备可有选择地采用

修理级别分析工作项目的选择的基本原则和分析的详细程度应按下列因素进行剪裁。

a) 研制项目的类型

研制项目的类型影响修理级别分析工作的目标和工作量。例如，对重大的改型项目，可能对已进行的一些修理级别分析需要应用新的方法或数据重新进行分析。对部分的改型，可能主要集中在与装备改型部分有关的保障风险和保障性设计改进的可能性上。在产品的改进中，进行修理级别分析主要是确定产品改进如何影响和有针对性地完善该装备的维修要求。

b) 设计自由度的大小

设计自由度（设计改变的可能性）的大小在修理级别分析中是考虑的关键因素。它与装备研制计划中所考虑的多种因素有关，即阶段划分、进度安排等。如果一项装备的研制与维修策略制定在确定之前是同时进行的，那么在形成最优的保障系统过程中，开展修理级别分析非常有利。在停产后的阶段内，进行修理级别分析主要以评估维修方案并分析通过更改维修方案可能得到的潜在益处。

c) 资源的可用程度

修理级别分析的完成要有合格的人员和经费方面的支持。如果资源受限，则要对修理级别分析工作进行调整以提高可行性，具体的调整内容由订购方和承制方协商确定。

d) 进度的约束

修理级别分析的质量要有时间保证，应根据时间许可确定分析的方式和详略。

e) 数据可用程度

相似型号的经验与历史数据是否可用及准确程度对于在研装备研制的早期完成修理级别分析具有决定性的作用。如果以往的数据不可用，那么修理级别分析工作的效果将受到影响。

f) 型号的寿命周期阶段

修理级别分析的广度和深度应与装备所处的寿命周期阶段相适应，应根据各阶段目标和产品研制特点合理考虑。

g) 以前作过的分析

这些作过的分析包括修理级别分析、型号保障性分析和其他相关的专业工程分析。为了准确和可靠，要对以前的工作加以评价。如果对写成文件的先前的工作结果认可，则仅需要对所作的分析进行修订，而不必重新进行分析。

h) 订购方的要求

订购方必须规定要完成的修理级别分析工作项目和负责完成的单位。

5.10　实施与监督管理

a) 修理级别分析的实施有 3 种方式

1) 承制方按合同负责整个修理级别分析工作。其中包括输入数据汇编、评估实施和修理级别分析报告的准备等。

2) 订购方和承制方共同工作。采用此方式时，承制方负责以修理级别分析输入数据报告的形式提供输入数据和分析结果，然后由订购方利用这些分析结果进行修理级别分析评估并编制修理级别分析报告。

3) 订购方自己负责完成全部的修理级别分析工作。

以上 3 种方式应由承制方和订购方协商后，在合同中规定。无论选用何种方式，都必须将相应的工作项目文件进行明确编制，使其他单位能够应用该工作项目的结果作为完成其修理级别分析工作项目的输入，或者作为以后工程阶段中的输入，使同一工作项目的分析进行得更为详细。当订购方完成一部分工作项目而其他工作项目由承制方完成时，必须制定双方进行数据交换的工作程序，以确保文件内容的一致性。

b) 修理级别分析的监督管理

1) 修理级别分析工作应纳入到保障性工作中统一监督管理。

2) 结合工作评审，对修理级别分析过程进行综合性评估，评价修理级别分析的效果。

3) 应用数据信息收集系统，实现与其他工作的数据交换与协调，保证数据的有效性和可追溯性。

4) 监管工作项目的剪裁与选择。

5.11 数据与分析报告要求

a) 各项修理级别分析工作项目得到的数据与提供的资料用于以下几个方面。

1) 对完成的分析工作的前提条件及所作的影响装备保障性的决策提供核查、跟踪。

2) 为装备寿命周期内各阶段的后续分析工作项目的输入提供分析结果。

3) 为订购方制订有关文件提供输入。

4) 防止分析工作的重复。

b) 分析报告主要内容

1) 对所分析装备的说明，其中包括建模所依据的装备分解结构，同时要阐明与所分析的装备相比较的类似装备及其维修方案。

2) 对所进行的修理级别分析的说明，包括：典型的作战预案、维修级别要求、所作的假设、所考虑的备选维修方案，以及进行经济性分析和敏感性分析所用的模型。

3) 列出输入数据单元名称及其相应的数值，指明这些数值中哪些是计算得到的，哪些是估算的，必要时还应包括估算的准则和置信水平。

4) 非经济性分析和经济性分析的结果。

5) 敏感性分析的结果和说明。

6) 每一产品的分析结论和建议。

7) 依据的格式化输入记录和输出报告。

c) 不同层次产品负责单位的报告重点

1) 分析报告应有协调一致的规范要求。总体单位应制定型号统一的分析报告要求，各承研单位应按照统一要求编制相应报告。

2) 设备提供单位应重点提供相关分析数据、负责产品的修理级别分析结果和设计建议。

3) 总体单位应在综合所有产品修理级别分析结果基础上，重点提供经权衡维分析后的修级别方案及建议。

6　工作项目应用指南

6.1　工作项目 100 系列　修理级别分析的规划与控制

6.1.1　要点

a) 目的

确定要执行修理级别分析的工作项目，针对不同的工作项目制定修理级别分析工作计划并落实，同时制定评审要求，通过评审要求对修理级别分析工作进行监督、管理和控制，使分析工作按预定的要求和进度加以实施。

b) 管理

1) 制定计划，该计划要确定出完成分析工作所需的全部必要的活动。

2) 安排进度，要明确每一项活动的时间安排和每项活动的负责单位。

3) 制定工作程序，以确保按规定的时间得到正确的结果，从而能及时地作出决策。

c) 时间安排

1) 所有需要的活动都能完成并且在需要时能得到所要的数据。

2) 只完成需要的活动并且只获取所需要的数据以防止浪费资源与时间。

d) 工作的实施

1) 不断地对工作进行监控，使分析工作能正确地执行，必须在问题发生时能予以确认，而且要确定解决问题的方法，以便将问题消除或减小到最低程度。

2) 协调安排修理级别分析工作与其他专业工程工作之间的关系，以明确彼此都关注的问题，最大限度地发挥工作项目的效益以及减少工作的重复。

6.1.2　规划与计划（工作项目 101）

a) 规划

修理级别分析规划中要说明如何使修理级别分析工作满足型号的研制要求及如何将分析的结果用于保障性分析。具体应包括：

1) 确定要完成哪些工作项目，提出待分析产品的清单，清单中应包括每个产品的工作单元代码。

2) 确定如何完成工作项目、什么时间完成（进度安排）、所需的经费，以及由哪些单位负责完成。

3) 确定修理级别分析所用的修理级别分析模型、敏感性、非经济性和经济性评估中所要考虑的因素。

4) 确定修理级别分析对产品设计可能产生的影响。

b) 管理

1) 数据方面：修理级别分析工作项目及数据应与装备的综合保障和其他专业工程的工作项目和数据相联系，同样，在进行其他工作项目时应充分利用原有的分析结果。

2) 工作计划的内容及其制订：修理级别分析工作计划应反映出当前装备研制工作的现状和预计要进行的各项活动。应由承制方作为招标书的回答而予以提出，进行评审，经订购方认可后纳入合同中。

3) 工作计划的修订：根据分析的结果和进度的变化，修订工作计划并经订购方认可。

4) 确认、记录、监控并解决修理级别分析实施中有关问题的程序和方法；确认和记录影响保障性的设计问题、需要采取的纠正措施及控制手段。

c) 时间安排

1) 估计每一工作项目所需的工时。

2) 根据修理级别分析工作与其他专业的关系，提出完成分析的进度安排。

3) 修理级别分析中评审的进度。

4) 确定提交分析结果时间。

d) 实施

落实修理级别分析的规划所需的工作：

1) 确定工作项目和承制单位。

2) 确定修理级别分析工作的进度安排，包括评审工作的进度。

3) 列出待分析产品的清单，包括每个产品的工作单元代码。

4) 输入与分析相关的信息和数据。

5) 确定修理级别分析模型。

6) 明确敏感性分析、非经济性评估的因素。

7) 制订修理级别分析的具体的工作计划，并且要经过订购方认可。

6.1.3 评审（工作项目 102）

a) 评审内容

评审内容要由承制方和订购方一起协商确定，并且要随研制型号的类型、所处的寿命周期阶段和评审的方法而定。

评审的具体内容至少要包括：

1) 修理级别分析工作的进展情况。

2) 待分析产品清单。

3) 承制方根据修理级别分析工作的结果，提出的设计或维修方案的更改建议。

4) 对影响修理级别分析的设计、进度或分析方面的问题和已提出或已经采取的纠正措施，例如，备选保障方案的变化；备选设计方案的变化；敏感性分析结果；与现在型号的对比分析结果；提出或采取的设计或重新设计的措施。

5) 根据修理级别分析结果提出的有关保障性方面的设计建议。

6) 修理级别分析输入数据与报告。

7) 非经济性、经济性和敏感性分析的结果。

8) 纠正措施的执行情况。

b) 管理

1) 评审程序要形成文件，以便适时地对提交的修理级别分析信息和结果进行正式的评审与控制。

2) 评审组成员应由订购方、承制方和转承制方委派的有关专家组成，人员应相对固定，以保持工作的连续性。

3) 适时召开协调会，保证承制方与订购方对修理级别分析工作要求认识一致。

4) 在预定的评审点评审修理级别分析工作计划执行情况，并尽可能地与其他有关的评审结合在一起进行。

5) 订购方应在工作说明中规定评审的内容及每一次评审会需提前通知的天数。

c) 时间安排

1) 评审应按合同中的规定定期地进行。

2) 最初的评审应在签订合同后尽快举行。

3) 后续的评审应按适当的时间间隔安排。

6.2 工作项目 200 系列 数据的准备与管理

6.2.1 要点

a) 目的

确定和汇集修理级别分析评估用的输入数据，保证数据的一致性、可靠性及最新性，对输入数据进行相应的管理。

b) 管理

数据应以文件形式记载各项确认的数据及其来源。根据订购方要求，必要时应对数据进行评审。

c) 时间安排

拟定修理级别分析工作计划的同时就应着手数据项目和要求的制定，并在随后的工作中根据分析项目要求，不断从各种数据来源（包括其他设计分析工作的结果）中采集数据。

d) 工作的实施

1) 明确本工作项目各种输入。

2) 确定分析的非经济性因素，收集各待分析产品的与非经济性因素相关数据或约束。

3) 确定经济性分析的费用元素，收集各待分析产品费用数据。

4) 根据数据的改变，及时修订准备用于评估的数据。

6.2.2 输入数据准备（工作项目 201）

a) 输入数据的内容

主要包括修理级别分析评估所用的输入数据：

1) 确定用于非经济性评估的因素，如约束条件、硬性规定、特殊要求、人的因素以及其他制约维修方案或限定可用的备选保障方案的一些因素，这些因素将影响经济性和敏感性分析结果。

2) 确定用于经济性评估的输入数据。这些数据是用来进行修理级别分析的经济性和敏感性评估的。

3) 输入数据报告。承制方应按列入待分析产品清单中的产品去收集修理级别分析输入数据并提供修理级别分析输入数据报告。

b) 输入数据的管理

1) 可以从现有文件、类似的装备、历史数据库以及专家的知识等方面收集有用的数据。

2) 可用工程估算或计算得到的数值。

3) 与费用有关的数据单元必须用指定年度的不变价格的货币值表示。

4) 利用相似型号的数据去预计所分析型号的修理方案。

5) 确保是最新的数据。

6) 确定的数据以及改变订购方提供的数据都要经订购方认可。

c) 时间安排

根据数据的需要，准备工作应与评估工作安排和其他保障性分析技术工作协调，保证及时汇及必要数据支持评估工作开展。

d) 工作的实施

1) 确定用于非经济性评估的因素和用于经济性评估的输入数据。

2) 拟定并修订修理级别分析输入数据报告，并用于记载已确认的数据及其来源。

3) 确定分析模型，以及相关的输入数据单元。

6.3 工作项目 300 系列 评估

6.3.1 要点

a) 目的

根据非经济性和经济性条件，评估每一待分析产品的备选维修方案，并决定其修理或报废的最佳维修级别。

b) 管理

评估工作要按顺序反复地进行，而且适用于型号寿命周期的每个阶段，这样的过程要逐步进行到更低的约定层次并逐渐地详尽。

c) 时间安排

备选维修方案的提出与评估应该与设计和使用方案的拟定彼此协调一致，在型号寿命周期的早期，各备选维修方案只应确定到能分析它们的差异和能进行权衡的程度。只有在进行过权衡并将备选维修方案的范围缩小后，才能更详细地确定备选维修方案。

d) 工作的实施

如果在系统设计固定下来之前，进行修理级别分析时能考虑到费用、进度、性能和保障性，则可得到最大的效益。修理级别分析的工作量、范围及详细程度既取决于所处的寿命周期阶段，也取决于型号的复杂程度。

1) 简化的修理级别分析。

对于一些有类似产品维修级别应用经验参照的产品，或研制阶段初期分析时可采用简化的修理级别分析方法进行初步分析。图 7 给出了简化的修理级别分析决策树。其分析决策树有 4 个决策点。

(1) 首先从基层级分析开始。在装备上进行修理不需将机件从装备上拆卸下来，是指一些简单的维修工作，利用随车（机）工具由使用人员（或辅以修理工）执行。这类工作所需时间短，技术水平要求不高，多属于保养、维护和较小的故障排除工作，其工作范围和深度取决于作战使用要求赋予基层级的维修任务和条件。

(2) 报废更换是指在故障发生地点将故障件报废更换新件。它取决于报废更新与修理的费用权衡。这种更换性的修理工作一般在基层级进行。

(3) 必须在基地级修理是指故障件复杂程度较高，或需要较高的修理技术水平并需要较复杂的机具设备时的一种维修级别决策。如果在装备设计时存在着上述修理要求（在工作类型确定时，可以确定这些要求）时，就可采用基地级修理的决策，同时也应建立设计准则，尽可能地减少基地级修理的要求。

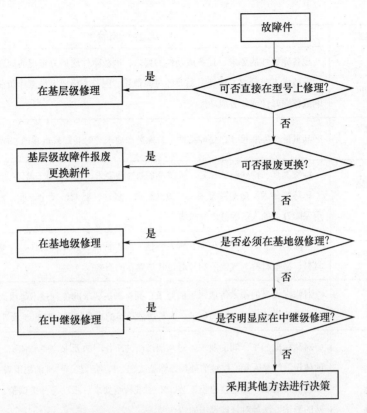

图 7　简化的修理级别分析决策树

(4)　如果机件修理所需人员的技术水平要求和保障设备都是通用的，或即使是专用的也不十分复杂，则可确定这种机件的维修工作应设在中继级；如果某待分析产品在中继级或基地级修理中很难辨识出何者优先时，则可采用经济性分析模型做出决策。

2)　非经济性分析因素确定及非经济性分析。

(1)　确定非经济性分析因素的过程是一个通过考虑影响修理或报废决策的限制因素来进行回答的逻辑过程。列出所有可能影响产品修理和报废的限制因素，通过统计和剪裁，最后确定影响维修级别或报废决策的非经济性因素。

非经济性限制因素一般有：安全性、保密要求、法规或现有维修方案、产品修理限制、战备完好性或任务成功性、装卸与运输及运输性、修理用的保障设备、包装与存储、人力与人员、修理设施等，如表 5 所列。

表 5　非经济性因素表

非经济性因素	因素的具体描述
安全性	高电压、辐射、极限温度、有毒物质、过人的噪声、爆炸物、超重等对安全性的影响
保密要求	功能结构、性能指标、工作参数等对保密性的要求
法规或现有维修方案	法规、条令、条例、类似装备的维修方案、现有修理力量的建设情况等要求
产品修理限制	明显不值得修理的事件、明显不允许修理的事件、在修理过程中，会伴随着其他更大损失（如破坏环境等）的事件出现、某维修级别对产品的承诺、承制方的承诺等

(续)

非经济性因素	因素的具体描述
战备完好性或任务成功性	战备完好性的要求、任务成功性的要求、因故障件送后方修理的周转时间很长、因后方技术人员到前方修理所需要的时间很长、因前方修理人员工作负荷太重等因素影响战备完好性或任务成功性
装卸、运输和运输性	产品重量、外廓尺寸、易破损性、特殊装卸要求等对装卸或运输的影响
修理用的保障设备	特殊工具、特殊测试设备、所需设备的性能要求、精度要求、配备要求、安装要求、工作环境要求、适用性要求、有效性要求、机动性要求、尺寸要求、重量要求、对使用保障设备的人员的技术要求等
包装与储存	产品的尺寸、重量、体积、挥发特性、腐蚀特性、计算机硬件、计算机软件、易碎材料、易损材料、气候限制等对包装与储存的影响
人力与人员	对修理人员的技术等级水平的要求、拥有满足要求的各种技术等级人员的数量、产品允许的最长修理时间的要求、人员所能承担的最多修理工时的要求等限制
修理设施	对高标准的工作间的要求、对高清洁度的工作间的要求、产品体积、所需保障设备的体积、气候因素、腐蚀的处理、锻造工艺、铸造工艺、特殊的校准设备、气密装置、修理次数限制、磁微粒检查工艺、X 射线检查要求、振动与冲击试验、风洞试验等特殊的测试方法等对修理设施的特殊要求
其他因素	

(2) 非经济性分析因素采用表 6 所列的问题方式进行回答。表中所列因素依据上述方式确定，答案应为是或否，以及修理或报废决策受限制的维修级别和受限制的原因。

表 6　非经济性分析表

非经济性因素	是	否	影响或限制维修的维修级别				限制维修级别的原因
			O	I	D	X	
安全性：产品在特定的维修级别上修理存在危险因素（如高压电、辐射、温度、化学或有毒气体、爆炸等）吗？							
保密：产品在任何特定的级别维修存在保密因素吗？							
现行的维修方案：存在影响产品在该级别修理的规范或规定吗？							
任务成功性：如果产品在特定的维修级别修理或报废，对任务成功性会产生不利影响吗？							

(续)

非经济性因素	是	否	影响或限制维修的维修级别				限制维修级别的原因
			O	I	D	X	
装卸、运输和运输性：将型号从用户送往维修机构进行修理时存在任何可能有影响的装卸与运输因素（如重量、尺寸、体积、特殊装卸要求、易损性）吗？							
保障设备：测量与诊断设备： a）所需的特殊工具或测试测量设备限制在某一特定的维修级别进行修理吗？ b）所需保障设备的有效性、机动性、尺寸或重量限制了维修级别吗？							
人力与人员： a）在某一特定的维修级别是否有足够数量的修理技术人员？ b）在某一个级别修理或报废对现有的工作负荷会造成影响吗？							
设施： a）对产品修理的特殊的设施要求限制了其维修级别吗？ b）对产品修理的特殊程序（磁微粒检查、X射线检查等)限制了其维修级别吗？							
包装和储存： a）产品的尺寸、重量或体积对储存有限制性要求吗？ b）存在特殊的计算机硬件、软件包装要求吗？							
其他因素							
注：除原因栏，其他栏在对应单元内划"√"表示选定							

(3) 非经济性结果分析。当回答完所有问题后，将"是"的回答及影响或限制级别与原因组合起来，然后根据"是"的回答确定初步的分配方案。

① 对所有"是"的回答，如仅在某一个维修级别上都存在限制需求，则该产品可以唯一确定在该维修级别维修（或报废）。

② 对所有"是"的回答，如限制需求不全包含在某维修级别上，则该产品不可以在该维修级别维修（或报废）。

③ 对所有"是"的回答，如存在多于一个维修级别上都有限制需求，则该产品存

在多个维修级别维修（或报废）选择。

3) 费用分类和经济性分析

(1) 费用分类。在进行经济性分析时要考虑在装备使用期内与维修级别决策有关的费用，即仅计算哪些直接影响维修级别决策的费用。分析时通常考虑费用如表7所列。各项费用的计算模型可按 GJB 2961—97 附录 B 提供的费用计算公式。

表 7　费用分类

序号	费用名称	主 要 内 容
1	备件费用	指待分析产品进行修理时所需要的初始备件费用、备件周转费用和备件管理费用之和。备件管理费用一般用备件管理费占备件采购费用的百分比计算
2	维修人力费用	包括与维修活动有关人员的人力费用。它等于修理待分析产品所消耗的工时（人小时）与维修人员的小时工资的乘积
3	材料费用	修理待分析产品所消耗的材料费用，通常用材料费占待分析产品的采购费用的百分比计算
4	保障设备费用	保障设备费用包括通用和专用保障设备的采购费用和保障设备本身的保障费用两部分
5	运输和包装费用	指待分析产品在不同修理场所和供应场所之间进行包装与运输等所需的费用
6	训练费用	指训练修理人员所消耗的费用
7	设施费用	指对产品维修时所需设施的费用，通常采用设施占用率来计算
8	资料费用	指对产品修理时所需文件的费用，通常按页数计算

(2) 经济性分析。

① 在论证阶段和方案阶段初期进行维修级别的经济性分析是不适宜的，因为无法将不定性因素和风险定量化。在工程研制期间进行维修级别分析最为有效。

② 在进行修理级别分析之后应对各项输入参数进行敏感性分析，并按其灵敏度进行排序，以确定各输入参数对维修方案总费用的影响，并在权衡分析基础上影响设计和调整维修方案。

6.3.2　评估的实施与报告制定（工作项目 301）

a) 主要工作内容

1) 非经济性评估。

2) 经济性、敏感性评估。

3) 修理级别分析报告。

b) 管理

1) 修理级别分析报告应包括已进行的修理级别分析工作项目、评估的工作程序和评估结果。

2) 修理级别分析报告应在型号寿命周期的不同阶段定期地进行修订，以反映分析工作的现状。

3) 进行非经济性分析，确认受影响或限制的维修级别或备选保障方案，同时提出施加限制和约束条件的因素和理由。进行非经济性分析不注重费用因素，然而，可以根据非经济性评估结果提出的建议给出某种经济性评估。

4) 对列入待分析产品清单中的所有产品进行经济性分析，决定和确认所有产品的费用最低的维修方案。

5) 进行敏感性分析的具体参数应包括但不限于：

(1) 没有现成工程数值的参数。

(2) 体现设计特性中的不确定性的参数。

(3) 对装备的保障和战备完好性起关键作用的参数。

(4) 估算的、计算的或根据历史数据定下的参数。

(5) 人力和人员技能的参数。

(6) 受装备预定使用环境影响的参数。

(7) 再次供应时间和备件概算。

c) 时间安排

修理级别分析应在系统设计固定下来之前进行。在寿命周期的不同阶段，修理级别分析报告应不断地更新，以监督和控制分析过程。

1) 在方案阶段，要在批准《研制任务书》之前提交修理级别分析报告。

2) 在工程研制阶段：

(1) 要在 FMECA 结果作出修订之后编制出一份修理级别分析报告。

(2) 要在拟定备件供应清单初稿之前再编制出一份修理级别分析报告。

(3) 最后修理级别分析报告要在最终的故障模式、影响及危害性分析结果作了修订之后，但要在承制方提交正式备件供应清单之前编制出来。

d) 工作的实施

1) 明确要进行分析的型号，提出待分析产品清单。

2) 分析以前对本型号或类似型号作过的分析，确定修理级别分析工作计划。

3) 建立经济性分析和敏感性分析所用模型，确定修理级别分析的相关信息，例如，典型化的作战预案；所作的假设；所考虑的备选维修方案。

4) 输入数据单元名称及相应的数值，统计哪些是计算得到的，哪些是估算的。

5) 得出非经济性分析、经济性分析和敏感性分析的结果。

6) 根据产品的分析结论，确定维修方案，提出建议。

7) 输出修理级别分析报告。

6.4 工作项目 400 系列 应用

6.4.1 要点

a) 目的

规定了如何利用修理级别分析评估的结果，即根据这些分析结果，如何得出一个最优的维修方案。

b) 管理

确定修理级别分析的结果应如何用来影响装备的设计，还要确定如何利用这些分析结果修正和完善保障性分析的有关结果。

c) 时间安排

寿命周期的早期，分析结果能用来对设计施加影响并且用以帮助拟定出维修方案。

d) 分析结果的应用

1) 修理级别分析结果可用于修正装备保障性分析有关结果。

2) 修理级别分析结果可用于提出进一下分析的建议和修订以前得出的修理级别分析结果。

3) 对现役型号进行修理级别分析时，其分析结果可用来评定现行维修方案并提出关于如何改进的建议。

6.4.2 分析结果的应用（工作项目401）

a) 内容

1) 向设计部门提供一份影响在研装备设计的建议清单。

2) 将分析结果应用到保障性分析的结果中。

3) 提出并确定可能应用到与保障性分析有关的专业工程分析中的结果清单。

4) 将订购方认可的修理级别分析结果应用到合同规定的与保障性分析有关的成果中。

5) 确定对型号进行进一步分析的要求，并在需要时修订修理级别分析工作计划。

b) 管理

1) 修理级别分析与评估后应向设计部门提交一份措施与建议清单，用以影响型号的设计工作。

2) 确定进一步分析的必要性和对修理级别分析工作计划的修订。

c) 时间

修理级别分析评估工作完成后及时将结果提交给相关部门应用。

d) 实施

明确分析结果应用的程序，协调各部门或单位的数据传递关系，逐项落实相关建议或问题。

7 注意事项

a) 在进行修理级别分析规划时，承制方应对提出的工作项目进行剪裁。

b) 应规定好修理级别分析工作计划的有效期限，确定是将修理级别分析工作计划纳入保障性分析工作计划还是使之成为一项单独的文件。

c) 应明确修理级别分析输入数据和修理级别分析评估是反映战争时期、和平时期的环境还是综合的使用环境，保证和型号的使用环境相一致。

d) 订购方在工作说明中应明确修理级别分析报告是否作为交付的资料，进行经济性评估、敏感性评估使用的模型，敏感性分析的数据单元及其数值范围，以及确认用得到的结果去修正与保障性分析有关的结果。

e) 维修工作尽量安排在基层级进行，便于部队及时维修，减少停机时间和维修费用。

f) 实施维修所需人力和物力等保障的要求应与该级维修能力相适应。

g) 实施维修所花费的时间应与该级别维修机构的允许的维修时间一致，这对战时修理尤为重要。

h) 进行维修的费用是最低的，其费用不仅包括人力和物力消耗，还包括人员培训和待修装备和部件的运输费用。

i) 对 LRU 中还包含其他 LRU 单元的产品，应注意区分维修该 LRU 的故障模式与维修其他 LRU 的故障模式。

j) 配套单位提供的修理级别分析结果，最终要汇总到总体单位进行全面权衡，尤其是对经济性分析结果，装备的修理级别分析结果必须经过总体部门的系统优化后才能确定。

k) 应保证同一轮修理级别分析中相关产品分析对象的技术状态协调一致。

l) 积累数据，建立相似产品的维修数据库。

附录 A
（资料性附录）
某型电源盒修理级别分析应用案例（部分）

A.1　说明

由于本产品缺乏相关费用数据支持，在本案例中有关经济性分析内容未涉及。

A.2　结构组成及功能

某型电源盒是某系统××装置的组件，由电源变压器、全桥整流电路、滤波电容、干扰抑制电路、稳压电源和控制输出电路构成。电源盒的功能是提供＋10V、＋15V、±28.5V 电源。其组成如图 A.1 所示。

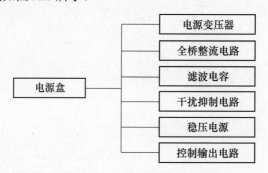

图 A.1　电源盒结构层次图

A.3　现有维修方案及保障能力

某型系统研制总要求中规定采用三级维修。现有维修方案如下。

a)　一级。一级维修工作主要是预防性维修，其主要工作有：

1) 拧紧或更换装置外表松动或损坏的螺钉。

2) 更换防松塞后重新拧紧松动的吊挂。

3) 清除装置工作平面之间有杂物，修光吊挂螺栓损坏的光段。

4) 清理装置外表和内部的杂质，外表涂干膜润滑剂。

5) 清除孔盖外表和内部的杂质。

b)　二级。二级维修的主要工作有：

1) 产品开箱后的外观检查，配套件清查。

2) 借助二级检测设备，对产品进行功能性测试。

3) 检测、定位一级维修发现的故障，更换故障产品等。

c)　三级。三级维修的主要工作有：

1) 对二级维修中返回的故障产品进行修复性维修。

2) 进行产品检测，向外场提供检测合格的产品。

　3) 对寿命周期结束的产品进行检测、维修、更改。

　一级维修主要以预防性维修为主，其主要任务是在外场对产品进行自检和用外场测试仪对产品进行电路检查；二级维修主要任务是对储存、待发及担任值班的产品进行预防性维修，对故障的产品更换；三级维修是修复性维修，其主要任务是对二级维修中发生故障的部件进行修复。

A.4　确定待分析产品清单

　该电源盒由电源变压器、全桥整流、滤波电容、干扰抑制、稳压电源和控制输出构成。

　根据 FMEA，其中部分故障件为关键件或重要件，因此，将主要组成单元及其中的重要件和关键件作为待分析产品。

　按照产品层次可确定待分析产品清单，如表 A.1 所列。

表 A.1　待分析产品清单

组件名称	组件代号	分组件名称	分组件代号	部件名称	部件代号
电源盒	××××	电源变压器	××××		
		全桥整流电路	××××		
		滤波电路	××××		
		干扰抑制电路	××××		
		稳压电源	××××		
		控制输出电路	××××		

A.5　确定非经济性因素

　考虑该电源盒的特点以及使用维修情况，对其进行修理级别非经济性分析时应考虑的要素如下。

　1) 安全性。待分析产品的修理是否存在安全性因素，是否存在将产品限制在特定级别修理的危险因素。在维修该电源盒过程中应考虑的危险因素包括：高电压、机械损伤等。

　2) 现有维修方案。考虑使用方当前的相似型号的维修方案，以及使用方能够提供的各级维修能力（利用现有维修方案分析的结果），是否对当前维修任务产生约束。还应考虑有关体制要求（如国家标准或相应的维修体制要求）是否有在某个级别修理的要求。

　3) 保障设备。检测设备及修理所用的特殊设备和工具在某一级别是否有配备的特殊要求。

　4) 包装、储存、装卸和运输。产品是否有特殊的包装、运输、装卸或储存要求（如温度影响、气候影响、是否需要防静电等）。

　5) 人员专业及技术能力。人员专业及技术能力是否限制产品的维修级别。

　6) 保障设施要求。有无特殊的设施要求将产品修理限制在某一级别。

　7) 维修复杂程度。有无复杂的维修、工艺等要求限制产品的维修级别。

A.5.1 修理级别非经济性分析电源盒

电源盒是××装置的一个电子组件，它安装在装置内，其主要功能是将交流电源转化成四路独立的直流电源提供给系统，输出受电路盒控制。

根据 RCMA 和 O&MTA 的结果，电源盒的预防性维修工作为每执行 5 次~7 次任务后、装置受到雨淋、工作 50h、使用 10 次、运输过程中包装破损时对电源盒进行功能检测，电源盒的修复性维修工作为更换电源盒（更换过程中也涉及到对电源盒的功能检测过程）。

对电源盒分别考虑影响其维修级别的 7 个非经济性因素，具体分析过程如下。

1) 安全性：电源盒在哪一维修级别更换无危险性因素的影响。

2) 现有维修方案：现有维修方案中将相似型号的装置中的电源盒确定在二级更换。

3) 保障设备：在更换电源盒时需要内场测试仪以及十字螺刀、一字螺刀等工具，这些保障设备将电路盒的维修级别限制在二级或三级。

4) 包装、储存、装卸和运输：××装置的包装、装卸、运输和储存应满足相关规定。装置（带电源盒）的包装、运输和储存要求不影响电源盒更换时所在的维修级别。

5) 人员专业和技术能力：电源盒的更换和修复操作对人员专业和技术能力有一定要求，根据装置 O&MTA 分析的结果，在更换电源盒的维修任务中需要中级测试人员、中级装配人员等，因此，更换电源盒的工作可在维修级别二级或三级进行，电源盒的维修级别限制为二级或三级。

6) 保障设施要求：电源盒的测试和维修所需的保障设施对电源盒的维修工作有限制要求，装置维修装配车间应防静电、防尘、有相应的防电磁干扰措施。在维修级别一级的条件不能满足电源盒的维修操作，维修级别二级或三级的设施能够满足要求。

7) 维修复杂程度：电源盒的更换和修复性维修操作需要专门的维修人员进行，维修过程比较复杂，尤其是电源盒的修复性维修操作，不仅维修过程复杂，而且对人员的要求、测试设备的要求都较高，在维修级别一级是无法完成的。因此，根据维修工作的复杂程度，更换电源盒的工作建议在维修级别二级进行或三级进行。

通过以上分析，得出电源盒的各项非经济性因素分析的结果，如表 A.2 所列。

表 A.2　电源盒的修理级别非经济性分析

产品名称		电源盒		产品层次		组件		产品代号	××××
序号	非经济性因素	是	否	影响或限制的维修级别				限制维修级别的原因	
				O（一级）	I（二级）	D（三级）	X（报废）		
1	安全性		√						
2	现有维修方案	√			√	√		现有维修方案将电源盒的更换任务放在二级维修级别下完成	
3	保障设备	√			√	√		电源盒的维修工作需要特殊的工具、测试设备等，这些工具和设备一般不在一级维修级别下配置	

(续)

产品名称		电源盒		产 品 层 次		组 件		产品代号	×××××
序号	非经济性因素							限制维修级别的原因	

序号	非经济性因素	是	否	O（一级）	I（二级）	D（三级）	X（报废）	限制维修级别的原因	
4	包装、储存、装卸和运输		√						
5	人员专业和技术能力	√			√	√		电源盒的维修工作对人员技术水平有要求，因此可将电源盒的维修工作放在维修级别二级或三级	
6	保障设施要求	√			√	√		保障设施有防静电、防尘、防电磁干扰等要求	
7	维修复杂程度	√			√	√		在更换电源盒以及维修电源盒时，维修相对比较复杂	

根据以上分析，现有维修方案将电源盒确定在二级或三级维修，保障设备、保障设施、人员专业和技术能力、维修复杂程度等因素将电源盒限制在二级或三级，由此建议电源盒的维修级别为二级或三级。

A5.2 电源变压器

电源变压器的作用是转换系统上的电源。它是电源盒的重要组成部件。由于电源变压器是电源盒下一层次的产品，因此它所在的维修级别被限制在电源盒所在的维修级别或其以上的维修级别。

对电源变压器分别考虑影响其维修级别的 7 个非经济性因素，具体分析过程如下。

1) 安全性：电源变压器在哪一维修级别更换或维修无危险性因素的影响。

2) 现有维修方案：现有维修方案中将相似型号的电源盒的修复确定在三级维修更换。

3) 保障设备：在维修电源盒中电源变压器时需要用到的特殊的测试设备和维修工具，一般在二级维修是不专门配备的，因此，将电源变压器的维修级别确定在三级维修。

4) 包装、储存、装卸和运输：包装、装卸、运输和储存因素不影响电源变压器更换或修复时所在的维修级别。

5) 人员专业和技术能力：电源变压器的更换和修复操作对人员专业和技术能力有较高的专业要求和技术水平要求，需要专业的技术等级较高的技术维修人员来进行电源盒的维修工作，因此将电源变压器限制在三级维修。

6) 保障设施要求：电源变压器的测试和维修所需的保障设施对其维修工作有限制要求，电源变压器维修场地应有防静电、防尘、防电磁干扰要求。在一级维修的条件不能满足这些要求，因此，将维修级别限制在二级或三级维修。

7) 维修复杂程度：电源盒中电源变压器的更换和维修操作需要专门的维修人员进行，维修过程首要进行故障的判定，即测试过程，需要专用的测试仪器，然后再将电源变压器从电源盒中拆下，作进一步故障的判定工作，整个维修过程中包括检测故障的过程，比较复杂，而且对人员的要求、测试设备的要求都较高，在一级和二级维修是无法完成的。因此，根据维修工作的复杂程度，将电源变压器的维修工作限制在三级维修进行。

通过以上分析，可得出该电源变压器的各项非经济性因素分析的结果，如表 A.3 所列。

表 A.3　电源变压器的修理级别非经济性分析

产品名称	电源变压器		产 品 层 次			部件	产品代号	××××
序号	非经济性因素	是	否	影响或限制的维修级别			限制维修级别的原因	
				O (一级)	I (二级)	D (三级)	X (报废)	
1	安全性		√					
2	现有维修方案	√				√		现有维修方案将电源变压器的维修工作放在三级维修完成
3	保障设备	√				√		电源变压器的维修工作需要特殊的工具、测试设备等，因此将其限制在三级维修完成
4	包装、储存、装卸和运输		√					
5	人员专业和技术能力	√				√		电源变压器的维修工作对人员技术水平有较高要求，因此将电源变压器的维修工作放在三级
6	保障设施要求	√			√	√		保障设施有防静电、防尘、防电磁干扰等要求
7	维修复杂程度	√				√		电源变压器的维修工作过程需要专门的测试人员和专用的测试设备，而且维修检测过程比较复杂，因此，将维修工作放在三级完成

根据以上分析，保障设备要求，人员专业和技术能力要求、维修复杂程度要求都将电源变压器的维修工作限制在三级完成，因此建议电源变压器的维修级别为三级。

A5.3　全桥整流电路

全桥整流电路的功能是将系统的交流电压转换为直流电压。它作为电源盒的重要组成部件是电源盒下一层次的产品，因此它所在的维修级别被限制在电源盒所在的维修级别或其以上的维修级别。

对全桥整流电路分别考虑影响其维修级别的 7 个非经济性因素,具体分析过程如下。

1) 安全性：全桥整流电路在哪一维修级别更换或维修无危险性因素的影响。

2) 现有维修方案：现有维修方案中将相似装备的电源盒的修复确定在三级维修。

3) 保障设备：在维修电源盒中全桥整流电路时需要用到的特殊的测试设备和维修工具，一般在二级维修是不专门配备的，因此，将全桥整流电路的维修级别限制在三级。

4) 包装、储存、装卸和运输：包装、装卸、运输和储存因素不影响全桥整流电路更换或修复时所在的维修级别。

5) 人员专业和技术能力：全桥整流电路的更换和修复操作对人员专业和技术能力有较高的专业要求和技术水平要求，需要专业的技术等级较高的技术维修人员来进行电源盒的维修工作，因此将全桥整流电路限制在三级维修。

6) 保障设施要求：全桥整流电路的测试和维修所需的保障设施对其维修工作有限制要求，全桥整流电路维修场地应有防静电、防尘、防电磁干扰要求。在一级的条件不能满足这些要求，因此，将维修级别限制在二级或三级。

7) 维修复杂程度：电源盒中全桥整流电路的更换和维修操作需要专门的维修人员进行，维修过程首先要进行故障的判定，即测试过程，需要专用的测试仪器，然后再将全桥整流电路从电源盒中拆下，作进一步故障的判定工作，整个维修过程中包括检测故障的过程，比较复杂，而且对人员的要求、测试设备的要求都较高，在一级和二级维修是无法完成的。因此，根据维修工作的复杂程度，将全桥整流电路的维修工作限制在三级维修进行。

通过以上分析，可得出全桥整流电路的各项非经济性因素分析的结果，如表 A.4 所列。

表 A.4　全桥整流电路的修理级别非经济性分析

产品名称		全桥整流电路		产品层次		部件		产品代号	××××
序号	非经济性因素	是	否	影响或限制的维修级别				限制维修级别的原因	
				O (一级)	I (二级)	D (三级)	X (报废)		
1	安全性		√						
2	现有维修方案	√				√		现有维修方案将全桥整流电路的维修工作放在三级完成	
3	保障设备	√				√		全桥整流电路的维修工作需要特殊的工具、测试设备等，因此将其限制在三级	
4	包装、储存、装卸和运输		√						
5	人员专业和技术能力	√				√		全桥整流电路的维修工作对人员技术水平有较高要求，因此将全桥整流电路的维修工作放在三级	
6	保障设施要求	√			√	√		保障设施有防静电、防尘、防电磁干扰等要求	

（续）

产品名称	全桥整流电路		产品层次		部 件		产品代号	××××
序号	非经济性因素	是	否	影响或限制的维修级别				限制维修级别的原因
				O（一级）	I（二级）	D（三级）	X（报废）	
7	维修复杂程度	√				√		全桥整流电路的维修工作过程需要专门的测试人员和专用的测试设备，而且维修检测过程比较复杂，因此，将维修工作放在三级完成

根据以上分析，保障设备要求，人员专业和技术能力要求、维修复杂程度要求都将全桥整流电路的维修工作限制在三级完成，因此建议全桥整流电路的维修级别为三级。

A5.4 滤波电路

滤波电路的功能是储存能量并使电压更平稳，减少输出电压噪声。它是电源盒的重要组成部件。由于滤波电路是电源盒下一层次的产品，因此它所在的维修级别被限制在电源盒所在的维修级别或其以上的维修级别。

对滤波电路分别考虑影响其维修级别的 7 个非经济性因素，具体分析过程如下。

1）安全性：滤波电路在哪一维修级别更换或维修无危险性因素的影响。

2）现有维修方案：现有维修方案中将相似装备的电源盒的修复确定在三级维修。

3）保障设备：在维修电源盒中滤波电路时需要用到的特殊的测试设备和维修工具，一般在二级是不专门配备的，因此，将滤波电路的维修级别限制在三级。

4）包装、储存、装卸和运输：包装、装卸、运输和储存因素不影响滤波电路更换或修复时所在的维修级别。

5）人员专业和技术能力：滤波电路的更换和修复操作对人员专业和技术能力有较高的专业要求和技术水平要求，需要专业的技术等级较高的技术维修人员来进行电源盒的维修工作，因此将滤波电路限制在三级维修。

6）保障设施要求：滤波电路的测试和维修所需的保障设施对其维修工作有限制要求；滤波电路维修场地应有防静电、防尘、防电磁干扰要求。在一级的条件不能满足这些要求，因此，将维修级别限制在二级或三级。

7）维修复杂程度：电源盒中滤波电路的更换和维修操作需要专门的维修人员进行，维修过程首先要进行故障的判定，即测试过程，需要专用的测试仪器，然后再将滤波电路从电源盒中拆下，作进一步故障的判定工作，整个维修过程中包括检测故障的过程，比较复杂，而且对人员的要求、测试设备的要求都较高，在一级和二级是无法完成的。因此，根据维修工作的复杂程度，将滤波电路的维修工作限制在三级进行。

通过以上分析，可得出滤波电路的各项非经济性因素分析的结果，如表 A.5 所列。

表 A.5　滤波电路的修理级别非经济性分析

产品名称		滤波电路		产品层次		部 件		产品代号	××××
序号	非经济性因素	是	否	影响或限制的维修级别				限制维修级别的原因	
				O（一级）	I（二级）	D（三级）	X（报废）		
1	安全性		√						
2	现有维修方案	√				√		现有维修方案将滤波电路的维修工作放在三级完成	
3	保障设备	√				√		滤波电路的维修工作需要特殊的工具、测试设备等，因此将其限制在三级	
4	包装、储存、装卸和运输		√						
5	人员专业和技术能力	√				√		滤波电路的维修工作对人员技术水平有较高要求，因此将滤波电路的维修工作放在三级	
6	保障设施要求	√			√	√		保障设施有防静电、防尘、防电磁干扰等要求	
7	维修复杂程度	√				√		滤波电路的维修工作过程需要专门的测试人员和专用的测试设备，而且维修检测过程比较复杂，因此，将维修工作放在三级完成	

　　根据以上分析，由于保障设备要求，人员专业和技术能力要求、维修复杂程度要求都将滤波电路的维修工作限制在三级完成，因此建议滤波电路的维修级别为三级。

A5.5　干扰抑制电路

　　干扰抑制电路的功能是抗尖峰干扰，满足电磁兼容要求。它是电源盒的重要组成部件。由于干扰抑制电路是电源盒下一层次的产品，因此它所在的维修级别被限制在电源盒所在的维修级别或其以上的维修级别。

　　对干扰抑制电路分别考虑影响其维修级别的 7 个非经济性因素，具体分析过程如下。

　　1) 安全性：干扰抑制电路在哪一维修级别更换或维修无危险性因素的影响。

　　2) 现有维修方案：现有维修方案中将相似装备的电源盒的修复确定在三级维修。

3) 保障设备：在维修电源盒中的干扰抑制电路时需要用到的特殊的测试设备和维修工具，一般在二级是不专门配备的，因此，将干扰抑制电路的维修级别限制在三级。

4) 包装、储存、装卸和运输：包装、装卸、运输和储存因素不影响干扰抑制电路更换或修复时所在的维修级别。

5) 人员专业和技术能力：干扰抑制电路的更换和修复操作对人员专业和技术能力有较高的专业要求和技术水平要求，需要专业的技术等级较高的技术维修人员来进行电源盒的维修工作，因此将干扰抑制电路限制在三级维修。

6) 保障设施要求：干扰抑制电路的测试和维修所需的保障设施对其维修工作有限制要求，干扰抑制电路维修场地应有防静电、防尘、防电磁干扰要求。在一级的条件不能满足这些要求，因此，将维修级别限制在二级或三级。

7) 维修复杂程度：电源盒中干扰抑制电路的更换和维修操作需要专门的维修人员进行，维修过程首先要进行故障的判定，即测试过程，需要专用的测试仪器，然后再将干扰抑制电路从电源盒中拆下，作进一步故障的判定工作，整个维修过程中包括检测故障的过程，比较复杂，而且对人员的要求、测试设备的要求都较高，在一级和二级是无法完成的。因此，根据维修工作的复杂程度，将干扰抑制电路的维修工作限制在三级进行。

通过以上分析，可得出干扰抑制电路的各项非经济性因素分析的结果，如表A.6所列。

表 A.6 干扰抑制电路的修理级别非经济性分析

产品名称		干扰抑制电路		产品层次		部件		产品代号	××××
序号	非经济性因素	是	否	影响或限制的维修级别				限制维修级别的原因	
				O（一级）	I（二级）	D（三级）	X（报废）		
1	安全性		√						
2	现有维修方案	√				√		现有维修方案将干扰抑制电路的维修工作放在三级完成	
3	保障设备	√				√		干扰抑制电路的维修工作需要特殊的工具、测试设备等，因此将其限制在三级	
4	包装、储存、装卸和运输		√						
5	人员专业和技术能力	√				√		干扰抑制电路的维修工作对人员技术水平有较高要求，因此将干扰抑制电路的维修工作放在三级	

(续)

产品名称		干扰抑制电路		产品层次		部件		产品代号	×××
序号	非经济性因素	是	否	影响或限制的维修级别				限制维修级别的原因	
				O（一级）	I（二级）	D（三级）	X（报废）		
6	保障设施要求	√			√	√		保障设施有防静电、防尘、防电磁干扰等要求	
7	维修复杂程度	√				√		干扰抑制电路的维修工作过程需要专门的测试人员和专用的测试设备，而且维修检测过程比较复杂，因此，将维修工作放在三级完成	

根据以上分析，由于保障设备要求，人员专业和技术能力要求、维修复杂程度要求都将干扰抑制电路的维修工作限制在三级完成，因此建议干扰抑制电路的维修级别为三级。

A5.6 稳压电源

稳压电源用于适应载机电源电压波动，使输出的电源电压稳定。它是电源盒的重要组成部件。由于稳压电源是电源盒下一层次的产品，因此它所在的维修级别被限制在电源盒所在的维修级别或其以上的维修级别。

对稳压电源分别考虑影响其维修级别的 7 个非经济性因素，具体分析过程如下。

1) 安全性：稳压电源在哪一维修级别更换或维修无危险性因素的影响。

2) 现有维修方案：现有维修方案中将相似装备的电源盒的修复确定在三级维修。

3) 保障设备：在维修电源盒中的稳压电源时需要用到的特殊的测试设备和维修工具，一般在二级是不专门配备的，因此，将稳压电源的维修级别限制在三级。

4) 包装、储存、装卸和运输：包装、装卸、运输和储存因素不影响稳压电源更换或修复时所在的维修级别。

5) 人员专业和技术能力：稳压电源的更换和修复操作对人员专业和技术能力有较高的专业要求和技术水平要求，需要专业的技术等级较高的技术维修人员来进行电源盒的维修工作，因此将稳压电源限制在三级维修。

6) 保障设施要求：稳压电源的测试和维修所需的保障设施对其维修工作有限制要求，稳压电源维修场地应有防静电、防尘、防电磁干扰要求。在一级的条件不能满足这些要求，因此，将维修级别限制在二级或三级。

7) 维修复杂程度：电源盒中稳压电源的更换和维修操作需要专门的维修人员进行，维修过程首先要进行故障的判定，即测试过程，需要专用的测试仪器，然后再将稳压电源从电源盒中拆下，作进一步故障的判定工作，整个维修过程中包括检测故障的过程，比较复杂，而且对人员的要求、测试设备的要求都较高，在一级和二级是无法完成的。因此，根据维修工作的复杂程度，将稳压电源的维修工作限制在三级进行。

通过以上分析，可得出稳压电源的各项非经济性因素分析的结果，如表 A.7 所列。

表 A.7　稳压电源的修理级别非经济性分析

产品名称	稳压电源		产品层次			部件	产品代号	××××
序号	非经济性因素	是	否	影响或限制的维修级别				限制维修级别的原因
				O（一级）	I（二级）	D（三级）	X（报废）	
1	安全性		√					
2	现有维修方案	√				√		现有维修方案将稳压电源的维修工作放在三级完成
3	保障设备	√				√		稳压电源的维修工作需要特殊的工具、测试设备等，因此将其限制在三级
4	包装、储存、装卸和运输		√					
5	人员专业和技术能力	√				√		稳压电源的维修工作对人员技术水平有较高要求，因此将稳压电源的维修工作放在三级
6	保障设施要求	√			√	√		保障设施有防静电、防尘、防电磁干扰等要求
7	维修复杂程度	√				√		稳压电源的维修工作过程需要专门的测试人员和专用的测试设备，而且维修检测过程比较复杂，因此，将维修工作放在三级完成

根据以上分析，由于保障设备要求，人员专业和技术能力要求、维修复杂程度要求都将稳压电源的维修工作限制在三级完成，因此建议稳压电源的维修级别为三级。

A5.7　控制输出电路

控制输出电路的功能是按照发控时序要求输出电源。它是电源盒的组成部件之一。

由于控制输出电路是电源盒下一层次的产品，因此它所在的维修级别被限制在电源盒所在的维修级别或其以上的维修级别。

对控制输出电路分别考虑影响其维修级别的 7 个非经济性因素，具体分析过程如下。

1) 安全性：控制输出电路在哪一维修级别更换或维修无危险性因素的影响。

2) 现有维修方案：现有维修方案中将相似装备的电源盒的修复确定在三级维修。

3) 保障设备：在维修电源盒中的控制输出电路时需要用到的特殊的测试设备和维修工具，一般在二级是不专门配备的，因此，将控制输出电路的维修级别建议在三级。

4) 包装、储存、装卸和运输：包装、装卸、运输和储存因素不影响控制输出电路更换或修复时所在的维修级别。

5) 人员专业和技术能力：控制输出电路的更换和修复操作对人员专业和技术能力有较高的专业要求和技术水平要求，需要专业的技术等级较高的技术维修人员来进行电源盒的维修工作，因此将控制输出电路限制在三级维修。

6) 保障设施要求：控制输出电路的测试和维修所需的保障设施对其维修工作有限制要求，控制输出电路维修场地应有防静电、防尘、防电磁干扰要求。在一级的条件不能满足这些要求，因此，将维修级别限制在二级或三级。

7) 维修复杂程度：电源盒中控制输出电路的更换和维修操作需要专门的维修人员进行，维修过程首先要进行故障的判定，即测试过程，需要专用的测试仪器，然后再将控制输出电路从电源盒中拆下，作进一步故障的判定工作，整个维修过程中包括检测故障的过程，比较复杂，而且对人员的要求、测试设备的要求都较高，在一级和二级是无法完成的。因此，根据维修工作的复杂程度，将控制输出电路的维修工作限制在三级进行。

通过以上分析，可得出控制输出电路的各项非经济性因素分析的结果，如表 A.8 所列。

表 A.8　控制输出电路的修理级别非经济性分析

产品名称	控制输出电路			产品层次			部件	产品代号	××××
序号	非经济性因素	是	否	影响或限制的维修级别				限制维修级别的原因	
				O（一级）	I（二级）	D（三级）	X（报废）		
1	安全性		√						
2	现有维修方案	√				√		现有维修方案将控制输出电路的维修工作放在三级完成	
3	保障设备	√				√		控制输出电路的维修工作需要特殊的工具、测试设备等，因此将其限制在三级	

(续)

产品名称	控制输出电路			产品层次			部件	产品代号	××××
序号	非经济性因素	是	否	影响或限制的维修级别				限制维修级别的原因	
				O (一级)	I (二级)	D (三级)	X (报废)		
4	包装、储存、装卸和运输		√						
5	人员专业和技术能力	√				√		控制输出电路的维修工作对人员技术水平有较高要求，因此将控制输出电路的维修工作放在三级	
6	保障设施要求	√			√			保障设施有防静电、防尘、防电磁干扰等要求	
7	维修复杂程度	√				√		控制输出电路的维修工作过程需要专门的测试人员和专用的测试设备，而且维修检测过程比较复杂，因此，将维修工作放在三级完成	

　　根据以上分析，由于保障设备要求，人员专业和技术能力要求、维修复杂程度要求都将控制输出电路的维修工作限制在三级完成，因此建议控制输出电路的维修级别为三级。

A.6　维修级别方案

　　通过以上非经济性分析，汇总对维修级别待分析产品清单中的产品分析结果，如表A.9所列。

表 A.9　修理级别非经济性分析结果汇总

产品代号	产品名称	产品层次	维修级别			备注
			拆	修	报废	
××××	电源盒	组件	O	I、D		
	电源变压器		I、D	D		
	全桥整流电路		I、D	D		
	滤波电路		I、D	D		

(续)

产品代号	产品名称	产品层次	维修级别			备注
			拆	修	报废	
	干扰抑制电路		I、D	D		
	稳压电源		I、D	D		
	控制输出电路		I、D	D		

该电源盒如果检测出故障，更换工作比较简单，所需人员技术水平要求也不是很高，虽然更换电源盒时需要配备测试设备，但是，根据靠前维修的思想，可在二级维修配备相应的测试设备。因此，建议电源盒的维修级别定义在二级是完全可满足要求的。

参 考 文 献

[1] 徐宗昌，黄益嘉，杨宏伟. 装备保障性工程与管理[M]. 北京：国防工业出版社，2006.

[2] 宋太亮. 装备保障性工程[M]. 北京：国防工业出版社，2002.

[3] 马绍民. 保障性工程[M]. 北京：国防工业出版社，1995.

[4] 王远达，王瑞朝，卢永吉，等. 军机维修级别分析方法综述[C]. 探索 创新 交流——第三届中国航空学会青年科技论坛文集（第三集），2008 年.

[5] 易运辉. 装备维修策略及其决策技术研究[D]. 长沙：国防科学技术大学,2005.

[6] 董振华. 船舶维修保养技术经济性研究[D]. 大连：大连海事大学，2009.

[7] 吴昊，左洪福. 基于改进层次分析法的民用飞机修理级别非经济性分析[J]，飞机设计，2008，（06）.

[8] 王远达，宋笔锋，姬东朝. 修理级别分析方法[J]. 火力与指挥控制，2008，（04）.

[9] 胡涛，黎放. 舰船装备维修中的维修级别分析[J]. 海军工程学院学报，1999，（02）.

XKG

型 号 可 靠 性 技 术 规 范

XKG／B02—2009

型号备件供应规划指南

Guide to the spares provisioning for materiel

目　次

前　言

本指南的附录 A~附录 C 均是《资料性附录》。

本指南是由国防科技工业可靠性工程技术研究中心负责组织实施。

本指南起草单位：北京航空航天大学可靠性工程研究所、空装院雷达所、航天二院 23 所、航空 603 所。

本指南主要起草人：肖波平、章国栋、杨秉喜、吕川、周鸣岐、杨勇飞。

型号备件供应规划指南

1 范围

本指南规定了型号（装备，下同）论证、方案、工程研制与定型、生产和初始保障期内备件供应规划的要求、程序和方法。使用阶段也可参考使用。

本指南适用于新研型号和重大改型型号。

2 规范性引用文件

下列文件中的有关条款通过引用而成为本指南的条款。凡注明日期或版次的引用文件，其后的任何修改单（不包括勘误的内容）或修订版本都不适用本指南，但提倡使用本指南的各方探讨使用其最新版本的可能性。凡未注日期或版次的引用文件，其最新版本适用于本指南。

GB4086.1　统计分布数值表　正态分布
GJB451A　　可靠性维修性保障性术语
GJB813　　　可靠性模型的建立和可靠性预计
GJB1181　　军用装备包装、装卸、贮存和运输通用大纲
GJB1182　　防护包装和装箱等级
GJB1371　　装备保障性分析
GJB1378A　装备以可靠性为中心的维修分析
GJB2961　　修理级别分析
GJB3837　　装备保障性分析记录
GJB3872　　装备综合保障通用要求
GJB4355　　备件供应规划要求
HB7384　　　军用飞机备件配置要求
GJB/Z 1391 故障模式、影响及危害性分析指南

3 术语和定义

GJB451A 和 GJB4355 确立的以及下列术语和定义适用于本指南。

3.1 备件 spares

对装备及其主要成品进行维修所需的元器件、零件、组件或部件等的统称。包括可修复备件和不修复备件。

3.2 备件供应规划 spares provisioning

确定和提供装备初始保障时间内使用与维修所需备件和消耗品的品种和数量，并提出后续备件供应建议和停产后备件供应保障方法的工作过程。

4 符号和缩略语

4.1 符号

下列符号适用于本指南。

A_o——使用可用度；

C_k——单个第 k 类备件的费用；

C_{total}——总的备件费用；

D——每天的备件需求量；

e——备件非工作消耗的修正系数；

F——年维修频度，单位为次每年（次/年）；

$k_{非工作}$——型号非工作故障的修正系数；

K——备件配备量的修正系数；

$\bar{M}_{ct}$——型号基层级平均修复时间，单位为小时（h）；

M_{TBR}——平均拆换间隔时间，单位为小时（h）；

n——初始保障期内型号所需进行维护检查的种类；

n_i——第 i 种维护检查中标准件拆卸的个数；

N_c——型号每累计 T_c 工作小时的某备件消耗数量；

N_e——型号数量；

N_i——第 i 种维护检查在初始保障期内拆换次数；

N_t——每架飞机每天的平均出动次数；

N_u——单个型号同一产品的安装数量；

P_c——型号要求的保障概率；

$P_k(S_k)$——数量为 S_k 的备件 k 的满足率；

r——可修复备件的不可修复率；

R_c——单个型号备件的配备比例；

S——备件数量；

S_i——第 i 种维护检查需要的备件数量；

S_k——第 k 类备件的数量；

S_L——相似设备配备的备件数量；

t_c——初始保障期内的备件周转时间，单位为天；

t_i——第 i 种检查的周期，单位为小时（h）；

t_k——备件 k 初始保障期内总的工作时间，单位为小时（h）；

T_0——型号基层级有备件时获得备件的时间，单位为小时（h）；

T_{BF}——型号平均故障间隔时间，单位为小时（h）；

T_c——某一给定的工作小时数，单位为小时（h）；

T_d——初始保障期内累计天数；

T_h——初始保障期内型号总的工作时间，单位为小时（h）；

T_m——平均修复时间，单位为天；

T_{MLD}——型号备件平均保障延误时间，单位为小时（h）；

T_N——型号年平均工作小时，单位为小时（h）；

T_{OST}——订购运转周期（订货到交货之间的天数），单位为天；

T_p——型号年平均预防性维修小时，单位为小时（h）；

T_q——型号基层级缺备件时获得备件的平均时间，单位为小时（h）；

T_s——每架飞机每天出动的平均飞行小时，单位为飞行小时（fh）；

T_t——单个型号年平均工作小时数，单位为小时（h）；

T_{TAT}——维修周转时间，单位为天；

T_y——初始保障期，单位为年；

T_z——年日历总小时数，单位为小时（h）；

u_i——备件费用调整系数；

u_p——正态分布分位数；

μ——拆卸毁坏概率；

β——风险系数；

λ——备件每飞行小时的故障率，单位为次每飞行小时（1/fh）；

λ_k——备件 k 的平均故障率，单位为次每小时（1/h）。

4.2 缩略语

下列缩略语适用于本指南。

FMECA——failure modes，effects and criticality analysis，故障模式、影响及危害性分析；

LORA——level of repair analysis，修理级别分析；

LRU——line replaceable unit，现场可更换单元；

MTBR——mean-time-between-removals，平均拆换间隔时间；

MTA——maintenance task analysis，维修任务分析；

RCMA——reliability-centered maintenance analysis，以可靠性为中心的维修分析；

RMS——reliability，maintainability，testability，safety and supportability，可靠性维修性测试性安全性保障性；

SRU——shop replaceable unit，车间可更换单元；

TAT——turn-around time，维修周转时间。

5 一般要求

5.1 概述

初始保障期一般是指承制方和订货方在合同中规定的保证期，一般用型号工作小时或日历年表示。

随机备件即初始备件，一般是指以满足初始保障期内的使用需求为原则，随型号一起交给使用方的备件，其成本打入型号的购买价格。确定随机备件的数量一般以满足在初始保障期内的使用为原则。

推荐订货备件即后续备件，一般是指由承制方依据备件的可靠性水平，以及型号的计划任务时间和型号数量，向使用方推荐的备件。推荐订货备件为订购方配套订购初始保障期之后的备件提供参考，以满足基层级和中继级维修所需的备件为主。

5.2 目的、作用和时机

a) 目的

根据型号战备完好性要求和费用约束条件，按照型号初始保障期内使用与维修需要，确定备件的品种和数量，并按照供应要求交付随机备件及提供推荐订货备件清单。

b) 作用

通过备件供应规划工作，实现在型号交付使用时同时交付随机备件，并提供推荐备件清单供使用方在订购后续备件时参考，从而达到满足型号战备完好性要求和费用约束条件的目的。

c) 时机

在工程研制阶段早期就要将备件供应规划工作纳入综合保障计划和综合保障工作计划，并按备件供应规划提供所需备件和消耗品，其工作重点是在工程研制阶段。

5.3 基本原则

a) 规划工作应从型号在初始保障期内尽快形成战斗力角度考虑可能发生的备件供应问题，重点是对工程研制阶段需考虑的备件供应工作进行规划。应保证备件需求在工程研制早期就纳入综合保障计划和综合保障工作计划，并按供应要求提供所需备件。

b) 按型号战备完好性（如使用可用度）要求规划备件供应，把备件保障费用降至最低，或考虑备件费用约束条件，以可承受的备件采办费用使型号战备完好性（如使用可用度）最高。

c) 备件应按不同维修级别分别提供并与对应维修级别相匹配。

5.4 备件供应要求

5.4.1 定性要求

a) 包装、装卸、储存和运输要求。

b) 编码要求。

c) 供应技术文件要求。

d) 备件质量保证要求（包括功能、外形、配合与原件一致性要求）。

5.4.2 定量要求

a) 备件保障概率。

b) 备件平均保障延误时间（h）。

5.5 承制方职责

a) 根据合同要求开展备件供应规划有关工作，并向订购方提出供应程序及方法等方面的建议。

b) 将备件供应工作纳入综合保障工作计划，规划与型号匹配的备件。

c) 根据合同要求提供随机备件供应清单、推荐订货备件清单及相应技术资料，并按期交付备件。

d) 对转承制方、供货方的相关随机备件和推荐订货备件的供应工作实施监控。

5.6 不同寿命阶段备件供应规划工作

5.6.1 论证阶段

根据型号的使用要求和维修方案，订购方在《武器系统研制总要求》和《论证工作报告》中提出备件供应的定性、定量要求和约束条件。

5.6.2 方案阶段

根据订购方的备件供应要求，承制方制订备件工作计划，以明确备件的定性、定量与工作要求，以及确定备件品种和数量的技术、方法，并纳入综合保障工作计划。

5.6.3 工程研制与定型阶段

承制方按照备件工作计划，分析备件品种和数量需求，拟制随机备件清单、推荐订货备件清单及其他供应技术文件，提交订购方确认。

承制方根据试验、试用评估数据对随机备件和推荐订货备件供应工作进行评估，按照评估结果对随机备件清单和推荐订货备件清单进行修订，并安排从承制方备件保障向订购方备件保障移交工作。需要时分别给出结合生产的备件采购清单，采购期长的备件清单，通用和大宗产品清单等供应技术文件。

5.6.4 生产和初始保障期内

承制方根据现场使用数据评估备件对战备完好性的影响，制定稳定需求下的备件供应标准，进一步调整备件库存的品种和数量；收集、分析与备件供应有关的数据，为修订随机备件清单和推荐订货备件清单以及下一代型号的备件供应提供信息。

6 备件供应规划的程序和方法

6.1 工作程序

备件供应规划包括制定备件供应工作计划、确定备件预测技术与方法、编制供应技术文件、确定包装及储运要求、确认备件供应清单、备件交付与验收、编制综合保障建议书、备件供应评价以及修订备件供应清单等全过程，其程序如图 1 所示。

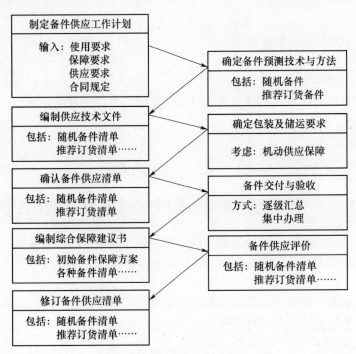

图 1　备件供应规划工作程序

a) 制定备件供应工作计划

承制方根据订购方提出的型号使用要求、保障要求、供应要求和合同规定，制定备件供应工作计划，该计划纳入综合保障工作计划中，并随着研制工作的进展进行补充、修改和完善。

b) 确定备件预测技术与方法

随机备件和推荐订货备件在品种和数量上的具体要求（包括预测技术和方法要求），承制方和订购方可以在合同中规定。

c) 编制供应技术文件

供应技术文件包括随机备件清单和推荐订货备件清单。备件清单应该根据订购方备件管理要求，进一步提供分类清单。

d) 确定包装及储运要求

确定包装和储存要求时，要考虑异地驻训和战时条件下备件包装、装卸、储存和运输及标识对机动供应保障能力的影响，其详细要求应符合 GJB4355《备件供应规划要求》中第 5.4 条规定。

e) 确认备件供应清单

订购方和承制方应协调安排随机备件和推荐订货备件供应工作协调会，确认或批准随机备件供应清单和推荐订货备件供应清单，并安排随机备件和推荐订货备件供应实施进度。

f) 备件交付与验收

所有承制方的随机备件由主承制方进行验收、汇集，最后由主承制方与订购方完成随机备件的交付与验收工作；推荐订货备件的交付与验收由承制方与订购方完成。备件交付与验收的详细要求应符合 GJB4355《备件供应规划要求》中第 5.5 条规定。

g) 编制综合保障建议书

包括初始备件保障方案和推荐订货备件清单在内的所有与备件供应规划有关的内容均纳入综合保障建议书。

h) 备件供应评价

收集和分析型号外场故障信息、备件请领信息和备件出库信息，评价随机备件和推荐订货备件的品种和数量是否满足型号的需要。

i) 修订备件供应清单

根据评价结果对随机备件和推荐订货备件的供应品种和数量进行修正，以便为以后的用户提供更好的备件供应保障。

6.2 备件品种确定方法

6.2.1 保障性分析方法

按照以下步骤进行保障性分析以确定备件品种，其程序如图 2 所示。

a) 画出型号的组成层次图，为故障模式、影响及危害性分析（FMECA）和可靠性维修性测试性安全性保障性（简称 RMS）设计数据获取做准备。

b) 主承制方进行系统、分系统和子系统 FMECA，分析的最低层次为现场可更换单元（LRU）；转承制方进行设备的 FMECA。

c) 根据 FMECA 得到的故障模式，确定应进行的修复性维修任务。

d) 根据 FMECA 得到的故障影响严酷度，区分出重要维修产品（一般为影响型号安全或作战任务完成的产品）和非重要维修产品。对重要维修产品进行以可靠性为中心的维修分析（RCMA），确定应进行的预防性维修任务。

e) 通过维修任务（包括全部预防性维修、修复性维修及其他维修工作）分析（MTA），并结合型号的 RMS 设计数据进行备件需求分析，确定预防性维修和修复性维修需要的备件品种，汇总、处理预防性维修和修复性维修备件品种，得出维修任务所需的备件品种要求。

f) 通过修理级别分析（LORA）将全部的预防性维修、修复性维修及其他维修工作分配到各个维修级别，得出各个维修级别上配置的备件品种。

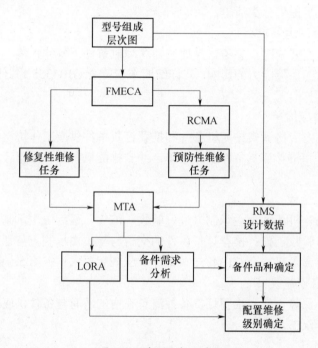

图 2　保障性分析程序图

6.2.2　相似产品方法

6.2.2.1　新研型号

对于新研型号，可以按照下列步骤进行备件品种的确定：

a) 给出新研型号的零部件图解目录，并对货架产品、改型产品、新研产品进行标识。

b) 收集货架产品的使用信息，特别是在相似型号上的外场使用信息，整理出货架产品故障情况、备件消耗情况，针对新研型号与相似型号的差异，对货架产品的可靠性水平、关键特性等产品相关属性进行修正，确定货架产品的备件品种。

c) 收集改型产品的原型产品使用信息，考虑改型产品与原型产品的差异性以及在新研型号中承担的任务、使用的环境等因素，通过修正得到改型产品的可靠性水平、关键特性等相关产品属性，确定改型产品的备件品种。

d) 对于新研产品，按照本指南 6.2.1 条所示方法进行备件品种确定。

e) 对所有产品的备件项目清单进行整合，得到新研型号的随机备件项目清单和推荐订货备件项目清单。

6.2.2.2 重大改型型号

对于重大改型型号，可以按照下列步骤进行备件品种的确定：

a) 比较重大改型型号和原型机在结构、功能和任务等方面的异同，给出重大改型型号的零部件图解目录，并标识与原型机在结构上的差异。

b) 在原型机随机备件项目清单和推荐订货项目清单的基础上，针对改型对型号结构、功能、可靠性的影响，对项目清单进行适应性的修订。

c) 对于沿用的产品，原则上在项目清单上保留。

d) 对于改型产品，首先按照本指南 6.2.1 条所示方法进行分析，并参照其原型产品的可靠性水平、关键特性等因素以确定备件品种。

e) 对于新研产品，按照本指南 6.2.1 条所示方法进行备件品种确定。

f) 对沿用和改型或新研产品备件项目清单进行整合，得到改型型号的随机备件项目清单和推荐订货备件项目清单。

6.3 备件数量计算方法

6.3.1 基于工程经验的备件计算方法

6.3.1.1 标准件备件计算方法

标准件一般是指按照某企业级或行业级或国家级的标准生产的零部件。

利用式(1)计算标准件在初始保障期内某种维护检查所需更换的备件数量：

$$S_i = \mu \cdot n_i \cdot N_i \tag{1}$$

式中：S_i——第 i 种维护检查需要的备件数量；

$\quad$ i——各种维护检查，i =1，2，3，…；

$\quad$ μ——拆卸毁坏概率；

$\quad$ n_i——第 i 种维护检查中某标准件拆卸的个数；

$\quad$ N_i——第 i 种维护检查在初始保障期内拆换次数。

利用下式计算 N_i：

$$N_i = \frac{T_h}{t_i} \tag{2}$$

式中：T_h——初始保障期内型号总的工作时间，单位为小时(h)；

$\quad$ t_i——第 i 种检查的周期，单位为小时(h)；

其他符号同式(1)。

利用式(3)计算某标准件在初始保障期内所需更换的备件数量：

$$S = \sum_{i=1}^{n} S_i \tag{3}$$

式中：S——初始保障期内所需备件数量；

$\quad$ n——初始保障期内型号所需进行维护检查的种类。

其他符号同式(1)。

S 为取整后的结果。

6.3.1.2 不修复备件计算方法

根据备件数据情况的不同，可按以下3种计算方法进行选择。

a) 平均拆换间隔(MTBR)方法

当不修复备件的平均拆换间隔时间能够获取时，选用式(4)进行不修复备件数量计算：

$$S = T_t \cdot N_e \cdot N_u \cdot \frac{1}{M_{TBR}} \cdot T_y \cdot \beta \tag{4}$$

式中：T_t——单个型号年平均工作小时数，单位为小时(h)；

$\quad N_e$——型号数量；

$\quad N_u$——单个型号同一产品的安装数量；

$\quad M_{TBR}$——平均拆换间隔时间，单位为小时(h)；

$\quad T_y$——初始保障期限，单位为年；

$\quad \beta$—— 风险系数，一般 β=1.2 ～1.5；

其他符号同式(3)。

b) 消耗标准方法

当没有不修复备件的平均拆换间隔时间而有消耗标准数据时，选用下式进行不修复备件数量计算：

$$S = \frac{N_e \cdot T_t \cdot N_c \cdot T_y}{T_c} \tag{5}$$

式中：N_c——型号每累计 T_c 工作小时的某备件消耗数量；

$\quad T_c$——某一给定的工作小时数，如 2000h。

其他符号同式(4)。

c) 比例法

当不修复备件的平均拆换间隔时间以及消耗标准数据都没有时，选下式进行不修复备件数量计算：

$$S = R_c \cdot N_e \cdot N_u \tag{6}$$

式中：R_c——配备比例；

其他符号同式(4)。

6.3.1.3 可修复备件计算方法

利用式(7)计算可修复备件在初始保障期内所需的备件数量：

$$S = N_e \cdot N_u \cdot T_y \cdot F \cdot \beta \cdot \frac{T_{TAT}}{365} \tag{7}$$

式中：F——年维修频度，单位为次每年(次/年)；

$\quad T_{TAT}$——维修周转时间，单位为天；

其他符号同式(4)。

6.3.2 基于费用约束的备件计算方法

当备件费用一定而要求系统的使用可用度最大时，采用式(8)进行备件数量计算：

$$\begin{cases} \max(A_o) \\ \sum_{k=1}^{n} S_k C_k \leqslant C_{\text{total}} \end{cases} \quad (8)$$

式中：A_0——使用可用度；

k——备件项目编号，k=1，2，3，…，n；

n——备件种类数；

S_k——第 k 类备件的数量；

C_k——第 k 类备件的费用；

C_{total}——总的备件采购费用。

采用下式计算系统使用可用度 A_o：

$$A_o = \frac{T_Z - T_p - \dfrac{T_N}{k_{\text{非工作}} \times T_{BF}} \cdot \bar{M}_{ct} - \dfrac{T_N}{k_{\text{非工作}} \times T_{BF}} \cdot T_{MLD}}{T_z} \quad (9)$$

式中：A_o——型号使用可用度；

T_Z——年日历总小时数，单位为小时(h)；

T_p——型号年平均预防性维修小时，单位为小时(h)；

T_N——型号年平均工作小时，单位为小时(h)；

$\bar{M}_{ct}$——型号基层级平均修复时间，单位为小时(h)；

$k_{\text{非工作}}$——型号非工作故障的修正系数，一般 $k_{\text{非工作}}$=0.6 ～0.7；

T_{BF}——型号平均故障间隔时间，单位为小时(h)；

T_{MLD}——型号备件平均保障延误时间，单位为小时(h)。

采用下式计算型号备件平均保障延误时间 T_{MLD}：

$$T_{MLD} = P_c \cdot T_0 + (1 - P_c) \cdot T_q \quad (10)$$

式中：T_{MLD}——型号备件平均保障延误时间，单位为小时(h)；

P_c——型号备件保障概率；

T_0——型号基层级有备件时，获得备件的时间，单位为小时(h)；

T_q——型号基层级缺备件时，获得备件的平均时间(h)。

采用下式计算型号备件保障概率 P_c：

$$P_c = \frac{\sum_{k=1}^{n} (\lambda_k t_k) P_k(S_k)}{\sum_{k=1}^{n} \lambda_k t_k} \quad (11)$$

式中：P_c——型号备件保障概率；

k——备件项目编号，k=1，2，3，…，n；

n——备件种类数；

λ_k——备件 k 的故障率，单位为次每小时(1/h)；

t_k——备件 k 的初始保障期内总的工作时间，单位为小时(h)；

$P_k(S_k)$——数量为 S_k 的备件 k 的满足率；

S_k——备件 k 的数量。

备件 k 的备件保障概率 $P_k(S_k)$ 计算如下：

$$P_k(S_k) = \sum_{j=0}^{S_k} \frac{(e \cdot U_e \cdot N_u \cdot \lambda_k \cdot t_k)^j}{j!} \exp(-e \cdot U_e \cdot N_u \cdot \lambda_k \cdot t_k) \tag{12}$$

式中：$P_k(S_k)$——备件数量为 S_k 的备件 k 的备件满足率；

k——备件项目编号，k=1，2，3，…，n；

n——备件种类数；

j—— 为递增符号，j 从 0 开始逐一增加，直至某 S_k 值，使得计算得到的保障概率 $\geq P_k(S_k)$，该 S_k 值即为所求备件需求量；

S_k——备件 k 的数量；

e——备件非工作消耗的修正系数，一般 e=1.1~1.2；

N_u—— 单个型号同一产品的安装数量；

N_e—— 某级维修保障的型号数量；

λ_k——备件 k 的故障率，单位为次每小时(1/h)；

t_k——备件 k 的初始保障期内总的工作时间，单位为小时(h)。

备件计算步骤如下：

a) 针对系统中的每类备件，记初始备件量为"0"，备件清单记为 S_0，计算此时的系统使用可用度 A_{mk} 和备件费用 C_{mk}，m=0，k=1，2，3，…，n。

b) 依次针对每类备件增加一个备件量并保持其余备件备件量不变，分别计算出 A_{mk} 和 C_{mk}，m=m+1，k=1，2，3，…，n。

c) 计算系统使用可用度的增加量 $\Delta A_{mk}(\Delta A_{mk} = A_{mk} - A_{(m-1)k}$，$k$=1，2，3，…，$n$)，以及费用增加量 $\Delta C_{mk}(\Delta C_{mk} = C_{mk} - C_{(m-1)k}$，$k$=1，2，3，…，$n$)，找出 $\Delta A_{mk} / \Delta C_{mk}(k$=1，2，3，…，$n$)的最大值，把对应 k 类备件的备件量加 1，此时的备件清单记为 S_m。

d) 计算备件清单 S_m 的备件费用，如果小于费用约束 C_{total}，就返回 b)继续计算，依次得到备件清单 S_{m+1}，S_{m+2}，…，S_{m+x}，直至计算备件清单 S_{m+x} 得到的备件费用大于费用约束 C_{total}，则停止迭代，S_{m+x-1} 即为满足费用约束要求的备件清单。

示例：假设某系统包括 3 个 LRU，分别是 LRU$_1$、LRU$_2$ 和 LRU$_3$。依据上面的原理，进行基于费用约束的备件计算。

a) 假定 LRU$_1$、LRU$_2$ 和 LRU$_3$ 的备件量均为零，备件清单记作 S_0，计算此时的系统使用可用度 A_{01}、A_{02}、A_{03} 和备件费用 C_{01}、C_{02}、C_{03}。

b) 在 S_0 的基础上，保持 LRU$_2$ 和 LRU$_3$ 的备件量不变，增加 1 个 LRU$_1$ 的备件量，计算此时的系统使用可用度和备件费用，分别记作：A_{11} 和 C_{11}。针对 LRU$_2$ 和 LRU$_3$，进行同样操作，可以得到 A_{12}、C_{12} 和 A_{13}、C_{13}。

c) 比较：

$$\left(A_{11}-A_{01}\right)\Big/\left(C_{11}-C_{01}\right) \text{、} \left(A_{12}-A_{02}\right)\Big/\left(C_{12}-C_{02}\right) \text{、} \left(A_{13}-A_{03}\right)\Big/\left(C_{13}-C_{03}\right)$$

的大小，找出比值最大的一个，其对应的 LRU 在备件清单 S_0 上增加 1 个备件，备件增加后的备件清单记为 S_1。

d) 计算备件清单 S_1 的备件费用，如果小于费用约束，就返回 b)继续计算，得到备件清单 S_2，S_3，…，S_x，直至计算备件清单 S_x 得到的备件费用大于费用约束，则停止迭代，S_{x-1} 即为满足费用约束的备件清单。

7 初始保障期内备件确定程序

初始保障期内备件确定程序包括备件品种确定方法选择和承制方售后服务用备件供应规划等全过程，其程序如图 3 所示。

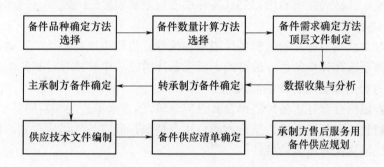

图 3 初始保障期内备件确定程序图

a) 备件品种确定方法选择

对于新研型号，按照本指南 6.2.1 条保障性分析法确定备件品种；对于重大改型型号，按照本指南 6.2.2 条相似产品法确定备件品种。

b) 备件数量计算方法选择

工程上一般按照 GJB4355《备件供应规划要求》附录 C 中 C.4.1 条所述方法计算可修复件的备件数量，当备件保障概率没有给定时，则按照本指南 6.3.1.3 条所述方法计算可修复件的备件数量；对于标准件，按照本指南 6.3.1.1 条所述方法计算备件数量；对于不修复备件，按照本指南 6.3.1.2 条所述方法计算备件数量，3 种算法的优先次序是：MTBR 法、消耗标准法和比例法；对于有费用约束的备件数量计算，按照本指南 6.3.2 条所述方法；对于有使用可用度要求的备件数量计算，可将使用可用度要求转化为保障概率要求，并参考本指南附录 C 所述方法。

c) 备件需求确定方法顶层文件制定

主承制方根据型号的特点给出随机备件和推荐订货备件品种、数量确定的方法，并形成备件需求确定顶层文件用以指导主承制方和转承制方进行备件需求确定工作。

d) 数据收集与分析

从多个方面收集产品的故障数据，包括外场使用数据、内场试验数据、预计数据，以及产品在相似型号上的使用数据、相似产品在相似型号上的使用数据，优先采用产品的外场使用数据，并对这些收集的数据进行有效性分析、转换和处理，得到产品的可靠性数据，用于备件项目的确定和数量的计算。

e) 转承制方备件确定

转承制方在主承制方备件需求确定顶层文件的指导下，根据产品的特点和可靠性水平以及预防性维修和修复性维修的需要，确定所需备件的品种和数量。

f) 主承制方备件确定

主承制方根据备件需求确定顶层文件确定本单位产品的随机备件和推荐订货备件的品种和数量；对各承制单位提交的随机备件清单和推荐订货备件清单进行归类、整合，并将结果提交给各承制单位以最终确定各系统、分系统的随机备件清单和推荐订货备件清单。

g) 供应技术文件编制

承制方根据订购方的要求制订相应的供应技术文件。主要包括随机备件清单和推荐订货备件清单，其格式按照 GJB4355《备件供应规划要求》5.3 条要求进行编制。

h) 备件供应清单确定

订购方对主承制方提交的随机备件清单和推荐订货清单进行确认，并根据备件经费情况和自身需要选择订货备件，最终确定随机备件供应清单和推荐订货备件供应清单。

i) 承制方售后服务用备件供应规划

各承制方根据推荐订货备件清单及其供应清单，确定本单位的售后服务用备件清单。按照使用方对售后服务的要求，结合本单位生产情况，制定备件供应计划，以确保按时提供型号外场维修保障所需的备件。

8 注意事项

a) 与型号研制工作同步。备件供应规划工作开始于型号的论证阶段，并随着型号研制工作的推进而逐步细化，在型号交付部队的同时进行随机备件的交付和验收。

b) 与其他工程专业相协调。备件供应规划是与保障性分析工作相联系，并与保障性分析记录数据有输入输出关系的工程专业之一，在开展备件供应规划工作时，应按 GJB3837《装备保障性分析记录》要求，充分利用 GJB813《可靠性模型的建立和可靠性预计》、GJB1371《装备保障性分析》、GJB1378A《装备以可靠性为中心的维修分析》、GJB/Z 1391《故障模式、影响及危害性分析指南》、GJB2961《修理级别分析》、GJB3837《装备保障性分析记录》等有关工作项目的结果和有关数据。

c) 与维修体制相协调。备件供应规划与维修体制相关，对于三级维修体制，推荐订货备件需要考虑中继级维修用备件；对于两级维修，推荐订货备件只考虑基层级维修用备件；在进行备件供应规划时应该针对具体型号使用与维修的实际情况确定备件品种和数量。

d) 与保障性分析相协调。要将 FMECA 的结果作为备件需求确定的输入，这样编制的备件清单才能与保障性分析的结论相一致。

在确定随机备件配套比例时，要参考相似产品的备件配置情况，并且与备件的故障率、功能及功能对任务的影响相关联，配套比例应能在整体上反映失效率或功能重要性的状况，并与之协调。对于故障率比较高的产品，配套比例应该大一些；对于对任务完成影响大的产品，配套比例也应该大一些。

e) 与使用可用度相协调。当有费用约束时，可以按照本指南 6.3.2 条所述方法进行数量计算。采用其他数学方法进行数量计算时，应考虑每种备件对系统使用可用度的影响，并按照影响大小进行排序，优先配备对系统使用可用度影响大的备件。

f) 与工程经验相结合。影响备件供应保障的因素非常多，仅仅通过数学方法进行备件需求预测是不够的，还必须结合以往型号的备件供应保障经验，对通过数学方法得到的备件清单进行修正。

g) 考虑过时淘汰问题。对于由于采用新技术、新标准等进行产品改型带来的新旧产品之间不能互换的过时淘汰问题，备件供应规划时要充分考虑这类产品的备件供应保障问题。

h) 注意历史数据的积累。进行初始保障期内备件品种确定和数量预测时能够得到的信息非常有限，所以必须不断地积累型号的外场使用数据、故障数据、维修数据和备件出库数据等历史数据，通过对这些历史数据的分析、处理，可以得到更为准确的备件可靠性数据如故障率等，为根据使用或作战需求情况动态地预测备件需求提供技术支持。

附录 A

(资料性附录)
军用飞机备件确定方法

A.1 备件项目确定

通过保障性分析，确定军用飞机初始保障期内维修保障过程中各维修级别上所需的每一项备件。

A.2 备件数量的确定

A.2.1 不修复备件
采用式(A.1)计算备件数量：

$$S = D \cdot T_d \tag{A.1}$$

式中：S——初始保障期内需要的备件数量；

D——每天的备件需求量；

T_d——初始保障期内累计天数。

A.2.2 可修复备件
采用式(A.2)计算备件数量：

$$S = D \cdot T_m \tag{A.2}$$

式中：T_m——平均修复时间(天数)。

其他符号同式(A.1)。

A.2.3 可修复备件(考虑不可修复率)

如果考虑可修复件的不可修复率(即不可修复件总数与送修件总数之比)，采用式(A.3)计算备件数量：

$$S = r \cdot D \cdot T_{OST} + (1-r) \cdot D \cdot T_m \tag{A.3}$$

式中：r——可修复备件的不可修复率；

T_{OST}——订购运转周期(订货到交货之间的天数)，单位为天；

其他符号同式(A.1)。

A.2.4 备件需求率
需求率 D 采用式(A.4)计算：

$$D = \lambda \cdot T_s \cdot N_t \cdot N_u \cdot N_e \tag{A.4}$$

式中：λ——备件每飞行小时的故障率，单位为次每飞行小时(1/fh)；

T_s——每架飞机每天出动的平均飞行小时，单位为飞行小时(fh)；

N_t——每架飞机每天的平均出动次数；

N_e——所考虑的飞机数量；

N_u——每架飞机安装此备件的数量；

其他符号同式(A.1)。

在确定备件清单中每项备件的数量时，N_e的取值分别为配套比例中的后一项，如 1：1、

1：4、1：8、1：24 的 N_e 分别为 1、4、8、24。如果备件配备给每架飞机，则比例为 1：1；配备给分队，则比例为 1：4；配备给中队，则比例为 1：8；配备给飞行团，则比例为 1：24。

A.3 备件清单的编制

A.3.1 随机备件清单

随机备件是随飞机一起交给使用方的备件项目，其成本打入飞机的价格中。随机备件清单的配套比例与飞机使用方编制相关，配套比例有 1：1、1：4、1：8、1：24，还有 1：3、1：9、1：27、1：72 等，配套数量可视型号的具体情况而定。随机备件清单中的项目以易损、易耗的零组件为主，确定随机备件的数量一般以满足在保证期内(如200fh/2 年)的使用为原则，按照本指南附录 A 第 A.1 条和第 A.2 条介绍的方法确定备件种类和数量。另外，确定随机备件的数量时还应考虑到成本、价格等因素。表 A.1 和表 A.2 分别为某型飞机 1：1 和 1：4 随机备件清单的示例。

表 A.1 某型飞机 1：1 随机备件清单(部分)

序 号	图 号	名 称	件 数	备 注
	机身部分			
1	×-0202-300-1	自锁螺栓	1	
2	××-0202-440	托板螺母	1	
3	××-0235-101	螺钉	10	
⋮	⋮	⋮	⋮	⋮
	尾翼部分			
1	××-2050-22	销子	1	
2	××-2056-9	螺栓	1	
3	××-3428-14	螺栓	8	
4	××-3428-25	双耳自锁螺母	1	
5	××-3500-7	橡胶皮碗	3	
⋮	⋮	⋮	⋮	⋮

表 A.2 某型飞机 1：4 随机备件清单(部分)

序 号	图 号	名 称	件 数	备 注
	机身部分			
1	××-0100-1	对合螺栓	4	
2	××-0100-2	对合螺栓	2	
3	××-0100-3	对合螺栓	4	
4	××-0100-4	垫圈	4	
5	××-0100-5	螺母	4	
6	××-0100-6	对合螺栓	2	
7	××-0100-7	对合螺栓	2	
8	××-0202-110	带轴螺栓	6	用于××-0603-500
⋮	⋮	⋮	⋮	⋮

A.3.2 推荐订货备件清单

推荐订货备件清单的主要目的是为使用方的持续订货提供参考,推荐订货备件清单中的项目应以满足基层级和中继级维修所需的备件为主。备件清单可以以机群(如一个飞行团)使用 3 年的需要量来编制,备件清单中应注明备件类别(不修复备件或可修复备件)和推荐数量,还应注明有寿件、库存期限严格要求的备件、长周期订货备件及有特殊装配或工艺要求备件的备件状态等对订货有影响的信息。推荐订货备件清单中备件项目和数量的确定使用本指南第 A.1 条和第 A.2 条介绍的方法。

军用飞机备件目录的编制方法可按照 HB7384《军用飞机备件配置要求》规定。

附录 B
（资料性附录）
地空导弹备件确定方法

B.1　备件项目确定

在进行保障性分析的基础上，再根据各维修级别的维修任务要求以及备件的可更换维修特性、分类、初始备件使用时间、维修周转时间、重要性、价格、获得的难易程度等，确定营级 LRU、旅团级 LRU 及其 SRU 初始备件项目。

B.2　备件数量的确定

根据备件项目可获得数据不同的情况，选择相应的计算方法分别计算营级 LRU 初始备件数量、旅团级 LRU 初始备件数量和旅团级 SRU 初始备件数量。其程序如图 B.1 所示。

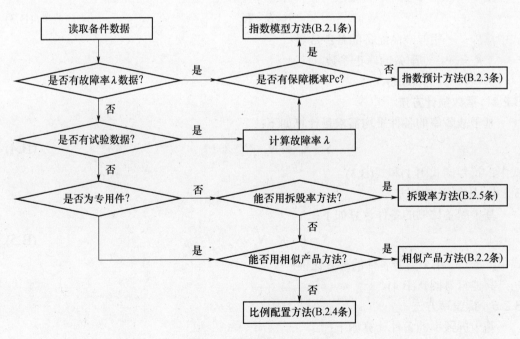

图 B.1　备件计算方法选择程序

B.2.1　指数模型方法

基于规定保障概率 P_c 的备件计算：

$$P_c = \sum_{i=0}^{s} \frac{(e \cdot N_u \cdot N_e \cdot \lambda \cdot t_c)^i}{i!} \exp(-e \cdot N_u \cdot N_e \cdot \lambda \cdot t_c)$$

(B.1)

式中：S——型号某零部件的备件需求量；

　　　　e——备件非工作消耗的修正系数，一般 e=1.1 ～1.2；

　　　　t_c——初始保障期内的备件周转时间(对部队或基地维修的备件，取维修周转周期内的工作时间；对于不修复件，取初始保障期内的工作时间)，单位为天；

　　　　λ——备件平均故障率，单位为次每小时(1/h)；

　　　　N_u——单个型号同一产品的安装数量；

　　　　N_e——某级维修保障的型号数量(对营级 LRU，N_e 为一营套该型号数量；对旅(团)LRU 或旅(团)型号 SRU，N_e 为一旅(团)该型号数量)；

　　　　i——为递增符号，i 从 0 开始逐一增加，直至某 S 值，使得计算得到的保障概率 $\geqslant P_c$，该 S 值即为所求备件需求量。

当 $N_e \cdot N_u \cdot \lambda \cdot t_c > 5$ 时，备件需求量可以用正态分布近似计算，计算公式简化为

$$S = N_e \cdot N_u \cdot \lambda \cdot t_c + u_p \sqrt{N_e \cdot N_u \cdot \lambda \cdot t_c} \tag{B.2}$$

式中：u_p——正态分布分位数(可查 GB4086.1 统计分布数值表正态分布分位数表)；
其他符号同式(B.1)。

B.2.2　相似产品方法

基于相似型号备件配备数量的备件计算如下：

$$S = S_L \cdot K \tag{B.3}$$

式中：S_L——相似产品配备的备件数量；

　　　　K——备件配备的修正系数。
其他符号同式(B.1)。

B.2.3　指数预计方法

基于故障率的备件平均需求量计算如下：

$$S = K \cdot e \cdot N_u \cdot N_e \cdot \lambda \cdot t_c \tag{B.4}$$

式中：符号同式(B.1)和式(B.3)。

B.2.4　比例配置方法

基于配备比例的备件计算如下：

$$S = R_c \cdot K \cdot N_u \cdot N_e \tag{B.5}$$

式中：R_c——单个型号备件的配置比例；
其他符号同式(B.4)。

B.2.5　拆毁率方法

基于拆毁率的备件计算如下：

$$S = N_e \cdot \sum_{i=1}^{3} S_i \tag{B.6}$$

式中：i——维护次数，i =1，2，3，分别代表周维护、月维护、年维护；

　　　　S_i——在初始保障期限内，单个型号周维护、月维护、年维护中需要的备件数量；
其他符号同式(B.1)。

$$S_i = [\mu \cdot n_i \cdot N_i] \tag{B.7}$$

式中： μ ——拆卸毁坏概率；

      n_i——单个型号在一次周维护、月维护、年维护中涉及的备件个数；

      N_i——在初始保障期内要进行的周维护、月维护、年维护次数。一般情况下，一年中周维护次数为 52，月维护次数为 12，年维护次数为 1。

B.2.4　预防性维修备件确定方法

基于预防性维修需求的必换备件计算如下：

$$S = N_e \cdot \sum_{i=1}^{3} S_i \tag{B.8}$$

式中： i——维护次数，i=1，2，3，分别代表周维护、月维护、年维护；

      S_i——在初始保障期限内，单个型号周维护、月维护、年维护中必换的备件数量；

      其他符号同公式(B.1)。

$$S_i = n_i \cdot N_i \tag{B.9}$$

式中： n_i——单个型号在一次周维护、月维护、年维护中必换的备件个数；

      N_i——在初始保障期内要进行的周维护、月维护、年维护次数。一般情况下，一年中周维护次数为 52，月维护次数为 12，年维护次数为 1；

      其他符号同式(B.1)。

B.3　初始备件数量修正原则

B.3.1　营级备件修正

对用数学方法计算出备件数量为 0 的营级备件修正方法和原则如下：

a) 对关键且供应周期 6 个月以上、单机安装数为 5 个以上的备件，单种型号的备件配备标准定为 2。

b) 对符合以下特性之一的单种型号的备件配备标准定为 1：重要件、其他关键件、价格便宜件、供应周期 6 个月以上的一般件。

c) 对供应周期 6 个月以下且价格适中的一般件，在旅(团)备件车上配备 2 个~3 个备件。

d) 对供应周期 6 个月以下且价格贵重的一般件，在旅(团)备件车上配备 1 个~2 个备件。

B.3.2　旅(团)级备件修正

对用数学方法计算出备件数量为 0 的旅(团)级备件修正原则和方法如下：

a) 保障旅团所有营套型号营级维修正常使用半年的备件品种：

1) 对关键且供应周期 6 个月以上且单机安装数为 5 以上的件，备件配备标准定为 2 个~4 个。

2) 对符合以下特性之一的备件配备标准定为 2 个~3 个：重要件、其他关键件、价格便宜件和供应周期 6 个月以上的一般件。

3) 对供应周期 6 个月以下且价格适中的一般件，备件配备标准定为 2 个。

4) 对供应周期 6 个月以下且价格贵重的一般件，备件配备标准定为 1 个。

b) 保障旅团作战型号现场维修，正常使用两年半的备件品种，单种型号备件配备标准为 1 个。

　　c) 保障电子维修车维修现场更换的故障部件，正常使用两年半的备件品种如下。

　　1) 对符合以下特性之一的，备件配备标准为 2 个：供应周期 6 个月以上件和价格便宜件。

　　2) 对符合以下特性之一的，备件配备标准为 1 个：供应周期 6 个月以下件和价格适中件。

附录 C

(资料性附录)

基于保障概率约束的备件优化方法

C.1 概述

型号的备件保障概率越高，因等待备件引起的平均保障延误时间就越小，型号的使用可用度就越高，所以，可以将基于使用可用度约束的备件优化问题转换为基于备件保障概率约束的备件优化问题。

C.2 平均保障延误时间计算方法

已知型号的使用可用度求解备件保障概率的过程见式(C.1)、式(C.2)和式(C.3)。型号备件平均保障延误时间计算如下：

$$T_{\mathrm{MLD}} = \left[T_z \times (1 - A_o) - T_p - \frac{T_{\mathrm{N}} \cdot \bar{M}_{\mathrm{CT}}}{k_{\text{非工作}} \cdot T_{\mathrm{BF}}} \right] \times \frac{k_{\text{非工作}} \cdot T_{\mathrm{BF}}}{T_{\mathrm{N}}} \tag{C.1}$$

式中：T_{MLD}——型号备件平均保障延误时间，单位为小时(h)；

A_o——型号使用可用度；

T_{BF}——型号平均故障间隔时间，单位为小时(h)；

$\bar{M}_{ct}$——型号基层级平均修复时间，单位为小时(h)；

T_z——年日历总小时数，单位为小时(h)；

T_{N}——型号年平均工作小时，单位为小时(h)；

T_p——型号年平均预防性维修小时，单位为小时(h)；

$k_{\text{非工作}}$——型号非工作故障的修正系数，一般 $k_{\text{非工作}} = 0.6 \sim 0.7$。

备件平均保障延误时间和备件保障概率关系如下：

$$T_{\mathrm{MLD}} = P_c \cdot T_0 + (1 - P_c) \cdot T_q \tag{C.2}$$

式中：T_{MLD}——型号备件平均保障延误时间，单位为小时(h)；

P_c——备件保障概率；

T_0——型号基层级有备件时获得备件的时间，单位为小时(h)；

T_q——型号基层级缺备件时获得备件的平均时间，单位为小时(h)。

备件保障概率计算如下：

$$P_c = \frac{T_{\mathrm{MLD}} - T_q}{T_0 - T_q} \tag{C.3}$$

式中，符号同式(C.2)。

C.3　保障概率约束的备件优化方法

基于型号要求的保障概率 P_c 约束的备件优化方法如下：

$$\begin{cases} \min \sum_{k=1}^{n} C_k S_k \\ \dfrac{\sum_{k=1}^{n} (\lambda_k t_k) P_k(S_k)}{\sum_{k=1}^{n} \lambda_k t_k} \geqslant P_c \end{cases} \tag{C.4}$$

式中：k——备件项目编号，k=1，2，3，…，n；

n——备件种类数；

C_k——备件 k 的购买价格；

S_k——备件 k 的数量；

λ_k —— 备件 k 的故障率，单位为次每小时(1/h)；

t_k —— 备件 k 的初始保障期内总的工作时间，单位为小时(h)；

$P_k(S_k)$ ——备件数量为 S_k 的备件 k 的备件满足率。

备件优化步骤如下：

a) 确定系统中 n 类备件的最初数量均为 0。

b) 令

$$F(S_k) = \frac{\lambda_k t_k}{\sum_{k=1}^{n} \lambda_k t_k} P_k(S_k) - u_i C_k S_k, k=1,\cdots,n，\text{i=0，1，2，}\cdots \tag{C.5}$$

式中：u_i——备件费用调整系数($\geqslant$0)，i=1，2，3…；

其他符号同式(C.4)。

取 u_0=1，依次计算 $F(S_k)$（k=1，2，…，n），得到满足条件：

$$F(S_k) - F(S_k - 1) \geqslant 0 \tag{C.6}$$

$$F(S_k + 1) - F(S_k) \leqslant 0 \tag{C.7}$$

对应的 S_k。

c) 如果

$$\frac{\sum_{k=1}^{n} (\lambda_k t_k) P_k(S_k)}{\sum_{k=1}^{n} \lambda_k t_k} < P_c \tag{C.8}$$

则令

$$u_{i+1} = \frac{1}{2} u_i，\quad i = 0,\cdots,n \tag{C.9}$$

返回 b);

如果

$$\frac{\sum_{k=1}^{n}(\lambda_k t_k)P_k(S_k)}{\sum_{k=1}^{n}\lambda_k t_k} \geqslant P_c \tag{C.10}$$

则令:

$$u_{i+1} = 2u_i, \quad i = 0,\cdots,n \tag{C.11}$$

d) 重复 b)和 c)直到出现迭代循环，即 u_i 在两个固定数值之间反弹循环。

e) 记下此时各备件的数量 S_k，并计算其对应的总的备件采购费用:

$$备件采购费用 = \sum_{k=1}^{n}C_k S_k \tag{C.12}$$

f) 在完成各备件数量 S_k、总的备件采购费用计算后，就可以得到满足保障概率要求的备件清单。

参 考 文 献

[1] 马绍民. 综合保障工程[M]. 北京：国防工业出版社，1997.

[2] 吴正勇. 飞机设计手册第 21 册 产品综合保障[M]. 北京：航空工业出版社，2000.

[3] 单志伟，等. 装备综合保障工程[M]. 北京：国防工业出版社，2007.

[4] 徐宗昌，黄益嘉，杨宏伟，等. 装备保障性工程与管理[M]. 北京：国防工业出版社，2006.

[5] HB7384. 军用飞机备件配置要求[S]. 北京：中国航空工业总公司，1997.

XKG

型 号 可 靠 性 技 术 规 范

XKG / B03—2009

型号保障性设计准则制定指南

Guide to the establishment of supportability design

criteria for materiel

目 次

前　言

本指南的附录 A、附录 B 均是《资料性附录》。

本指南是由国防科技工业可靠性工程技术研究中心负责组织实施。

本指南起草单位：北京航空航天大学可靠性工程研究所、航空 601 所、船舶工程系统工程部、装甲兵工程学院、航天 206 所。

本指南主要起草人：郭霖瀚、马麟、刘东、张泽邦、单志伟、汪晓勇。

型号保障性设计准则制定指南

1 范围

本指南规定了型号（装备，下同）保障性设计准则制定和符合性分析与检查的要求、程序和方法。

本指南适用于方案阶段、工程研制阶段的各类型型号保障性设计准则的制定和符合性分析与检查。

2 规范性引用文件

下列文件中的有关条款通过引用而成为本指南的条款。凡注日期或版次的引用文件，其后的任何修改单（不包括勘误的内容）或修订版本都不适用于本指南，但提倡使用本指南的各方探讨使用其最新版本的可能性。凡不注明日期或版次的引用文件，其最新版本适用于本指南。

GB190—90	危险货物包装标志
GB191—2000	包装储运图示标志
GB1834—80	通用集装箱最小内部尺寸
GB4122—83	包装通用术语
GB4768—84	防霉包装技术要求
GB4892—85	硬质直方体运输包装尺寸系列
GB12268—96	危险货物品名表
GB12463—90	危险货物运输包装通用技术条件
GB/T1413—98	系列I集装箱分类、尺寸和额定重量
GB/T6388—86	运输包装收发货标志
GB/T8166—87	缓冲包装设计方法
GJB145A—93	防护包装规范
GJB1181—91	军用型号包装、装卸、贮运和运输通用大纲
GJB1182—91	防护包装和装箱等级
GJB1361—92	产品装箱缓冲、固定、支撑和防水要求
GJB1443—92	产品包装、装卸、贮运和运输的质量管理要求
GJB1653—93	电子和电器设备、附件及备件包装规范
GJB1765—93	军用物资包装标志
GJB2683—96	影响运输性、包装和装卸设备设计的产品特性
GJB451A	可靠性维修性保障性术语
GJB1371	装备保障性分析

GJB1378A	装备以可靠性为中心的维修分析
GJB2961	修理级别分析
GJB368A	装备维修性工作通用要求
GJB3837	装备保障性分析记录
GJB3872	装备综合保障通用要求
GJB/Z91	维修性设计技术手册
GJB/Z1391	故障模式、影响及危害性分析指南

3 术语和定义

GJB451A、GJB3872 和 GJB1371 确立的以及下列术语和定义适用于本指南。

3.1 保障性 supportability

装备的设计特性和计划的保障资源满足平时战备完好性和战时利用率要求的能力。

3.2 保障性设计准则 supportability design criteria

在产品设计中为提高保障性而应遵循的细则。它是根据在产品设计、生产、使用中积累起来的行之有效的经验和方法编制的。

3.3 符合性 conformity

产品设计与保障性设计准则所提要求的符合程度。

3.4 符合性分析与检查 conformity analysis and check

对产品保障性设计准则进行分析与检查，以确定与保障性准则的符合程度。

3.5 使用方案 operational concept

对装备预期的任务、编制、部署、使用、保障及环境的描述。

3.6 使用保障方案 operational support concept

完成使用任务所需的型号保障的描述。

3.7 维修方案 maintenance concept

装备采用的维修级别、维修原则、各维修级别的主要保障工作等的描述。

3.8 相似产品 similar product

在功能、技术水平、复杂程度、使用环境、使用和保障方案等方面相似的产品。

3.9 持续性 sustainability

装备保持实现军事目的所必须的作战水平和持续时间的能力。

3.10 保障系统 support system

使用与维修装备所需的所有保障资源及其管理的有机组合。

3.11 规划维修 maintenance planning

从确定装备维修方案到制定装备保障计划的工作过程。

3.12 战备完好性 operational readiness

装备在平时和战时使用条件下，能随时开始执行预定任务的能力。

3.13 运输性 transportability

装备自行或借住牵引、运载工具，利用铁路、公路、水路、海上、空中和空间等任何方式有效转移的能力。

4 符号和缩略语

4.1 符号

下列符号适用于本指南。

T_I——设计准则符合评分；

W_i——加权系数；

S_i——每条设计准则评分；

N_T——符合设计准则项目数；

N——适用设计准则项目数；

4.2 缩略语

下列缩略语适用于本指南。

BIT——built-in test，机内测试；

LRU——line replaceable unit，现场可更换单元；

RMS——reliability，maintainability，testability，safety and supportability，可靠性维修性测试性安全性保障性；

SRU——shop replaceable unit，车间可更换单元；

XML——extensible markup language，扩展标记语言。

5 一般要求

5.1 制定保障性设计准则的目的与作用

a) 目的

制定保障性设计准则的目的是提高产品保障性，进而提高产品设计质量的最有效方法之一。其目的是用以指导设计人员进行产品的保障性设计。

b) 作用

保障性设计准则具有如下作用。

1) 促进保障性定量要求的达标

保障性设计准则是确保产品保障性达到定量要求，是在设计过程中提出的确保以要求的设计途径使保障性指标达标的指导性原则。

2) 满足保障性定性和定量要求的重要依据

通过制定保障性设计准则对产品设计、工艺、软件和其他方面提出设计要求，以获得易保障的产品。需要通过保障性设计准则给出具体明确的规定，以作为型号的研制规范，在设计中必须逐条予以实施。

3) 提高设计人员的保障性设计水平

保障性设计准则是以往研制经验的结晶，是一项宝贵的技术财富。保障性设计准则在指导保障性设计的同时，也实现了设计经验和知识的传承，为设计人员的保障性设计能力提供重要的帮助。设计人员在设计中遵循保障性设计准则，可对设计进行更为全面的分析和考虑，降低设计风险，提高产品的保障性。

4) 实现产品性能设计与保障性设计的有效融合

设计人员通过学习制定、贯彻保障性设计准则，可以在保障性设计过程中更好的贯彻设计要求，并采用符合保障性设计准则的性能设计策略，使产品的性能设计和保障性设计相互融合。

5.2 制定保障性设计准则的依据

制定保障性设计准则的依据有：

a) 型号《立项综合论证报告》、《研制总要求》及研制合同(包括工作说明)中规定的保障性要求，包括定量要求和定性要求。

b) 国内外有关标准、规范和手册中提出的保障性设计准则。

c) 相似型号中制定的保障性设计准则。

d) 研制单位所积累的保障性设计经验和教训。

e) 产品的功能特性。

f) 预期的威胁环境和使用环境。

g) 新研型号的功能特点和任务要求。

h) 型号的任务强度、典型任务持续时间。

i) 机动性要求。

j) 型号的部署数量和服役期限。

k) 使用方提供的保障条件等。

5.3 制定和实施保障性设计准则的时机

型号保障性设计准则在型号方案论证阶段就应着手准备，在型号设计开始前发布，并在型号初步(初样)设计和详细(正样)设计阶段认真贯彻实施。

5.4 保障性设计准则文件体系及编写格式

a) 文件体系

保障性设计准则文件的层次按产品层次划分，即型号总师单位应首先制定面向型号的顶层保障性设计准则文件，型号各级配套产品研制单位依据型号顶层的保障性设计准则文件制定各自的保障性设计准则文件，全部保障性设计准则文件构成保障性设计准则文件体系，如图 1 所示。

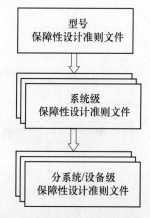

图 1 保障性设计准则文件体系

1)型号保障性设计准则文件：用于整个型号保障性设计。

2) 系统级保障性设计准则文件：用于该系统保障性设计。

3) 分系统/设备级保障设计准则文件：用于该分系统/设备保障性设计。

b) 编写格式

根据型号规范文件的常规格式要求,保障性设计准则文件的一般内容及其说明如下。

1) 目的与范围：说明编制保障性设计准则的目的、保障性设计准则的适用范围等。

2) 依据：说明编制保障性设计准则的主要依据文件资料。包含国家标准、军用标准、行业标准、型号规范和总体设计要求等，应与本指南5.2 条中的相关文件协调。

3) 术语和定义：针对保障性设计准则的内容和应用对象，给出必要的术语定义和解释。此部分内容是可选项。

4) 产品概述：说明产品名称、型号、功能和配套关系；产品合同规定的保障性定性要求等。此部分内容是可选项。

5) 保障性设计准则：将产品的保障性设计准则以条款的形式逐条给出。这些条款从型号易保障等方面对保障性设计提出了具体的要求。保障性设计准则可根据需要分为通用部分(一般要求)和专用部分(详细要求)。

5.5 制定保障性设计准则的动态管理

制定保障性设计准则是一个不断迭代，逐步完善的动态管理过程，保障性设计准则在方案阶段就应着手制定，初步(初样)设计评审时应提供一份将要采用的保障性设计准则，随着设计的进展不断改善和完善该准则，并在详细(正样)设计开始之前最终完成其内容和说明。

6 保障性设计准则制定程序

保障性设计准则制定程序如图2所示。

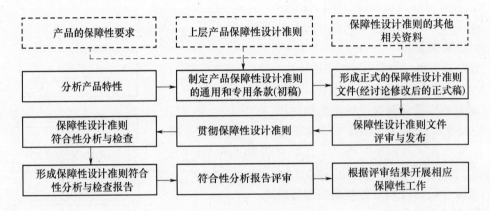

图 2 保障性设计准则制定程序

其具体过程如下。

a) 分析产品特性

分析产品层次和结构特性，以及影响保障性的因素与问题，明确保障性设计准则覆盖的产品层次范围，以及产品对象组成类别。产品层次范围是指型号、系统、分系统、设备、部件、元器件等，不同层次产品的保障性设计准则是不同的；产品对象组成类别包括电子类产品、机械类产品、机电类产品、软件产品以及这些类别的各种组合等，不同类别产品的保障性设计准则是不同的。

b) 制定产品保障性设计准则的通用和专用条款(初稿)

1) 产品的保障性要求是制定保障性设计准则的重要依据，通过分析研制合同或者任务书中规定的产品保障性要求，尤其是保障性定性要求，可以明确保障性设计准则的范围，避免重要保障性设计条款的遗漏。在制定配套产品的保障性设计准则时，应参照"上层产品保障性设计准则"的要求进行剪裁或扩展。

2) 保障性设计准则中通用部分的条款对产品中各组成单元是普遍适用的；保障性设计准则中专用部分的条款是针对产品中各组成单元的具体情况制定的，只适用于特定的单元。在制定保障性设计准则通用和专用部分时，应收集参考与保障性设计准则有关的标准、规范或手册，以及相关产品的保障性设计准则文件。其中，相似产品的各类保障性问题是归纳出专用条款的重要手段。

c) 形成正式的保障性设计准则文件(经讨论修改后的正式稿)

经有关人员(设计、工艺、管理等人员)的讨论、修改后，形成保障性设计准则文件(正式稿)。

d) 保障性设计准则评审和发布

邀请有关专家对保障性设计准则文件进行评审，根据其意见进一步完善准则文件。最后经型号总师批准，发布保障性设计准则文件。

e) 贯彻保障性设计准则

产品设计人员依据发布的保障性设计准则文件，进行产品的保障性设计。

f) 保障性设计准则符合性分析与检查

根据规定的表格将产品的保障性设计状态与保障性设计准则进行对比分析和检查。

g) 形成保障性设计准则符合性分析与检查报告

按规定的格式(见本指南 8.2 条)，整理完成保障性设计准则符合性分析与检查报告。

h) 评审保障性设计准则符合性分析与检查报告

邀请有关专家对保障性设计准则符合性分析与检查报告进行评审。

i) 根据评审结果开展相应保障性工作

产品设计人员根据保障性设计准则符合性分析与检查报告的评审结果开展相应的保障性工作，如果评审不通过还要对不符合项采取处理措施。

7 保障性设计准则主要内容

7.1 与型号易保障特性相关的设计准则

7.1.1 概述

型号易保障特性设计准则包括型号的使用保障特性设计准则、型号的维修保障特性设计准则。其中型号的使用保障特性设计准则是指导设计人员将型号设计的便于使用的设计原则和依据，维修保障特性设计准则是指导设计人员将型号设计便于维修的设计原则和依据。主要从以下几个方面考虑设计准则的制定：

a) 消耗时间短。

b) 部署规模小。

c) 操作步骤少。

d) 单位能耗低。

7.1.2 与型号使用保障特性相关的设计准则

a) 型号要便于操作，降低操作复杂程度，减少操作步骤，缩短操作训练时间。

b) 能迅速有效地补充能源、制冷剂、保护液等，能源包括油料、电力、核燃料。

c) 尽量将型号设计成能够使用通用化、系列化的液体和气体的型号。

d) 型号的运输分解结构要符合标准化的包装要求及现有运输工具的运输要求。

e) 型号的武器挂架要通用化，有 BIT 功能。

f) 型号的牵引系留点位置要符合人素工程要求。

g) 分析成品的防腐、防污设计要求。

h) 尽量用不需要添加润滑剂的机构设计，或在不拆卸附件的情况下，完成检查和润滑油加注等。

7.1.3　与型号维修保障特性相关的设计准则

型号维修保障特性设计是指型号易维修、少维修的设计特性，它与型号的可靠性、维修性和测试性和安全性，相关的设计准则可按 XKG/K10—2009《型号可靠性设计准则制定指南》、XKG/W03—2009《型号维修性设计准则制定指南》和 XKG/C02—2009《型号测试性设计准则制定指南》和 XKG/A02—2009《型号安全性设计准则制定指南》等规定。

7.1.4　与型号运输及储存相关的设计准则

a) 在满足使用要求的情况下，应尽可能具有规则的外部形状、较小的外形尺寸、重量。外形尺寸相近的设备和备件的尺寸应尽量统一，以减少包装容器的品种规格，实现包装容器小型化并有利于进行集装化运输。

b) 应避免设备和备件超过标准尺寸限制和标准重量限制，标准尺寸和标准重量限制参照运输要求相关国标，尽量避免特殊的装卸和运输要求。

c) 当设备和备件采用集装箱运输时，其外形尺寸应符合相关标准规定。

d) 型号、大型备件应设计成能折叠或能拆卸的结构形式。

e) 对于体积大和重量大或对冲击和振动敏感的设备和零件，设计应考虑运输、装卸的栓系和起吊点，型号和备件还应考虑短距离的移动能力。

f) 考虑运输途中的恶劣条件，考虑设备的清洁度要求，注意防腐和防污，设备的外表面应进行适当的防护处理，使其具有良好的防腐和抵御自然环境侵蚀的能力。

g) 明确型号的机动性和运输性要求。

h) 对于导弹、弹药和特种型号(化学型号、核型号)等应说明包装、装卸、储存和运输要求。

7.2　与保障系统相关的设计准则

7.2.1　保障系统特性要求

在设计保障系统时，应与型号相匹配，应该尽可能的满足保障系统的及时性、部署性、通用性和经济性要求，其定义如下：

a) 保障系统的及时性要求：是指型号在规定的任务要求和规定的设计特性下，保障系统能够满足在规定时间内完成规定的保障活动的要求。

b) 保障系统的部署性要求：是指保障系统能够满足利用现有运输工具和包装材料完成撤收、机动、展开活动的要求。

c) 保障系统的通用性要求：是指保障系统能够满足完成不同型号保障活动的要求。

d) 保障系统的经济性要求：是指保障系统能够满足军方费用的要求。

在制定保障系统设计准则时应本着提高保障系统的及时性水平、降低保障系统的部署性水平(保障规模)、提高保障系统的通用性水平、降低保障系统的经济性水平的原则来制定。

7.2.2　保障活动相关设计准则

7.2.2.1　概述

保障活动设计准则是指导设计人员确定保障活动的分析原则和依据。保障活动主要包括使用保障活动和维修保障活动。

7.2.2.2　使用保障活动相关设计准则

a) 尽量搜集完整的型号任务要求、使用剖面、使用模式、使用环境信息和相似型号的使用活动信息。

b) 使用保障活动尽量能够并行进行。

c) 尽量通过实验或仿真方法准确分析使用保障活动所需时间。

d) 应尽量缩短使用保障活动的时间，如充电时间、加油时间、挂弹时间，简化使用保障活动的步骤，降低使用保障活动的频度。

e) 使用保障活动规划输出的数据应能够支撑型号使用训练大纲和使用手册的编制。

7.2.2.3　维修保障活动相关设计准则

a) 尽量搜集新研型号全面的可靠性设计、维修性设计、测试性设计、安全性设计和保障性设计信息及相似型号的维修活动信息。

b) 应尽量减少修复性和预防维修工作项目和维修工作频度。

c) 尽量通过实验或仿真方法准确分析维修保障活动所需的时间。

d) 故障定位活动尽量采用先进的检测和诊断手段，达到简易、准确和高效。

e) 规划战场抢修活动，分析执行的战场抢修活动及执行条件。

f) 分析维修级别时应充分考虑现有维修能力约束条件。

g) 对预防性维修活动应尽量合理规划维修间隔期，集中执行相关维修活动。

h) 需采用定时维修工作类型的设备，其更换和翻修的时限应与主型号首次大修期一致，达不到主型号首次大修期时应与主型号定检周期相协调。

i) 型号设计时应考虑除在大修或定期工作时需做的工作外，把日常维护工作减少到最少。

j) 维修保障活动规划输出的数据应能够支撑型号维修训练大纲和维修手册的编制。

7.2.3　保障组织相关设计准则

保障组织设计准则为设计人员确定维修级别分析提供原则和依据。保障组织规划原则上遵循使用方现有的保障组织建制，但对于保障模式发生重大变化的保障组织，可考虑对现有保障组织建制重新组织提出建议，如二线维修能力的前移，可适当考虑在现场设立 LRU 维修中队，承担 LRU 的修理任务。

a) 积极搜集使用方对现存维修级别体制存在问题的反馈意见，为后续新研型号维修级别的确定提供参考依据。

b) 利用使用方现有保障组织信息，作为保障组织的初始设计方案。

c) 建立合理的保障组织权衡模型，合理分配各级别间的维修活动，应从缩短保障时间、降低维修费用两个方面来进行权衡。

7.2.4　保障资源相关设计准则

7.2.4.1　概述

保障资源设计准则是指导设计人员将保障资源设计成能够满足平时战备完好性和战时使用要求的设计原则和依据。保障资源包括：

a) 供应品。

b) 保障设备。

c) 保障设施。

d) 技术资料。

e) 人力人员。

f) 训练保障资源。

g) 包装、装卸、储存和运输资源。

h) 计算机资源。

7.2.4.2 供应品相关设计准则

a) 尽量将作为备件的设备设计成系列化、互换程度高的设备。

b) 备件供应规划要考虑平时和战时的区别,战时除正常消耗外,还要考虑战损的影响。

c) 要建立备件的品种、数量与型号及保障系统战备完好性指标的关系,选取合适的备件计算模型,充分分析其对型号及保障系统战备完好性的影响。

d) 选择合理影响因素确定供应品的品种。

e) 尽量减少供应品的品种与数量。

f) 在确定供应品的品种和数量时,力求在保障系统经济性要求的约束下达到型号及保障系统的战备完好目标。

g) 确定合理的供应品库存点,在满足型号战备完好性要求的前提下,制定经济的供应品供应计划。

h) 注意区分备件供应的阶段,如初始备件和后续备件,明确各阶段备件供应的要求,积极探索各阶段备件消耗规律。

i) 注意停产后供应品供应的分析。

7.2.4.3 保障设备相关设计准则

a) 尽量采用现有保障设备。

b) 尽量采用通用保障设备。

c) 尽量选用自动测试设备,但要注意与 BIT 和手工测试设备的合理搭配。

d) 尽量选择综合测试设备。

e) 保障设备应与其他保障资源相匹配。

f) 尽量减少保障设备的品种与数量。

g) 要考虑保障设备自身的可靠性和维修性问题,主型号维护所需资源要与保障设备维护所需资源通用。

h) 保障设备的保证期应该同型号的保证期同样纳入合同要求。

i) 大型保障设备应设计成能折叠或能拆卸的结构形式。

j) 要考虑软件维护所需的保障设备和工具。

k) 要考虑保障设备短距离的移动能力。

7.2.4.4 保障设施相关设计准则

a) 提高现有设施的利用率,充分发挥现有设施的作用,尽量减少新的设施建设需求。

b) 设施应具有通用性,应尽量兼容不同型号。

c) 设施应建在交通便利、方便开展工作的地点。

d) 设施要具有安装设备和完成作业足够的面积和空间。

e) 确保保障活动所需的工作环境(如温度、湿度、洁净度、照明等)和建造质量，符合国家规定的环保要求。

f) 必须具有安全防护装置和必要的消防设备。

g) 设施的建造周期要与型号的研制周期相协调。

h) 考虑设施的维护。

i) 分析新设施对现有设施、设备的影响。

j) 分析设施的隐蔽性要求，设施要有一定的抗毁性。

k) 减少设施的数量，考虑野战保障设施的搭建条件和方案。

7.2.4.5 技术资料相关设计准则

a) 在满足使用与维护要求的条件下应尽量减少技术资料的种类。

b) 提高技术资料的正确性。

c) 提高技术资料的可读性，如采用多媒体方式编制技术资料，尽量采用交互式电子技术手册。

d) 承制方要制定符合相关国军标技术资料的编写规范。

e) 要考虑保障系统自身技术资料的编制。

f) 考虑技术资料的保存方法,如果用特殊媒介存放技术资料应考虑特殊媒介的使用寿命。

g) 考虑技术资料的备份，避免意外损坏。

h) 技术资料要便于维护，要及时随型号技术状态的变化进行更新。

i) 要考虑软件维护所需的技术资料。

7.2.4.6 人力人员相关设计准则

a) 合理划分技术人员专业与技术等级，合理规划对保障人员的培训计划。

b) 尽量降低对人力人员的技术水平要求。

c) 人力人员的技术等级应尽量减少。

d) 使用及维修型号的人员专业跨度应尽量减小，尽量避免专业门类过细。

e) 使用及维修型号的人员数量应尽量减少。

f) 人力人员的规划应尽量考虑各维修级别活动的特点。

g) 应考虑人力、人员因调动、更新对使用、维修、训练造成的影响，要制定补充和更新人员培训措施。

h) 应考虑战场条件下应急抢修人员的配备。

7.2.4.7 训练保障资源相关设计准则

a) 简化型号的训练要求，降低对教员的要求。

b) 尽量减少训练器材的品种和数量。

c) 训练器材的研制应要与型号的功能相协调。

d) 要有明确的使用与维修人员的初始训练计划，应编制训练大纲和训练计划。

e) 训练大纲中应明确规定训练活动的实施方案，应明确训练场地、训练完成条件和训练保障措施，要考虑训练器材、训练设备的保障。

f) 训练教材的编制应通俗易懂，训练教材应与交互式电子技术手册相协调。

7.2.4.8 包装、装卸、储存保障资源相关设计准则

a) 成品的尺寸、重量、重心及堆码方法的限制。

b) 采用标准的包装容器和装卸设备、简便的防护方法,尽量避免特殊要求。

c) 要考虑采用可以提高包装、装卸、储存和运输效率的新设计,如系统和分系统设计的模块化。

d) 尽可能避免在运输过程中使用特殊的包装方法及储存设施。

e) 符合相关国军标和国标要求,包装相关的国军标和国标见表1。

f) 注意分析包装、储运的环境条件,明确储存期;

g) 明确规定设备包装、装卸、储存和运输要求;

h) 明确静电敏感物品和危险器材(有毒物质、放射物质)的包装、装卸、储存和运输要求。

表 1 包装相关的国军标

国标、国军标编号	名　　称
GB190—90	危险货物包装标志
GB191—2000	包装储运图示标志
GB1834—80	通用集装箱最小内部尺寸
GB4122—83	包装通用术语
GB4768—84	防霉包装技术要求
GB4892—85	硬质直方体运输包装尺寸系列
GB12268—96	危险货物品名表
GB12463—90	危险货物运输包装通用技术条件
GB/T1413—98	系列I集装箱分类、尺寸和额定重量
GB/T6388—86	运输包装收发货标志
GB/T8166—87	缓冲包装设计方法
GJB145A—93	防护包装规范
GJB1181—91	军用型号包装、装卸、贮运和运输通用大纲
GJB1182—91	防护包装和装箱等级
GJB1361—92	产品装箱缓冲、固定、支撑和防水要求
GJB1443—92	产品包装、装卸、贮运和运输的质量管理要求
GJB1653—93	电子和电器设备、附件及备件包装规范
GJB1765—93	军用物资包装标志
GJB2683—96	影响运输性、包装和装卸设备设计的产品特性

7.2.4.9 计算机资源相关设计准则

a) 要统一规划型号中软件的操作系统。

b) 要规定软件体系结构要求。

c) 要明确软件、测试程序和测试设备升级要求。

d) 要规定代码复用要求。

e) 提出计算机系统的安全保密、敏感信息保护、关键性硬件(编译器、模拟器和仿真装置)选配原则。

f) 有接口关系的软件数据交换方式要互相一致。

g) 考虑在不同型号之间采用标准化的软硬件接口。

h) 规范数据传递格式(如采用 XML 数据格式)。

i) 与使用方现有网络的匹配。

j) 分析计算机相关设备的软硬件升级要求,合理规划升级方案。

k) 考虑由于硬件停产后导致的软件升级问题。

l) 规范化计算机软件相关的设计开发文档,以便在系统交付后可以在使用条件下使用维护软件。

m) 软件应有清楚的注释。

8 保障性设计准则符合性分析与检查

8.1 符合性分析与检查要求

保障性设计准则符合性分析与检查是一项重要的保障性工作。通过设计准则符合性分析与检查,有助于发现产品设计中存在的保障性隐患,能够为提高产品保障性水平提供支持。其要求如下。

a) 在研制过程中应对保障性设计准则贯彻情况进行分析,确定产品保障性设计是否符合设计准则的要求,并确定存在的问题,尽早采取改进措施。

b) 将设计准则贯彻情况的分析/评价结果,编写、提交保障性设计准则的符合性分析报告,并经型号总师系统的批准,以作为保障性评审资料之一,对其中个别条款没有采取技术措施,应充分说明其理由,并得到总设计师或研制单位最高技术负责人的认可。

c) 应由保障性设计准则符合性分析与检查小组负责完成保障性设计准则的符合性分析与检查工作。

8.2 符合性分析与检查方法

8.2.1 概述

符合性分析与检查方法可分为符合性定性分析方法、符合性评分方法两种。

8.2.2 符合性定性分析方法

经订购方同意,可选用定性分析方法。保障设计准则符合性分析与检查如表2所列。

表2中对每条设计准则,对"符合"的条款,在"是否符合"栏"是"中打"√",并填写"判定依据";对"不符合"的条款,在"是否符合"栏"否"中打"√",并填写"不符合条目的原因说明"、"处理措施及建议"。

表 2 保障性设计准则符合性分析与检查表

型号：　　　　　　　产品名称：　　　　　　产品编号：
保障性设计人员：　　专业设计人员　　　　　审核人员：　　　第　页共　　页

序号	设计准则条目	是 否 符 合		判定依据 (设计措施)	不符合条目的原 因说明	处理措施及 建议
		是	否			

8.2.3 符合性评分方法

a) 概述

在对产品的保障性设计准则进行符合性检查后，应邀请有关专家对符合性检查报告进行评价，建议采用加权评分方法(也称专家打分法)进行评价。其原理是：对于每条准则，依据其贯彻执行情况确定基本得分；再乘以它的加权系数，可得到每条设计准则的得分；产品保障性设计准则总评分等于每条设计准则得分的加权平均值，如果是 100 分，则表示很好地贯彻执行了各条准则。

b) 加权原则

每条设计准则对产品保障性的贡献或重要度是不一样的，通过赋予不同的加权值来考虑这种影响大小。在评分时应征求使用方的意见。

根据每条准则对保障性的相对重要程度，分别确定 1～10 的加权值：

1) 对满足保障性要求是关键的准则，加权系数为 8～10。

2) 对满足保障性要求是很重要的但不是关键的设计准则，加权系数为 5～7。

3) 对满足保障性要求是重要的，加权系数为 3～4。

4) 对保障性是有益的，但对满足保障性要求不是重要的设计准则，加权系数为 1～2。

此外，也可参考表 3 确定每条准则的加权系数。

表 3 保障性设计准则各条目加权系数参考表

对保障性的重要性	加权系数	说 明	示 例
关键的	8～10	获得及时、经济、有效的保障所需要的项目	保障对象的维修采用两级维修体制
很重要的	5～7	获得可接受的保障水平所需要的项目	LRU 要能够在现场被修复
重要的	3～4	获得设计要求的保障水平所需要的项目	保障资源包装符合国家有关集装箱包装规范要求
有益的	1～2	为保障性提供方便的项目	保障人员应具有一定的工作经验

c) 保障性符合性评分值要求

研制方应确定用于保障性设计准则符合性评价的最低要求值。由于评价对象的广泛性，所以无法推荐单一的"最合理的"最低要求值。具体型号保障性设计准则的加权系数确定之后，最后评分为 100 分时表示保障性设计准则已经全部结合到设计中去了。目标应该是保证设计能百分之百地符合规定的保障性设计准则，对于具体型号或设备应根据实际情况和可能性对这个目标进行调整，不能都要求达到 100 分。

在进行保障性设计准则符合性评价时，通常要经过一个协商过程才能最后确定保障性最低要求评分值，往往不仅是由于设计技术上的限制，还要考虑费用、进度、对其他专业工程的影响等。通常最低要求评分值为 85 分左右。

d) 加权评分步骤

具体保障性评分过程可按以下步骤进行：

1) 依据保障性设计准则建立保障性评分表(核对表)，其格式如表 4 所列。其中第 1 栏是各条准则的内容，最好改成问句形式，如设计准则中规定"要考虑在型号上设计便于牵引和系留的挂钩"，在保障性核对表中对应条款应为"考虑在型号上设计便于牵引和系留的挂钩了吗"。

2) 确定每条准则的加权系数 W_i，并填入核对表中，$1 \leqslant W_i \leqslant 10$，加权系数应由专家组商定，专家人数不得少于 5 人。

3) 确定采用的记分办法，0～100 分，其中 100 分代表保障性设计准则全部贯彻执行了。

4) 由专业主任设计师根据型号特点确定保障性最低要求分值。

5) 以上 a), b), c), d)内容应征得订购方同意。

6) 专家分析评价对象，统计每条设计准则适用的设计对象数 N，并填入核对表中。

7) 根据设计资料分析评价对象，确定符合每条设计准则的设计对象数目 N_T，并填入表中。

8) 根据记分方法计算每条设计准则的得分 S_i，其方法如下。

(1) 对于可计数统计适用设计对象数的准则条目：$S_i = (N_T/N) \times 100$，如果各专家打分不同，最终得分取各专家给出分数的算术平均值。

(2) 对于只回答"是(符合准则)"或"否(不符合准则)"的准则条目：回答"是"时 $S_i = 100$，回答"否"时 $S_i = 0$。

9) 计算总的保障性设计准则符合评分 T_I

$$T_I = \sum_{i=1}^{n} W_i S_i \Big/ \sum_{i=1}^{n} W_i$$

把上述计算结果填入保障性设计准则符合评分表(核对表)中，表的示例如表 4 所示。

10) 结果分析。

(1) 保障性设计准则符合评分 T_I 值大于等于最低要求值，最低要求值应由专业主任设计师根据型号特点通过经验确定，报总师批准，并得到订购方同意。

(2) 如果总评分 T_1 值低于最低要求值，承制方应说明原因，理由充分合理并可达到保障性定量指标时，亦可通过评审；否则，应改进设计。

表 4　保障性设计准则评分表(核对表)

序号	保障性设计准则	加权系数 W_i	适用设计对象数 N	符合准则对象数 N_T	得分 $S_i = \dfrac{N_T}{N} \times 100$	加权得分 $S_{wi} = W_i S_i$
1	准则 1 内容					
2	准则 2 内容					
...	...					
合计				总评分：$T_1 = \Sigma W_i S_i / \Sigma W_i$		

8.3　符合性分析与检查报告

完成保障性设计准则各条目的符合性分析与检查之后，应编写保障性设计准则符合性分析与检查报告，其主要内容包括：

a) 产品功能及设计方案描述。

b) 符合性分析与检查说明。

c) 符合性分析与检查结论(含存在的主要问题与改进建议)。

d) 符合性分析与检查小组成员及签字。

9　注意事项

a) 保障性设计准则制定的注意事项

1) 保障性设计准则制定的过程是一个不断迭代、逐步完善的过程，即根据产品研制情况增加有效的条款和去除无效的条款，提高准则的适用性。

2) 承制方应根据产品的保障性要求、特点和相似产品的经验，制定专用的保障性设计准则。

3) 保障性设计准则应充分吸收国内外相似产品设计的成熟经验和失败教训。

4) 保障性设计准则的内容应该具有可操作性并应详细，便于设计人员贯彻。

5) 与其他设计准则制定相互协调。制定型号保障性设计准则时应注意与可靠性、维修性、测试性和安全性设计准则制定间相协调。

6) 保障性设计准则应该重点放在对保障性分析和确定保障资源要求的指导和约束上。

7) 在设计准则制定过程中要组织评审，充分吸收各方意见。

b) 设计准则贯彻的注意事项

1) 在产品设计过程中贯彻实施保障性设计准则，并在执行过程中修改完善这些设计准则。

2) 为使保障性设计准则能切实贯彻，承制方应提供设计准则符合性报告。

3) 在进行评审时，应将保障性设计准则和符合性报告作为设计评审的内容，以保证设计与准则相符。

附录 A

(资料性附录)

某型飞机保障性设计准则的示例(部分)

A.1 包装容器的设计准则

a) 小型包装容器的尺寸可参照采用 GB 4892《硬质直方体运输包装尺寸系列》中表 3 规定的系列。

b) 大型包装容器的尺寸可按 GB/T 1413《系列 I 集装箱分类、尺寸和额定重量》中规定的系列,采用集装箱运输的包装容器,其外形尺寸应符合 GB 1834《通用集装箱最小内部尺寸》中规定的系列。

c) 包装容器应坚固、体积小、重量轻、重心低、稳定性好,能满足陆运、海运、空运的要求,并具有防水、防潮、减振和通风等措施,当包装容器需要通风时,应在其合适的位置设置通风装置。

d) 必要时,包装容器上应有便于开启的手柄,手柄及紧固件等不应凸出箱体表面,以免在运输中对其他包装件或货物造成损坏。

e) 对于体积、重量大需要用装卸设备完成装运的包装容器应设有搬动、吊装用的吊环和叉车槽等。

f) 复用包装容器应根据重复使用的程度分析,确保复用的可靠性。

A.2 防护包装、装箱及标志要求

a) 防护包装方法、材料选择和质量保证应符合 GJB 145A《防护包装规范》中的有关规定。

b) 防护包装和装箱等级应符合 GJB 1182《防护包装和装箱等级》中的有关规定。

c) 电子和电器设备、附件及备件包装要求符合 GJB 1653《电子和电器设备、附件及备件包装规范》中的有关规定。

d) 对于可修理的设备和备件应采用能重复使用的包装容器,其防护包装和装箱等级应不低于 GJB 1182《防护包装和装箱等级》中的 C 级。

e) 防霉包装设计应符合 GB 4768《防霉包装技术要求》中规定的 I 级。

f) 缓冲包装设计应符合 GB/T 8166《缓冲包装设计方法》中的规定。

g) 设备和备件及其组成部分在包装箱内的摆放与固定、填塞、支撑和防水要求应符合 GJB 1361《产品装箱缓冲、固定、支撑和防水要求》中规定,装箱时应合理安排内装设备和备件,充分利用箱内空间。包装箱盖内表面上应有各部分的摆放示意图。

h) 凡易燃、易爆、剧毒、有腐蚀性及放射性等危险物品的包装储运必须符合 GB 12463《危险货物运输包装通用技术条件》中的规定。

i) 包装时,不要打乱产品的配套关系,要按配套比例、按图号进行,一般同比例、图号的产品装在一个箱内,对于小的产品可按同比例、同专业或同类型进行装箱,大件

要单独包装。

　　j) 成套的设备和备件分箱包装时，每个箱子应有编号，箱号采用隶属编号表示，如主箱号为 001，则分箱号为 001-1、001-2 等。

　　k) 容易变形或有防振要求的设备应首先装入包装盒中，再将其固定在大包装箱中。

　　l) 除了满足上述要求外，各类设备和备件还应根据其自身的特点，按相应的专业包装储运的标准进行包装储运设计。

　　m) 设备和备件的外包装标志应符合 GJB 1765《军用物资包装标志》中的规定，运输包装收发货标志应符合 GB/T 6388《运输包装收发货标志》中的规定，危险货物的外包装标志应符合 GB 190《危险货物包装标志》中的规定。

　　n) 每个包装箱上至少应有"向上"、"小心轻放"、"防湿"三个标志。

　　o) 凡需要起吊的包装件，若设备的重心偏离包装件中心时，应在包装件表面写上"重心"和"由此起吊"的字样。

A.3　装卸和运输要求

　　a) 可折叠或可分解的大型设备，按设计资料要求折叠至最小空间尺寸或按图纸分解后装运。

　　b) 有升降机构的设备，应将其降至最低状态，并将支脚放下，轮子收起，防止运输中晃动。

　　c) 对于一些拆卸后难以恢复、影响使用的保障设备，可裸装运输，但其周围、起吊处应适当保护。

　　d) 装载时，重箱、大箱应放在下面，且堆放整齐，重心高度不得超过 2m。

　　e) 起吊包装箱时，必须用 4 只吊环同时起吊，不允许只用两对角吊起。

　　f) 大型包装箱如在地面移动时，其滚杠长度应大于箱体的宽度，地面不平度不得大于 100mm。

　　g) 已包装的设备和备件应能适应公路、铁路、水路、空中等单一或上述任一组合的运输方式和运输工具。

　　h) 危险物品的运输应符合国家相关部门法规的要求。

A.4　储存要求

　　a) 设备和备件装箱后应放置在清洁、干燥、通风良好的库房内，库房的温度为 0～35℃、相对湿度不大于 80%，无酸、碱和其他腐蚀性气体，无磁场作用。

　　b) 保障设备长时间不用时应放在仓库内或棚子下，有支脚和橡胶轮子的设备应放下支脚使轮子离地；设备的液压系统应加满油；设备的螺纹部分涂 7253 润滑脂，未涂漆表面用煤油清洗并涂上工业用凡士林。

　　c) 包装箱在存放时，只允许叠放两层，大小不同的箱子堆放时，只允许轻的、小的箱子放在重的、大的箱子上。

　　d) 纤维、橡胶制品放在阴凉干燥通风处，远离热源，不得接触易燃品和化学腐蚀剂。

附录 B
(资料性附录)
某型飞机保障性设计准则符合性分析与检查表的应用示例(部分)

B.1 确定符合分析与性检查内容

某型飞机保障性设计准则符合性分析与检查内容包括：飞机使用保障特性、飞机维修保障特性、飞机运输性、维修规划、保障组织及各类保障资源等方面，本示例仅给出这些方面的部分符合性检查项目，以供型号保障性设计准则制定人员参考。

B.2 编制保障性设计准则符合性检查表

某型飞机保障性设计准则符合性分析与检查表如表 B.1 所列。

表 B.1 某型飞机保障性设计准则符合性分析与检查表

型号：某型飞机　　　　　产品名称：某型飞机　　　　　产品编号：CHECK-1，LS-R-03
保障性设计人员：×××　　专业设计人员：×××　　审核人员：×××　　第 1 页 共 1 页

序号	设计准则条目	是否符合		判定依据 (设计措施)	不符合条目的原因说明	处理措施及建议
		是	否			
1	能有效迅速的给保障对象补充能源吗?	√		快速充电设计		
2	型号的牵引系留点位置对操作人员是舒适的吗?	√		人素设计		
3	进行保障对象的维修性设计核查了吗?	√		有核查表		
4	保障对象的运输性符合国家相关运输工具的装载包装尺寸吗?	√		依照国军标和国标		
5	在进行维修规划时参照使用方现有的保障系统配置了吗?	√		使用方提供的保障方案		
6	各维修级别的专业划分和使用维修任务匹配吗?	√		使用方提供的保障方案		
7	在设计时采取了减少供应品种类的措施了吗?	√		采用互换件设计		
8	有综合测试设备吗?	√		综合测试仪		
9	对技术资料的交付媒质做出明确规定了吗?	√		光盘交付		
10	对使用和维护人员划分技术等级了吗?	√		两级划分		

(续)

序号	设计准则条目	是否符合		判定依据 (设计措施)	不符合条目 的原因说明	处理措施及 建议
11	受过初中教育的人是否能够理解维修手册资料?		√	无	技术资料编写过于专业	重新编写维修手册
12	设施有安装设备和完成作业足够的面积和空间吗?	√		设施设计与安装设备匹配		
13	供应品包装、装卸、储存和运输要求有明确规定吗?	√		有供应品包装、装卸、储存和运输相关规范		
14	训练大纲中规定训练场地、训练完成条件和训练保障措施吗?	√		训练大纲中已规定		
15	是规范数据传递格式吗?	√		XML 数据格式		
16	将保障性分析中得出需更改主型号设计的条目及时反馈给主型号的专业性能设计人员了吗?	√		有设计更改单		
注：表中√表示选中"符合"项或"不符合"项						

B.3 实施过程

a) 确定符合性检查人员名单，准备审查相关资料。

b) 召开设计准则符合性检查会。

c) 进行核查。

d) 得出相关结论。

B.4 结论

由表 B.1 可见某型飞机保障性设计准则符合性分析与检查结果，除人力人员中"受过初中教育的人是否能够理解维修手册资料"项目未达到要求，但已给出具体整改意见，其余项目全部符合设计准则。

附录 C
(资料性附录)
某型飞机保障性设计准则符合性评分方法的应用示例(部分)

C.1 确定设计准则评价内容

某型飞机保障性设计准则评价内容包括：飞机使用保障特性、飞机维修保障特性、飞机运输性、维修规划、保障组织及各类保障资源等方面。本示例仅给出这些方面的部分评价项目，以供型号保障性设计准则制定人员参考。

C.2 编制设计准则评分表

某型飞机保障性设计准则评分表如表 C.1 所列。其中加权系数的确定参见表 3，分数采用百分制，即与设计准则条款对应的所有设计对象都不符合为零分，与设计准则条款对应的所有设计对象都符合为 100 分。

C.3 实施过程

a) 确定评价人员名单，准备审查相关资料。
b) 召开设计准则评价会。
c) 进行评分。
d) 得出相关结论。

C.4 结论

表 C.1 是某型飞机保障性设计准则评价结果。对于设计准则中"型号的牵引和系留点位置对操作人员是舒适的吗？"项目适用的设计对象数有 3 个，其中一个设计对象"机尾系留点"高度在 2.2m，超过工作人员极限高度，不符合设计准则要求，其他设计对象均符合表中所列相应设计准则项，最终总评分为 94 分。

表 C.1 某型飞机保障性设计准则评分表(部分)

序号	保障性设计准则	加权系数 W_i	适用设计对象数 N	符合准则对象数 N_T	得分 $S_i = \frac{N_T}{N} \times 100$	加权得分 $S_{wi} = W_i S_i$
1	能有效迅速的给保障对象补充能源吗？	8	1	1	100	800
2	型号的牵引和系留点位置对操作人员是舒适的吗？	6	3	2	100	400
3	进行保障对象的维修性设计核查了吗？	6	10	10	100	600

(续)

序号	保障性设计准则	加权系数 W_i	适用设计对象数 N	符合准则对象数 N_T	得分 $S_i=\dfrac{N_T}{N}\times100$	加权得分 $S_{wi}=W_iS_i$
4	保障对象的运输性符合国家相关运输工具的装载包装尺寸吗?	6	1	1	100	600
5	在进行维修规划时参照使用方现有的保障系统配置了吗?	6	2	2	100	600
6	各维修级别的专业划分和使用维修任务匹配吗?	3	6	6	100	300
合计		35	总评分:$T_1=\Sigma W_iS_i/\Sigma W_i=94$			

参 考 文 献

[1] Benjamin S. Blanchard. Logistics Engineering and Management[M]. New Jersey：Prentice Hall，2003.

[2] James V. Jones. Integrated Logistics Support Handbook[M]. New York：Sole logistics Press，2005.

[3] Mil-HDBK-470A. DESIGNING AND DEVELOPING MAINTAINABLE PRODUCTS AND SYSTEMS[S]. Department of Defense，1997.

[4] 马绍民，章国栋. 综合保障工程[M]. 北京：国防工业出版社，1995.

[5] 甘茂治，吴真真. 维修性设计与验证[M]. 北京：国防工业出版社，1995.

[6] XKG/K10—2009. 型号可靠性设计准则制定指南[M]. 北京：国防科技工业可靠性工程技术研究中心，2009.

[7] XKG/W03—2009. 型号维修性设计准则制定指南[M]. 北京：国防科技工业可靠性工程技术研究中心，2009.

[8] XKG/C02—2009. 型号测试性设计准则制定指南[M]. 北京：国防科技工业可靠性工程技术研究中心，2009.

[9] XKG/A02—2009. 型号安全性设计准则制定指南[M]. 北京：国防科技工业可靠性工程技术研究中心，2009.

XKG

型号可靠性技术规范

XKG / B04—2009

型号再次出动准备要求验证试验与评价应用指南

Guide to the demonstration of turnaround cycle for materiel

目　次

前　言

本指南附录 A、附录 B 均是《资料性附录》。

本指南由国防科技工业可靠性工程技术研究中心辅助组织实施。

本指南起草单位：北京航空航天大学可靠性工程研究所、航空 601 所、船舶工程系统工程部、航天二院 206 所、装甲兵工程学院。

本指南主要起草人：郭霖瀚、马麟、刘东、张泽邦、汪晓勇、单志伟。

型号再次出动准备要求验证试验与评价应用指南

1 范围

本指南规定了型号（装备，下同）再次出动准备要求验证试验与评价的程序和方法。

本指南适用于可重复使用型号设计定型和生产定型时再次出动准备要求验证试验与评价。

2 规范性引用文件

下列文件中的有关条款通过引用而成为本指南的条款。凡注明日期或版次的引用文件，其后的任何修改单（不包括勘误的内容）或修订版本都不适用于本指南，但提倡使用本标准的各方探讨使用其最新版本的可能性。凡不注明日期或版次的引用文件，其最新版本适用于本指南。

GB/T 8054　　计量标准型一次抽样检验程序及表
GJB 368B　　装备维修性工作通用要求
GJB 450A　　装备可靠性工作通用要求
GJB 451A　　可靠性维修性保障性术语
GJB 1371　　装备保障性分析
GJB 1378A　　装备以可靠性为中心的维修分析
GJB 2108　　地地战略导弹武器系统准备和等待时间鉴定试验方法
GJB 2961　　修理级别分析
GJB 3837　　装备保障性分析记录
GJB 3872　　装备综合保障通用要求
GJB/Z23　　可靠性维修性工程报告编写一般要求
GJBz 20205　　飞机再次出动准备要求

3 术语和定义

GJB451A、GJB3872、GJB368B 确立的以及以下术语和定义适用于本指南。

3.1 保障性 supportability
装备的设计特性和计划的保障资源满足平时战备完好性和战时利用率要求的能力。

3.2 再次出动准备时间 turnaround time
在规定的使用及维修保障条件下，连续执行任务的型号从结束上次任务到再次执行下一次任务所需要的准备时间。

3.3 演示验证试验 demonstration
为确定型号的各项性能是否满足型号研制总要求或研制合同中规定的要求，在型号定型时所进行的演示试验，并根据演示试验结果数据对型号的各项性能进行评价，作为型号定型的依据。

3.4 评价 evaluation

通过对现场调查、客观事物的核实、性质的分析，判定和预测是否符合标准要求的活动。

4 符号和缩略语

4.1 符号

下列符号适用于本指南。

T_{TAT}——型号再次出动准备时间，单位为小时（h）；

T_{TATi}——第 i 个样本再次出动准备时间，单位为小时（h）；

n——样本量；

i——样本序号；

$\bar{\mu}$——样本均值；

X_i——第 i 个样本取值；

$\bar{X}_{tat}$——型号再次出动准备时间点估计值，单位为小时（h）；

$\bar{M}_{tat}$——再次出动准备时间门限值，单位为小时（h）；

f_i——任务频数；

C_{pi}——任务的频数比。

4.2 缩略语

无。

5 一般要求

5.1 目的与作用

a) 目的

开展型号再次出动准备要求验证试验与评价的目的是考核产品是否达到规定的要求，发现产品设计与分析的薄弱环节，为制定改进措施提供依据。验证试验与评价结果将作为型号设计定型的依据之一。

b) 作用

1) 检查型号再次出动准备各项工作的可行性、方便性和安全性。

2) 提供型号再次出动准备活动的实测数据，评价型号达到规定的再次准备时间的程度。

3) 暴露型号再次出动准备工作程序存在的问题，为设计定型提供参照。

4) 确定在型号使用后是否达到设计门限值，拟定进一步的改进措施。

5.2 时机

为验证型号再次出动准备要求是否满足订购方的要求，应在以下时机对型号再次出动准备要求进行验证试验与评价。

a) 样机审查

验证应在方案设计阶段后期进行，对型号样机进行验证，对发现的问题应在设计上采取改进措施，不得遗留给设计定型验证阶段，更改设计后应修改或重做样机进行验证。

b) 型号设计定型阶段

验证在型号设计定型阶段进行，对型号原型进行验证，本阶段最终验证结果应作为型号设计定型的依据之一。

c) 型号生产定型阶段

验证在型号生产定型阶段进行，对生产定型的型号进行验证，本阶段最终验证结果应作为型号生产定型的依据之一。如验证用的型号、地面保障设备、悬挂物、弹药、器材等与设计定型验证阶段完全一样，本阶段根据实际情况也可不进行验证。

5.3 原则

据国内现阶段型号研制特点，型号再次出动准备要求验证试验与评价通常采用演示验证试验方法，对定性要求和定量要求进行验证与评价。

a) 定性要求试验与评价原则

根据再次出动准备活动演示试验结果，通常采用打分方法对定性要求进行评价，评价准则应从以下几方面考虑：

1) 减少再次出动准备工作项目。
2) 缩短准备工作时间。
3) 各项准备工作可同时进行的可行性。
4) 型号再次出动准备应考虑各项工作点的可达性、可见性和具有合适的操作空间。
5) 相关保障资源的适用性。
6) 相关安全性要求。

b) 定量要求试验与评价原则

除了明确不计算在内的时间以外，所有的再次出动准备时间，都应在统计计算之内。再次出动准备时间统计的一般原则如下。

1) 准备时间的统计。

(1) 型号再次出动准备时间是从型号完成上一次任务后，返回或到达可以进行使用保障活动的场地，从保障人员到达型号所在地进行准备开始计时，到型号最后一个再次出动准备作业结束完成计时。

(2) 由于产品设计不当，或由于维护手册中相关操作程序不当，造成型号再次出动准备过程中花费的额外准备时间应计算在内。

(3) 在准备作业实施过程中发生的试验方案中未列入的保障资源的准备及使用时间应计算在内。

2) 不应计入的准备时间。

(1) 未遵守使用维护手册和承制单位培训中规定的操作程序而造成操作错误所花费的时间。

(2) 并行作业中重叠的时间。

(3) 验证试验中由于保障设备故障引起的延误时间。

(4) 操作导致意外损伤的修复时间。

5.4 验证试验组织机构及职责

型号再次出动准备要求验证试验与评价由承制方、承试方与订购方共同组织完成，各方职责如下。

a) 承制方职责

1) 承制方应向订购方报告实现再次出动准备要求的情况。

2) 承制方应参与定型阶段的验证工作。

3) 承制方要协助承试方制定试验工作计划并应征得订购方的同意。

4) 为了获得准确的结果并保证试验顺利进行，承制方应向承试方提供验证样机及与验证有关的全部地面保障设备、器材、弹药、外挂物和技术资料。验证试验必须使用上述保障资源。

5) 培训参试人员。

b) 承试方职责

1) 承试方提供经订购方同意的型号再次出动准备程序表及其详细使用说明，负责制定试验计划、试验方案和程序，组织实施试验。

2) 承试方应向承制方和订购方及时提交详细的试验报告并给出试验结论。

c) 订购方职责

1) 批准试验方案、计划及程序。

2) 订购方在试验阶段应派人监控试验工作。

3) 确认试验结果是否满足规定要求。

5.5 演示验证试验与评价的要求

a) 应制定演示试验与评价计划。

b) 应制定演示试验与评价程序。

c) 应制定保证良好演示试验环境的条件保证措施。

d) 应收集试验数据，并给出评价结论。

5.6 验证程序和方法

再次出动准备要求验证试验与评价的工作流程如图 1 所示。

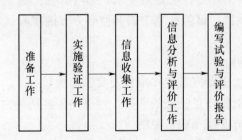

图 1　再次出动准备要求验证试验与评价的工作流程

a) 准备工作

型号再次出动准备要求验证试验的准备工作包括如下内容：

1) 明确验证试验与评价的目的、对象和要求。明确型号再次出动准备要求验证试验与评价的目的，明确试验评价对象的构型及配置，明确再次出动准备的定性要求及定量要求。

2) 制定试验方案和计划。

对试验方案、步骤和进度做出安排。

3) 其他准备工作。试验相关人员的培训、样机、保障设备、设施技术资料的准备工作。

b) 实施验证工作

应针对评价目标制定具体试验步骤。通常型号具备执行多任务的功能，应根据型号典型任务要求选取任务频度相对较大的一个或几个典型任务转换，根据再次出动准备的定性及定量要求进行验证试验。

c) 信息收集工作

制定信息收集与评价表格，收集在验证试验方案执行过程中的有关信息。

d) 信息分析与评价工作

针对收集的试验信息，根据本指南5.4条中时间统计原则和表1、表3对其进行统计分析与评价。

e) 编写试验与评价报告

应符合 GJB/Z23《可靠性维修性工程报告编写一般要求》的规定，编写再次出动准备要求验证试验与评价报告。该报告主要包括：概述、验证试验与评价目标、验证试验与评价组织机构及职责、验证试验环境与条件、验证试验与评价步骤、验证试验与评价结果、改进建议及纠正措施等。

6 验证试验与评价的实施

6.1 准备工作
6.1.1 制定验证试验方案

在执行试验前，由承试方制定再次出动准备工作验证试验方案，在试验方案中应明确试验进度要求。该方案应于工程研制开始时基本确定，并随着研制的进展，逐步调整。该方案主要包括以下内容。

a) 试验的目的与要求

该部分包括依据、目的和定性与定量要求。如与其他工程试验结合进行，还应说明结合的方法与工程试验项目。试验计划中的其他部分应围绕着试验目的展开，逐一说明相关的要求。

b) 验证试验步骤说明

1) 需进行验证的再次出动准备工作项目及其试验次数；

2) 各再次出动准备工作项目验证的顺序、预计需要经历的时间。

c) 试验组织机构人员安排及职责说明

1) 该部分包括领导部门、参试单位、参试人员分工及人员技术水平和数量的要求，参试人员的来源及培训等。试验组应由承制方、承试方和订购方人员参加，一般可分为两个小组，即验证评价小组和试验实施小组。验证评价小组应由订购方主持，试验实施小组由承试方主持，试验中执行相关再次出动准备的工作人员组成。试验实施小组人员的技能水平应尽量与型号使用部队的保障人员水平相近，应事先经过适当的培训。

2) 验证评价小组负责安排试验、监控试验、协调处理试验过程中有关问题和处理试验数据；试验实施小组负责具体实施所要求的准备活动。每个试验组人员的具体职责应在详细的试验计划中规定。实际验证工作开展时，可根据具体的情况与工作要求，以上述内容为依据，合理地安排合适的组织形式。参试人员及职责须经订购方认可。

d) 人员要求

明确试验人员的专业划分和熟练程度，熟练程度通常以平均水平为准，平均水平可适当按照具备两年工作经验的操作人员应具备的水平来说明，明确试验人员的数量要求。

e) 保障资源要求

明确试验用的保障资源(含人员、保障工具设备、备件、消耗品、技术文件和试验设备、安全设备等)的数量和质量要求。

f) 试验环境要求

对试验环境要求要进行说明，通常试验环境条件应选取与型号部署现场同等的环境条件。

g) 有关试验的一些其他基本规定

明确对受试产品的来源、数量、技术状态、质量要求，试验场的要求、试验进度安排等。相关试验规定应征得订购方同意。未经订购方同意的任何试验方案和计划不得实施。

6.1.2 绘制再次出动准备工作时线图

根据订购方规定的再次出动准备时间要求，承制方应准备型号再次出动准备时线图，以作为详细试验操作步骤的依据，再次出动准备时线图对应于型号的典型任务转换，不同典型任务转换的再次出动准备时线图中包括的工作项目可能不同，如图 2 所示。图 2 中规定了进行试验的人员配备和相关作业顺序以及执行时间；绘制再次出动准备工作时线图，是为了向验证试验人员描述所实施再次出动准备作业的工作顺序，在收集试验数据时，可比照时线图形式进行分析。时线图应按型号再次出动准备作业的时序及业务逻辑关系绘制。图 2 中各要素说明如下。

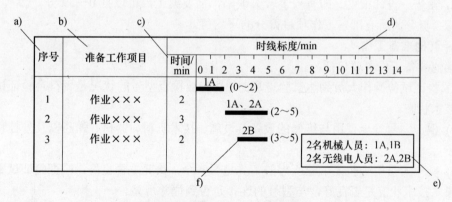

图 2　型号再次出动准备时线图

a) 序号：再次出动准备作业的顺序标识。

b) 准备工作项目：再次出动准备作业项目名称。

c) 时间：预计完成再次出动准备作业项目所需的时间。

d) 时线标度：标记再次出动准备作业开始及结束时间的标度。

e) 人力人员说明：执行再次出动准备工作的保障人员工种及数量说明。

f) 时线线段：表示再次出动准备作业开始及结束时间的线段，时线线段上面的数字和字母表示人员标识，数字表示专业，英文字母是人员标识；时线线段右侧的括号中的内容表示预计的相应作业的开始时间及结束时间。

6.1.3　制定再次出动准备要求定性评价表

利用定性评价表(见表 1)评价型号满足定性要求的程度。评价表由承制方根据有关规范、合同要求和设计准则等制定，并经订购方同意。评价表主要包括：

a) 考虑了减少再次出动准备工作项目。

b) 考虑了减少再次出动准备工作项目的执行时间。

c) 考虑了再次出动准备工作项目并行的执行。

定性要求评价表如表 1 所列。

表 1　型号再次出动准备要求定性评价表

序号	准备工作项目说明	检 查 内 容	评 分 等 级				得分
			优	良	中	差	

根据型号再次出动准备符合定性要求程度进行打分，评分采用百分制，其原则如下。

a) 优——设计很好。即完全满足要求，有些甚至高出合同要求水平，可以打 90 分～100 分。

b) 良——设计良好。即满足要求，有少部分缺陷，但容易改正，可以打 70 分～89 分。

c) 中——设计一般。即基本满足要求，有一些缺陷，改正需要一定时间，有较大工作量，可以打 60 分～69 分。

d) 差——设计很差。即有较多较大缺陷，需要返工，可以打 0～59 分。

综合得分为所有准备工作项目得分的平均值。

6.1.4　其他准备工作

其他准备工作主要包括：

a) 验证试验操作人员到达试验现场时，首先要检查型号的状况是否符合验证试验规定的技术状态。

b) 保证型号安全使用与维修的设备、设施、技术资料、器材、弹药以及外挂物已到位。

c) 操作人员检查验证试验所需的工具是否齐全，状况是否良好；检查验证试验所需维修设备技术状况是否良好，与型号的连接是否到位并可靠。

d) 承制方提供相关作业详细的操作说明，包括每个作业步骤需要用到的相关保障设备的使用说明。

e) 明确试验中各项时间要素的定义，这些要素包括预计的接近时间、预计的操作时间和预计的撤出时间。

f) 保障资源的配备，各项保障资源的种类及数量要与型号使用时相同。

g) 承制方应负责对试验操作人员进行培训，试验人员的技术等级及受培训程度要与型号使用时相同。

6.2 验证试验实施步骤

6.2.1 确定验证要求

验证要求包括定量要求和定性要求，定性要求作为定量要求的补充。

a) 型号再次出动准备时间要求。

b) 型号再次出动准备工作定性要求。

1) 减少再次出动准备工作项目。

(1) 不需拆装、更换外挂装置及其附件。

(2) 不需通电检查型号、设备的功能和工作是否正常。

(3) 不需检查各处连接、固定情况。

(4) 不需测发射弹电阻值、电连续性。

(5) 不需外部能源支持。

2) 缩短准备工作时间。

(1) 武器系统在型号上应集中配置，采用全敞开式的大箱(舱)口。

(2) 辅助挂载设备及其在型号上的连接装置应便于装卸外挂物。

(3) 复式武器挂架应该预先挂上武器而后挂到型号上。

(4) 弹药储存模块可以预先装填而后连接到型号上。

(5) 干扰弹投放器可以预先装入干扰弹，而后连接到型号上。

(6) 火箭发射器可以预先装入火箭弹，而后连接到型号上。

(7) 型号上外挂装置用的抛放弹应只通过一个检测接口，自动连续快速的进行通电检测。

(8) 可压力加注燃油和润滑油。

(9) 所用全部电、液、气接口都应是快接和快卸的。

(10) 所有需要打开的箱(舱)口盖都应是快开和快关的。

(11) 所有充填加挂工作一般都不需要架梯，人站在地面即可直接工作。

(12) 需要检查的设备应有自检功能。

3) 准备工作可同时进行。

(1) 各外挂点可以同时挂卸外挂物。

(2) 在保证安全的前提下，挂卸外挂物、补充弹药、加燃油、补氧和通电检查可以与其他工作同时进行。

(3) 各能源储备模块可以同时补充能源。

4) 型号再次出动准备应考虑各项工作点的可达性、可见性和具有合适的操作空间。

(1) 外挂物、弹箱、保障设备及操作人员的进出应畅通。

(2) 工作人员在进行操作时应留有适于人员操作的空间。

(3) 型号周围的工作空间应能容纳相应的保障设备和移动保障设施。

5) 相关保障资源的适用性。

(1) 再次出动准备工作中用到的保障资源准备步骤应简便易学。

(2) 再次出动准备工作中用到的保障资源准备时间应比相关作业时间小一个数量级。

6) 相关安全性要求。

(1) 型号再次出动准备工作应能保证现场工作人员的安全。

(2) 型号再次出动准备工作应能保证现场设备的安全。

6.2.2 确定试验样本量

型号再次出动准备时间验证试验的样本量，是指为了达到验证目的所需再次出动准备工作的样本量。由于采用演示试验方法，对样本量不做强制性规定，样本量应根据试验经费和试验时间酌情而定。最后确定的实际样本量，但需经订购方同意后决定。

6.2.3 试验样本的分配

如果再次出动准备所对应的典型任务种类只有一种，此时不需要进行试验样本的分配，当典型任务种类多于一种时，需要按相应的分配要求及方法进行试验样本的分配。试验样本分配的原则是，根据使用方对装备的使用要求获取典型任务转换频率，或根据相似装备的使用数据获取典型任务转换频率，然后按照典型任务的转换频率将试验样本分配到各再次出动准备活动，并尽可能保证每个典型任务转换至少有 1 个试验样本。下面以某型飞机为例说明分配方法的应用，其应用步骤如表 2 所列。

表 2   试验样本分配方法(示例)

典型任务转换名称(1)	典型任务转换频数 f_i (2)	典型任务转换频数比 C_{pi}(3)	分配的样本量 N_i (4)
空空—空空	4	0.18	2
空空—空地	6	0.27	3
空地—空空	8	0.37	4
空地—空地	4	0.18	2
共　计	22	1	11
注：任务频数是用百飞行小时率——每 10^2h 的任务次数表示			

第(1)栏：典型任务转换名称。本例中某型飞机的典型任务由空空任务和空地任务组成，典型分任务转换由空空—空空、空空—空地、空地—空空、空地—空地 4 种转换组成。

第(2)栏：典型任务转换频数 f_i。f_i 由型号的使用要求确定。

第(3)栏：典型任务转换频数比 C_{pi} 按式(1)计算：

$$C_{pi} = f_i / \sum f_i \tag{1}$$

式中：i——产品中典型任务的种类数，示例中 $i=4$。

第(4)栏：与各典型任务转换相应的再次出动准备时间验证试验分配的样本量按下式计算：

$$N_i = N \cdot C_{pi} \tag{2}$$

式中：N——预先确定的验证试验样本量，这里 $N=11$，计算结果四舍五入取整。

注意：在本步骤中，因分配的样本量需取整数，各再次出动准备验证分配的样本量之和可能略为超过预先确定的验证试验样本量 N。因此，型号验证最终确定的样本量应为各典型任务验证分配的样本量之和。

6.2.4 执行定量验证试验

型号再次出动准备定量要求应通过试验操作完成实际再次出动准备作业，统计计算型号再次出动准备时间相关参数，进行判决。

a) 执行再次出动准备作业

由试验实施小组的相关操作人员按照承试方设计的再次出动准备作业程序执行相关操作。

b) 记录相关试验结果

记录这些操作的执行时间和相关保障资源。数据记录表格如表3所列。

表3 再次出动准备作业记录表

填表人员： 日期：

编号	准备 工作项目	工具/ 设备	人员	开始时间 /(××h××min)	结束时间 /(××h××min)	合计 /(××h××min)	备注
验证负责人意见							
订购方意见							

6.2.5 执行定性要求演示验证试验

针对表1中的项目有重点地进行再次出动准备工作演示验证试验，在受试型号上演示评价表中核查的再次出动准备操作项目，重点判断其是否符合相关定性要求。在进行演示时，通常应注意：

1) 演示环境要尽可能的接近预期的现场使用环境。

2) 承试方要负责制订演示试验的程序。

3) 对于需启封或操作有危险性的项目可通过分析代替实际的演示工作。

4) 承制方要对承试方有关人员进行培训。

定性要求评价表(见表1)中的分数应由专家填写，专家人数应不少于5人，各专家按照表1的评分规则进行打分，最终评价分数应取各位专家分数的算数平均值。

6.3 信息收集、分析与处理

6.3.1 试验信息的收集

a) 应详细记录需要的型号再次出动准备信息，收集试验中与使用保障相关的原始信息。型号再次出动准备验证试验与评价中使用的信息收集系统应尽可能与可靠性、维修性、保障性、测试性、安全性信息收集系统相结合。

b) 在验证试验与评价中，应建立相关数据库，试验实施小组按规定的信息项记录所需信息。同时应使承制方能通过信息共享平台获得所有使用保障信息。

6.3.2 计算与判决

当试验周期比较紧迫，或试验费用相对有限的条件下，建议采用点估计的方法来计算再次出动准备时间相关参数。验证参数平均值的点估计值可用下式计算：

$$\overline{X}_{\text{tat}} = \frac{1}{n}\sum_{i=1}^{n} X_i \qquad (3)$$

式中：$\overline{X}_{\text{tat}}$——型号再次出动准备时间的均值的点估计值；

n——样本量；

X_i——第 i 台型号再次出动准备时间样本值。

当试验数据积累到一定数量时，可选取相关统计模型，在一定置信水平下，进行统计评估，相关方法这里不再赘述。

6.4 验证试验与评价结果
6.4.1 型号再次出动准备要求的评定与评价

a) 定量要求评定结果

试验结果应取各试验样本的平均值，对试验结果进行假设检验，判断其是否可被接受。型号再次出动准备时间验证结果评定按下列判断规则，如果：

$$\overline{X}_{\text{tat}} \leqslant \overline{M}_{\text{tat}} \tag{4}$$

则型号再次出动准备时间符合要求而接受，否则拒绝。

式中：$\overline{M}_{\text{tat}}$——再次出动准备时间门限值。

b) 型号再次出动准备定性要求评价结果

根据演示结果，评价专家根据其符合程度，在核定表(见表 1)中打分，最终给出定性的演示验证试验与评价结果。通过标准应由评价专家根据具体型号特点酌情确定。

定性要求评价示例可参照本指南附录 A。

6.4.2 试验与评价报告及评审

型号再次出动准备要求验证试验结束后，应编写验证试验与评价报告，该报告主要包括：

a) 验证试验与评价基本情况

1) 对象、目的、项目、时间、地点、环境、组织机构。

2) 经费数量、来源和使用。

3) 采取的方法及依据标准。

4) 程序、计算方法。

b) 验证试验与评价结果

1) 试验与评价数据汇总分析。

2) 与合同规定的再次出动准备时间门限值的偏差、满足再次出动准备定性要求的程度。

3) 是否达到定性定量要求的结论；存在的问题(包括硬件、软件、再次出动准备活动、再次出动准备资源或使用原则等方面)。

c) 改进建议及纠正措施

包括对型号再次出动准备方面设计缺陷提出改进建议、评价由于采取纠正措施而引起的型号再次出动准备方面的变化。

d) 附录

原始试验数据记录应包括在附录内，此外介绍性及解释性的材料可编成单独的文件作为报告的附录。

7 注意事项

a) 若采用与其他工程试验相结合的方式开展验证试验，则需要特别注意试验操作时的安全问题。如果存在着安全隐患，一般应取消该项试验操作。

b) 型号再次出动准备验证试验应尽可能与可靠性验证试验、维修性验证试验、测试性验证试验、安全性验证试验、保障资源验证试验(如 XKG/D04—2009《型号 RMS 要求验证程序和方法应用指南》，XKG/W04—2009《型号平均修复时间验证试验与评价应用指南》，XKG/C04—2009《型号测试性要求验证试验与评价应用指南》等)结合开展。

c) 试验的计划实施与结论均需订购方的认可。

d) 型号再次出动准备验证试验与评价信息的收集应建立相应的数据库。

e) 再次出动准备要求验证试验应在我国型号研制工作允许的条件下实施，即在设计定型阶段时间有限、经费有限的条件下，考虑与型号再次出动准备工作相关的保障资源约束，采用适当的验证技术和方法以考核保障性水平达到规定要求的程度。

f) 在每次再次出动准备作业操作完成后，如果受试产品要进行下次试验，一定要经过严格的复查，确信型号已恢复到验证前的技术状况才可投入下次试验。

g) 在验证试验的实施中，需要制定必要的管理制度，严格遵守，以保证型号再次出动准备试验验证工作的有序、有效运行。

h) 在验证过程中，验证实施小组的记录人员要按照制定的再次出动准备时间统计准则进行各项作业时间的测定，并记录测定结果。

i) 对产品设计不当，或者由于维护手册中操作程序不恰当而采取措施纠正后，应再次执行试验进行验证。

j) 在试验中若再次出动准备工作中作业存在并行操作时，应按照诸并行作业中的最长执行时间统计。

k) 应注意在后续的型号使用过程中连续地收集再次出动准备时间数据，注意对这些数据的积累和利用，力求对型号再次出动准备时间参数做出准确评估。

附录 A

(资料性附录)

某型飞机再次出动准备定性要求演示验证试验与评价示例(部分)

A.1 概述

本示例说明了某型飞机再次出动准备定性要求演示验证试验与评价的一般过程。以此来确定飞机再次出动准备工作是否符合定性要求。根据不同类型飞机特点,可酌情制定再次出动准备定性评价准则,本示例仅给出部分示例。

A.2 评价准则

根据该飞机再次出动准备定性要求按百分制进行评分,评分准则是:

a) 优——设计很好,完全满足要求,有些甚至高出合同要求水平,可以打 90 分~100 分。

b) 良——设计良好,满足要求,有少部分缺陷,但容易改正,可以打 70 分~89 分。

c) 中——设计一般,基本满足要求,有一些缺陷,改正需要一定时间,有较大工作量,可以打 60 分~69 分。

d) 差——设计很差,有较多较大缺陷,需要返工,可以打 0 分~59 分。

综合得分为所有项目得分的平均值,当得分大于等于 60 分时,通过验证,如果分数在 60 分以下,应对不满足定性要求的项目采取相应改进措施。

通过对受试型号进行审查,及试验评价人员的演示操作,逐项核对定性评价评分表中的各项定性要求,其结果(部分)如表 A.1 所列。

表 A.1 某型飞机再次出动准备定性评价评分表(部分)

序号	准备工作项目说明	检查内容	评分等级				得分
			优	良	中	差	
1	减少再次出动准备项目	是否不需要外部电源		√			82
		是否不需检查机械连接部分		√			88
		是否不用外部冷却源		√			83
		是否不用进行通电检查		√			87
2	缩短准备工作时间	15kg 以上的弹药是否有专用装卸设备	√				91
		射击武器系统的装弹位置是否集中	√				99
		牵引点设计相应的挂钩了吗	√				95
		炮弹箱是否可独立装弹	√				92
		是否可以进行压力加油	√				98
		保障人员在操作通道内是否安装有其他设备	√				93

(续)

序号	准备工作项目说明	检查内容	评分等级				得分
			优	良	中	差	
2	缩短准备工作时间	复式挂架是否可在与型号分离状态下进行挂载	√				97
		干扰弹投放器是否可以与飞机分离装弹	√	·			98
		火箭发射器是否可与飞机分离填装弹药	√				92
		需检查设备有自检功能吗	√				94
		舱口采用快开快闭设计了吗	√				96
3	准备工作可同时进行	各挂点可同时挂装外挂物吗			√		87
		挂弹和加油可同时进行吗			√		83
		考虑多点同时加注润滑油吗		√			85
得　分							91

A.3 评价结论

最终得分为 91 分，订购方规定 90 分以上为优——设计很好，在各方专家评审后，根据订购方评价标准，达到"优——设计很好"的要求，通过验证。

附录 B
(资料性附录)
某型直升机再次出动准备时间验证试验与评价应用案例(部分)

B.1 概述

本案例说明了某型直升机再次出动准备时间验证试验与评价的一般过程。以此来确定直升机再次出动准备时间是否符合规定的要求。本例选取某型直升机再次出动准备时间部分数据进行评价。

B.2 试验与评价方案

a) 评价参数为某型直升机再次出动准备时间，门限值为 14min。

b) 某型直升机再次出动准备工作程序如图 B.1 所示。依照图 B.1 规定程序执行验证试验。

c) 图 B.1 中规定的各个作业步骤的开始及结束时间仅作为试验人员执行相关操作的时序逻辑依据，并不以此时间来限定试验人员执行每个作业步骤的时间。

序号	工 作 项 目	时间/min	时间/min（0 1 2 3 4 5 6 7 8 9 10 11 12 13 14）
1	检查直升机	3	1A、1B (0～3)
2	挂副油箱	2	1A、1B (3～5)
3	挂导弹	1	2A (3～4)
4	导弹测试	1	2A (5～6)
5	加燃油	3	1B (5～8)
6	检查胎压	1	1A (8～9)
7	检查滑油	2	1A (9～11)
8	检查干扰弹	2	2A (9～11)
9	清点现场	2	1A、1B (11～13)
合计		13	2名机械人员：1A,1B 1名无线电人员：2A

图 B.1 某型直升机再次出动准备时线图

d) 试验条件：

1) 被试直升机在进入起飞线后进行试验。

2) 参试人员已按照承制方设计要求进行了相关试验操作的训练，掌握了相关操作技术。

    3) 相关保障资源已就位。

    4) 导弹已在储备仓库检测为合格。

    5) 被试设备以外的设备允许预先处于工作状态。

    6) 被试直升机仅验证一种典型任务。

  e) 试验样本量为 11。试验样本量根据试验进度要求确定。

B.3 数据收集与分析

某型直升机再次出动准备时间第一个样本定量评价数据如表 B.1 所列。第二个样本再次出动准备时间定量评价数据采用与表 B.1 同样格式的表格记录，这里不再赘述，仅取用其结果值进行数据统计分析。

表 B.1 某型直升机再次出动准备时间定量验证试验与评价数据(部分)

填表人员：   日期：   年   月   日

编号	工作项目	保障设备/设施	人员	开始时间/min	结束时间/min	合计/min	工时/min	备注
1	检查直升机		1A、1B	0	2.5	2.5	5	
2	挂副油箱		1A、1B	2.5	4.6	2.1	4.2	
3	挂导弹		2A	2.5	3.5	1	1	
4	导弹测试		2A	4.6	5.9	1.3	1.3	
5	加燃油	加油车	1B	4.6	7.0	2.4	2.4	
6	检查胎压		1A	7	8.1	1.1	1.1	
7	检查滑油		1A	8.1	10	1.9	1.9	
8	检查干扰弹		2A	8.1	9.5	1.4	1.4	
9	清点现场		1A、1B	10	12.5	2.5	5	
验证负责人意见	数据符合要求						签字：	
订购方意见	数据符合要求						签字：	

B.4 评价结论

根据样本的试验结果值，进行点估计值的计算，如式(B.1)所示。代入表 B.1 中"合计"列各项时间值，评价结果值为 12.35min，小于门限值 14min。该型型号再次出动准备时间验证结果为"通过验证"。

$$T_{TAT} = \frac{1}{n}\sum_{i=1}^{n} T_{TATi} = \frac{1}{11}(12.5 + 14 + 12 + 13 + 11.5 + 12 + 13.5 + \qquad\qquad (B.1)$$

$$11 + 12 + 12 + 12.3) = 12.35\text{min}$$

参 考 文 献

[1] Benjamin S. Blanchard. Logistics Engineering and Management[M]. New Jersey：Prentice Hall，2003.

[2] James V. Jones. Integrated Logistics Support Handbook[M]. New York：Sole logistics Press，2005.

[3] Mil-HDBK-470A. DESIGNING AND DEVELOPING MAINTAINABLE PRODUCTS AND SYSTEMS[S]. Department of Defense，1997.

[4] 马绍民，章国栋. 综合保障工程[M]. 北京：国防工业出版社，1995.

[5] 路录祥 王新洲. 军用直升机型号发展工程[M]. 北京：航空工业出版社，2009.

[6] XKG/D04—2009. 型号RMS要求验证程序和方法应用指南[M]. 北京：国防科技工业可靠性工程研究中心，2009.

[7] XKG/W04—2009. 型号平均修复时间验证试验与评价应用指南[M]. 北京：国防科技工业可靠性工程研究中心，2009.

[8] XKG/C04—2009. 型号测试性要求验证试验与评价应用指南[M]. 北京：国防科技工业可靠性工程研究中心，2009.